U0162943

12 YEARS

城乡规划
URBAN-RURAL PLANNING

CHINA
CONSTRUCTION
ENGINEERING
DESIGN GROUP

中建设计

cSCEc

城乡规划设计发展与实践

2007
—
2019

DEVELOPMENT AND PRACTICE OF URBAN-RURAL PLANNING AND DESIGN

主编 宋晓龙　　　执行主编 刘辉 李国安

中国建筑工业出版社

本书编委会

主　　编：宋晓龙

执行主编：刘　辉　李国安

编　　委（按姓氏笔画排序）：

　　　　　王一统　王惠婷　冯　绘　朱陶赛赛

　　　　　刘　璐　陈　楷　柏振梁　梁　栋

图文统筹：冯　绘

封面设计：王惠婷　梁　栋

序言一 / PREFACE 1

"天行健，君子以自强不息。"2020 年，是国家全面建成小康社会的决胜之年，也是中国建筑集团创建具有全球竞争力的世界一流企业的开局之年。及时地回顾过去，总结经验，才能更好地面向未来，创造未来。

《中建设计：城乡规划设计发展与实践（2007—2019）》和《中建设计：建筑遗产保护发展与实践（2007—2019）》两本书，是中国中建设计集团有限公司在城乡规划设计和建筑遗产保护业务领域专业实践的系统总结和回顾。经过中建规划人 12 年坚持不懈的努力和探索，结出了丰硕的成果，令人欣喜。

中国中建设计集团是隶属于世界 500 强第 21 位的中国建筑集团有限公司的全资二级企业，是国家优秀的工程设计科技型咨询企业集团。设计集团坚持"拓展幸福空间"的企业使命，以"品质保障、价值创造"为核心价值观，秉承"知行文化"，围绕中国建筑"一创五强"的战略目标，创新发展模式，大力推进"特色化、专业化"发展模式。集团构建了城乡规划、建筑设计、风景园林、基础设施、工程总承包五个特色专业板块，积极进取，争创一流。

发展城乡规划业务是集团战略布局的重要安排。2007 年，集团城市规划设计研究院成立，通过"招贤纳士"，引进优秀规划设计人才，积极拓展全国和海外规划市场，逐步扩大"中建规划"的品牌影响力。经过 10 多年的发展，完成了几百项规划任务，获得系统内外多项科技奖励，培育出一批优秀的规划设计人才。

"地势坤，君子以厚德载物。"借两本书出版的时机，希望"中建规划"的发展能再上台阶，在人才队伍建设、规划设计水平、企业创新发展等方面，不断取得新的进步。在此，我祝福中建规划师们，在中国建筑迈向世界一流的征程中，尽心尽力，做出自己应有的贡献。

中国中建设计集团有限公司董事长　孙福春

2020 年 5 月

序言二／PREFACE 2

时光荏苒，大地回春。2019 年，是中华人民共和国成立 70 周年，标志着中国的发展进入了崭新时代；2020 年，是中华民族具有里程碑意义的一年，是全面建成小康社会，实现第一个百年奋斗目标之年。

伴随着国家的发展，被誉为建设领域共和国长子，位列世界 500 强第 21 位的中国建筑集团成为世界建设投资领域的标杆企业。作为中国建筑集团直属设计机构，中国中建设计集团借国家和中建集团发展的东风，较早地确立了特色化、差异化发展策略，其中大力发展城乡规划业务成为战略目标之一。从 2007 年到 2019 年，集团的城乡规划业务经过艰苦奋斗，砥砺前行，走过了 12 年不平凡的发展历程。

12 年是一个完整的年轮，尽管不长，却是硕果累累。我作为集团规划业务发展的推动者和亲历者，回顾往昔，不胜感慨。中建规划业务的成长离不开各级领导的鼎力支持，离不开全体同事们的不懈努力，离不开国家对规划事业前所未有的重视。阶段性地对过去的工作进行总结，对完成的规划实践进行适当展示，既是对过去工作的回顾，也是对未来发展的期许。

中建城乡规划业务的发展大致经历了三个历史阶段：

第一阶段（2007—2010 年）：抢抓行业机遇，探索市场化发展路径

中国的规划市场是以政府为主导的市场体系，大部分的规划业务，包括城市总体规划、控制性详细规划、基础设施规划、名城保护规划等法定规划，通常由事业单位性质的国家、省和市规划院以及大学附属规划院承担，企业规划院的市场份额很小。随着事业单位改革进程的推进，国家积极扩大规划市场的开放度，依托规划资质的管理，引入市场竞争机制，规划业务逐步向企业敞开大门。中建设计集团抓住时机，适时提出大力发展规划业务的战略，通过引进优秀规划专业人才，加大有关规划资质申请力度，为取得文物保护工程勘察甲级、城乡规划编制甲级、风景园林工程设计专项甲级资质做出积极准备。规划业务从农村到城市、从不发达地区到发达地区逐步延伸，不断探索适应市场化的发展路径。通过科学的制度建设和工作机制完善，调动专业技术人员的积极性，持续提高专业技术能力和服务水平，提供令客户满意的成果。

第二阶段（2011—2015 年）：参与市场竞争，构建三大专业板块

在设计集团上下的积极努力下，集团逐步获得文物保护工程勘察甲级、城乡规划编制甲级、风景园林工程设计专项甲级资质。集团积极引进和培养三个专业领域的人才队伍，形成了富有中建特色的遗产保护研究、城乡规划设计、风景园林设计三大专业特色板块，大规划板块设计人员达到 300 余人。中建规划通过有效的市场开拓，逐步在全国 20 余个省份及海外开展了规划编制工作。目前，在空间规划、产业规划、城市设计、详细规划、风景园林设计、景观设计、乡村振兴、遗产保护规划、专项规划、城市更新等领域，参与了大量规划实践，培育了一批优秀的规划设计师团队，推出了一批优秀的规划设计作品。目前形成了以城镇规划院、风景园林规划院、城市景观规划院、市政交通规划院为核心的骨干设计队伍。

第三阶段（2016—2020 年）：做优规划品牌，培育核心竞争力

在不断扩大市场竞争能力的同时，集团围绕国家战略积极布局，通过积极参与雄安新区、京津冀城市群、长三角

区域一体化、粤港澳大湾区、西部开发、乡村振兴、海外"一带一路"、区域遗产保护等工作，做优规划品牌，锻炼人才队伍。中建规划在评优获奖中先后有数十项规划项目获得省部级奖励，在国际化项目竞赛中取得优异成绩，在科技研发中不断增加投入，专业核心竞争力不断增强。中建规划积极参与国家、地方、海外重大项目研究，先后参加了由 12 家全国优秀甲级规划设计机构联合编制的"北京城市基调和多元化战略研究"、住房和城乡建设部引领的 4 家知名规划设计机构参与的脱贫攻坚"美好环境和幸福生活共同缔造示范村"打造工作、雄安新区启动区"城市设计竞赛以及后续分区城市建筑设计"工作、上海市"江苏东台规模化康养新城规划设计"、海外"一带一路"乌兹别克斯坦共和国世界文化遗产地"撒马尔罕城市总体规划"修编，并主持了"新疆和田空间规划"编制等工作，受到了各级政府的高度评价，充分展示了中建规划的品牌美誉度和核心竞争力。

"借问春风来早晚，只从前日到今朝。"在这 12 年的发展中，城乡规划业务得到中建各级领导特别是设计集团下属各单位的大力支持和鼓励，很多优秀规划专业人才先后加入集体，在中建规划事业的发展中付出了辛勤的汗水。吃水不忘掘井人，在此向为中建规划事业作出贡献的领导、同事、朋友们表示衷心的感谢！

《中建设计：城乡规划发展与实践（2007—2019）》这本书展示了 12 年的发展中，中建设计集团原城市规划设计研究院在城乡规划领域里完成的近 100 项代表性规划作品，全书按照 10 个主题全面介绍了规划院的发展历程以及完成的各项作品，包括区域协调与城乡统筹、产城融合与科技创新、高铁新城与生态新城、城市设计与品质提升、文化复兴与城市更新、城市基调与城市风貌、城市建设与综合开发、共同缔造与乡村振兴、市政交通与专项规划、专题研究与海外项目。其中也展示了规划师在规划实践中的理论思考、技术创新、科学研究成果。涓涓细流汇成江海，点点滴滴的历史记录，留给后来者，既是经验总结，也是开启新的征程的蓬勃动力。

长江后浪推前浪，一代更比一代强。祖国的明天充满希望，"中建规划"的未来充满阳光。作为中建规划事业发展的亲历者和践行者，我祝福中建设计集团城乡规划业务，在市场竞争中，不断发展壮大，不断取得新的进步！也祝福集团年轻的规划团队，能承接历史重托，发扬优良传统，拼搏进取，开拓创新，将中建城乡规划事业持续推向前进！相信经过我们几代人的不懈努力，"中建规划"必将成为特色化、高品质的象征，成为国家规划事业改革发展的探索者，成为政府、行业和客户值得信赖的专业品牌。

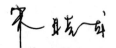

中国中建设计集团有限公司总规划师　宋晓龙

2020 年 3 月于北京

发展历程 / MILESTONES

从无到有、砥砺前行

2007 年 7 月 1 日，中国中建设计集团城市规划设计研究院（以下简称"规划院"）成立，由原中国建筑北京设计研究院副院长、总规划师宋晓龙担任院长。规划院的成立，是落实中建设计集团特色化、差异化发展策略，大力发展城乡规划业务的重要战略举措。

建院初期，规划院处在"无资质、无人才、无市场、无品牌"的艰苦条件，没有规划甲级资质，专业技术人员缺乏，市场开拓困难，社会认知度低，很难接到一个成规模的大项目，几乎是一切从零开始。规划院应如何发展？应怎样开拓市场，提高规划业务的影响力？成了规划院面临的首要问题。带着这样的疑问与困惑，规划院干部员工树信心、同进退、共奋战，从小项目做起，从新农村规划做起，稳扎稳打，一步一步用过硬的技术实力和优良的服务质量打开了市场局面。2007—2019 年间，规划院累计完成项目 700 余个，项目遍布国内外近100 个地区。

规划院成长与发展过程中的每一次重要抉择，都离不开中国建筑和中建设计集团强大的平台支撑，离不开中建设计集团党委和领导的鼓励支持，也离不开优秀的规划团队夜以继日的坚持和努力。回顾规划院发展的历史，有一些特殊而又值得纪念的项目，对规划院的发展起到了十分积极的引领作用，一步步奠定了规划院的辉煌。

常熟南部新城城市设计总体空间形态

稳扎稳打、再创佳绩

2007年年底，来自中建集团海外事业部的内部合作项目——《安哥拉共和国马兰热市、卡宾达市新城概念规划及社会住宅详细规划》，成为规划院发展历程中首个极具重要意义的项目。作为规划院第一个海外项目，这不仅实现了海外业务"零的突破"，也成功开启了规划院与中建集团内部单位的良好合作模式，更增加了员工的业务自信，对规划院的发展起到了至关重要的作用。

马兰热市与卡宾达市是安哥拉政府战后重建的重点新城，共容纳约100万人口。规划以难民安置和谋求长远发展为前提，根据当地地形、地质条件择优选址，建立完善的内外交通系统，进行产城融合的用地布局，并对定向分配的社会住宅进行详细设计。该项目历时三个月，工作过程也十分艰辛。因项目的特殊性，项目组无法亲赴现场进行调研，所有基础资料与现状情况只能由当地项目部同事转述。时间紧、任务重、要求高，为了确保工作质量，干部与员工一起通宵加班，累了就铺上报纸在绘图桌上小憩一下。就是在这样的工作环境下，该方案得到了海外项目部的高度赞扬，为后续海外项目的承接奠定了良好的基础。

2009年，北京市规划委员会和门头沟区政府在建设"世界城市、长安街西延、永定河生态治理、S1线建设"等发展背景下，组织了大型国际城市设计方案征集。规划院与法国国家铁路公司联手参加了《门头沟区南部新城城市设计竞赛》，规划以"重整资源、弘扬文化、修复生态"为理念，以"优势产业集群布局、新兴低碳能源利用、活力开敞空间营造、城市特色形态塑造"为手段，以打造"开放门城、山水门城、便捷门城、活力门城、魅力门城"为亮点，并从众多的竞争者中脱颖而出，一举拿下了该项竞赛一等奖。自此，规划院以城市设计为起点，全面拓展门头沟区业务，先后承接了《门头沟新城地块控规》《门头沟区教育设施专项规划》《门头沟区近期重点项目建设实施细则》《门头沟区总体风貌规划》《门头沟区"多规合一"实施层面工作研究》《门头沟新城地景规划设计》等项目，成为门头沟区城市建设发展的重要参与者与设计者，同时也将中建设计的规划品牌展现在北京市主流规划市场中。

2012年，规划院获得《宜宾市南部新区控制性详细规划暨城市设计》国际方案竞赛一等奖。凭借优良的技术实力和良好的服务，又先后签订了《长宁县高铁新区控制性详细规划及城市设计》《长宁县东山湖度假区景观规划》等项目。2013年5月，宜宾市发生4.8级地震灾害，规划院临危受命，接受当地政府委托，前往灾区开展竹海镇与双河镇的灾后重建规划与总体规划。时间就是生命，为了在最短的时间内完成灾民安置，集团迅速组建灾区援建项目组，马上赶赴灾区，跟随政府工作人员进行调研随访和灾后重建点选址，开展了为期30天的驻地工作，保质保量地完成了本次规划任务。2015年，宜宾市城乡规划局再次委托规划院，先行先试，在全国率先开展了《宜宾市中心城区非建设用地规划》。规划首次针对非建设用地进行系统研究，具有现实迫切性和战略前瞻性。通过本规划，规范了在非建设用地内的城市发展要求，明确了市、区、乡镇各层级管理部门的事权与责任，对生态环境保护与城乡发展建设起到了较好的指导作用，取得了良好的效果。2019年，《宜宾市中心城区非建设用地规划》荣获北京市优秀城乡规划奖专题研究类三等奖。

2007—2012年的5年间，是规划院和设计集团飞速发展的5年，城乡规划板块多年的积累和发展，也让设计集团的资质和业务范畴取得了突破。时至今日，设计集团已经拥有包含城乡规划编制甲级、建筑行业（建筑工程）甲级、文物保护工程勘察设计甲级、风景园林工程设计专项甲级资质等在内的多项甲级资质，在集团资质申请中，规划院发挥了积极的建设性作用。

马热兰市新城概念规划

门头沟新城南部地区城市设计：东岸西望

扬帆起航、蓄势腾飞

2017 年,《北京城市总体规划(2016—2035 年)》获正式批复,规划中明确要"凸显北京历史文化整体价值,塑造首都风范、古都风韵、时代风貌的城市特色"。为全面贯彻十九大精神,落实北京城市总体规划,探索"保持城市建筑风格的基调与多元化,打造首都建设的精品力作"的科学策略与合理路径,原北京市规划与国土委员会组织开展了北京城市基调和多元化的课题研究。邀请了中国城市规划设计院、中国建筑设计研究院、北京建筑设计研究院、中国中建设计集团等 12 家优秀规划单位。希望各个单位努力发挥自身能力特色,为北京下阶段城市设计各项工作的开展贡献力量。中建设计集团领导高度重视,觉得这是一次展示我院技术水平,为首都发展积极作为的机会。第一时间,选拔优秀规划师组建工作团队,致力于本课题的研究工作。历经两个月的探索与研究,工作组向北京市规划和自然资源委员会提交了极具借鉴价值的研究成果,圆满完成了本次任务,并得到了北京市规划和自然资源委员会与北京城市规划学会的高度认可。本次研究作为规划院承接的众多城市风貌规划项目之一,集中展现了我们在城市风貌规划领域的技术能力。虽然该方案征集工作仅仅作为北京的城市发展战略工作的一个部分,但对规划院未来积极开展相关研究工作打下了坚实的基础,城市设计和风貌规划已经成为规划院富有竞争力的特色业务板块之一。2019 年,由 12 家规划院联合编制的本次研究成果荣获北京市优秀城乡规划奖详细规划与城市设计类一等奖。

2017 年 11 月,为同步推进脱贫攻坚和美丽宜居乡村建设工作,探索乡村治理共同缔造机制,形成可复制可推广的经验。住房和城乡建设部邀请中国城市规划设计研究院、中国中建设计集团、中国建筑设计研究院、北京建筑大学四家单位,分别在湖北省红安县、麻城市和青海省大通县、湟中县等 4 个部定点帮扶贫困县,开展脱贫攻坚和美丽宜居乡村建设共同缔造示范。规划院承担了湖北省麻城市石桥垸村丁家寨垮示范建设工作。2018 年 3 月,来自中建设计集团多个生产单位的 20 余位设计师组成的帮扶团队前往麻城市石桥垸村开展驻场工作。本次工作的核心目标是要形成可复制、可推广的村民为主体的共同缔造乡村治理模式。以村民为主、问题导向为先作为基本原则,充分尊重村民意愿和村庄实际,村民共同决策、共同建设、共同管理、共同评估、共同享受建设成果,通过对贫困群众扶志与扶智,激发内生动力,通过有限时间、有限资源投入,编制村庄规划、整治村庄环境、改善基础设施和公共服务设施、提升乡村风貌、发展特色产业等,用 1 年左右时间实现脱贫攻坚和美丽宜居乡村共同缔造示范目标,总结经验向全国推广。经过大半年的驻村工作,帮扶团队成功建立了"纵向到底、横向到边、协商共治"的组织机制,充分激发了村民内生动力,村庄的整体面貌及各项设施均得到了有效提升。2018 年 7 ~ 9 月,王蒙徽部长、倪虹副部长、黄艳副部长等各级领导先后前往石桥垸村视察示范村工作情况。

扬帆起航、蓄势腾飞

2018 年 11 月 15-16 日，住房和城乡建设部脱贫攻坚推进会暨美好环境与幸福生活共同缔造推进会在麻城市石桥垸村召开现场观摩会，全国各省市住房和城乡建设系统领导及专家给予了一致好评，当天的新闻联播专题播放了现场观摩会的情况。以此为契机，规划院紧抓乡村振兴的政策机遇，积极推广共同缔造的理念，主动作为，先后在山东省菏泽市郓城县张营镇后彭庄村、山东省菏泽市巨野县核桃园镇前王庄村、山西省平定县西岭村展开了工作推广，真正把"乡村振兴·共同缔造"的理念和经验推广出去。2019 年 7 月，山东省美丽村居建

设工作专题会议，审议规划院"美丽村居·共同缔造"的设计成果，与会省政府及各部门领导给予了高度评价，并建议在全省推广。

2018 年 6 月，中建设计集团副总经理、总规划师宋晓龙受乌兹别克斯坦国家政府邀请，担任撒马尔罕城市总体规划修编及 2022 年上合峰会建设项目规划总顾问，中建设计集团组建了国际咨询工作组，远赴乌兹别克斯坦，驻场工作一年。作为世界文化遗产地的撒马尔罕市城市总体规划在 20 世纪 80 年代编制过一版，几十年过去，规划已经无法满足城市保护与发展的需要，咨询工作组和塔什干规划院的技术专家一起走遍了撒马尔罕的角角落落，无数次的规划方案调整，一整年的交流与碰撞，圆满完成了撒马尔罕市城市总体规划的编制工作，现在进入政府的审批报审阶段。同时，咨询工作组在乌兹别克斯坦当地政府和 NBU 银行的领

导下，针对古城保护和上合峰会建设的具体问题，为政府和技术专家提供了合理科学的咨询意见，帮助政府顺利开展 2022 年上合峰会的建设使命。截至 2019 年度，国际咨询项目已经按照签订的咨询服务合同条款完成全部工作，该项工作得到了当地政府、技术专家的一致好评，并与乌兹别克斯坦的政府、当地技术专家、社会杰出人士等建立了良好的合作关系。

本次国际咨询项目的开展，是两国在"一带一路"框架下形成的成果，是两国互利互惠、合作共赢的具体体现，是中乌友好关系的重要象征。随着与当地的政府高层、各类型技术专家的合作与交流，彼此之间建立了深厚的友谊。通过撒马尔罕市城市总体规划及 2022 年上合峰会建设项目国际咨询工作，为中建集团等多家建设单位逐步进入乌兹别克斯坦市场，架起了友好合作的桥梁，增进了两国的友谊和情谊。

不忘初心、牢记使命

时至今日，历经 12 年风雨，规划院经历了创业初期的艰辛，经历了市场低迷的考验，并在 2019 年实现了华丽转身，正式更名为中国中建设计集团城市规划与村镇设计研究院（以下简称城镇院）。城镇院将不忘初心、牢记使命，在中建设计集团党委领导下，依托中建设计强大的企业平台、综合技术实力和优质品牌形象，以"打造中国最佳人居环境案例，为城乡居民创造幸福空间"为己任，以高端人才为基础、高质产品为目标、高效服务为保障，为政府和客户提供从空间规划、设计咨询、科研服务到微观设计的全方位服务。城镇院现下设两个管理部（综合管理部、市场营销部），五个业务所（城镇规划所、城市设计所、文旅景观所、遗产保护所、产城发展所），根据集团"横向多元化，纵向一体化"的发展战略，全院积极推进全过程咨询模式，重点打造国土空间规划、城市设计、风貌规划、城市更新、文化遗产保护、产城融合发展、文化旅游发展等几类重点业务，形成与市场接轨的特色发展模式。

目前，城镇院已与国内部分省市规划院、地方政府，以及国内外知名规划专业院校建立了长期战略合作伙伴关系，与集团建筑设计业务机构加强合作，提高了全产业链规划设计延伸能力，大大拓展了技术服务领域。城镇院将以开放的姿态，整合社会资源，携手专业机构，为各级政府和企业提供最优质的技术咨询服务，也必将为设计集团城乡规划业务的发展贡献更大的力量。

载誉成长、屡创佳绩

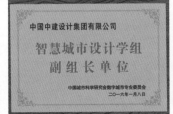

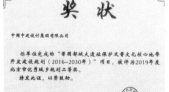

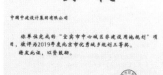

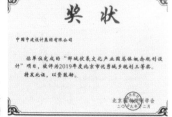

载誉成长、屡创佳绩

载誉成长、屡创佳绩

2007—2019 年度规划院获得集团总部设立的团体奖项列表

时间	奖项	备注
2009 年	2009 年度先进集体	中国建筑北京设计研究院有限公司直营总部
	2009 年度中国建筑青年创优集体	中国建筑股份有限公司
2010 年	2010 年度先进集体	中国中建设计集团有限公司直营总部
	2010 年度中国建筑青年创优集体	中国建筑股份有限公司
2011 年	2011 年度总经理特等奖提名奖	中国中建设计集团有限公司直营总部
	2011 年度先进集体	中国中建设计集团有限公司直营总部
2012 年	2012 年度先进基层党组织	中国中建设计集团有限公司直营总部
	2012 年度总经理特别奖提名奖	中国中建设计集团有限公司直营总部
2013 年	2013 年度先进集体	中国中建设计集团有限公司直营总部
	2013 年度先进基层党组织	中国中建设计集团有限公司直营总部
	2013 年"迎国庆"男子职工篮球比赛第三名	中国中建设计集团有限公司直营总部
2016 年	两学一做知识竞赛季军	中国中建设计集团有限公司直营总部
2017 年	2017 年度先进集体	中国中建设计集团有限公司直营总部
2018 年	2018 年度先进集体	中国中建设计集团有限公司
2019 年	2019 年度先进基层党组织	中国中建设计集团有限公司

2019 年度规划院获得市级奖项项目列表

序号	项目名称	所获奖项	颁发机构
1	北京城市基调与多元化研究	2019 年度北京市优秀城乡规划奖（详细规划与城市设计类）一等奖	北京城市规划学会
2	曲阜片区文化遗产保护总体规划（2011—2030 年）	2019 年度北京市优秀城乡规划奖（详细规划与城市设计类）二等奖	北京城市规划学会
3	邹城伏羲文化产业园总体概念规划设计	2019 年度北京市优秀城乡规划奖（详细规划与城市设计类）三等奖	北京城市规划学会
4	宜宾市中心城区非建设用地规划	2019 年度北京市优秀城乡规划奖（公共服务设施与专题研究类）三等奖	北京城市规划学会

2007—2019 年度规划院项目获奖情况一览表

获奖时间	项目名称	所获奖项
2009 年	安哥拉共和国卡宾达市新城概念规划	2007—2008 年度优秀规划设计一等奖
2009 年	安哥拉共和国马热兰市新城概念规划	2007—2008 年度优秀规划设计一等奖
2009 年	阳泉市大阳泉古村保护与发展规划	2007—2008 年度优秀规划设计二等奖
2009 年	北京市郊铁路 S2 线延庆站规划研究	2007—2008 年度优秀规划设计二等奖
2009 年	北京市密云县巨各庄镇控制性详细规划	2007—2008 年度优秀规划设计三等奖
2009 年	内蒙古乌海市海勃湾旧城改造概念性设计	2007—2008 年度优秀规划设计三等奖
2010 年	曲阜片区文化遗产保护总体规划（2010—2030 年）	2009 年度城市规划和园林景观优秀设计一等奖
2010 年	辽宁省黑山县县城总体规划（2008—2030 年）	2009 年度城市规划和园林景观优秀设计一等奖
2010 年	北京轨道交通房山线长阳镇站及周边用边用地一体化设计	2009 年度城市规划和园林景观优秀设计二等奖
2010 年	北京市密云县新城子镇镇域总体规划（2009—2020 年）	2009 年度城市规划和园林景观优秀设计二等奖
2011 年	门头沟新城南部地区城市设计	2009—2010 年度优秀勘察设计（城市规划和园林景观）一等奖
2011 年	山西大阳泉古村及周边地区详细规划	2010—2011 年度优秀勘察设计（城市规划和园林景观）一等奖
2011 年	门头沟新城北部地区城市设计	2010—2011 年度优秀勘察设计（城市规划和园林景观）二等奖
2011 年	廊坊市大城县中心区城市设计	2010—2011 年度优秀勘察设计（城市规划和园林景观）二等奖

载誉成长、屡创佳绩

续表

获奖时间	项目名称	所获奖项
2011 年	北京轨道交通房山线大学城市及周边用地一体化设计方案	2009—2010 年度院优秀勘察设计（城市规划和园林景观）二等奖
2011 年	廊坊市霸州市中心区城市设计	2009—2010 年度院优秀勘察设计（城市规划和园林景观）二等奖
2011 年	曲阜片区文化遗产保护总体规划（2011—2030 年）	2009—2010 年度中国建筑优秀勘察设计奖综合奖一等奖
2011 年	门头沟新城南部地区城市设计	2009—2011 年度中国建筑优秀勘察设计奖综合奖一等奖
2011 年	山西大阳泉古村及周边地区详细规划	2009—2011 年度中国建筑优秀勘察设计奖综合奖二等奖
2014 年	阳泉生态新城控制性详细规划	2014 年度优秀勘察设计（城市规划和园林景观优秀设计）一等奖
2014 年	常熟南部新城城市设计	2014 年度优秀勘察设计（城市规划和园林景观优秀设计）一等奖
2014 年	佛宫寺释迦塔周边环境整治规划	2014 年度优秀勘察设计（城市规划和园林景观优秀设计）一等奖
2014 年	平定县县城总体规划（2012—2030 年）	2014 年度优秀勘察设计（城市规划和园林景观优秀设计）一等奖
2014 年	内蒙古萨拉乌苏考古遗址公园规划	2014 年度优秀勘察设计（城市规划和园林景观优秀设计）一等奖
2014 年	阳泉市城市综合交通规划(2011—2030 年)	2014 年度优秀勘察设计（城市规划和园林景观优秀设计）一等奖
2014 年	南昌市青山湖区临江地区概念规划及城市设计	2014 年度优秀勘察设计（城市规划和园林景观优秀设计）二等奖
2014 年	常熟南部新城核心区公共环境艺术专项规划	2014 年度优秀勘察设计（城市规划和园林景观优秀设计）二等奖
2014 年	吉劳庆川东胜段湿地保护工程景观提升项目方案	2014 年度优秀勘察设计（城市规划和园林景观优秀设计）二等奖
2014 年	山东滨州鲁北监狱景观规划设计	2014 年度优秀勘察设计（城市规划和园林景观优秀设计）二等奖
2014 年	扬州"七河八岛"地区保护与开发概念规划	2014 年度优秀勘察设计（城市规划和园林景观优秀设计）三等奖
2014 年	吉林省罗通山城考古遗址公园	2014 年度优秀勘察设计（城市规划和园林景观优秀设计）三等奖
2014 年	红岛旅游服务中心概念规划	2014 年度优秀勘察设计（城市规划和园林景观优秀设计）三等奖
2014 年	常熟南部新城生态专项规划	2014 年度优秀勘察设计（城市规划和园林景观优秀设计）三等奖
2014 年	应县佛宫寺释迦塔周边环境整治规划	2014 年度中国建筑优秀勘察设计（城市规划和园林景观）一等奖
2014 年	常熟南部新城城市设计	2014 年度中国建筑优秀勘察设计（城市规划和园林景观）一等奖
2014 年	阳泉生态新城控制性详细规划	2014 年度中国建筑优秀勘察设计（城市规划和园林景观）二等奖
2014 年	平定县县城总体规划（2012—2030 年）	2014 年度中国建筑优秀勘察设计（城市规划和园林景观）二等奖
2017 年	大城县中心区总体城市设计	2016 年优秀勘察设计（城市规划和园林景观优秀设计）二等奖
2018 年	北京市城市基调和多样性战略方案	2017 年度优秀勘察设计（城市规划和园林景观优秀设计）一等奖
2018 年	吉林省桦甸市寿山仙人洞保护规划	2017 年度优秀勘察设计（城市规划和园林景观优秀设计）一等奖
2018 年	衡水市城市总体规划（2016—2030 年）专题研究：都市区统筹协调规划	2017 年度优秀勘察设计（城市规划和园林景观优秀设计）二等奖
2018 年	邹城伏羲文化产业园总体概念规划设计及核心区修建性详细规划设计	2017 年度优秀勘察设计（城市规划和园林景观优秀设计）二等奖
2018 年	莽吉塔站故城保护规划	2017 年度优秀勘察设计（城市规划和园林景观优秀设计）二等奖
2018 年	罗湖二线插花地棚户区改造项目规划及建筑设计	2017 年度优秀勘察设计（城市规划和园林景观优秀设计）二等奖
2018 年	温榆河公园周边区域概念性规划研究	2017 年度优秀勘察设计（城市规划和园林景观优秀设计）二等奖
2018 年	任丘市总体城市设计	2017 年度优秀勘察设计（城市规划和园林景观优秀设计）二等奖
2018 年	宜宾市中心城区非建设用地规划	2017 年度优秀勘察设计（城市规划和园林景观优秀设计）二等奖
2018 年	门头沟新城城市风貌总体研究	2017 年度优秀勘察设计（城市规划和园林景观优秀设计）二等奖
2018 年	郑东新区龙湖地区龙湖中环路沿线概念性城市设计	2017 年度优秀勘察设计（城市规划和园林景观优秀设计）三等奖
2018 年	长春市莲花山国家健康小镇概念规划	2017 年度优秀勘察设计（城市规划和园林景观优秀设计）三等奖
2018 年	平定县县域乡村建设规划	2017 年度优秀勘察设计（城市规划和园林景观优秀设计）三等奖
2018 年	任丘市域美丽乡村风貌总体规划	2017 年度优秀勘察设计（城市规划和园林景观优秀设计）三等奖
2018 年	建始县高岩子森林特色小镇	2017 年度优秀勘察设计（城市规划和园林景观优秀设计）三等奖
2018 年	城市新旧动能转换先行区概念规划及重点地段城市设计	2017 年度优秀勘察设计（城市规划和园林景观优秀设计）三等奖
2018 年	北京新机场南航基地项目基地运行及保障用房工程设计	2017 年度优秀勘察设计（城市规划和园林景观优秀设计）三等奖

载誉成长、屡创佳绩

续表

获奖时间	项目名称	所获奖项
2018 年	河南叶县古城保护与发展控制性详细规划	2017 年度优秀勘察设计（城市规划和园林景观优秀设计）三等奖
2019 年	晋国都城大遗址保护及晋文化核心地带开发建设规划（2016—2030 年）	2018 年度中国建筑优秀勘察设计（城市规划和园林景观）一等奖
2019 年	北京城市基调和多元化战略方案	2018 年度中国建筑优秀勘察设计（城市规划和园林景观）二等奖

2007—2019 年度规划院优秀个人获奖情况统计表

时间	姓名	奖项	时间	姓名	奖项
2007 年	徐萌	优秀员工		任思远	优秀共产党员
2008 年	徐萌	优秀员工	2013 年	杨珂珂	优秀员工
	王晓婷	优秀员工		刘辉	优秀员工
	王晓婷	青年创优个人		阎晶	优秀员工
2009 年	宋晓龙	优秀经营管理者	2014 年	黄倩	优秀党员
	徐萌	优秀共产党员		卢刘颖	优秀员工
	郭占全	十佳工程（建筑）师	2015 年	刘辉	优秀党员
	王晓婷	优秀方案设计能手		刘璐	优秀员工
	张辉	优秀员工		梁栋	优秀团员
	杨洋	优秀员工	2016 年	梁栋	十佳规划师
	王洪涓	优秀团员		黄哲姣	优秀党员
2010 年	宋晓龙	优秀经营管理者		李国安	优秀员工
	郭占全	十佳工程（建筑）师	2017 年	白莹	优秀经营管理者
	王平	十佳规划（建筑）师		杨洋	优秀财务工作者
	徐萌	优秀共产党员		徐萌	十佳原创规划师
	刘晓东	优秀员工		梁栋	优秀员工
	刘凤洋	优秀员工		吴云萍	优秀员工
2011 年	宋晓龙	优秀经营管理者	2018 年	白莹	优秀经营管理者
	王晓婷	十佳工程（建筑）师		杨洋	优秀党务工作者
	张国柱	优秀员工		俞锋	十佳建筑（规划）师
	高媛	优秀员工		卢刘颖	十佳原创建筑（规划）师
	唐江平	优秀员工		刘璐	十佳原创建筑（规划）师
2012 年	宋晓龙	优秀经营管理者		朱陶赛赛	海外贡献奖
	李慧轩	十佳规划师		刘辉	优秀党员
	冯铁宏	十佳规划师		刘梦笛	优秀党员
	张国柱	十佳工程师		徐佳苗	优秀员工
	刘凤洋	优秀共产党员	2019 年	刘辉	十佳原创建筑（规划）师
	高媛	优秀员工		梁栋	十佳原创建筑（规划）师
	虢丽霞	优秀员工		李国安	十佳建筑（规划）师
	贾迪	优秀员工		周维晶	十佳工程师
2013 年	张险峰	优秀经营管理者		陈磊	创新业务贡献奖
	吴宜夏	优秀经营管理者		刘美钰	财务一体化先进个人奖
	屈伸	优秀规划师		刘菲	优秀党务工作者
	曾宇	优秀规划师		卢刘颖	优秀员工
	李晓明	优秀工程师		陈楷	优秀员工
	杨洋	优秀共产党员			

12 年专注规划主业，为政府、企业提供了优质高效的专业服务；12 年精耕细作，培养了成熟干练的专业技术团队；12 年砥砺前行，造就了城镇院灿烂的今天，也必将成就城镇院美好的明天；12 年载誉成长，用一份份证书证明我们的实力，书写我们的历史，见证城镇院的成长。

进入 2020 年，新的城镇院通过市场竞争，承接了新疆和田地区空间规划的重要任务，预示着未来，我们将积极跟随国家发展战略，积极投身到国土空间规划的新业务中，在学习中前进，在市场中搏击，我们充满信心，扬帆远航。

（撰写：刘璐、刘辉、宋晓龙）

2012 年
山西团建
合影

2008 年
考察合影

2019 年
中建设计
集团
直营总部
秋季运动
会比赛
场景

2019 年
城市规划
设计
研究院
酒庄团建
合影

2019 年城市
规划设计研究
院滑雪场团建
合影

2019 年中建设计
集团直营总部
秋季运动会
合影

2010 年北戴河
团建合影

2018 年工作会颁奖

2011 年泰山团建

2019 年秋季运动会

2013 年平谷团建合影

2018 年城市规划设计研究院新睿年会合影

2017 年北京市城市基调与多样化战略方案成果展合影

2018 年年中工作会合影

2012 年年会合唱表演

目录 CONTENT

主题 01

区域协调与城乡统筹

REGIONAL COORDINATION AND URBAN-RURAL COOPERATION PLANNING

新常态背景下的区域协调与城乡统筹发展路径初探

2014年5月，习近平总书记在考察河南的行程中第一次提及"新常态"概念。新常态："新"就是"有异于旧质"；"常态"就是固有的状态。新常态就是不同以往的、相对稳定的状态。这是一种趋势性、不可逆的发展状态，意味着中国经济已进入一个与过去30多年高速增长期不同的新阶段[2]。而区域协调与统筹城乡发展作为国家的重大战略决策，面临新的战略发展机遇。

关于城市区域的概念：英国生态和规划学家格迪斯，1915年在《进化中的城市》（*Cities In Evolution*）一书中将工业城市快速扩张导致诸多功能及其影响范围超越边界，而与邻近城市交叉重叠的地区称为"城市区域"（Geddes P,1915）。20世纪60年代，Dickinson将"城市区域"概念发展为"城市功能经济区"，强调城市经济辐射范围以及腹地与城市之间的功能与经济联系（Dickinson,1967）。2001年，美国地理学家Scott指出全球化发展极大便利了物质、信息、资本以及人员的空间流动，空间邻近在生产组织中的作用和意义并没有随交通成本的大幅度降低而减弱，反而随交流频度和幅度的增大而强化，由此引发了新一轮的经济空间集聚，成为地方层面区域化发展的动力（Scott,2001）[3]。

张可云指出，区域经济学的核心内容有两个方面，即区域经济发展与区域经济关系协调。空间相互作用理论包括空间依赖、空间外部性、空间溢出（Space Spillover）等核心概念，其中区域相互依赖（Independence）理论，由库柏（Cooper,1968）在《相互依赖的经济》中提出，经济技术的不均衡格局使各地必须依赖其他地区的经济技术力量完成地区的经济发展与技术进步。Tobler（1970）提出的"地理学第一性定律"指出，空间中的任何事物都是相互联系的，而且这种联系性随着空间距离的增加而降低——即区域相互作用的"距离衰减率"概念。不同区域之间的影响是跨越区域边界的，任意一个区域经济行为给其他地区带来影响的同时，反过来又通过同样的途径影响到自己的发展。因此，实践中单一区域的经济决策都是具有全局意义的。

区域分工与合作是不同区域突破资源约束与生产效率限制的一种有效途径。目前国际分工有两个渠道：一是利用要素禀赋的差异实现国际分工；二是利用规模经济的生产来实现国际分工（梁琦，2009）。区域分工的结果是各个不同的地区按照自己的优势进行专业化生产，出于增加利益的需要，区域之间在分工的基础上寻求合作。其经济意义在于，区域之间通过优势互补、优势共享或优势叠加，把分散的经济活动有机组织起来，把潜在的经济活力激发出来，从而形成一种合作生产力（李小建，2001）。

新时期促进区域协调发展的基本原则为：把实施区域发展总体战略与推进形成主体功能区，缩小地区发展差距与实现基本公共服务均等化，优化发达地区发展与扶持欠发达地区发展，深化国内区域合作与扩大对外开放，发挥优势、加快开发与节约资源、保护环境结合起来[4]。

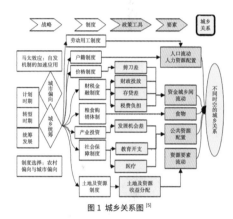

图1 城乡关系图[5]

区域经济的空间形态变化，从二元割裂到城乡交融。①城乡经济分工格局转变：二元结构状态下，城市与乡村的经济分工较为明确，即城市是第二、三产业的集中分布地，是区域最主要的生产中心、消费中心和就业中心；而乡村主要承担第一产业的发展，是区域经济要素的输出基地，其中乡村剩余劳动力为城市经济发展提供劳动力保障，农业资源为城市非农产业发展提供原料支撑，乡村资金为城市经济发展实现积累与转化，乡村土地为城市经济活动拓展提供地域空间。在三产互动与城乡统筹发展模式下，城市与乡村的经济空间格局发生重要改变，城乡经济要素不再是单方面从乡村流向城市，而是双向流动、相互渗透。城市与乡村，作为两种不同的经济地域类型，分工合作不断深入。②城乡经济活动由集聚向扩散转变：二元结构状态下，区域经济活动表现为强大的向城市，尤其是大城市、特大城市，城市群和城市密集地区集聚的取向。这种背景下，经济要素在城市间不是循环交流而是城市巨大的虹吸效应。城市经济繁荣与扩张的同时带来的是乡村经济的萧条与萎缩，城乡差距也越来越大。三产互动和城乡统筹发展模式下，乡村地区经济活动日趋频繁，尤其中心镇、中心村逐渐成长为乡村地区的经济中心，通过产业合作、功能转移、要素渗透等途径接受来自城市的辐射与带动。城乡边界相互开放，区域经济活动呈现出由单一向城市集聚转为向乡村地区（以中心镇、中心村为主）扩散的变化。③城乡人口流向改变。二元结构状态下，乡村剩余劳动力单方面涌向城市，维系的是基于劳动报酬之上的城乡间简单而又低级的经济联系，乡村剩余劳动力主要靠在城市从事相对低等的劳动获取报酬，城市经济带动乡村经济的作用比较微弱。三产互动和城乡统筹发展模式下，乡村第一产业在第二、三产业的扶持与带动下，现代、专业化、规模化程度不断增强。产业发展空间得到极大提升，因此一部分进城务工人员会选择回乡从事新兴的第一产业生产。同时，农业产业链的延伸使得乡村第二、三产业蓬勃发展，乡村经济活跃发展，返乡农民工数量进一步上升。即城市与乡村的就业职能差距有所缩小，乡村剩余劳动力的就业选择空间不仅仅局限于城市。此外，城乡产业与经济联系的增强也使城乡间人口要素的流动更加频繁，人口交融日趋加剧。

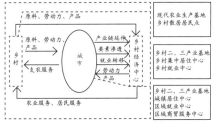

图 2 三产互动与城乡统筹背景下我国城乡空间互动机制

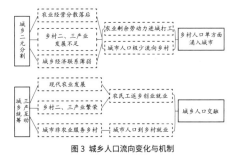

图 3 城乡人口流向变化与机制

城市经济空间拓展方面，从地域扩张到要素渗透：市地域扩张速度减缓，市内部经济空间优化调整。乡村经济空间转型，从单一松散到多元紧凑：乡村经济形态被重新塑造，乡村经济增长核心区不断出现，乡村城镇化进程加快[6]。

区域均衡增长理论强调大规模投资和合理配置有限资源的重要性，重视发挥宏观计划的指导作用。区域非均衡增长理论立足区域经济发展的客观规律，针对平衡发展理论存在的问题，认为发展中国家应该集中有限的资本和资源首先发展一部分产业，以此为动力逐步扩大对其他产业的投资，带动其他产业的发展。在地理空间上也应该选择部分条件优越的区域优先发展，并通过经济活动的扩散带动其他区域共同发展。该理论强调将有限资源集于优势区域发展的思路较符合发展中国家的实际情况，在实践中获得了较普遍的认同。但是政府干预的强度与时机的选择仍然是一个现实的难题，也是制约非均衡增长理论在实践中发挥指导作用的关键[7]。

关于城乡统筹，国内学者普遍认为其本质不是纯粹、单一的低水平均衡或平均主义，也不是转移城市资源到农村，而是促进城乡两大社会经济系统朝着生产要素优化组合、城乡差别日渐缩小、城乡二元结构弱化、城乡发展机会均等的方向发展[8]，从根本上解决"三农问题"，实现城乡共同发展和共同繁荣。

城乡统筹是以健康城市化和城市对乡村的合理扶持为基础的，基于稳定、保护、发展和协调4个原则，构建整体功能互补空间布局与支撑体系配套，最终实现区域整体发展水平不断高级化和城乡发展水平相对均衡化的城乡统筹[9~13]。基于上述原则，在新型城镇化背景下，应该从以下5个方面确立城乡统筹的优化方向：①优化重点区域发展，合理开发有条件区域；②优化空间布局形态，构建多元互补模式；③优化集群产业结构，做好城乡产业融合；④优化发展美好环境，促使城市向生态城市转化；⑤优化市场导向机制，使政府调控符合经济规律[14]。

城乡统筹包括城乡政治（制度）、经济产业、社会服务、生态环境、特色资源以及空间布局统筹六个方面的内涵。城乡政治（制度）统筹，主要指赋予农民平等的公民待遇、完整的财产权利和公平的发展机会，包括就业、户籍管理、财税金融、社会保障以及教育制度等[15]；城乡经济产业统筹，则寻求城市与农村资源利用的平等，构建适合城乡发展优势且相互补充的产业结构体系，改变城乡二元经济结构[16]；城乡社会服务统筹，即优化整合各种公共资源，构筑覆盖城乡的基本公共服务供给体系，逐步实现城乡基本公共服务均等化[17]；城乡生态环境统筹，即建立城乡生态环境大系统，协调城乡环境资源，实现城乡环境共同发展[18]；城乡特色资源统筹，即在城乡统筹发展过程中缩小城乡差距，并使城乡各具特色；城乡空间布局统筹，即强化城乡设施衔接和延伸，提高城乡土地集约化水平，构建城乡融合、功能互补的发展格局[19]。

城乡统筹国际经验总结：①鼓励农村市场化进程，增加农民财产性收益。中东欧国家现阶段基本停留在促进农民收入多样化以及保障农民顺利实现统筹城乡的就业制度上。农村市场化是制度盘活了农村土地资源，为农民增收创造了多样化的途径。市场化的进程也会带来贫富差距加大，增加失业率，此时，如果处理不好则可能导致大量的农村人口再次从第二、三产业转向农业，造成高水平的农业隐性失业，这种情况是我国在城乡统筹进程中着力避免的。②完善新农村建设制度，确保农民利益有保障。日本政府在城乡统筹实施的亮点主要体现在从制度和体制上促使农村和城市要素双向流动，采取了特别为农村地区制定的农村法律保障，使农村地区的建设有法可依、有章可循，此外，还特别体现出对农村地区的政策倾斜，采取农村地区的土地规划、明确的投资体制、严格的环境保护、农民的参与机制等4个方面的方式措施实现对农村、农民、农地的有效保障。③推进中小城市和小城镇建设，加强城乡联系的关键节点。韩国政府意识到推进城乡统筹不是一朝一夕的事情，而是一个需要长久坚持的政策方向，为此韩国设立了6个阶段、3个进度，经过长达近40年的实践，有效地缩小了城乡差距。韩国政府通过分阶段目标逐步缩小城乡之间日益扩大的差距，收到了良好的成效。总体上看，韩国政府实施的是由硬到软、由慢到快、循序渐进的过程，从最初的重视基础设施投入逐步转向重视农村地区的制度建设等。在统筹城乡的空间布局上，韩国设置营造小城镇的方法类似英国建设"新市镇"的方法，我国在未来相当长的一段时间内仍需要通过市镇建设带动农村地区的发展。④分类进行农村土地整理，提高土地利用。在统筹城乡土地整理方面，德国的城乡等值化成了德国农村发展的普遍模式，也是欧盟农村政策的新方向。德国的城乡等值化不仅对不同类型的土地进行了分类，还采取"开发"和"保护"相结合的方式，保障了农民利益。

总体上看，国外在乡村建设过程中，经过了硬性建设过程和软性建设过程。其中，硬性建设过程是指建设基础设施、配置公共服务设施等硬指标；软性建设过程是指建立促进城乡要素双向流动的制度安排、法律保障。城乡统筹的核心要义是制度统筹，通过打通城乡割裂的各种要素，使城乡要素能够双向流动。我国近年来开始了城乡统筹试点，主要是针对土地这一关键要素进行土地制度改革和探索，从社会公平角度提供公共服务均等化和农民权益保障等方面[20]。

回到我国国情分析，城乡统筹的真实含义在于城市居民和农村居民能够共享公平的公民权利、农村经济和城市经济相互融合与支撑、城乡空间与本区域利益相协调。当前城乡统筹面临着城乡居民身份权利不对等、城乡经济相对分离以及乡区域利益相冲突等三重矛盾。其中城市经济与农村经济之间，绝不是简单的供养关系或扶植关系，农村经济应该有自身的发展能力。在农村经济的实际运作中，土地对于农民来讲是生产资料、生活条件和生存环境的统一体，农村经济不可能像城市经济那样只在单一功能（比如生产资料）上使用土地，而必须兼顾三个层面的土地功能。目前，很多地区仍以追求经济效益为目的，在近郊区开辟"工业园区"或"科技园区"，其中不乏各种污染性企业。对当地的居民生活和生态环境都造成了负面影响。这种以牺牲农村生态环境和社会环境为代价来实现当地经济增长的做法都违背了城乡统筹的根本目标，难以促成城乡经济的融合[21]。

城乡空间统筹的主要任务就是要协调城乡区域与本地区利益，而非在空间上取消农村。土地综合利用和管理的对象主要包括城市周边农村土地的变性和使用、城市征占农村土地和农村城市化过程中"农民转居民"的用地变化。这其中涉及征地拆迁、农民上楼以及统筹就业和社保体系建设等工作，但这都是以农民失去土地为前提或代价的。在城市向农村扩张的过程中，失地农民只是城市土地及其附加空间综合利用和管理的"安置对象"，只是对失地农民的土地缺失进行补偿。由于这种补偿是一次性的单向行为，并未按市场规则来进行双向交易，所以补偿并不具有标准的定价，补偿的公正性、平等性更无从谈起。在这种利益主体非对等性和权利非对等性的情况下，城乡之间难以形成合理的利益关系，从而直接阻碍了城乡空间统筹的实际进展[21]。

统筹城乡基础建设，不仅包括水利、道路、医疗、房屋、田园、网络等物质方面的基础建设，同时也包括教育文化、思想观念、娱乐消遣等精神方面的基础建设。现状农村基础建设滞后，在许多方面跟不上时代发展的潮流，造成了农村的闭塞与保守。统筹城乡基础建设，要引导劳动力、资本、土地、人才、技术等资源在城乡之间合理流动，以现代城市和乡村的发展理念引领城乡的发展，从而改变农村闭塞与保守的面貌特征。这里所说的统筹城乡基础建设，并不是单一地把农村城市化或者城市农村化，而是在保留各自特征的基础上实现两者的生态统一，从而做到城乡互补、城乡互进、协调发展[22]。

关于存量规划，国内学者展开一系列讨论。邹兵认为，①城市规划先在外围发展新区利用获得增量收益来处理老城的存量优化问题，现在面临的挑战是增量扩张受到约束，要在增量有限或者没有增量收益的情况下，如何通过盘活存量来解决持续发展问题。②而存量既可以指城市已建成区，也可以指已出让土地使用权但并没有完成建设的已批未建用地。对于前者，面临的是土地二次开发的更新改造问题；对于后者，则是闲置用地收回或产权回购的政策问题。关于减量的理解，一种是在生态保护区清退建设用地，进行生态恢复；另一种是减一部分增另一部分，如减村镇用地增城市用地，减工业用地增加居用地，公共空间和绿地等，实际是用地内部结构的调整转换。③编制存量和减量规划，首要先由大规划向小规划转变。增量规划考验规划师的是想象力和洞察力，要有理想有激情有远见；存量和减量规划更多地需要理性、细心、耐心和恒心，更多的是微空间、微设计、微循环、微更新。其次，存量规划要在规模锁定、空间结构基本不变的前提下，通过用地结构的调整来实现城市就业、居住、交通、服务等功能的改善。存量规划要计算用地转换的财务收益，需要支付的成本，以及怎样分配这些收益，分摊这些成本。增量规划重利益平衡，存量规划重利益分享，减量规划重利益补偿[23]。

赵燕菁认为，城市化进入常规发展阶段，大规模空间扩张的阶段迅速减弱，存量扩张必将取代增量扩张，成为城市增长的主要形式。增量规划回答的问题是怎样在空间上最"合理"地配置各种色块（功能），怎样把已有的色块（功能）转变为更有效率的色块（功能）。看上去都是关于土地功能的配置，方法和途径却截然不同。如果说增量规划是新建一座城市的施工图，存量规划就是已建成的城市的管理细则。传统城市规划的处理存量的理论工具，大多是社会学基础的，如阶层融合、性别平等、种族歧视等，需要大量的价值判断，像公平、正义等。赵燕菁则更倾向使用经济学，特别是制度经济学的工具。对城市的存量管理进行超越价值判断的规范分析[23]。

在上述背景与理论支撑下，我院编制了一系列城市、镇、县的总体规划，从市域（县域）、规划区、中心城区三个层次进行用地布局与空间规划、三次产业结构调整，并作出战略规划与近期规划，重点解决民生相关问题，实现存量规划的空间和经济优化，推动公共服务设施均等化，城乡一体化发展，并取得了相关建设成效。

参考文献

[1] 刘泉. 我国首次立法把村庄纳入规划 [N]. 人民日报（海外版），2008-01-02.

[2] 王敬文. 习近平"新常态"表述中的"新"和"常". 中国新闻网. http://www.chinanews.com/gn/2014/08-10/6477530.shtml，2014-08-10.

[3] 吴超. 城市区域协调发展研究 [D]. 广州：中山大学，2005.

[4] 范恒山（国家发展改革委员会地区经济司司长）. 我国促进区域协调发展的理论与实践 [J]. 经济社会体制比较（双月刊），2011（6）：2,3,7,8

[5] 赵彩云. 我国城乡统筹发展及其影响要素研究 [D]. 北京：中国农业科学院．2008.

[6] 刘玉. 基于三产互动与城乡统筹的区域经济空间分析 [J]. 城市发展研究，2011，4（18）：48-51.

[7] 姜文仙. 区域协调发展的动力机制研究 [D]. 广州：暨南大学，2011.

[8] 薛晴，霍有光. 城乡一体化的理论渊源及其嬗变轨迹考察 [J]. 经济地理，2010，30（11）：1779-1784.（吴永生. 区域性城乡统筹的空间特征及其形成机制——以江苏省市域城乡为例 [J]. 经济地理，2006（5）：810-814.）

[9] 姚士谋，杨永清，任永明，等. 城乡统筹和谐江宁 [M]. 合肥：中国科学技术大学出版社，2011.[Yao Shimou, Yang Yongqing,Ren Yongming et al. Urban and rural areas:Harmony Jiangning.Hefei: Press of University of Science and Technology of China，2011.]

[10] 姚士谋，陆大道，王聪，等. 中国城镇化需要综合性的科学思维——探索适应中国国情的城镇化方式 [J]. 地理研究，2011,31(11): 1947-1955. [Yao Shimou, Lu Dadao,Wang Cong,et al.Urbanization in China needs comprehensive scientific thinking:exploration of the urbanization mode adapted to the special situation of China. Geographical Research,2011,31(11):1947-1955.]

[11] 仇保兴. 智慧地推进我国新型城镇化 [J]. 中国建设教育，2013, 20(4):96-97.[Qiu Baoxing. Smartly promoting New-Style urbanization in China. Urban Development Studies,2013, 20(4): 96-97.]

[12] 吴良镛. 人居环境科学导论 [M]. 北京：中国建筑工业出版社，2001.[Wu Liangyong. Introduction to sciences of human settlements. Beijing: China Architecture & Building Press,2001

[13] 陆大道. 地理学关于城镇化领域的研究内容框架 [J]. 地理科学,2013, 33(8): 897-901.[Lu Dadao. Geography research framework for the area of town. Scientia Geographica Sinica,2013, 33(8): 897-901.]

[14] 陈肖飞，姚士谋，张落成. 新型城镇化背景下中国城乡统筹的理论与实践问题 [J]. 地理科学，2016, 36（2）：192,193.

[15] 姜太碧. 统筹城乡协调发展的内涵和动力 [J]. 农村经济，2005(6): 13-15.

[16] 田荣美，高吉喜. 城乡统筹发展内涵及评价指标体系建立研究 [J]. 中国发展，2009(4): 62-66.

[17] 陈加元. 城乡一体化认识提升城市化水平 [J]. 浙江经济，2003(16): 28-31.

[18] 钟春艳，李保明，王敬华. 城乡差距与统筹城乡发展途径 [J]. 经济地理，2007(6): 936-938.

[19] 柳博隽. 正确理解城乡一体化内涵 [J]. 浙江经济，2010(22): 6.（吴丽娟，刘玉亭，程慧. 城乡统筹发展的动力机制和关键内容研究述评 [J]. 经济地理，2012.）

[20] 陈轶，朱力，张纯. 城乡统筹的国际经验借鉴及其对我国的启示 [J]. 安徽农业科学，2014,42(15): 4850-4853.

[21] 李慧芳. 主体、经济、空间：城乡统筹矛盾的三维分析 [J]. 理论导刊，2012（6）：31,32, 36.

[22] 刘卫平. 城乡统筹发展中的社会协同治理机制研究 [D]. 湖南：湘潭大学，2014.

[23] 施卫良，邹兵，金忠民等. 面对存量和减量的总体规划 [J]. 城市规划，2014, 36（11）.

01 河北衡水市城市总体规划（2016—2030 年）

项目简介

1. 项目区位：京津冀城市群重要节点城市，冀东南综合物流枢纽城市。

2. 编制时间：2013 年。

3. 项目概况：衡水市在河北省经济排名相对靠后，产业结构调整任务十分艰巨。由于衡水市区发展受到人地规模限制，产生中心城区规模较小、经济总量不足、对全市的辐射带动能力不强等问题，规划构建"双心引领，五区联动，环带辐射"的都市区空间发展总体结构，跨区域整合优化资源要素，探索中心城区与周边县镇的合作发展新路径和新模式，壮大中心城市规模，增强辐射带动能力，形成全市重要的经济增长极，引领和带动区域整体发展。

新型城镇化内涵图

规划范围与层次

市域：衡水市行政辖区范围，面积 8815km²。

都市区：包括桃城区和枣强、武邑、冀州 3 个县域范围，总面积约 3231km²。

中心城区：中心城区增长边界及必要的生态空间所控制的范围，总面积约 215km²。

发展机遇

衡水产业基础雄厚，在绿色食品加工和制造业等方面特色鲜明。其中橡塑产业规模较大，国内区位熵达到 80% 以上。石济高铁将助力衡水商务设施的建设。此外，滨湖新区建设需要高端产业引领，完全可借助自身优良的生态环境引入商务职能，引导新区健康发展。

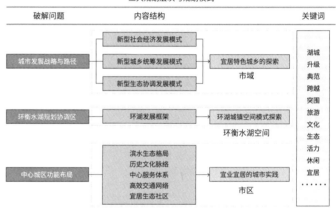

三大规划层次与规划模式

规划重点问题

1. 依托省级综合配套改革示范区的建立，借势京津冀协同发展，增强区域交通枢纽地位，突出衡水市在京津冀城市群中的重要支点作用，实现区域协调发展。

2. 按照新型城镇化发展要求，注重城乡一体化发展，构建合理的城镇发展格局，形成功能完善、资源集约、生态良好的科学发展示范地区。

3. 加强衡水湖保护与利用，优化水、土地资源配置，解决制约衡水经济发展的瓶颈，推进水生态修复、基本农田保护与资源综合利用协同发展。

4. 转变经济发展方式，科学确定主导产业，突出产业特色优势，推动产业结构优化升级，构建以生态、循环为特点的现代产业体系。

5. 划定都市区范围，构建都市区发展框架，壮大中心城市，增强区域一体化协调进程，推进同城化建设管理。

6. 拉大中心城区发展框架，完善城市功能，传承历史文化，塑造城市特色，增强综合承载能力。

都市区范围界定图

都市区产业布局规划图

都市区产业发展结构

采用"轴带—片区"的空间组织模式，规划形成"两中心、多组团"的产业发展空间格局，打造全市先进制造业集群、现代服务业高地。

两中心：包括区域综合服务中心和环湖生态休闲旅游中心。

区域综合服务中心是指以桃城区为核心，重点发展商务金融、科技教育、商贸服务等现代服务业。

生态心是指环湖生态休闲旅游中心，包括环衡水湖周边区域和滨湖新区，重点发展生态休闲、文化旅游、休闲养生、运动休闲等旅游休闲产业，打造成全国知名的精品旅游景点。严格执行环保准入标准，杜绝高污染项目建设，逐步搬迁环湖周边工业企业。

七组团：指桃城经济开发区、衡水工业新区、武邑经济开发区、枣强玻璃钢产业园区、冀州组团经济开发区、大营皮毛产业聚集区等差异化发展的特色产业。

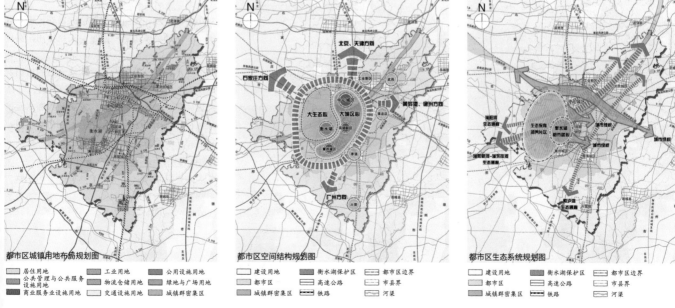

都市区城镇用地布局规划图

都市区空间结构规划图

都市区生态系统规划图

都市区统筹协调目标

增强区域竞争力——构建冀中南经济区中心城市、首都经济圈重要节点城市。

土地集约节约利用——加快新型城镇化发展，打造冀中南城乡统筹发展示范区。

促进产业转型升级——打造京津冀地区"一枢纽、四基地"，打造京南滨湖旅游休闲地（区域交通物流枢纽、绿色农产品供应基地、生态屏障保护基地、技术成果转化产业承接基地和教育医疗休闲养生疏解基地）。

推进生态环境保护——打造中国北方生态宜居滨湖园林城市，打造河北省生态经济发展示范区。

提升公共服务水平——落实河北省城乡一体化发展综合配套改革试验区任务，建设河北省城乡一体化发展先行区。

完善基础设施建设——巩固京津冀区域交通枢纽地位，全面提高市政基础设施支撑水平。

都市区统筹协调策略

七个一体化策略：空间结构一体化，产业布局一体化，生态保护一体化，综合交通一体化，公共服务一体化，基础设施一体化，环湖风貌一体化。

都市区发展策略

探索产业聚集和转型发展新模式，健全主导产业发展新机制，加快传统特色产业转型升级，积极培育战略新兴产业。

积极融入京津冀协同发展和沿海开发开放产业发展布局；推行城镇和开发区（园区）经济一体化发展规划建设和管理，推动城镇与周边开发区（园区）互动发展。

积极培育农业新型市场经济主体，完善农业产业链和利益联结机制，提高农副产品深加工水平和农业生产效益。

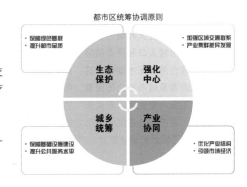
都市区统筹协调原则

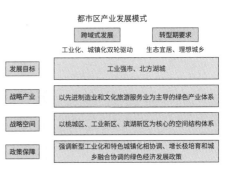
都市区产业发展模式

环衡水湖生态敏感性分析

■ 不敏感　■ 较不敏感　■ 中等　□ 较敏感　■ 敏感

生态敏感地区
分布在核心区的东湖，以及部分行洪区

生态较敏感地区
分布在核心区的西湖及缓冲区

生态中等敏感地区
分布在实验区及主要廊道位置

生态较不敏感地区
主要分布在现状农田

生态不敏感地区
主要分布在建设用地及地势较高的地区

环衡水湖发展模式

绿、水、城相融合的空间模式。

依托圈层 + 渗透的发展路径，充分利用湖水资源，形成"水绿纵横、绿在城中、城在绿中"的北方湖城城镇空间意象，城市围绕湖体由自然山体、绿地分隔形成圈层 + 渗透的空间形态。构建"一环两心两带"空间结构。

以衡水中心城区及冀州主城区为中心，向外围拓展建设空间，其中衡水中心城区为城市提供综合服务；冀州主城区提供特色服务。

两带分别为北部的工业产业区，作为衡水主城区联系武邑县、带动武邑县的绿色工业发展带，南部作为冀州主城区联系枣强县、带动枣强县的绿色工业发展带。

中心城区发展策略

随着城市规模的壮大和城市服务能力的增强，中心城市对市域人口和产业的吸引能力将进一步增强，综合考虑衡水湖保护区、滏阳新河、交通设施走廊及城市形态等因素，中心城区宜按照"北工业、中生活、南生态"的总体功能布局模式，逐步完善各部分城市功能，进一步提升中心城区辐射和带动能力。

中心城区空间指引

1. 主城区组团

向北拓展不跨越邢衡高速公路，向南拓展不跨越滏阳二路，远景用地规模控制在104km²左右。远景发展以建设生态宜居城市为目标，进一步提升服务职能、美化城市环境、塑造城市特色为目标，循序渐进地均衡配置各项服务设施，优化城区用地结构，完善城区路网体系。

2. 工业新区组团

实施工业东进战略，实现与循环产业园连片发展，形成区域竞争优势明显的现代化产业园区，远景用地规模控制在62km²左右。

3. 滨湖新区组团

滨湖新区组团以保护衡水湖资源为主，严格将用地规模控制在31km²以内。充分发挥衡水湖的品牌优势，进一步提升滨湖新区组团在京津冀地区的影响力，使滨湖组团成为京津冀地区重要的生态型休闲度假基地。

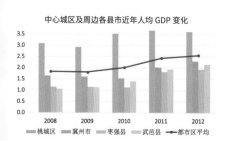

中心城区及周边各县市近年人均GDP变化

中心城区用地规划图

02　山西省垣曲县城总体规划（2008—2020 年）

项目简介

1. 项目区位：地处山西省南端，运城地区东北隅，黄河北岸，距运城市 115km，距省城太原 440km。

2. 编制时间：2008 年。

3. 项目概况：全境极点直线距离东西 65km，南北 48km，县域总面积 1620km²。全县共辖 5 镇 6 乡，192 个行政村。城区总人口 75592 人，2008 年中心城区建设用地 7.6km²。

规划范围

县域规划总面积 1620km²，城市规划区总面积为 88.0km²，中心城区总面积 12.9km²。

规划期限

规划年限为 2008—2020 年，其中，近期：2008—2010 年，远期：2010—2020 年，远景展望到 2035 年。

人口和用地规模预测

综合考虑自然增长率和机械增长率，预测规划末期中心城区人口 13 万人，近期 9 万人。2020 年，城市建设用地规模应控制在 14km² 以内。

城市性质

全县的政治、经济、文化中心，山西省铜生产与加工基地，黄河小浪底地区旅游服务中心城市之一，以山水休闲经济为特征的生态城市。

规划区划定

考虑"山水休闲"经济和县城的生态环境，划分为规划区、城市环境控制边界、建设用地范围。

规划重点

调整用地结构，构建山水休闲经济模式；妥善处理与中条山之间的关系；完善对外交通体系，优化内部交通结构；加强城乡一体化建设，制定农村经济新模式；优化城市环境，加大城市绿化面积。

城市发展方向

南展西拓，东整北控。

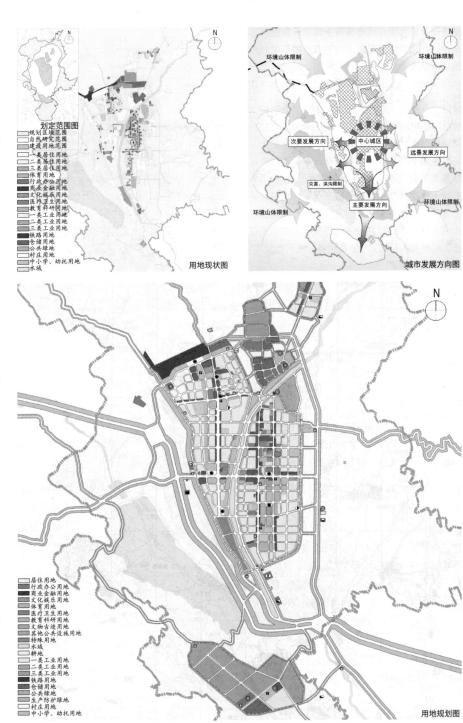

城市空间结构

"一心、两轴、三片区"。一心：城市主中心（新城大街与黄河路交叉口）。两轴：城市纵向主轴线—新城大街，城市横向主轴线—黄河路。三片区：北部的工矿片区、中部的城市中心片区、南部的工业片区。

城市中心片区结构

城市中心片区打造"一心""两轴""六节点"的空间结构。一心：城市主中心；两轴：横轴—黄河路，纵轴—新城大街；六节点：舜王大街与友谊路交叉口（生态景观节点）、黄河路与中条大街交叉口（文化体育节点）、建设路与新城大街交叉口（教育科研节点）、火车站前（旅游服务节点）、友谊路与中条大街交叉口（城市景观节点）、黄河路与东环路交叉口（生态景观节点）。

城市用地规划

为了打造"山水休闲"经济，整合、调整现有土地资源，加大公共服务设施用地和绿地的比例，控制三类工业，大力发展污染小的一、二类工业用地，以满足"山水休闲"旅游经济模式的形成；提高居住用地的开发强度，调整公共服务设施用地比例，加大工业用地比例，加大城市绿地面积；结合"山水休闲"经济的发展需要，规划构筑"一带一轴、两心四点"的公共服务设施体系；依托"山水休闲"经济模式，鼓励环保、节能新型工业的发展。

道路交通规划

以方格网状道路结构为主，构建"六横七纵"的主干路路网。

景观系统规划

考虑与周边山体形成对景，打造城市天际线。构建公共中心景观区、滨河景观区、生态公园区三大景观区，打造五门户、五地标；构建友谊路、黄河路、学府路、新城大街、中条大街、滨河景观带六大景观廊道。

城市建设用地

将规划用地分为规划期内建设用地、远景城市建设用地和极限用地，面积分别为12.9km²、4.7km²、21.9km²。

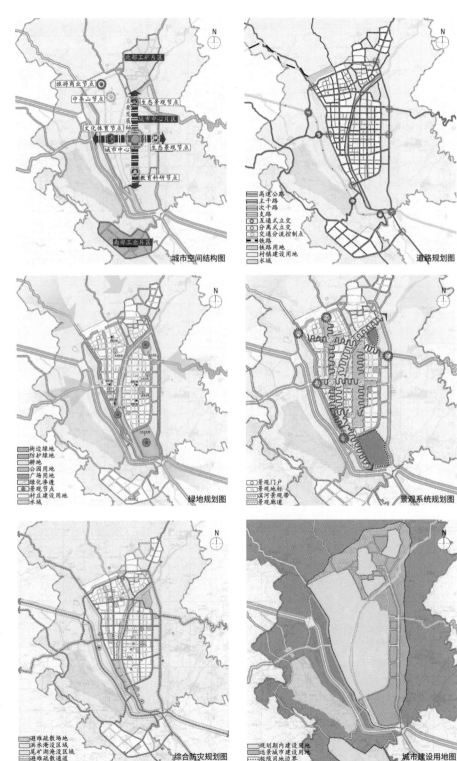

03 山西省平定县总体规划（2012—2030年）

项目简介

1. 项目区位：从平定县与阳泉市行政辖区的空间形态上来看，阳泉市是平定县必然的地理中心，且平定县城距阳泉市中心仅9km。

2. 编制时间：2012年。

3. 项目概况：2010年12月，平定县成了山西省第一批"扩权强县"试点县；《阳泉市城市总体规划（2011—2030年）》修编中，将平定县部分地区纳入阳泉市中心城区，称为"平定组团"。

规划范围

县域总面积1394km²；城市规划区共计515.8km²。

规划期限

近期2012—2015年；中期2016—2020年；远期2021—2030年。

第一部分 县域城镇体系规划

空间结构

规划构建"一核三轴"的县域城镇空间结构。一核指平定县中心城区。三轴即以阳泉市中心城区为中心向南延伸的城镇发展主轴；向东延伸的城镇发展次轴；从阳泉北部新城出发的城镇发展次轴。

等级结构

由县域中心城市、重点镇、一般镇3个级别构成：县域中心城市1个，重点镇3个，一般镇5个。

产业发展规划

规划布局"三大农业板块、三个种植片区"的第一产业空间布局结构；"一带三园"三大产业聚集区的工业布局结构；"一带、一心、三节点"的现代服务业空间布局。

综合交通规划

构建与阳泉中心城区一体、辐射各乡镇的公路网络体系；明确城乡道路系统功能分级体系，提高路网密度及通达深度；中心城区形成换乘方便的城乡一体化客运服务系统。

第二部分 城市规划区协调发展规划

提出重要功能区布局方案和村庄分类建设指引导则，布局重要的市政公用设施，进行有效交通组织，布局城镇组团生态绿地，推进平定中心城区与阳泉中心城区同城化发展，建立城乡一体化发展机制。

规划区范围示意图

县域城镇体系空间结构图

县域城镇体系等级规模结构规划图

县域综合交通现状图

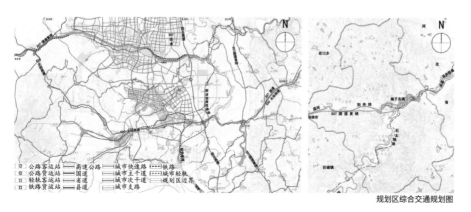

规划区综合交通规划图

规划区综合交通现状图

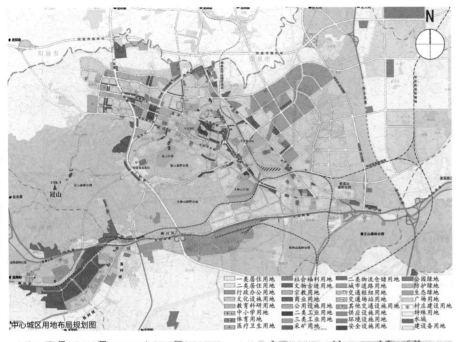

中心城区用地布局规划图

第三部分 中心城区

城市性质

阳泉中心城区南部副中心，县域行政中心，以能源制造、商贸物流、文化旅游为主的生态宜居城市。

城市人口规模

2015 年近期中心城区人口 15.1 万人；2020 年中期中心城区人口 17.5 万人；2030 年远期中心城区人口 22.0 万人。

城市建设用地规模

2015 年近期中心城区用地规模 18.0km^2；2020 年中期中心城区用地规模 20.9km^2；2030 年远期中心城区用地规模 24.3km^2。

空间结构

规划平定中心城区空间结构为"三轴、双心、四片区"。

综合交通规划

中心城区外围形成快速公路圈；建成平定县中心城区与阳泉市中心城区多条道路通道。合理引导城市用地的开发建设，促进城市布局及道路交通的良性发展。

城市景观风貌规划

规划形成"一核、一环、两廊、多点"的景观风貌结构。

历史文化保护规划

对已核定的文物保护单位、建设控制地带和一般保护区给予分级保护。

中心城区建设用地现状图

中心城区用地评价图

中心城区空间结构规划图

中心城区景观规划图

中心城区综合交通规划图

04　山西省阳泉经开区产业规划与总体规划
　　（2019—2035 年）

项目简介

1. 项目区位：阳泉地处三晋门户，晋冀要衡，是山西对接京津冀城市群的战略桥头堡，对于山西省来说，具有承东启西、东进西联的战略地位。

2. 编制时间：2019 年。

3. 项目概况：近年来受市场环境影响，阳泉作为传统的资源型城市，产业转型压力巨大，整个城市也面临城市转型升级的"阵痛期"，经开区将成为撬动阳泉未来发展的战略支点。

发展历程

阳泉经开区自 1993 年初步设立以来，空间呈现粗放式增长模式，工业园区主要集中分片分布、缺少统一规划整体布局；2011 年编制阳泉市总规明确发展方向，确定向东、向北发展，但各园区仍处于无序发展状态，没有按照规划指引有效实施；2017 年正式整合区内多个园区，实现扩区至 80km²，确定了"一区多园"的发展模式。

规划范围

规划面积为 80km²，分为南北两区，其中南区 60km²，北区 20km²。

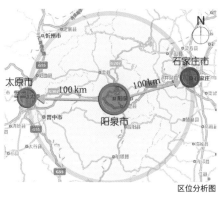
区位分析图

规划范围界定图

现状照片 1

现状照片 2

现状照片 3

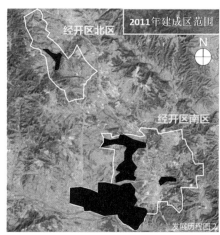
现状照片 4

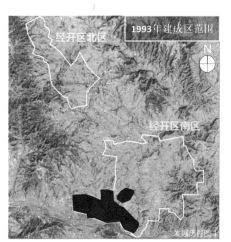
发展历程图 1

发展历程图 2

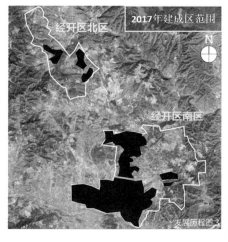
发展历程图 3

04 山西省阳泉经开区产业规划与总体规划（2019—2035年）
Industrial Planning and Master Plan of Yangquan Economic and Technological Development Zone(2019—2035)

037

重点问题

1. 阳泉市经济增长缓慢，产业结构单一，城市发展陷入困境；需重新构建城市产业体系，增加新兴产业抵御市场风险。

2. 现状城市空间无序扩张，"三生空间"交织，未形成合理有序的空间结构；需整理"三生空间"关系，以生态为底，科学合理布置生产、生活用地，促进三生融合。

3. 现状城市各组团联系松散，老城中心辐射能力不足，且各组团产业关联性不强；需在充分考虑城市未来空间发展的基础上，合理布置公共服务中心，提供均衡服务，加强区域联系。

4. 经开区范围内存在多个行政主体交织，事权范围和行政范围均不耦合；需充分协调各行政主体关系，跳出经开区自身，从"大阳泉"角度统筹协调。

5. 自然地形条件复杂，沟壑纵横，开发建设难度大；地形总体呈北高南低态势，地形变化复杂、高差大，最大高差约500m，区内用地以坡度在8%～16%之间居多，自然地形坡度在5%以下的用地较少，坡度在25%以上用地主要集中在南区东侧和北区北侧，结合地貌条件，规划为发展备用地和灵活式的生态产业用地，为经开区未来发展预留空间。

阳泉与全国城市建成区增长对比表

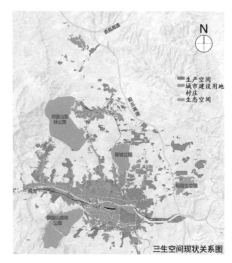
三生空间现状关系图

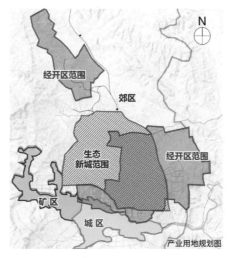
产业用地规划图

老城位置示意图

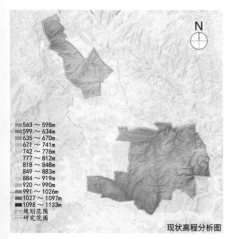
现状高程分析图

现状坡度分析图

现状坡向分析图

目标定位

以打造国家级经济技术开发区为目标、立足自身，成为阳泉市转型发展主战场、创新驱动的主引擎、经济增长的新动能。

产业规划

以现有产业为基础，将"三大发展理念"作为产业遴选原则，筛选重点产业，形成"1+2+1"的产业体系；

强力培育 1 个战略产业——新一代信息技术产业；

做大做强 2 个支柱产业——新材料产业和装备制造产业；

融合发展 1 个协同产业——生产性服务业，主要包括现代物流、科技服务和以科创文旅为主的生态产业。

产业布局

按照"化零为整、高效集约，分工协作、聚集融合，近远结合、分期实施"的总体布局原则，规划形成 4 个专业产业园区：新一代信息技术产业园、装备制造产业园、新材料产业园和现代物流园；2 个特色产业发展园区：生态产业区和远期发展产业园区；1 个产城融合现代服务片区。

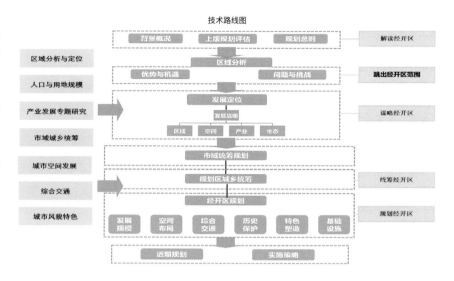

技术路线图

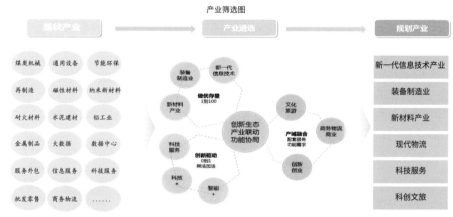

产业筛选图

产业用地规划图

空间结构规划图

功能分区规划图

04 山西省阳泉经开区产业规划与总体规划（2019—2035年）
Industrial Planning and Master Plan of Yangquan Economic and Technological Development Zone(2019—2035)

039

总体规划

总体规划布局跳出经开区自身，基于"大阳泉"角度，与城区、矿区、生态新城、郊区统筹考虑，重构城市空间结构，规划形成"一主三副三片，双轴一带一廊"的空间结构。

规划用地结合现状地形地貌条件，整体用地遵循"小组团、大集中"的原则合理布置各项专业园区，提高土地效率，总体呈组团式布局；北区北部与现状林地充分融合，灵活布置，为生态产业落地提供空间载体；规划城市建设用地 42.70km²，约占总用地面积的53%，其中南区32.76km²，北区9.94km²。

道路交通

规划形成"一环一纵两横"的快速路网和"九横十纵"的主干路网的总体道路交通结构，灵活布置次干路和支路，构建高效、便捷的交通网络体系。

绿地景观

规划构建"一带、两环、三园、五廊、多点"的绿地系统格局；充分利用山水环绕的生态条件，形成"四轴一带，廊道贯通，斑点结合"景观结构，打造阳泉"山—水—绿—城"的城市景观风貌。

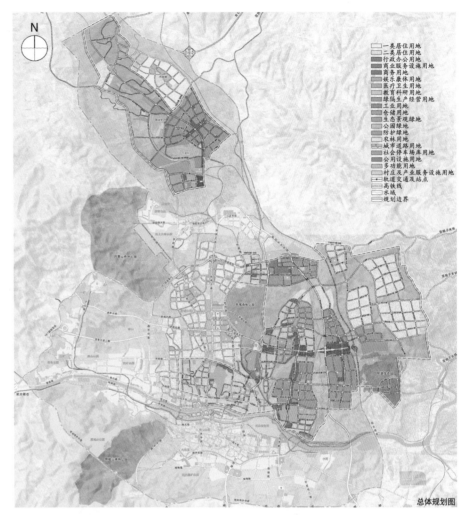

总体规划图

道路交通规划图

绿地系统规划图

景观系统规划图

05 河北省廊坊市大城县城乡统筹规划（2013—2030年）

项目简介

1. 项目区位：大城县位于河北省中部，廊坊市最南端，处于环京津都市圈内，具有接受京津辐射的良好空间。

2. 编制时间：2011年。

3. 项目概况：县域内交通不发达，经济基础落后于全市平均水平，人口密度较高，城镇化增长速度较慢，公用服务设施建设基础薄弱。

规划范围

大城县行政辖区总面积903.7km²。

规划期限

近期2013—2015年；中期2016—2020年；远期2021—2030年。

发展目标

总体目标：建设"经济活跃的大城，体系完善的大城，城乡均衡的大城，绿色宜居的大城"，并建立大城县统筹城乡一体化发展的评价指标体系。

城乡产业一体化

依托工业优势，优化产业布局；传统特色产业和战略新兴产业互动发展，打造"四个战略新兴产业集群、一个传统特色产业集群"的城乡产业体系；打造"一心、五园、七基地"的产业空间发展模式。

人口城镇化

采取"提升区域竞争力、优化产业结构、完善城乡体系、创新管理机制"的集中型城镇化总体发展战略。预测规划期末2030年人口数量73.5万左右，城镇化水平为69.5%左右，城镇人口为51.1万人左右。

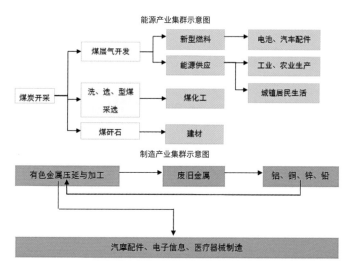

能源产业集群示意图

制造产业集群示意图

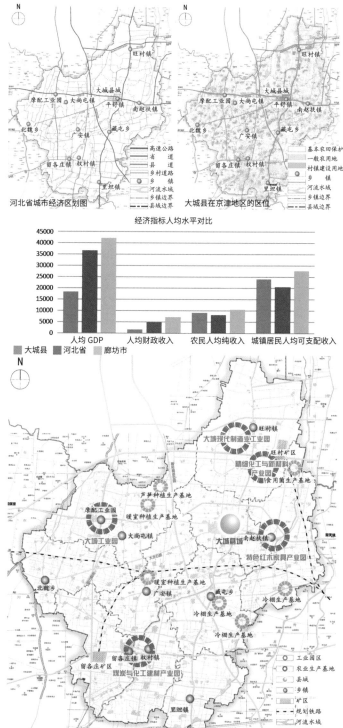

河北省城市经济区划图

大城县在京津地区的区位

经济指标人均水平对比

产业发展空间布局规划图

05 河北省廊坊市大城县城乡统筹规划（2013—2030 年）
Master Plan of Urban-Rural Cooperation Development of Dacheng County in Langfang City of Hebei(2013—2030)

041

生态环境一体化规划图

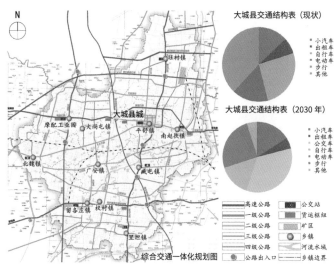

城镇体系发展战略

强化以县城为中心的城镇体系结构，增强城镇集聚力。形成"一核、四极、两轴、网络布局"的空间布局结构。

城乡公共服务体系一体化

优化资源配置，引导城乡走可持续发展的道路，促进城乡社会的共同发展。

城乡综合交通网络一体化

构建高效、可持续的综合交通运输系统，实现对内对外交通一体化。

城乡生态环境一体化

完善城乡绿化网络，形成景观框架；实现组团外围绿地，展现城市界面；设置景观缓冲区，烘托核心景观资源；分类分区控制，优化城乡风貌。

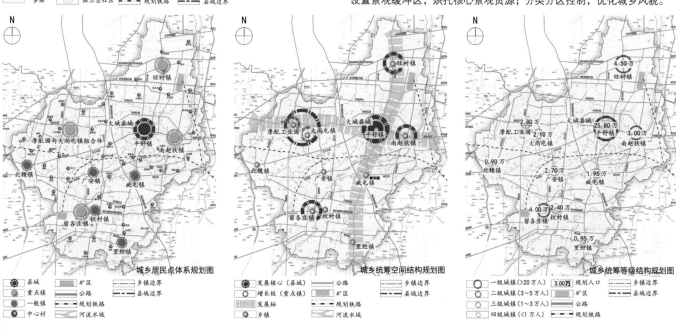

城乡居民点体系规划图　　城乡统筹空间结构规划图　　城乡统筹等级结构规划图

06 河北省廊坊市大城县城乡总体规划（2016—2030 年）

项目简介

1. 项目区位：大城县位于河北省的中部偏东，位于廊坊市南端。其北至首都北京 160km，东北至天津 95km，西南至省会石家庄 213km，地处环渤海经济区一级发展轴北京—天津城市带上。

2. 编制时间：2016 年。

3. 项目概况：为落实河北省、廊坊市针对区域快速发展的新部署，应对大城县外部区域发展格局的重大变化，以《国家新型城镇化规划（2014—2020）》为指导蓝本，立足大城县本地资源条件，特编制《大城县城乡总体规划（2016—2035 年）》。

规划思路

本次总体规划的编制立足于统筹区域发展、科学拓展空间、彰显大城特色、加强交通衔接、生态环境保护等五个方面，积极融入京津冀协同发展步伐中，承接北京疏解非首都功能产业，优化城乡空间布局和设施配置。同时加强大城特色文化与自然资源保护，重视城乡历史文化资源的传承和利用，延续大城文脉，弘扬大城特色。

城镇体系现状图

- ● 中心城区
- ● 建制镇
- ▦ 3000 人以上村庄
- 2000～3000 人村庄
- 1000～2000 人村庄
- 小于 1000 人村庄
- 现状城镇建设用地
- 县域范围线

规划范围与期限

本次规划将规划范围分为三个层次：县域规划范围、城市规划区规划控制范围和中心城区建设用地范围。

1. 县域规划范围：即大城县行政管辖范围，包括所辖的 8 个镇和 2 个乡，总面积 903.07km²。

2. 城市规划区规划控制范围：根据大城县城市建设和发展需要划定城市规划区。本次规划划定的城市规划区范围包括全县域，其中城镇建设用地内各项规划应经由大城县城乡规划局审批通过。

3. 中心城区建设用地范围：大城县中心城区所在的平舒镇 9 个居民委员会以及 46 个行政村，北至规划北外环路，南至规划南外环路，东至新开路和新开东路，西至西外环路，总面积 28.65km²。

城乡发展目标与指标体系

以大城县城镇空间发展战略布局为依据，发展各具特色的城镇职能，以人口城镇化为核心，以功能互补的乡镇为重点，促进大城县域城镇化健康、快速发展。建设大城县中心城区为现代宜居生态城市，提高城镇的服务功能和综合承载能力，以城镇为核心带动区域经济的协调发展。规划从合理利用资源、保护生态环境、维护公共利益、保障社会公平等角度，确定大城县城乡发展指标体系，主要包括经济、社会人文、资源、环境四大类，分为辅助性、控制性和引导性。

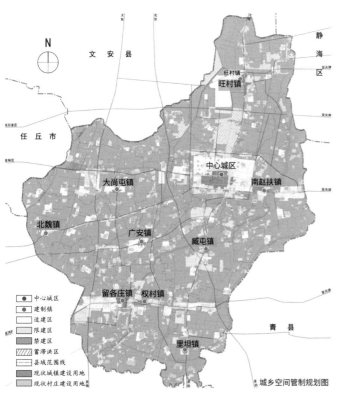

- ● 中心城区
- ● 建制镇
- 适建区
- 限建区
- 禁建区
- 蓄滞洪区
- 县域范围线
- 现状城镇建设用地
- 现状村庄建设用地

城乡空间管制规划图

06 河北省廊坊市大城县城乡总体规划（2016—2030 年）
Urban-Rural Master Plan of Dacheng County in Langfang City of Hebei Province(2016—2030)

043

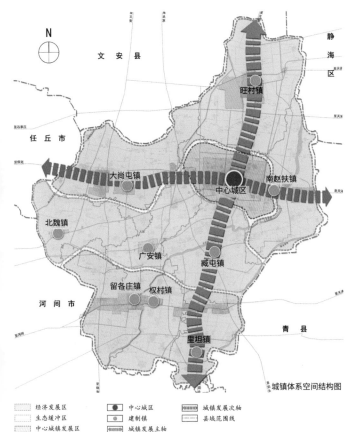

城市规模及人口预测

1. 大城县县域总面积约为 903.72km²，规划至 2035 年城乡建设用地总面积约为 139.59km²，其中中心城区建设用地面积为 27.94km²，镇建设用地为 30.74km²，村庄居民点用地面积为 26.59km²，工业园区总用地 36.59km²。

2. 大城县县域总人口近期到 2020 年约为 60.9 万人，其中城镇人口 31.5 万人，城镇化水平 51.7%，中心城区人口约为 16.2 万人；远期到 2035 年约为 74.5 万人，其中城镇人口 52.4 万人，城镇化水平 70.4%，中心城区人口约为 26.7 万人。

县域城镇体系规划

优化县域空间结构：规划构建"一城两轴三区"的城镇空间结构。规划将加强空间上县域内南北向一城三区的交通联系和功能布局互补、城乡产业联动、产城互补的发展形势，满足京津冀协同发展的需求。

划分县域城镇等级结构：规划构建中心城区—建制镇（9 个）—中心村（56 个）3 个级别。

划定城镇职能结构：依据产业发展情况，规划将县域所有城镇划分为综合性城镇、商贸型城镇、工贸型城镇和农贸型城镇四个类别进行引导开发建设。

合理配置资源，提升公共服务水平：加强教育设施、医疗设施、文化设施、体育设施、社会福利设施等公共服务设施建设，大幅度提高人民生活水平和生活质量，做到老有所养、幼有所教、贫有所依、难有所助的幸福美满和谐生活。

城镇体系空间结构图

经济发展区	中心城区	城镇发展次轴
生态缓冲区	建制镇	县城范围线
中心城镇发展区	城镇发展主轴	

城镇体系等级规模结构规划图

中心城区	规划城镇建设用地	
镇区	规划村庄建设用地	
中心村	县城范围线	

城镇体系职能结构规划图

综合型城镇	规划城镇建设用地	县城范围线
农贸型城镇	规划村庄建设用地	
工贸型城镇	商贸型城镇	

城乡公共服务设施规划图

党政团体	村委会	文化中心	体育活动	活动室
卫生所	疗养中心	幼儿园	小学	中学
公安局	派出所	商业服务	邮政所	市场
建制镇	中心村	美丽乡村	城镇建设	村庄

提升城乡生态空间规模与质量

构建"一横、五纵、四区、多点"的空间结构骨架，打造京津冀生态环境支撑区，积极融入京津冀生态一体化格局，促进区域一体化。

整合城乡旅游资源，推动旅游产业发展

以红木文化、特色农业、生态大城为重点的发展思路。加强旅游交通及各项服务设施建设，兴办食、住、行、购、娱各类产业，形成一套比较完善的旅游服务体系。

完善城乡综合交通网络，强化对外交通联系

通过对接京津冀协同发展规划和中部核心功能区，构建辐射各乡镇的完善的公路网络体系。明确城乡道路系统功能分级体系，提高路网密度及通达深度，实现乡村道路沥青或混凝土路面全覆盖以及农村街巷硬化全覆盖，95% 的道路等级达到三级标准。

提升城乡重大基础设施运行与保障能力

完善城乡重大基础设施建设，保障人民基本的生活要求和工业区建设需求，保障安全的生产生活要求。

整合城乡旅游资源，推动旅游产业发展

以红木文化、特色农业、生态大城为重点的发展思路。加强旅游交通及各项服务设施建设，兴办食、住、行、购、娱各类产业，形成一套比较完善的旅游服务体系。

城乡生态空间分区规划图

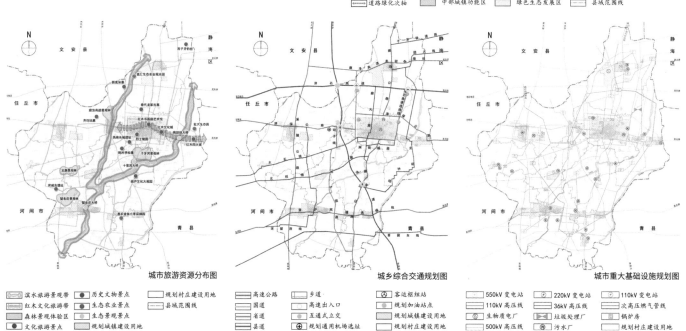

城市旅游资源分布图　城乡综合交通规划图　城市重大基础设施规划图

06 河北省廊坊市大城县城乡总体规划（2016—2030年）
Urban-Rural Master Plan of Dacheng County in Langfang City of Hebei Province(2016—2030)

045

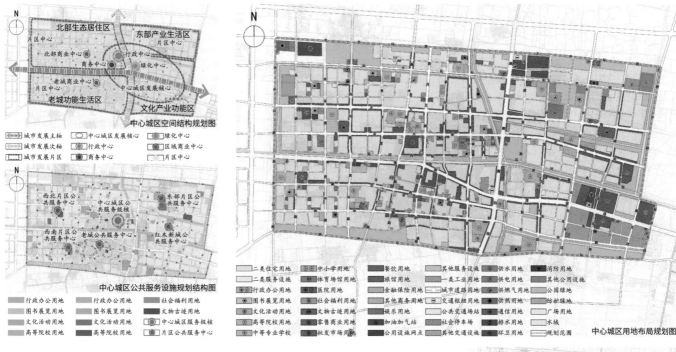

中心城区空间结构规划图

城市发展主轴　　中心城区发展核心　　绿化中心
城市发展次轴　　行政中心　　　　　区域商业中心
城市发展片区　　商务中心　　　　　片区中心

中心城区公共服务设施规划结构图

行政办公用地　　行政办公用地　　社会福利用地
图书展览用地　　图书展览用地　　文物古迹用地
文化活动用地　　文化活动用地　　中心城区公共服务核心
高等院校用地　　高等院校用地　　片区公共服务中心

二类住宅用地　　中小学用地　　餐饮用地　　其他商务设施　　供水用地　　消防用地
二类服务设施　　体育场馆用地　旅馆用地　　一类工业用地　　供电用地　　其他公用设施
行政办公用地　　医院用地　　　金融保险用地　城市道路用地　　供燃气用地　公园绿地
图书展览用地　　社会福利用地　其他商务用地　交通枢纽用地　　供热用地　　防护绿地
文化活动用地　　文物古迹用地　娱乐用地　　公共交通场站　　通信用地　　广场用地
高等院校用地　　零售商业用地　加油加气站　社会停车场　　　排水用地　　水域
中等专业学校　　批发市场用地　公用设施网点　其他交通设施　环卫用地　　规划范围

中心城区用地布局规划图

零售商业用地
批发市场用地
餐饮用地
旅馆用地
金融保险用地
其他商务用地
娱乐用地
加油加气站
公用营业设施
其他服务设施
中心商业服务
中心商务服务

中心城区商业服务业设施用地规划图

交通枢纽用地
公共交通场站
社会停车场
其他交通设施
高速公路
城市主干路
城市次干路
城市支路
道路断面符号

中心城区综合交通规划图

公园绿地
防护绿地
广场用地
水域
旧城文化区
新城风貌区
红木文化区
生态居住区
滨水景观主轴
城市景观次轴
城市景观中心
特色风貌中心

中心城区景观风貌规划图

中心城区总体规划

中心城区定位：本次规划确定大城县的城市性质为大城县政治经济文化中心，服务京津冀、产业特色鲜明、传统文化浓厚、生态优美、宜居宜业的微中心城市。

中心城区职能：全国绝热节能材料基地、京津冀特色制造业基地、产业升级转型和清洁生产示范区、北方红木文化中心和红木产业基地、京津冀绿色能源产业承接地。

优化中心城区空间结构，调整中心城区用地布局：构建"一核、两轴、四区、多中心"的空间结构，融合多个城市功能中心积极做强城市发展核心，调整产业布局凸显城市发展脉络，挖掘文化内涵打造多个城市特色片区。

合理配置公共管理与公共服务设施：规划形成公共服务设施双级中心的结构形式，建立层级和空间分布合理的多中心、多层次、网络化的公共服务设施体系，完善公共服务设施布局和配套体系，优化和强化文教、卫生、体育、社会服务设施的布局。

科学布局商业服务业设施功能：提升中心城区原有商业中心的商业氛围，商业设施与商务设施宜集中布置，形成"一主一副多中心"的商业服务业设施分布结构，各次级商业中心分散布局在各片区内，满足居民日常需求。

贯通城市道路网络，提升交通组织秩序：改善中心城区对外和城区道路网体系，建立层次分明的城市道路系统；加强联系街巷的城市支路建设，适度提高支路密度，满足生活需求；采取多种灵活措施解决城市静态交通问题。

打造水绿交融的中心城区景观风貌：依托已完成的中心城区城市设计等相关规划，中心城区景观风貌形成"两主轴两次轴五区多心"的风貌空间格局。

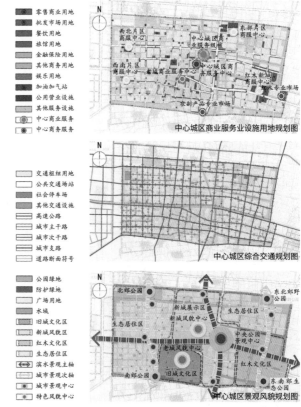

07 甘肃省敦煌国际航空港总体规划(2018—2030年)

项目简介

1. 项目区位：项目位于集中建设区中的莫高片区，处于沙洲主城区东侧约 11km 处，敦煌机场、敦煌火车站等重要交通设施布局于此，东侧 7km 处有高速出入口，是敦煌的客运集散中心和东门户，莫高片区同时也是莫高窟景区旅游服务和游客集散的中心。

2. 编制时间：2018 年。

3. 项目概况：为贯彻落实党的十九大精神和国家"一带一路"倡议，落实甘肃省"十三五"规划纲要的重要内容，以及《甘肃省社会和经济发展"十三五"规划》中提出的建设甘肃省三大航空港、三大陆港，提升对外开放支撑中打造敦煌国际空港要求，提升全省开放型经济发展水平，建设向西开放重要门户，推动敦煌国际航空港建设。推动地方经济转型升级和高质量发展，促进敦煌市国际文化旅游名城健康发展，编制本规划。

规划范围与期限

敦煌国际航空港位于敦煌市莫高片区，北至敦煌火车站，南至敦煌机场，规划面积约为 11.82km²。机场发展用地确定为机场核心区，机场核心区向外 3km 影响范围即为空港区，机场核心区向外 5km 影响范围即为紧邻空港区。

本次规划期限分为近期、中期、远期三个期限，分别为近期：2018—2020 年；中期：2021—2025 年；远期：2026—2030 年。

规划定位

以临空产业为基础、以城市职能为指引、以市场需求为支撑，大力发展文化旅游产业、现代物流业、航空产业等多种产业功能，从而促进区域融合发展。以建设国际文化旅游名城东门户为总体目标，全面有效保护敦煌自然历史文化遗产，树立敦煌传统文化门户形象。按照"近期出效果、中期出形象、远期成规模"的目标规划，将敦煌打造成国际丝路文化旅游门户、甘肃现代物流基地、航空循环产业先行区。

产业体系构建

本次规划构建"4+2+X"产业体系，指导产业空间落位。四大主体产业包括综合运输服务产业、文化保税物流产业、航空循环产业和现代服务产业。两大带动产业包括敦煌文化创意产业和全域旅游综合服务产业，产业覆盖沙洲主城区、鸣沙山 – 月牙泉片区。依托敦煌国际航空港在敦煌市域范围培育若干相关产业，包括低空旅游、观光农业、新能源产业、文化产品研发、文化培训和信息服务等产业。

敦煌在酒泉市的区位分析图

规划区在集中建设区的区位图

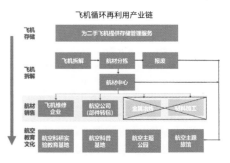

飞机循环再利用产业链

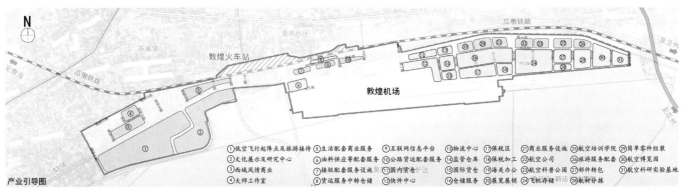

①低空飞行起降点及旅游接待　②文化展示及研究中心　③西域风情商业　④大师工作室　⑤生活配套商业服务　⑥油料供应等配套服务　⑦接驳配套设施服务　⑧货运服务中转仓储　⑨互联网信息平台　⑩公路货运配套服务　⑪国内货运　⑫快件中心　⑬物流中心　⑭监管仓库　⑮国际货运　⑯仓储服务　⑰保税区　⑱保税加工　⑲海关办公　⑳展览展销　㉑商业服务设施　㉒航空公司　㉓航空科普公园　㉔展览展销　㉕航空培训学院　㉖旅游服务配套　㉗部件转包　㉘飞机存储　㉙简单零件组装　㉚航空博览园　㉛航空科研实验基地

产业引导图

规划空间结构

规划构建"一核带两翼，一轴串四区"的空间结构，强化综合交通枢纽核心功能，以综合服务轴连接主题鲜明的四大功能片区。

一核：以敦煌机场、敦煌火车站、敦煌客运站为整个航空港核心，强化交通枢纽的综合服务功能。

两翼：交通枢纽核心位于敦煌国际航空港的中心位置，核心东西两翼分别为生产服务和文化旅游服务功能区，共同带动敦煌国际航空港的经济和文化发展。

一轴：以省道 S314 为主要轴带，串联两翼、四区，打造综合服务轴带。

四区：沿省道 S314，自西向东依次布局文化旅游服务区、综合运输服务区、现代物流产业区、航空循环产业区。

规划用地布局

规划用地面积 11.82km²，包括城乡居民点建设用地 832.58hm²，区域交通设施用地 346.42hm²，以及特殊用地 3.28hm²。其中城乡居民点建设用地包括：居住用地、公共管理与公共服务设施用地、商业服务业设施用地、工业用地、物流仓储用地、公用设施用地、绿地与广场用地。

公共服务设施规划

以资源共享、合理分工、突出优势为原则，以文化旅游服务区为核心，分级配置，构建现代社会服务业等级网络体系。建立功能完善的综合公共服务体系，满足人民群众在文化、精神和生命健康方面的需要。

规划一条东西向公共服务轴，连接西部综合旅游服务中心和东部产业区服务中心，沿线布置城市行政办公、教育科研、文化展示职能。

综合交通规划

依托敦煌机场与便利对外交通条件的优势，以打造丝绸之路经济带交通枢纽为目标，完善核心区与区域的对外交通联系，构建"鱼骨状"的综合交通体系，实现高效的集疏运体系，实现客货分离的交通组织，打造内外畅达、快捷高效的综合交通系统。

绿地系统规划

以生态活力景观带串联景观核心和景观节点，结合分级生态绿廊，构成"一带两核三点多廊"景观绿地结构。

景观风貌控制指引

将敦煌国际航空港分为四个城市风貌区，分别为城市品牌形象风貌区、生活服务风貌区、现代物流风貌区和创新产业风貌区。

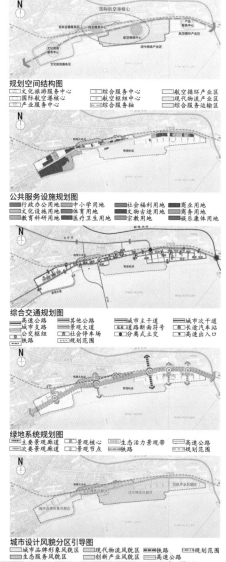

规划空间结构图

公共服务设施规划图

综合交通规划图

绿地系统规划图

城市设计风貌分区引导图

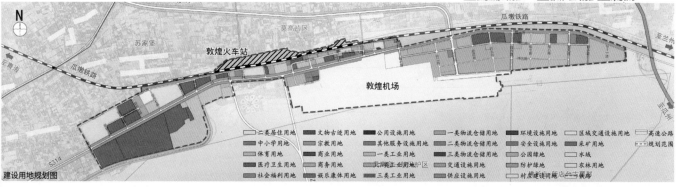

建设用地规划图

08 河北任丘白洋淀产业新城重点乡镇（鄚州镇、七间房乡）总体规划（2016—2030年）

项目简介

1. 项目区位：任丘市位于河北省中部，沧州市西北边缘，地处三大都市经济区的交汇地带。规划区位于任丘市的西北侧，淀边新城西侧，紧邻白洋淀。

2. 编制时间：2016 年。

3. 项目概况：京津冀协同发展规划纲要明确了三地功能定位、产业分工、城市布局、设施配套、综合交通体系的重大问题。任丘作为京津冀协同发展的重要一环，获得了新的机遇，推动任丘快速发展。

规划范围和期限

1. 本次规划范围主要分为两个层次：镇（乡）域，总面积为 100.4km²；镇区（乡政府驻地）：总面积约为 10.06km²。

2. 本次规划期限为 2016—2030 年。

规划目标

深入挖掘文化内涵，背靠环白洋淀旅游聚集地，依托白洋淀生态旅游打造区域性特色新城。明确鄚州镇为任丘市域北部区域性特色新镇，明确任丘市域北部区域性特色片区。

规划人口预测

到 2030 年，鄚州镇镇域总人口为 8.2 万人，城镇化率为 99%。七间房乡乡域总人口为 7.5 万人，城镇化率为 75%。

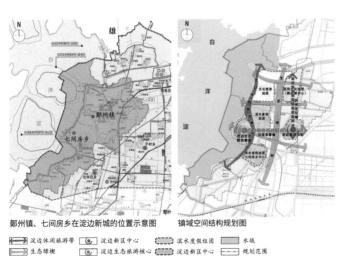

鄚州镇、七间房乡在淀边新城的位置示意图　　镇域空间结构规划图

镇域用地规划图

城镇居住用地　医疗卫生用地　商住混合用地　生态隔离绿地
行政办公用地　社会福利设施用地　一类物流仓储用地　农林用地
文化设施用地　文物古迹用地　城镇道路用地　发展备用地
教育科研用地　商业设施用地　公园绿地　村庄建设用地
中学、小学　商务设施用地　防护绿地　机场用地
体育用地　娱乐康体用地　广场用地　水域

规划空间结构

根据乡镇拓展、沿淀发展的城乡用地发展的总体思路，规划形成"一带、两心、两轴、四楔、六组团"的空间布局结构。

"一带"：沿白洋淀形成的淀边休闲旅游带。

"两心"：淀边新区中心、淀边生态核心。

"两轴"：连接淀边新区中心与淀边生态旅游核心的沿淀发展轴；连接淀边新区中心与鄚州镇中心的历史文化轴。

"四楔"：四条有淀边及行洪河道通往腹地的生态绿楔。

"六组团"：分别为文化旅游组团、医药文化组团（鄚州镇中心）、滨水度假组团（七间房乡中心）、滨水度假组团、生态旅游组团、门户核心组团。

用地功能优化调整

按照等级集中配套公共服务设施，保持各类用地完整性的原则、现状水系坑塘充分利用原则、历史文化资源保护利用原则对总体规划的用地功能进行优化调整。用地功能上强调淀边岸线的活力，综合考虑淀边旅游休闲功能和住宅景观资源利用。

规划建设风格

生态农业风格（生态农业型）
屋顶：灰色平屋顶 + 砖砌挑檐
墙体：白色抹灰墙
　　　红砖勒脚
　　　院墙红砖花砖顶墙帽
　　　传统风格木件

改造意向效果图 1

清雅乡村风格（滨水田园型）
屋顶：灰色平屋顶 + 仿古挑檐
墙体：白色抹灰墙
　　　青砖勒脚
　　　院墙青灰色瓦顶墙帽
　　　传统风格木构件

改造意向效果图 2

现状图片 1

现状图片 2

现状图片 3

现状图片 4

现状图片 5

改造意向效果图 3

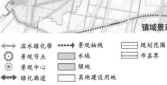

镇域景观风貌规划图

图例	
⟷ 滨水绿化带	▦ 规划范围
┄┄ 景观轴线	▦ 市县界
◎ 景观节点	▦ 水域
◉ 景观中心	▦ 绿地
⇢ 绿化廊道	▦ 其他建设用地

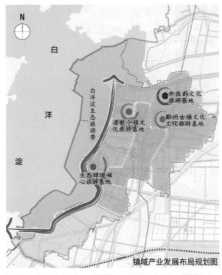

镇域产业发展布局规划图

图例	
⟷ 白洋淀生态旅游带	▦ 生态绿道核心旅游基地
◎ 中医药文化旅游基地	▦ 城镇旅游商务服务区
◎ 通航小镇文化旅游基地	▦ 生态农业公园旅游区
◎ 鄚州古镇文化旅游基地	▦ 美丽乡村旅游区
	▦ 水域
	▦ 绿地
	▦ 铁路
	▦ 千里堤

镇域综合交通体系规划图

图例		
▦ 大广高速公路	▦ 支路	Ⓟ 对外交通用地
▦ 106 国道	◎ 公交场站	▦ 机场用地
▦ 主干路	Ⓟ 停车场库用地	⊙ 渡口
▦ 次干路	◎ 公交枢纽	⊗ 码头

规划景观体系

本次景观系统规划结构将两个乡镇统筹考虑，形成完整的景观规划体系，规划景观系统结构为"两心、一带、多轴、多廊、多节点"。

"两心"：分别为淀边新区中心及淀边生态核心；

"一带"：沿白洋淀淀边形成的淀边休闲旅游带；

"多轴"：组团之间形成的景观轴线；

"多廊"：由白洋淀淀边及行洪河道通往规划范围腹地的生态绿廊；

"多节点"：各规划组团之间的景观节点。

规划产业布局

以白洋淀生态旅游带为核心，鄚州镇与七间房乡联合形成"一带、三区、四基地"的产业空间布局组织。

鄚州镇镇域规划一个旅游区"美丽乡村旅游区"以及"三基地"，包括"鄚州古镇文化旅游基地""中医药文化旅游基地""通航小镇文化旅游基地"。

七间房乡镇域规划一个旅游区"生态农业公园旅游区"以及"一基地"，包括"生态绿岛核心旅游基地"。

规划交通体系

以高速公路和干道为主体，构筑功能完善、高效畅通、有效衔接的区域交通运输网络，提高乡镇的区域可达性，引导和支撑乡镇空间结构调整。

统筹规划，完善城镇道路系统体系，规划构建快速路、主干路、次干路、支路四级的综合交通网络体系。同时完善公交体系，加强白洋淀景区与中心城区的联系，促进白洋淀资源开发和旅游业发展，实现城乡公交一体化。

09 安徽省亳州市谯城区十九里镇总体规划（2010—2030年）

项目简介

1. 项目区位：位于亳州市城南近郊，北倚亳州经济开放区，西靠南部新区，东临涡河。

2. 编制时间：2013年。

3. 项目概况：亳州市十九里镇的区域政策环境及城镇所处的区域空间格局改变，城镇产业发展缺乏明确的空间指引，故编制新版总体规划。

规划范围

镇域规划范围含6个行政村，用地面积约24.67km²。

规划期限

本次十九里镇城镇总体规划的年限为2013—2030年。其中，近期2013—2017年；中期2018—2020年；远期2021—2030年；远景2030年。

城镇发展目标

把十九里镇建设成为"文化重镇、旅游强镇、生态绿镇、宜居新镇"。

城镇性质

亳州旅游服务次中心，以商贸物流、生态农业及药材种植为主的宜居田园城镇。

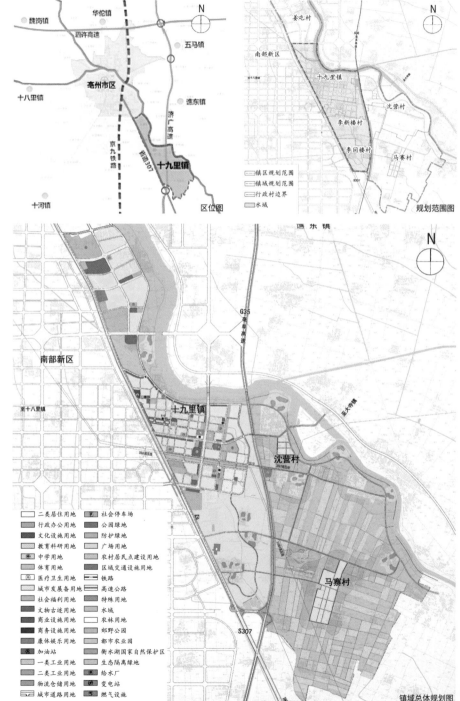

区位图

规划范围图

镇域用地现状图

镇域总体规划图

09 安徽省亳州市谯城区十九里镇总体规划（2010—2030 年）
Master Plan of Nineteen Mile Town of Qiaocheng District in Bozhou City in Anhui Province(2010—2030)

051

人口与城镇化预测

规划期末（2030 年）镇域人口 7.0 万人，镇区人口 5.2 万人，城镇化率 77.6%，城市建设用地规模在 5.2km² 以内，人均城镇建设用地 100m²。

用地规划

镇区规划用地 4.22km²，人均建设用地 105m²/人。

空间结构规划

1. 镇村体系：规划立足现状，以"精明增长、有机集中、点面结合"为理念，形成"一轴三区，一带一楔"的空间布局结构。
2. 镇区规划结构：规划镇区为"一轴三心，两片多廊"的组团型城镇，共同构建城景一体、互为依托、田园相间、协调发展的城镇空间结构。

道路交通系统规划

1. 镇村体系：规划道路网结合城镇空间布局结构，由现有省道 307 串联起多个分区路网，共分为高速公路、快速路、县道、村道四级。
2. 镇区规划：增强对外交通，镇区道路网主要分为快速路、主干路、次干路、支路四级。

镇村体系产业布局

按照"功能分区、专业集聚、生态优化、资源节约"的原则进行产业布局，形成"一轴（307 省道产业发展轴）、一带（涡河旅游休闲产业带）、多点"的产业布局。

镇区景观系统规划

规划充分利用城镇的山水资源、挖掘人文历史资源，形成"两轴三廊，六区多点"的景观结构。

镇村体系规划图

镇区规划结构图

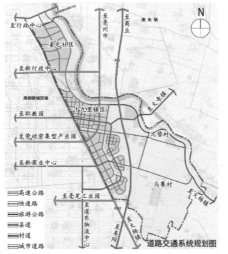
道路交通系统规划图

镇域产业布局引导图

镇区远景空间规划图

镇区绿化系统规划图

镇区景观系统规划图

10 四川省宜宾市长宁县双河镇及竹海镇（灾后）总体规划设计（2013—2030 年）——双河镇

项目简介

1. 项目区位：双河镇位于四川盆地南缘长宁县县域南部，是川南重镇，地处长宁、珙县、兴文三县结合部，东接本县富兴乡，南面和西面与珙县接壤，北和龙头镇相连，东南与兴文县连接，是长宁县的南大门。

2. 编制时间：2013 年。

3. 项目概况：在坚持"以人为本、尊重自然、统筹兼顾、科学规划"的指导思想下，结合宜宾"4.25 地震"灾后提升重建需要，县委、县政府打造"竹文化养生名城"新的战略目标，双河镇未来提升发展布局设想以及推进新型城镇化与新村建设，加快扶贫攻坚工作，尽早全面建成小康社会的要求，编制本规划。

宜宾市在四川省的位置

长宁县在宜宾市的位置

双河镇在长宁县的位置

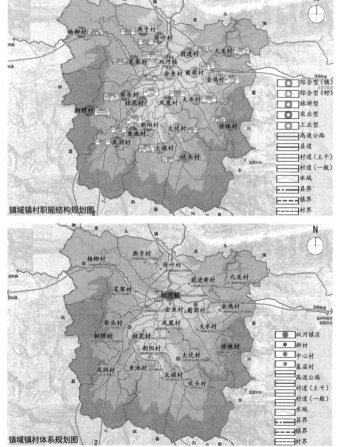

镇域镇村职能结构规划图

镇域镇村体系规划图

镇域产业发展规划图

镇域旅游发展规划图

10 四川省宜宾市长宁县双河镇及竹海镇（灾后）总体规划设计（2013—2030 年）——双河镇

Post-Disaster Master Plan and Design of Shuanghe Town and Zhuhai Town in Changning County in Yibin(2013—2030): Shuanghe Town

053

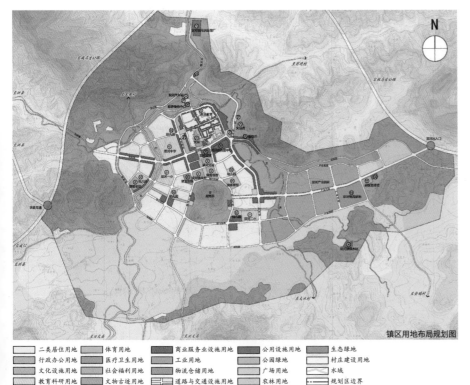

镇区用地布局规划图

二类居住用地　　体育用地　　商业服务业设施用地　　公用设施用地　　生态绿地
行政办公用地　　医疗卫生用地　　工业用地　　公园绿地　　村庄建设用地
文化设施用地　　社会福利用地　　物流仓储用地　　广场用地　　水域
教育科研用地　　文物古迹用地　　道路与交通设施用地　　农林用地　　规划区边界

规划范围

规划范围分为镇域、规划区和镇区三个层次。①镇域：双河镇行政区划范围，面积 85.31km²。②规划区：规划控制范围，包括双河镇区及周边影响镇区空间结构风貌的山体、水系等，面积 7.04km²。③镇区：镇区建设用地范围，面积 1.67km²。

镇区总体规划

竹海镇镇区将发展成为长宁县域南部副中心，川南文化名镇，特色旅游城镇。是全镇的政治、经济、文化中心，重点发展成以生态养生、特色饮食、食品加工、竹类加工、文化旅游为主导的川滇黔渝地区短途旅游驿站，也是宜宾东南商贸物流基地。

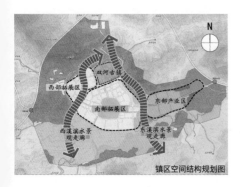

镇区空间结构规划图

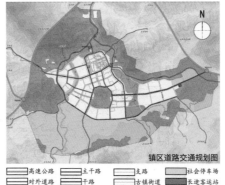

镇区道路交通规划图

高速公路　　主干路　　支路　　社会停车场
对外道路　　干路　　古镇街道　　长途客运站

规划思路

以科学发展观为指导思想，以建设"产城融合"的特色示范小城镇为目标，以探寻和转变新的村镇发展模式为主要思路，以灾后提升重建及民生改善为出发点，坚持生态保护与经济增长并重，坚持重点建设与城乡统筹并举，新型城镇化和新型工业化互动发展带动农村现代化，力争尽早全面实现建设小康社会的目标。

镇域总体规划

1. 等级结构

规划将以镇区、中心村、基层村三个层级管理城乡人口，构建双河镇层次分明、比例合理的塔形等级结构，明确双河镇区中心职能。

2. 产业布局

打造以竹产品及竹食品加工制造、文化旅游等特色产业为主，以商贸、新兴矿业、种养殖业为辅的产业发展体系，构建"一个中心、一个园区、四类片区、十个产业集聚点"的产业布局。

3. 空间结构规划

规划区将构建"一城、两廊、三区"，构建新老共生、产城一体、山水相依、协调发展的城市空间结构。镇区用地调整主要是加强对古镇内住宅的更新改造，完善绿地、市政设施等用地，根据生态环境优化居住用地。

4. 道路交通规划

合理引导外部交通，强调通道建设，建立高效、快捷的外部路网系统，结合地形，搭建实用、高效的内部道路体系，构建主干路、次干路和支路三个等级规划道路。保留建成区内现有道路，新区路网采用自由的方格网形式。

5. 绿地及景观风貌规划

镇区采用"一心、两带、两环"的景观绿地布局方式。"一心"指塔光山中心公园；"两带"分别指东溪、西溪滨水公园；"两环"分别指环绕在古镇外围的环状绿化公园和镇区中部连接山体水系的步行绿化带。

6. 旅游开发格局

以建设养生旅游强镇，打造川南"竹生态养生"旅游特色名镇的目标，规划形成"一镇多点"的旅游开发格局，并打造五条旅游环线。一镇：即双河古镇。多点：镇域范围内的旅游景点及旅游基地。

11 四川省宜宾市长宁县双河镇及竹海镇（灾后）总体规划设计（2013—2030 年）——竹海镇

项目简介

1. 项目区位：竹海镇位于长宁县中西部，南部与双河镇接壤，县城距长宁县城约 10km，距宜宾市区约 52km，国家级风景名胜区"蜀南竹海"位于竹海镇。

2. 编制时间：2013 年。

3. 项目概况：2013 年 4 月 25 日，四川省宜宾市长宁县与珙县、兴文县交界处发生里氏 4.8 级地震，震中位于长宁县双河镇，地震共造成长宁县 18 个乡镇受灾，直接经济损失 3.6 亿元，受灾群众 2.8 万人。为配合市、县等各级政府顺利推进灾后提升重建工作，处理好近期重建与远期发展的关系，引导双河镇和竹海镇健康、快速发展，我院在上版总体规划的基础上，通过实地调研、座谈，在坚持"以人为本、尊重自然、统筹兼顾、科学规划"的指导思想下，结合四川省推进新型城镇化与新村建设的要求，编制双河镇和竹海镇的两个总体规划。

规划范围与期限

本次总体规划规划期限为：近期：2012—2015 年，重点落实近期重点建设项目的实施与引导；远期：2015—2030 年，重点控制 2030 年城市规模与空间形态；远景：2030 年以后，重点控制 2030 年后城市发展方向。

本次总体规划的规划范围分为镇域、规划区和镇区三个层次：

1. 镇域：竹海镇行政区划范围，面积 110km^2。

2. 规划区：规划管理范围，包括竹海镇区及周边影响镇区空间结构风貌的山体、水系等，面积 8.17km^2。分大房、竹海、塔沙三个片区。

3. 镇区：镇区建设用地范围，面积 1.49km^2。至规划期末，镇区总人数将达到约 15000 人。

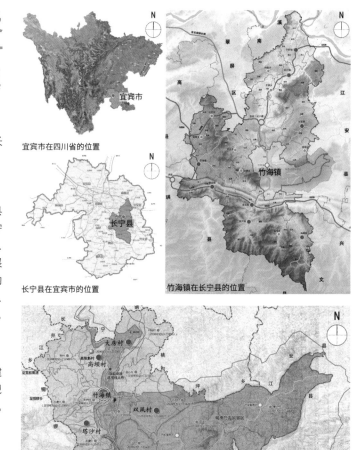

宜宾市在四川省的位置

长宁县在宜宾市的位置

竹海镇在长宁县的位置

镇域镇村体系规划图

镇域旅游发展规划图

镇域产业发展规划图

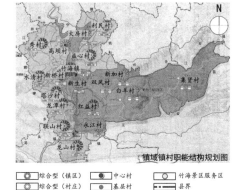

镇域镇村职能结构规划图

11 四川省宜宾市长宁县双河镇及竹海镇（灾后）总体规划设计（2013—2030 年）——竹海镇
Post-Disaster Master Plan and Design of Shuanghe Town and Zhuhai Town in Changning County in Yibin(2013—2030): Zhuhai Town

055

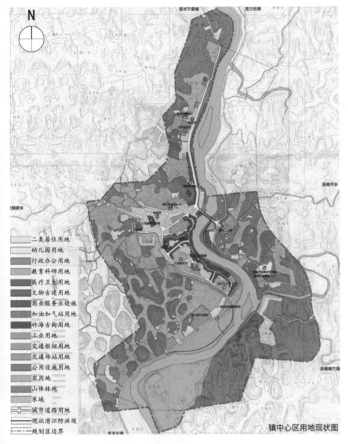

镇中心区用地现状图

规划思路

以建设"产城融合"的特色示范小城镇为目标，以打造"川滇黔渝特色旅游名镇"为努力方向，增强城镇综合竞争力，实现景区发展与城镇建设齐头并进新局面。

镇域总体规划

规划将以镇区、中心村、基层村三个层级管理城乡人口，并且对于每个镇村根据未来的发展方向划定科学的镇村职能。

道路规划：完善镇域内的交通路网体系，加强与周边地区的交通联系。

产业规划：规划在竹海镇形成"一个景区、两个基地、两个服务中心、两片产业区"的"1222"产业发展格局，优化镇域产业布局。

旅游规划：形成"一镇一区、一带多点"的旅游开发格局，并打造五条旅游环线。

镇区总体规划

1. 竹海镇镇区将发展成为长宁县域二级中心城镇，川滇黔渝竹生态养生旅游名镇，是长江上游地区长短途旅行、休闲养生的重要节点。

2. 规划区将构建"一心、两廊、三区"，构建新老共生、产城一体、山水相依、协调发展的城市空间结构。

3. 镇区用地调整主要是加强公共服务设施的布局，完善绿地、市政设施等用地，同时根据生态环境优化居住用地。镇区采用"一带、两廊、一节点"的点、线、面相结合的景观绿地布局方式。"一带"指淯江河景观带；"两廊"分别指东皇山景观廊道和喻家溪景观廊道；"一节点"指观景台节点。

4. 镇区道路交通规划旨在合理引导外部交通，强调通道建设，建立高效、快捷的外部路网系统，结合当地资源禀赋，打造特色型道路。镇区内构建主干路、次干路和支路三个等级规划道路。

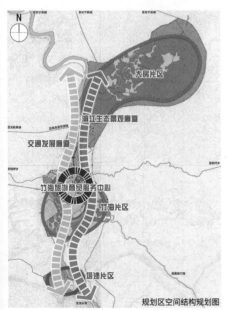

规划区空间结构规划图

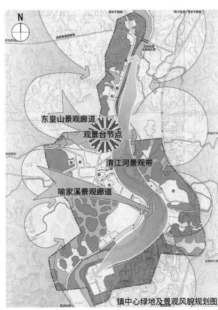

镇中心绿地及景观风貌规划图

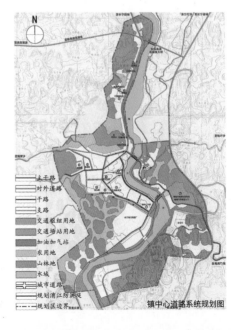

镇中心道路系统规划图

主题 02
产城融合与科技创新
CITY-INDUSTRY INTEGRATION AND TECHNOLOGICAL INNOVATION

产城融合视角下城市空间发展策略研究

一、我国城市产业聚集模式演变

从产业门类、组织方式和空间布局三个维度来看，我国城市产业空间聚集模式演变历程可划分为3个阶段：

第一阶段，20世纪50—70年代的重大项目模式，中华人民共和国成立初期我国发挥社会主义制度集中力量办大事的优势，集中优势资源建设了以156个重大项目、三线建设为代表的一批重大项目，基本完成工业化原始资本积累[1]。

第二阶段，20世纪80—90年代的开发园区模式，改革开放后伴随着世界新技术革命浪潮的冲击和我国开发区政策的推出，全国掀起一场"开发区热"[2]，快速推动了我国城镇化进程，但也带来了环境污染、千城一面等问题。

第三阶段，21世纪以来的产业新城模式，随着产业结构不断优化、升级，开发园区逐步转向产业新城，成了集居住、办公、娱乐、生产于一体的综合性城市片区，聚集了大量的新增人口，产城关系发生了根本改变。

二、全球产城研究趋向

通过对近10年12469篇外文文献进行数据分析，发现国际上城市产业研究主要集中于碳排放控制、再生能源应用、可持续性研究三个方面，其论文数量占比达21.3%。通过对近10年3240篇中文文献进行数据分析，发现我国城市产业研究主要集中于时空格局、模式路径、产业协同、规划策略四个方面，其论文数量占比57.1%。我国产城研究主要领域集中于理论经济学、地理学、建筑学、应用经济学、科学技术史等，不同于国际上产城研究主要领域集中于生态学、环境学、应用经济学、能源学、理论经济学等，我国处于快速城镇化进程当中，相关研究主要在于解决产业新城的建设模式和建设方式，不同于国外的存量优化过程，我国的产业空间发展迅速，扩

张明显，如何打造高品质的产业空间对未来城市发展质量起到至关重要的作用。

三、产城融合成为必然趋势

产业空间作为城市不可或缺的组成部分，为城镇化提供了原始驱动力，但传统产业开发区由于功能结构单一、产业结构单一、与区域发展

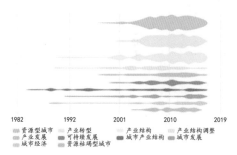

图2 外文文献城市产业相关研究集中领域分布

脱节、就业人群与消费结构不匹配等问题[3]无法满足城市发展需要，因此伴随新时代的新挑战、新需求、新机遇，功能多元复合的产业新城成了未来城市发展建设的核心。为适应深化改革、扩大开放和创新驱动的迫切要求，新时代产业新城建设呈现出以下态势：

1. 城市创新驱动的动力源

产业新城作为未来城市发展的重点片区，通过导入各类新技术、新业态、新人才等创新要素，引领城市的产业创新发展，承担了促进城市经济发展走向下一阶梯的历史使命[4]，是城市保持优势生产要素持续聚集的重要动力来源。肥城市新旧动能转换先行区概念规划暨重点地段城市设计（后简称"先行区"）通过合理规划布局创新研发空间、创新孵化空间、创新服务空间、创新保障空间、创新展示空间五类科技创新空间，加速引导创新要素聚集，以新技术、新产业、新业态、新模式实现产业的智慧化、智慧的产业化、跨界的融合化、品牌的高端化[5]，确保产业新城的科技创新功能得到充分发挥，全面实现打造"创新之城、智造之城"的规划目标。

2. 市品质提升的新范式

2019年末，我国城镇化率已达59.58%，城镇化已进入下半程，而在上半程快速城镇化过程中多数城市仅关注了量的变化，对质的把控不到位，致使城市出现生态环境欠账、基础设施欠账、服务设施欠账等发展问题。产业新城作为下

图1 中文文献城市产业相关研究集中领域分布

肥城市新旧动能转换先行区概念规划暨重点地段城市设计——核心区夜景效果图

揭阳阳美玉文化（创意）园城市设计方案竞赛效果图

襄阳东津新城启动区概念规划效果图

半程城市综合开发的典型代表，是未来聚集人气、创新发展和展示城市新风貌的核心，因此城市空间品质将是决定产业新城能够"走多高、走多远"的关键性因素，这也要求规划师"站得高、看得远"，从顶层设计的角度重塑良好的城市品质、服务质量和生态环境[6]。先行区规划从人居环境感受、人居服务体系、生态永续宜居三个方面着手，构建兼具人文关怀、优质服务、生态保护的规划设计体系，努力将先行区打造为"花园之城"。

3. 城市特色传承的新平台

文化是一个国家、一个民族的灵魂，文化兴国运兴，文化强民族强[7]。然而，我国城市特色文化被快速迭代建设所消磨，城市文化内涵淡化、退化问题突出，城市空间缺乏精神文化内核[8]。产业新城作为现代文化潮流地和传统文化传承地，如何平衡好古今文化之交融，塑造城市精神文化内核、恢复城市文化自信，是具有时代意义的规划挑战[9]，其长远的影响远超过规划期限所界定的时限。先行区规划从重塑山水格局、特色开敞空间、文化景观节点、建筑文化符号、独特城市记忆五个方面整体解构了城市特色内涵的营造途径，为城市文化展示提供了新平台，形成了古今文化交融的"活力之城"。

4. 区域城市体系的新节点

多中心网络城市群是未来城市群发展的必然趋势[10]，协调好区域和城市之间的关系才能保证产业可持续发展。全球产业发展进入多要素驱动阶段，驱动要素越多带来的产业变革速度越快，城市产业空间需要快速适应变化，跟上区域发展步伐。作为山东省会城镇群经济圈的重要拼图和济南泰安一体化发展的桥头堡，先行区规划从对接区域优势要素、建立"准入准出"的动态机制和预留战略产业拓展空间三个方面入手，助力肥城市快速融入区域城市网络结构并拥有持续竞争力，打造高效率、可持续、自适应的"开放之城"。

四、融合发展的规划应对

新时代产业新城建设呈现出的新态势是产业新城规划所面临的基本面，只有统筹好生产、生活、生态之间的关系，协调好过去、现在、未来的需求，才能促进产业新城的持续健康发展[11]。先行区规划从产业集群、区域协调、功能优化、风貌塑造、保障措施等方面提出了规划应对措施，企图通过规划布局、合理管控及制度建设促进先行区抢抓机遇，努力开创经济发展新局面。

1. 生态约束的集群协作

传统产业园往往面临生态环境的严峻挑战，新时代产城融合发展与科技创新的基本诉求就是保护好生态环境，打破发展经济就要破坏生态的逻辑怪圈。首先，以生态刚性约束为底线，通过生态足迹法核算产业新城发展容量，并结合人口预测模型,规划人口规模;其次,保护生态斑块、梳理生态廊道、强化生态节点,重构地区生态安全格局[12],探索区域联合生态保育模式,突破工业围城的发展瓶颈;再次,基于生态安全格局建立生态安全分级准入机制,形成以生态保育为前提的开发管控体系,建立产业引入负面清单;最后,构建"低效工业用地再开发评估模型"[13],从建设状况、集约程度、规划引导、生产状况四个角度,地均产出、污染能耗、土地利用率等共10个评估指标对先行区低效工业用地进行识别,并制定相应腾退措施,保障先行区发展紧跟区域产业调整步伐。

2. 交通优先的区域协调

促进区域价值链相乘、产业链相加、供应链相通是实现先行区腾飞的关键。先行区规划从交通同城化、产业协同化、旅游全域化、公共服务对接、区域联合保育五个方面促进肥城市融入区域城市群。首先,优先建设一体化交通体系,实现区域交通同城化。其次,以交通优先为基础,对接区域生产要素市场,融入地区产业分工和产品市场,实现产业协同化。再次,以交通优先为基础,新建公园、医疗康养片区等重大旅游项目,对接区域旅游市场,实现旅游全域化。最后,以制度建设为手段,建立区域公共服务设施共享对接平台,并探索区域生态联合保育的管理模式。

3. 人本导向的功能复合

由于缺少人文关怀、城市功能单一、服务配套不足等问题[14],导致传统产业园区难以持续吸引优势生产要素,进而长期制约产业新城走向新发展阶段。一方面,基于对居民实际工作、生活需求调研,先行区规划提出:推进职住平衡、完善生活配套,将发展成果融入美好生活;推动全功能社区建设,在不影响安全和品质的前提下,提倡片区功能混合、地块复合开发,通过功能复合提升生产效率;推动共享孵化中心、共享生产单元建设等新经济生产模式,降低优质生产要素准入门槛。另一方面,基于规划管理和规划评估的行为需求,规划制定城市体检指标,满足规划实施效果的动态评价需要,最终实现动能复兴、幸福桃都的伟大愿景。

4. 特质内化的风貌塑造

传统文化不仅体现在历史建筑上也反映在城市文化生活中,产业新城规划不仅需要融入地区文化进行设计[15],同时需要寻找现代文化与传统文化和谐共荣的促进方式。其一,先行区规划融合现代生态文明和传统营城理念,强化特色山水格局;其二,规划特色开敞空间,塑造现代城市形象;其三,结合各功能片区布局多个文化景观节点,强化城市传统文化韵味;其四,提取传统建筑文化符号,并进行现代手法转意,形成独特的文化识别符号,突出特色风貌;其五,鼓励在多个文化节点开展形式多样、体验丰富的城市文化活动,丰富人文体验,进而全面塑造城市文化内核。

5. 制度支撑的实施保障

规划实施关乎城市发展成败,实施保障措施是保证规划实施质量的重要影响因素[16]。第一,健全组织机构保障,先行区设立新旧动能转换促进中心,将政府相关管理部门进行整合融合,由中心统一履行园区内的政府职责,从管理体制上降低园区运营与开发的制度成本;第二,扩大投资保障,先行区结合社会资本和政府注资成立城市投资管理及开发运营公司,负责园区的开发与投资工作;第三,强化运营机制保障,运营并维护动能转换共享云平台,平台下设公关服务共享单元、生产企业共享单元、研发机构共享单元、信息共享单元、人才储备共享单元。

五、城市产业空间展望

1. 产城融合是城镇化后半程的关键

我国进入城镇化后半程,经济发展从"量变"逐渐转向"质变",产业结构得到进一步优化,当前我国三次产业结构为7.2:40.7:52.2,城市发展逐步走向服务业拉动、工业驱动的后工业化阶段,技术密集型企业逐步成为驱动发展的重要力量[17]。由于技术密集型企业对城镇空间有较高的品质要求和功能需求,因此多数城市技术密集型企业聚集的产业新城需要有良好的城市配套和空间环境品质。可以说产城融合的问题一定程度上决定了我国未来城市建设的主要模式和国家经济发展可到达的高度。如何把我国城市建设成为具有全球竞争力的世界城市是能否吸引全球科学技术的关键指标之一,同时也是我国培育本土科技企业的摇篮。

2. 新技术促进产城融合走向多个维度

随着物联网、大数据、云处理等新技术的爆发和涌现,产城融合已逐渐从单一的生产、生活空间融合,走向了智能融合、智慧融合、无感融合等多个维度,产城融合变为设计公司、互联网公司等技术企业聚集的发展领域[18]。以雄安为代表的新一代城市已经实现城市的数字化投影和全维度融合,知识型服务业的聚集模式改变成为产城融合的诱发因素之一,也必将对城市空间结构产生深远变革。

3. 产城融合对未来城市格局产生深远变革

技术密集型企业聚集不仅需要良好的城市环境,还需要良好的城市配套服务设施,因此以大城市为核心的城市群逐步成为未来我国城镇化的主要战场,城市群不仅有低的城市密度、良好的城市品质和优美的生态环境,更能便捷享受大城市所带来的便利的配套设施,这将对我国未来的城镇化格局产生深远影响[19]。根据2019年第三季度统计报告显示,我国城镇化差异的显著

对比已由沿河与内陆转化为南方与北方的经济发展差异。一方面,南方自然生态承载力良好,人口密集、市场活跃,逐渐吸引和培养了更多技术密集型企业,而纵观我国北方,除京津冀等少数地区以外,其他地区独角兽企业基本为零;另一方面,随着国家战略的调整,北京严控城市人口,因此北京已逐步成为向上海、广州、深圳输送人才的源头,南方在产业发展中更具活力和竞争力。

参考文献:

[1] 剧锦文. 新中国工业化模式导入的经济史考察 [J]. 中国经济史研究, 1994(02):26–31.

[2] 张艳、赵民. 我国高新区的发展与演变 [J]. 理想空间, 2011, 45:10–11.

[3] 李文彬、陈浩. 产城融合内涵解析与规划建议 [J]. 城市规划学刊, 2012, 000(0z1):99–103.

[4] 吴红蕾. 新型城镇化视角下产城融合发展研究综述 [J]. 工业技术经济, 2019(9):77–81.

[5] 唐德淼. 新工业革命与互联网融合的产业变革 [J]. 财政问题研究, 2015(8).

[6] 宋朝丽. 人本导向的雄安新区产城融合设计 [J]. 西安财经学院学报, 2019(3).

[7] 林建浩、徐现祥、才国伟. 基于中国传统文化视角的文化与经济研究——第四届文化与经济论坛综述 [J]. 经济研究, 2018.

[8] 孙东升. 论开发区的文化内涵 [J]. 经济研究参考, 2004(40).

[9] 张明莉. 基于创新系统理论的开发区创新文化体系研究 [J]. 河北经贸大学学报 (5):81–84.

[10] 郑蔚、许文璐、陈越. 跨区域城市群经济网络的动态演化——基于海西、长三角、珠三角城市群分析 [J]. 经济地理, 2019(7):58–66.

[11] 廖智梅. 新型城镇化建设与产业结构优化协调发展的机制、问题及对策 [J]. 生态经济, 2018(6).

[12] 张红. 生态安全目标导向的产业新城规划研究——以湖南湘乡经济开发区为例 [D]. 中南大学, 2013.

[13] 王梦迪. 低效工业用地再开发规划对策研究 [D]. 苏州科技大学.

[14] 宋朝丽. 人本导向的雄安新区产城融合设计 [J]. 西安财经学院学报, 2019(3).

[15] 汪德根、吕庆月、吴永发, 等. 中国传统民居建筑风貌地域分异特征与形成机理 [J]. 自然资源学报, 2019, 34(9):1864–1885.

[16] 文超祥、何彦东、朱查松. 日本利益衡量理论对我国城乡规划实施制度的启示 [J]. 国际城市规划, 2019(3).

[17] 周岚、施嘉泓、崔曙平, 等. 新时代大国空间治理的构想——兼议中国新型城镇化区域协调发展路径 [J]. 城市规划.

[18] 刘娜、张露曦. 空间转向视角下的城市传播研究 [J]. 现代传播 (中国传媒大学学报), 039(8):48–53,65.

[19] 许政、陈钊、陈铭. 中国城市体系的"中心–外围模式" [J]. 世界经济 (7):146–162.

01 山东省肥城市新旧动能转换先行区概念规划暨重点地段城市设计

规划简介

1. 项目区位：肥城市位于山东省中部偏西，泰山西麓，汶河北岸。北与长清县（今长清区）毗连，东与泰安市岱安区接壤，南与宁阳县、汶上县隔大汶河相望，西与平阴县、东平县为邻。

2. 项目规模：概念规划约 255km²，核心区城市设计约 15km²。

3. 编制时间：2017 年。

4. 项目概况：发展中国家在经济起步的发展阶段时，往往追求经济的快速增长，容易忽视技术进步、结构优化，以致出现经济与社会、城乡、地区、收入分配等结构失衡。伴随着问题的累积，容易出现经济停滞不前，甚至严重下滑。为避免这样的情况，就需要准确研判新阶段的特征，重新定位，实现转型升级，因此中国经济向绿色化、智能化、高效化转型迫在眉睫。

2015 年 10 月，李克强总理在召开的政府工作会议中对当时中国经济进行了初步判断"中国经济正处在新旧动能转换的艰难进程中"。

新常态下我国正在迎接新一轮科技革命和产业变革，加快培育壮大新动能、改造提升传统动能是促进经济结构转型和实体经济升级的重要途径，也是推进供给侧结构性改革的重要着力点。

《国民经济和社会发展第十三个五年规划纲要》提出要拓展发展动力新空间，增强发展新动能。在随后的政府工作报告以及其他重大会议中也多次提到新旧动能转换。国务院办公厅于 2017 年 1 月正式印发了《关于创新管理优化服务培育壮大经济发展新动能加快新旧动能接续转换的意见》。并明确提出山东的发展得益于动能转换，希望山东在国家发展中急需挑大梁，在新旧动能转换中急需打头阵。

创新、科技是经济产业发展的原动力。未来的制造业是智造业，是创新与科技的结晶，是满足人类精神需求的服务业。肥城率先响应新旧动能转换精神，提出"新旧动能转换先行区"，打造创新科技活力智造之城、生态山水田园之城。

目标导向　　　　肥城模式　　　　问题导向

目标导向		肥城模式	问题导向
产业	完构省会经济圈重要拼图：制造基地走向创新高地的率先崛起		产业全而不大、大而不强、多而不聚、多处于产业链前端　产业
生态	凸显生态风光的花园之城：生态本地走向的幸福城市绿色崛起		生态环境逐步恶化，采煤塌陷区、水系污染、山体破坏存在　生态
城市	复兴城市发展的活力之城：由滨河发展走向拥河发展的活力崛起		城市连片发展、公共服务设施不齐、滨水空间被低端产业占用　城市
区域	打造济泰一体化先行桥头：两市交界走向济泰一体的典范崛起		缺乏重大交通基础设施，与济南交通联系不便，低效接受其辐射带动　区域
机制	探索新旧动能转型新机制：现有机制向创新机制的求实探索		传统的管理机制需要创新　机制

01 山东省肥城市新旧动能转换先行区概念规划暨重点地段城市设计
Conceptual Planning of the Leading Area of Kinetic Energy Conversion and Urban Design of Key Area of Feicheng

061

肥城概况

肥城地处山东中部、泰山西麓，因西周时肥族人散居于此而得名，至今已有 2200 多年的历史。

肥城是"史圣"左丘明故里、"商圣"范蠡隐居之地、"武圣"孙膑屯兵之处，也是闻名中外的"中国佛桃之乡""中国建安之乡"。

同时肥城也已成为国家卫生城市、第一批节水型社会建设达标县、中国百强县、全国综合实力百强县市、全国绿色发展百强县市、全国科技创新百强县市。

全市总面积 1277km²，总人口 99.2 万，辖 10 个镇、4 个街道办事处、1 个国家级高新技术产业开发区（分区）、1 个省级经济开发区。

历史机遇

2017 年 3 月，李克强总理在两会期间参加山东代表团审议时表达："希望山东在支撑我国经济社会发展中起战略支点作用；希望山东在推进新旧动能转换方面走在全国前列；希望山东在改善民生方面作出新成就"。

2017 年 4 月 18 日，山东省第十一次党代会提出"把加快新旧动能转换作为统领经济发展的重大工程"。

在国家全面推动新旧动能转换及山东积极创建国家新旧动能转换综合试验区，打造省会城镇群经济圈的多重机遇聚合下，肥城市委、市政府率先展开先行区规划。

先行区占地 255km²，济肥轻轨、聊泰铁路、青兰高速在此汇集，地理位置优越；处于山、水环抱之中，生态格局优良；现有高新区、锂电产业园、循环经济产业园等企业聚集地，产业基础雄厚。

经过离河发展—滨河发展—拥河发展的格局演变，康王河北部的新旧动能转换先行区将成为肥城的公共服务新中心。

借助"新旧动能转换先行区"设立的重大契机，肥城将加速产业转型，积极引入创新要素，修复塌陷区、塑造城市活力、达到提升城市综合竞争力终极任务。

土地使用现状图

1984 年城市用地——离河时代

2000 年城市用地——滨河时代

2016 年城市用地——拥河时代

肥城市新旧动能转换先行区整体鸟瞰图

目标定位

规划坚持世界眼光，国际标准，山东优势，肥城特色。

以"动能复兴、幸福桃都"为先行区愿景。以"开放肥城、创新肥城、智造肥城、花园肥城、活力肥城"为规划目标。

打造提升城市定位的功能平台，形成推动产业转型的创新高地，塑造体现持续发展的花园城市。

规划策略

协调"区域、产业、生态、城市、机制"5大方面，全力打造新旧动能转换的肥城模式。实现"动能复兴、幸福桃都"的伟大愿景，全面推动生产、生活、生态协调发展。

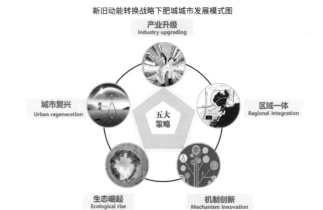

新旧动能转换战略下肥城城市发展模式图

1. 区域一体策略

积极推动绕城快速路、高速、济肥轻轨、聊泰铁路建设，加速区域交通同城化、产业协同化、旅游全域化，探索区域生态联合保育模式。

区域交通示意图

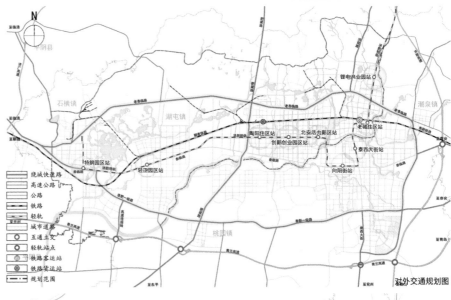

对外交通规划图

2. 产业升级策略

坚持产业链相加、价值链相乘、供应链相通"三链重构"，推进一二三产融合，形成"5+1+2"产业体系。

构建以新材料、高端装备制造、生物医药、钢铁冶金、精细化工为核心的五大产业集群，带动"二产升级"；引导现代农业与旅游业协同发展，促进"一三联动"；加大生产性服务业与生活性服务业投入力度，进行"双生注入"，营造良好的企业发展环境。

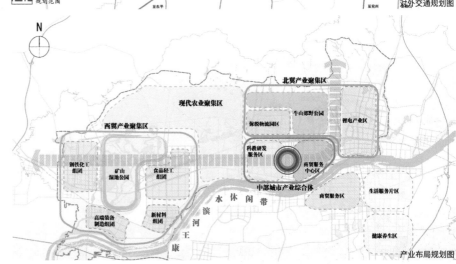

产业布局规划图

3. 生态崛起策略

多管齐下构建稳定高效的生态安全格局：

整合零碎的生态用地，形成高效的生态斑块，打造矿山湿地公园、牛山郊野公园、田园综合体三大生态空间；针对水体修复，依托康王河水系串联河、湖、渠、塘，形成"珍珠项链型"康王河生态水环，并建设水过滤走廊、雨洪公园，缓解城市水危机、构建水安全格局；增加6条生态廊道，连接山林、城市、水系，构建山水相连、蓝绿交融的生态格局，把森林引入城市。

进行生态敏感性安全分级，制定分级项目准入门槛，导入农业观光、文化旅游、运动休闲、康体养老功能，形成可持续性生态修复模式，为生态修复提供资金保障。

生态承载力采用生态足迹法进行核算，并结合人口预测模型，规划2030年人口规模约35万。

4. 城市复兴策略

识别低效工业用地，开展"腾笼换鸟"工程，将优质土地还给城市公共生活，形成一河两岸、拥河发展的格局，全面复兴康王河。

修复湿地、营造小镇，改善工业集中区环境品质，促进产业集群化发展。郊野休闲、服务城区，城市建设围绕绿心展开，为城市生活提供广阔绿色空间，构建"城、林、水"交融的发展模式。

规划形成"双心、双轴、一带、一环、五区"的空间规划结构，即城市综合服务中心、城市产业服务中心、城市产业发展轴、城市生活服务轴、浅山湾生态旅游带、康王河生态活力环，并细分为14个功能区。

5. 机制创新策略

成立肥城新旧动能转换促进中心，创新管理机制；构建动能转换共享云平台，利用共享经济降低生产要素引入门槛，加速区域优势生产要素聚集。

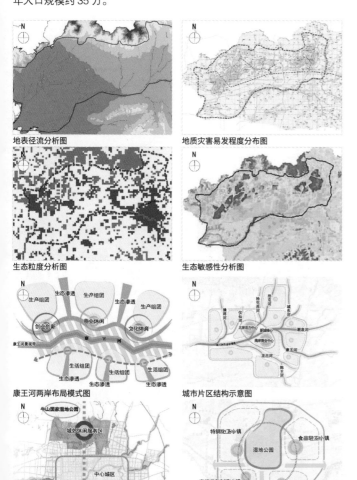

地表径流分析图

地质灾害易发程度分布图

生态粒度分析图

生态敏感性分析图

康王河两岸布局模式图

城市片区结构示意图

城郊-城市互动发展结构示意图

产业片区结构示意图

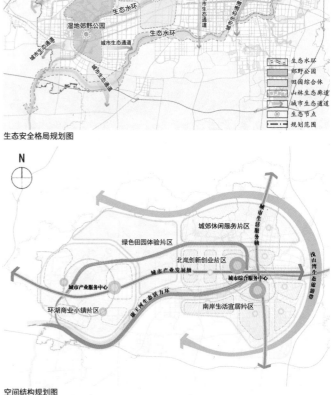

生态安全格局规划图

空间结构规划图

核心区城市设计

1. 依托现有高新区，"地企同心"，维持地块产权基本不变，开展升级改造，形成"一轴、一带、双廊、双核、多中心"的空间结构。

2. 以轻轨站为核心，形成北岸活力核、科技创智核，沿东西向创业路打造森林大道城市景观轴，并构建两条南北向"由山到城，由城到水"的水绿廊道，与山河汇聚的自然山水格局产生呼应，串联商务服务中心、滨河文体中心、科技服务中心、滨河娱乐中心，沿康王河布局四季娱乐城、滨水娱乐公园、特色商业街、会展中心、体育馆、规划馆、科技馆等公共服务功能，打造城市活力带。

3. 创业孵化、科技研发功能形成"凸"字形布局，与"凹"字形布局的居住、体育娱乐、总部基地功能形成空间穿插，构成职住平衡、产城融合、功能复合的布局模式。

4. 依托康王河、绿色廊道、内部水系，形成"一带、两核、三轴、五廊、多节点"的景观结构。创业路森林大道在中央雨洪公园处设计下穿，保证城市核心开敞空间连续。

5. 核心区整体以低强度开发为原则，居住建筑高度 18～33m、公共建筑高度 24～60m、标志性建筑高度控制在 100m 左右。

核心区城市设计空间结构规划图

核心区城市设计功能分区规划图

核心区城市设计鸟瞰图

01 山东省肥城市新旧动能转换先行区概念规划暨重点地段城市设计
Conceptual Planning of the Leading Area of Kinetic Energy Conversion and Urban Design of Key Area of Feicheng

065

规划依据"理水—塑核—兴业—营城"的主导思想进行城市核心区的规划设计。

理水——先行区位于肥城市域北部，地势东北高、西南低，北部为陶山与牛山，属于浅山区。随着时间推移，形成了多条南北向偏西的自然河流或沟渠，河流在雨季作为城市排水通道，旱季处于干涸状态，形成一道绿廊。规划遵循现有水系格局，在核心区借助地势构建两个环状水系，汇聚于康王河。

塑核——通过对核心区功能分期，结合现有企业分布情况与用地使用情况，规划两个核心，分别为创智核与活力核，构建核心区功能体系，带动整个核心区发展。

兴业——以两个核心功能为依托，围绕主要功能布局产业，形成核心区集科研、孵化、技术转化、金融于一体的创新创业产业集群。

造城——根据确定的功能分布，以功能为主导，搭建主干道与次干道系统，构建核心区交通体系，形成核心区用地布局。

核心区平面图

保税物流园设计

借助聊泰铁路，结合现状村庄用地、独立工矿用地，保留成熟社区，建设保税物流园，形成"境内关外"的经济发展新引擎。

物流装卸区、出口加工区、口岸检验区组成保税物流中心（B型），外围建设产业配套区、生活配套区，并预留保税物流拓展区、陆运物流转运中心。通过合理组织货物运输线，引导物流快速进入绕城快速，提升物流效率，保障园区交通安全高效。采用可拆卸装配式建筑，原则上不新建永久性建筑。

保税物流园功能分区规划图

保税物流园区选址意向图

保税物流园效果图

02 北京市中关村生命科学园（三期）概念规划

项目简介

1. 项目区位：中关村国家自主创新示范区的核心区包括昌平南部、海淀北部两个部分，北京科技商务区处于核心区的中心位置。

2. 项目规模：10.5km²。

3. 编制时间：2014 年。

4. 项目概况：中关村科技园昌平生命科学园是国家自主创新示范园"一区十园"的重要组成部分，是以生物医药研发、生物信息技术产业和健康产业为主的科技园区。

规划借鉴"中枢神经元"概念，形成创新交流信息网络和节点联系；利用南沙河的水体资源形成"绿环水绕"的特色生态格局；通过科技和产业服务中心与健康养老服务中心的"双核驱动"，形成"业城融合"的活力城市组团。通过建设运营主体全程控制系统，使园区成为全国首个以"规划设计—运营管理"一体化理念建设的一流科技园区。

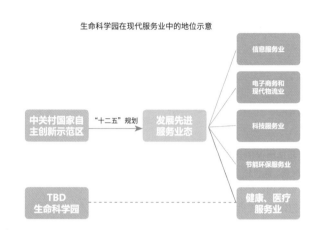

生命科学园在现代服务业中的地位示意

效果图一

效果图三

土地利用规划图

一类居住用地　商业服务用地　医疗卫生用地　高新技术产业用地　生产防护绿地　规划边界
二类居住用地　文化娱乐用地　教育科研用地　多功能用地　市政设施用地
配套教育设施用地　体育用地　二类工业用地　公共绿地　水域

结合轨道交通站点开发，打造区域商业服务核心

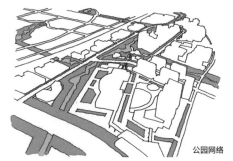

公园网络

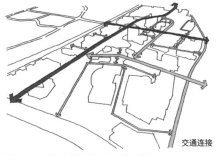

交通连接

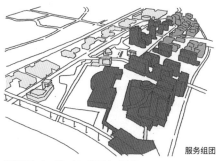

服务组团

形成以公园网络为主题的地区名片

平衡开发和环境保护之间的关系，创造优质空间，提升形象。通过梳理基地孤立的开放空间，创造链接整个园区的开放空间网络，创造各具特色的公园体系，提供宜人的生态环境。

建立 TBD 与现状开发的无缝对接

综合考虑园区的交通联系，创造便捷的对外交通联系，层级分明的道路网，结合公共交通站点，通过一体化交通换乘，实现便捷通行，创造符合片区功能道路的特征，为出行提供舒适的体验。

设置针对不同对象的服务组团

结合轨道交通，适度地做高强度开发，最大化利用土地资源，提升土地价值。结合环境资源打造总部办公，完善功能服务。创造功能明确、富有韵律的空间节奏，创造舒适的办公环境，避免空间压迫感。

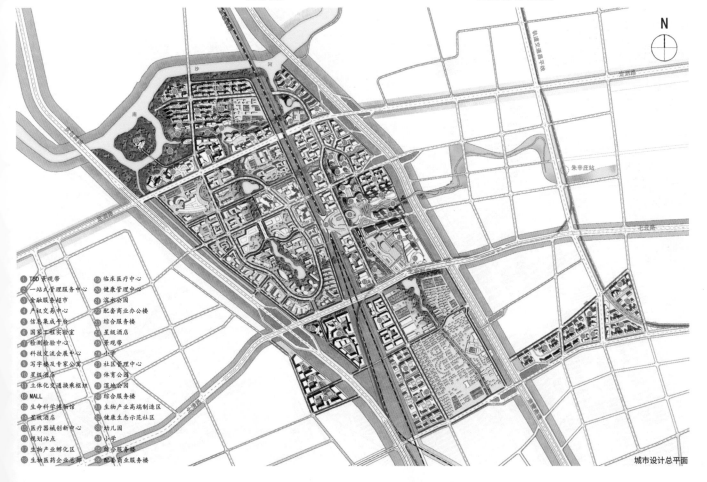

① TBD景观带　⑲ 临床医疗中心
② 一站式管理服务中心　⑳ 健康管理中心
③ 金融服务超市　㉑ 滨水公园
④ 产权交易中心　㉒ 配套商业办公楼
⑤ 信息集成平台　㉓ 综合服务楼
⑥ 国家工程实验室　㉔ 星级酒店
⑦ 检测检验中心　㉕ 景观带
⑧ 科技交流会展中心　㉖ 小学
⑨ 写字楼及专家公寓　㉗ 社区管理中心
⑩ 星级酒店　㉘ 体育公园
⑪ 立体化交通换乘枢纽　㉙ 湿地公园
⑫ MALL　㉚ 综合服务楼
⑬ 生命科学博物馆　㉛ 生物产业高端制造区
⑭ 星级酒店　㉜ 健康生态示范社区
⑮ 医疗器械创新中心　㉝ 幼儿园
⑯ 规划站点　㉞ 小学
⑰ 生物产业孵化区　㉟ 综合服务楼
⑱ 生物医药企业总部　㊱ 配套商业服务楼

城市设计总平面

水网绿带环通的绿化网络

以园区内部日字形绿网水系及三横两纵的道路防护绿带为骨架，构建生命科学园整体的绿化框架。

南沙河两岸的防护绿带、京新高速、京张高速构成园区的防护绿带网。

以半壁店渠为基础，形成南北向水系。

打造人工运河，与半壁店渠连通，把园区北部围合成生态岛。

连通一期、二期与三期的绿化通廊，与人工运河及半壁店渠共同构成开放型的日字形水系绿网。

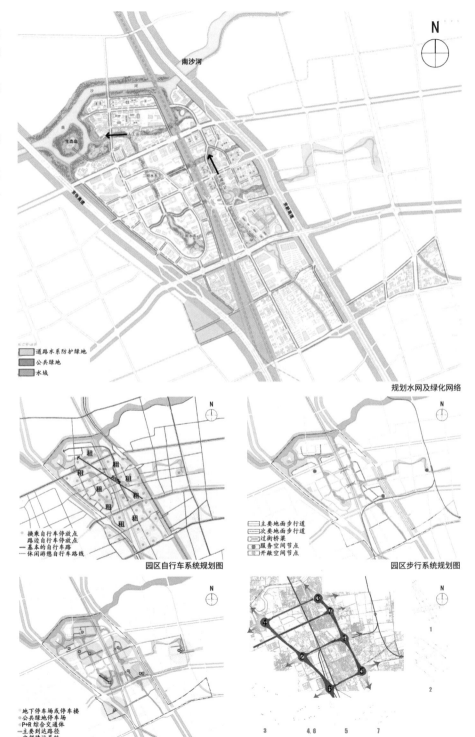

规划水网及绿化网络

园区公交内部捷运规划图

园区自行车系统规划图

园区步行系统规划图

园区公交场站即通过式站点规划图

园区停车场站规划图

典型立交节点及交通组织流线分析

依托前期产业打造健康产业服务核心

依托北大国际医院打造相关健康产业，提供涵盖不同年龄段的健康产业与相关服务设施，承接与首都机场的便捷区域交通优势，整合一二期的现状开发基底，完善相关产业配套服务，提升整个生命科学园的功能与形象。

产业发展路径

进一步提升定位，拓展微笑曲线两端的高端项目；引入健康医疗产业，提供高品质医疗服务。

四大主导产业

医药产业：继续做强生物医药的研发与中试，有选择地发展生物技术原创药、新型疫苗等产业化项目。医疗器械：生物医疗器械、新型医用高端耗材等。技术服务：以生物技术研发外包（CRO）为代表的研发服务产业。医疗健康：以北大国际医院为依托，大力发展转化医学、生物治疗、干细胞治疗等，发展信息健康产业。

四大潜导产业

生物农业：籽种繁育、土壤改良、作物防疫。生物环保：水资源治理、生物降解、生物过滤。生物能源：生物质研究、能源转化利用。信息生物技术：远程医疗、生物芯片、健康信息系统。

公共平台

培育五大公共平台，打造中关村生命科学园的高端服务产业群组。包括专业技术载体、公共技术平台、公共服务平台、生活服务平台、公共科技资源平台。

产业分析

中关村生命科学园公共平台构成示意图

健康产业服务区鸟瞰图

03 广东省揭阳阳美玉文化（创意）园城市设计竞赛

项目简介

1. 项目区位：揭阳阳美玉文化（创意）产业园位于"亚洲玉都"揭阳的东山区西区，规划范围位于阳美展销中心等五大玉器市场北侧，西起科技大道，东至滨江东路，南起环市北路，北至榕江北河。

2. 项目规模：5.6km²。

3. 编制时间：2012 年。

4. 项目概况：规划以"美玉润城，曲水连心"为设计立意，突出"美"字形水系为主体的开放空间，将"产业、旅游、生活、综合服务"四大功能与平面布局、空间形象综合考虑，发挥园区对产业升级服务和区域的带动作用，并保护其传统的历史资源和独特的自然环境，打造生态型文化创意产业园。

产业发展

产业定位

规划将阳美玉文化（创意）产业园的产业定位为覆盖玉石原材料交易、设计加工、终端销售全产业链，生产工艺高超、引领设计潮流、主导市场走向的玉文化创意园。

产业策略

延伸产业链，提升行业影响力，玉石产业链包括主链、行业服务、相关行业（功能）三大部分。

完善行业服务，培育文化创意产业，设立创意研发区，集展示、销售、职业教育于一体，为从业者、消费者、商家提供互动平台，推动产品创新。

促进相关行业成长，走多元发展之路，通过挖掘玉石文化、潮汕文化内涵，结合滨江资源、文物古迹等要素，全方位、多层次培育相关产业。

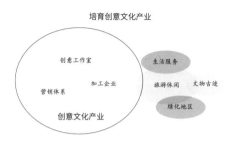

培育创意文化产业

玉石行业产业链分析表

主链	物料采购	加工制造		展示交易
	辅料采购	剥皮		编绳
	模具设备	设计		镶嵌
		雕刻		包装
行业服务	仓储	信息交流	检测	认证
	专业培训	行业标准	技术交流	展览
相关行业或功能	运输	押运	环保	快递
	金融	保险	贸易	医疗
	旅游	休闲	餐饮	居住

① 明代古墓公园
② 国王庙
③ 大师工坊
④ 民间演艺馆
⑤ 教堂
⑥ 加意湿地公园
⑦ 文化创意步行街
⑧ 文化休闲酒吧
⑨ 玉器研发中心
⑩ 中国玉文化展览馆
⑪ 玉文化展示长廊
⑫ 翡翠塔影
⑬ 戏院
⑭ 谭角民居旅馆
⑮ 民俗博物馆
⑯ 玉石博物馆
⑰ 玉带广场
⑱ 行政中心
⑲ 会展中心
⑳ 下幕文化广场
㉑ 玉珠广场
㉒ 阳美村安置区
㉓ 乔林广场
㉔ 玉月半岛
㉕ 彩页岛

总平面图

鸟瞰图

用地现状图

村庄居住用地　行政办公用地　水域　规划范围
小学用地　城市道路用地　其他非建设用地　工业用地
中学用地　其他非建设用地　文物古迹用地

03 广东省揭阳阳美玉文化（创意）园城市设计竞赛
Urban Design Competition of Fine Jade Cultural (Creative) Park in Jieyang City in Guangdong Province

071

规划布局

为巩固提升揭阳玉都地位，增强核心竞争力，打造高端化、国际化、差异化的品牌目标，把阳美玉文化（创意）产业园区作为揭阳提升国内知名度和国际化水平的一张重要名片和窗口，实现"玉扬天下、活力水城"。

设计立意——"美玉润城，曲水连心"

功能布局

功能布局上将人流、车流量大，通行便利、城市形象标志性强，具有重要公共职能的保税物流区、加工孵化区、玉都商贸区、行政文化区、购物娱乐区安排在规划的中心区。

规划结构

规划以美字形水系构架的开放空间系统结合城市功能组团，形成"两轴、四带"的规划结构。

城市设计

重要界面展示

规划共四个重要城市界面：滨江自然休闲界面、美水城市休闲界面、环市北路休闲界面、阳美大道休闲界面。

开放空间设计

城市开放空间构架由三个层次构建，形成开合有致、高低错落的城市开放空间格局，保证与区域内的自然环境融合一体。

第一层次：大面积绿色生态要素形成生态型绿化基地，为园区生态支撑。

第二层次：滨水蓝色开放空间，为园区提供链接整体公共空间网络的结构骨架，有利于促进区域空间布局的一体化。

第三层次：划定12个重要开放节点，为广大公众服务，提供富有活力的城市空间。

点状景观

场地范围内有10个大型由水系串联在一起的绿地景观节点——"翡翠岛"，其各具不同的主题和特色。

功能布局规划图

规划结构图

重要界面展示图

开放空间设计图

04 河北省任丘华油智慧新城概念规划研究

项目简介

1. 项目区位：任丘位于北京两小时经济圈内，项目位置位于任丘老城与白洋淀的衔接区域。

2. 项目规模：总研究面积约 58km²，重点研究范围约 10km²。

3. 编制时间：2016 年。

4. 项目概况：环淀行政区划的调整，京南高速通道的建设，高新技术产业的转换带来了新的建设契机。告别粗放单一型增长，旧油田时代任丘迎崭新面孔；融入京津冀交通网络，六万亩环淀沃野正虚位以待；把握创新政策导向，创新发展之大门已徐徐开启。

现状特色

现状对外条件相对便利，规划新建高速公路、高铁等，交通条件优越；古迹较多，文化遗产丰富；旅游资源丰富，品质较高；任丘城市主要位于 106 国道以东，智慧新城所在的 106 国道以西片区建设量较少，有极大的创新发展空间；规划范围内用地以基本农田、允许建设区和有条件建设区为主。

规划愿景

汇智宜居生态城，环淀科技新门户。

区位图

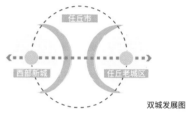

双城发展图

小白河现状图 1

任青渠河现状图 1

任青渠河现状图 2

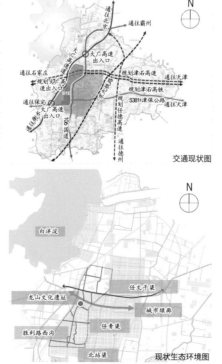

交通现状图

现状生态环境图

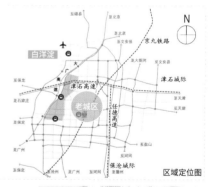

区域定位图

现状土地利用图

规划理念

融汇淀边，生态优先；承接科教，人才汇智；健康宜居，邻里社区。

规划结构

以中央公园为核心，形成"T"字形的城市中心格局，东侧与老城对接，形成商业服务带，北侧与科技园区对接相呼应；构建一心一轴三片区多组团的空间结构。

生态景观系统规划

综合服务轴连通居住社区绿色空间，融合中央绿地公园、滨水带状公园等，形成区域绿网格局。

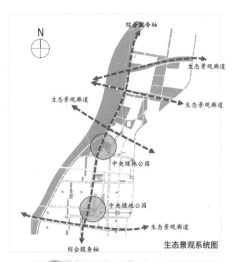

规划结构图

生态景观系统图

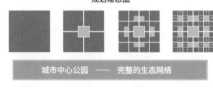

规划理念图

城市中心公园 —— 完整的生态网络

核心引领　点轴延展　空间渗透　价值提升

规划平衡表

用地	数量 (hm²)	占建设用地率 (%)
R 居住用地	597.6	37.15
B+R 商混用地	77.1	4.79
A 公共管理与公共服务设施用地	169.1	10.51
A1 行政办公	15.7	0.98
A2 文化设施用地	5.8	0.36
A3 教育科研用地	117.6	7.31
A4 体育用地	9.7	0.60
A5 医疗用地	16.8	1.04
A6 文物古迹用地	3.5	0.22
B 商业服务业设施用地	116.7	7.25
G 绿地与广场用地	317.5	19.74
S 道路与交通设施	320.4	19.92
S1 城市道路	315.0	19.58
S4 交通场站	5.4	0.34
U 公用设施用地	10.2	0.63
H 城市建设用地	1608.6	100.00
E 非建设用地（水域）	74.2	
总用地	1682.80	

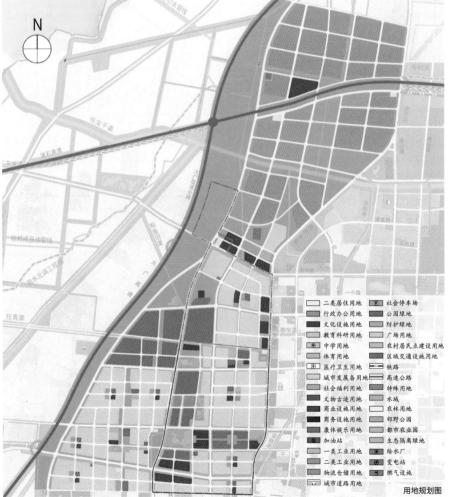

用地规划图

05 北京市中关村科技园区石景山园南区控制性详细规划

项目简介

1. 项目区位：中关村科技园石景山园位于西五环外，石景山区中部。

2. 项目规模：项目的总面积为 2.65km²。

3. 编制时间：2013 年。

4. 项目概况：中关村科技园石景山园——国家自主创新示范园"一区十园"的重要组成部分。规划通过对同类型产业园区的用地功能配比分析，并结合经济测算，确定便于实施操作和管理的用地规划方案。在地块控制层面，提出规划设计图则与城市设计图则相结合的模式，强调建设指标、公共空间、地下空间与城市形象的控制与引导。

项目背景

为了更好地顺应建设"国际城市"的发展目标，石景山区提出打造"首都休闲娱乐区（CRD）"的发展定位。为了增强石景山园对区域经济的支撑作用，在石景山"十二五"规划中，提出"按照首都绿色转型示范区"的发展定位，主导产业顺利接续，增强新首钢高端产业综合服务区和中关村石景山园的辐射带动作用，使之成为京西创新创意的源泉、高端发展的引擎。

空间结构

规划石景山园南区空间结构为"一心、两轴、两核、两区"。

"一心"为园区中部的科技研发中心。

"两轴"为东西向的交通公建轴与南北向的绿化景观轴。

"两核"为园区北部和南部两组标志性商务建筑，结合首钢的商务商业区布局，形成一个一组环抱型的地标节点。

"两区"包括：特钢所属的东区，政府所属的西区。

功能分区

按照园区功能定位，将园区分为五个功能分区：中部为研发展示区，南部和北部为商务办公区，西部和东部为混合功能区。

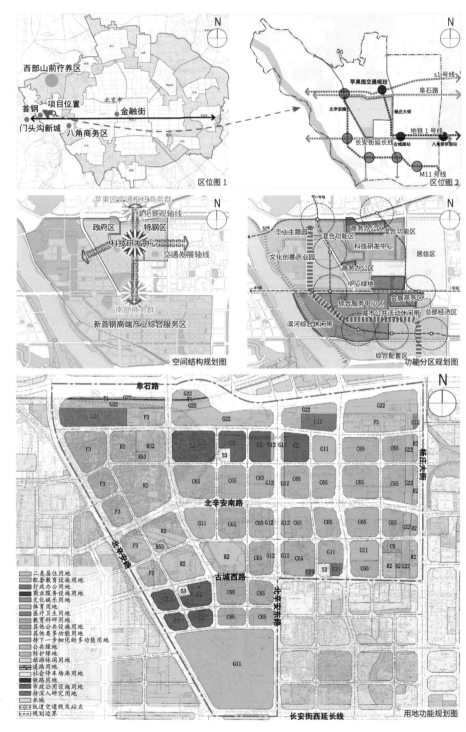

区位图 1

区位图 2

空间结构规划图

功能分区规划图

用地功能规划图

05 北京市中关村科技园区石景山园区控制性详细规划
Regulatory Planning of Southern Area of Shijingshan in Zhongguancun Village Scientific Park in Beijing

075

土地使用控制与引导

合理规划石景山园南区各类用地功能配比，科研用地占总建设用地的21.7%，商业金融业用地占总建设用地的6.5%，数类设施混合用地占总建设用地的7.1%；居住及配套教育占总建设用地的10.8%；绿地占总建设用地的19.6%；道路市政占总建设用地的33.8%。

地块高度控制

综合考虑园区在城市功能区中的定位和区位，根据用地性质，结合轨道交通站点的分布，并充分考虑与首钢规划相衔接，对地块高度分别控制。

开发强度控制

根据用地性质，充分发挥轨道交通站点对土地开发的带动和支撑作用，结合高度控制，对地块开发强度分别控制。

道路系统规划

服务于园区的道路系统分为快速路、主干路、次干路和支路4个等级。道路设置选择以已有的快速路、主干路为骨架，配以覆盖全区域的通达、灵活的次干路和支路网络。路网格局基本采用方格网式。道路等级分明，分布均衡，满足园区交通需求。

道路断面规划

园区规划道路断面形式按照道路等级分为三类，主干路断面形式为四块板，机动车道双向六车道，道路中央设置绿化隔离带，机非分离采用绿化带隔离；次干道断面形式为三块板，机动车道双向四车道，机非分离采用绿化带隔离；支路断面形式为一块板，机动车道双向两车道，非机动车道与机动车道合设。

停车设施规划

根据北京市停车场（库）配建标准修建建筑物配建停车场，配建停车指标详见《各类建筑配建停车指标表》。在园区内部共设置3处社会停车场，均衡分布于园区商务区和区内主次干道附近，满足通勤停车需求，社会停车场库用地面积为1.42hm²。规划园区机动车停车需求70%利用地下空间解决。

强度控制图

高度控制图

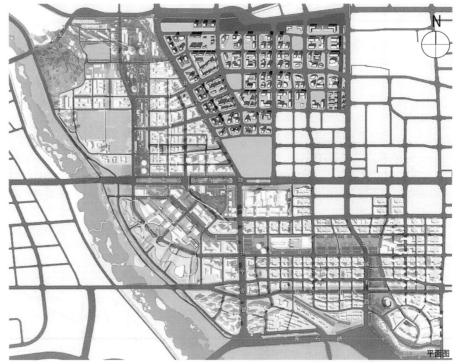
平面图

沿长安街街景立面效果示意图

北辛安路沿线天际线效果图

06 湖北省襄阳市中建东津合作区概念规划及启动区城市设计

项目简介

1. 项目区位：项目位于襄阳市东津新城，汉江与唐白河交汇区域。合作区面积约 20km²。
2. 范围：研究范围 25km²，启动区规划范围约 10.6km²。
3. 编制时间：2017 年。
4. 项目概况：襄阳是国家历史文化名城，坐拥得天独厚的山水形胜格局及自然景观条件优良。中建合作区位于东津新城核心地区，对外交通便捷，郑万、汉十高铁建设，襄阳南站落户东津新城，助力襄阳城市东进，推动东津新城成为现代化区域中心城市的新核心，对中建合作区的开发建设起到拉动作用。本规划建设对东津城市新中心的建设、疏解老城职能和人口、聚拢人气、提升地区活力，具有重大意义。

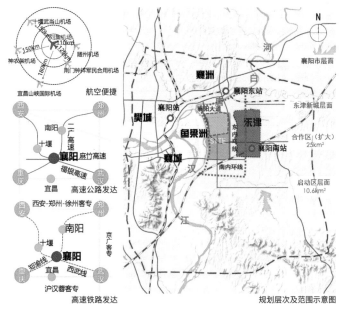

规划层次及范围示意图

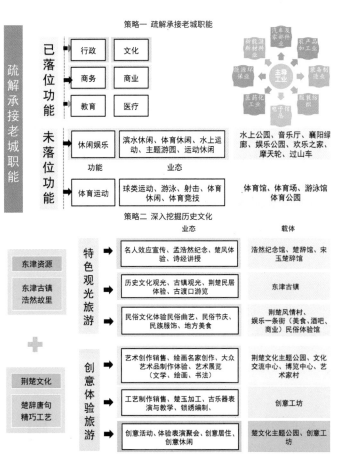

新城产业策划

疏解承接老城职能

襄阳现状公共服务设施主要分布于襄城、襄州、樊城三个组团，目前主要公共服务职能正在逐步向东津新城转移。

未来东津新城将有望承接大量老城服务职能。

深入挖掘历史文化

东津古镇是襄阳文化旅游稀缺资源，保存有典型的鄂西北商业民居特点的十字街历史街区及陈坡楚墓、孟浩然故居、孟浩然墓、鹿门寺；庞德公、孟浩然、皮日休等名人先后隐居于此；多样化文化资源作为提升东津旅游业品质内涵的基础。

规划在充分挖掘襄阳历史文化资源基础上，与周边地区形成差异化发展。

延伸拓展汽车产业

现状襄阳工业主导产业以汽车制造产业为龙头，形成农产品加工、服装纺织、装备制造、电子信息、医药化工、节能环保、新能源新材料等八大产业。

襄阳汽车产业目前汽车制造（上游）为主，主要生产中低档轻型车、新能源汽车，并逐步完善汽车售后服务（中游），对汽车文化（下游）塑造仍有很大空间。

襄阳应顺势而为，积极延伸并完善汽车产业链条，主打汽车文化展示、互动娱乐、休闲运动牌。

开拓创新高铁产业

高铁将吸引商务人群、旅游人群、通勤人群，并引导商务会展以及休闲旅游产业入驻东津新城。

06 湖北省襄阳市中建东津合作区概念规划及启动区城市设计
Conceptual Planning of Zhongjiandongjin Cooperation Zone and Urban Design of Launching Zone in Xiangyang

077

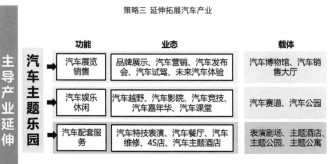

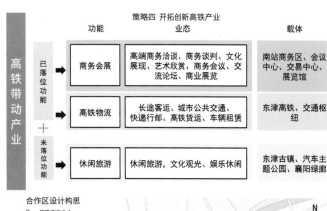

规划方案

设计构思

"城市复合活力走廊"绝非单纯的景观廊道，而是集文化展示、休闲娱乐、康体健身、居住生活等多种功能于一体的复合功能带。

沿汉江打造荆楚文化展示带、沿王家河打造古镇旅游休闲带，提升地区活力。

规划结构

规划打造"双心引领、中廊驱动、古镇助力、T带协同"的规划结构，其中：

双心引领——行政文化中心与高铁商贸中心引领东津新城发展。

中廊驱动——复合活力走廊联通两大中心，同时承载娱乐、休闲、景观等复合功能，辐射驱动两翼。

古镇助力——东津古镇利用自身优良旅游条件，发展带动新城南部地区，助力城市活力提升。

T带协同——依托汉江和东大沟两条水系，打造T形文化旅游休闲展示带，协同推动城市发展。

规划结构分析图

启动区鸟瞰图

新城规划

点轴联动——营造经典空间视廊。

打造三大核心，形成功能走廊。

极核放射——引爆娱乐休闲新动力。

塑造汽车主题公园、休闲娱乐中心为活力中心。

生态融合——汉江、浩然河提升地块生态。

打造水—绿—人—城和谐健康新区域。

打造三区三带的功能分区，构建四横五纵的干道网系统，布局五个重要节点空间，建立两心两廊一环多点的景观系统。并控制汉江、唐白河方向的天际线效果。

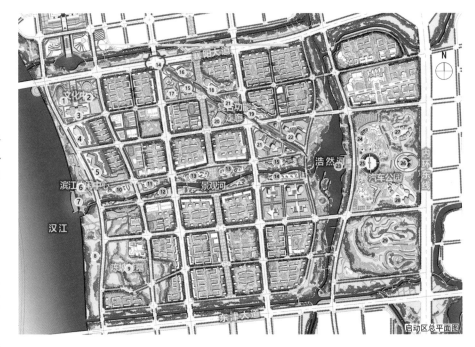

启动区总平面图

1 图书馆	11 滨水公园	21 体育馆
2 科技馆	12 餐饮街	22 滨水酒店
3 展览馆	13 滨水休闲街	23 喷泉广场
4 滨水会所	14 嬉戏园	24 过山车
5 滨水七彩谷	15 滨水五星酒店	25 摩天轮
6 滨江艺术中心	16 运动之星	26 汽车博物馆
7 滨水大舞台	17 白领公寓	27 汽车交易厅
8 滨水带状广场	18 娱乐城	28 汽车体验馆
9 陈城楚墓遗址公园	19 室内滑雪馆	29 汽车赛道
10 滨水艺术街	20 休闲综合中心	

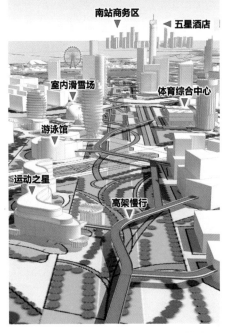

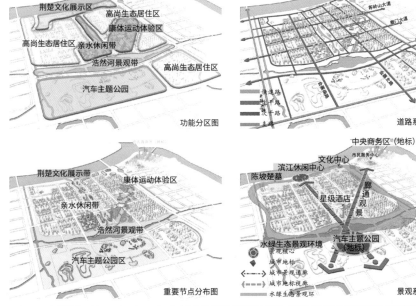

功能分区图

道路系统规划图

重要节点分布图

景观系统规划图

汉江方向城市天际线

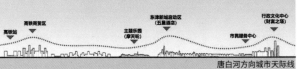

唐白河方向城市天际线

06 湖北省襄阳市中建东津合作区概念规划及启动区城市设计
Conceptual Planning of Zhongjiandongjin Cooperation Zone and Urban Design of Launching Zone in Xiangyang

079

古镇规划

东津古镇位于汉江东岸、与鱼梁洲隔江相望；面积约 80hm²，其中东津古镇核心区面积约 4.6hm²。规划形成一核两带三区的空间结构，建立完善的道路体系和景观结构。基于荆楚源头·浩然故里·诗赋之乡的规划愿景，将古镇打造为襄阳文化旅游休闲第一镇。

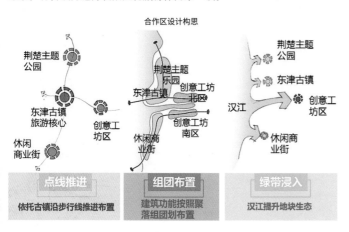

合作区设计构思

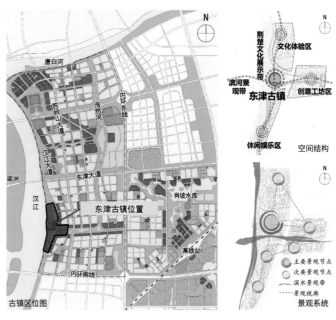

古镇区位图

古镇平面图

07 河南长葛产业新城概念规划与城市设计

项目简介

1. 项目区位：基地位于许昌北部，距离长葛市中心约 5km。
2. 项目规模：概念规划 75.58km²，城市设计范围约 5km²，其中规划核心区约 2.3km²。
3. 编制时间：2016 年。
4. 项目概况：作为"郑州—许昌融合都市区"经济发展桥头堡，依托高铁与高速交通优势，长葛产业新城将承接郑州都市区的产业和资本的外溢。规划提出"郑许融合升级区，双泊生态宜品城"的目标，产业选择上以体现国家战略、承接区域要求、完善产业支撑以及扩大城市优势三大方向，打造"一城三镇一区"的特色新城。

规划理念

I·T·E·C 四大规划理念：产业主导新城，交通支撑新城，生态引领新城，文化注入新城。

空间结构规划

构建一城三镇一区空间结构。一城——京港澳高速东侧布局产业新城主城区，包括核心区、新城居住区及五大产业区；三镇——京广高铁西侧打造三个特色生态宜居小镇；一区——依托佛耳岗水库与双泊河湿地，打造休闲度假医康养综合区。

功能分区

分为核心区、新城居住区、生态宜居小镇、休闲度假医康养综合区、工业物流产业区五大产业区。

交通优势分析图

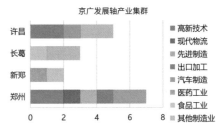

京广发展轴产业集群

空间结构规划图

用地平衡表

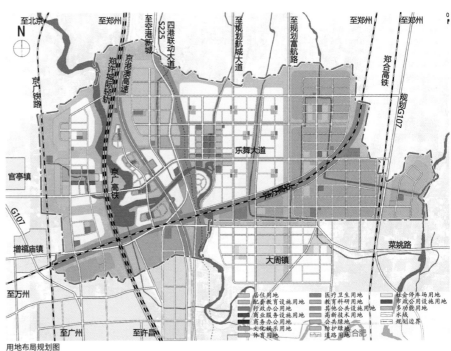

用地布局规划图

交通系统规划

1. 对外交通：规划范围内以京港澳高速和四港联动大道作为地块主要交通流向，远期规划一个高速出入口，服务城市居住与产业功能。

2. 内部交通：新城内部整体路网呈方格网式，形成两横三纵的路网结构。

3. 公交系统：构建以 TOD 模式为导向，引导城市空间布局形成。

4. 休闲微交通：鼓励自行车、步行等低碳出行，营造"慢节奏"的休闲生活方式。合理利用水绿生态，打造自行车环线和滨水步道。

绿地系统规划

双洎水岸，生态修复。以亲水岸线和生态涵养岸线两种形式展开岸线改造；弹性构筑海绵城市。

社区绿地网络全覆盖，形成新城级、片区级、邻里级三级绿地系统，覆盖整个新城区域，并由景观慢行系统联系形成网络。

文化旅游规划

深入挖掘长葛城市历史文化资源，特色游线打造全时体验。

核心区设计

城市设计范围约 5km²，其中规划核心区约 2.3km²；设计范围包含新城的商务商业、文化展览、休闲游憩、高档居住等功能。

1. 构建水绿渗透，轴带带动的空间结构。以西小河为水绿廊道，乐舞大道为城市景观轴，形成多个核心；核心街区沿河界面开敞，将水绿引入；南北两片区打造慢行交往环，提升城市活力。

2. 划分六大功能分区。沿乐舞大道南北两侧形成中央商务区；北部打造商业休闲区，南侧打造中央公园及商住混合区；周边布局综合活力住区；修复双洎河生态，形成双洎湿地。

3. 采用小街区密路网的道路系统。以乐舞大道为景观大道，采用小街区密路网的模式，布局核心区路网；街区宽度控制在 100 ~ 250m，形成生态低碳的交通体系。

4. 以创业大厦形成核心区地标，高度控制为100m；高度分区为中间高、四周低，保证整个核心区容积率不超过1.0。

对外交通分析图

内部交通分析图

绿地系统规划图

社区绿地网络全覆盖规划图

核心区空间结构分析图

核心区功能分区分析图

08 河北省廊坊市大城县红木产业园概念规划

项目简介

1. 项目区位：大城县地处京津冀协同发展。
2. 项目规模：5.2km²。
3. 编制时间：2014 年。
4. 项目概况：廊坊市大城县红木家具制造产业在国内享有盛名，但是产业自发形成过程中发展分散，缺乏秩序，也难以形成合力。规划提出利用文化和创意产业提升传统家具制造工业，两者互促互利的发展战略。在空间上引导产业有序化、规模化整合，促进横向扩展和纵向延伸，形成以产促城、以城带产、产城融合、文旅提升的发展规划，并对重要节点进行了空间设计。

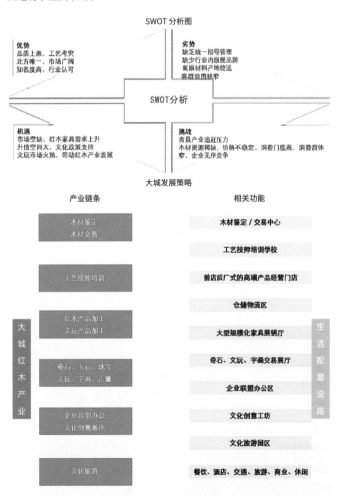

大城县红木产业传统上分布于南赵扶镇，南赵扶镇的大部分村庄参与红木产品加工

红木产品生产制造链条扩展到南赵扶镇大部分村庄。南赵扶镇在津保路沿线已经形成红木聚集区，并产生了宝德丰等一批知名企业

2014 年建成投入使用的红木产业城是现在规模最大的红木企业，红木大集已迁至此区域

大城在京津冀协同发展格局中区位

红木制品

红木制品

红木材料

红木材料

SWOT 综合分析

优势：大城红木产业品质上乘，工艺考究，极具皇家风范，受到海内外红木古典家具爱好者的追捧。机遇：目前南方地区"趋于饱和"，但大城所占据的北方市场对红木家具的需求仍在上升，产业后劲足。劣势：目前大城市场缺乏统一指导管理，市场环境和质量监督有待提高且目前面对客群范围较窄。挑战：紧邻大城的青县也开始大力发展红木产业，未来可能成为大城县在北方市场的竞争对手。

大城正处于成长阶段，需要力争上游，不断创新，产城融合，铸造品牌。

发展策略

策略一：产城融合

红木产业需要依托城市，为其提供载体及综合服务。产业发展利用城镇的城市功能，城市建设为产业发展提供政府服务、居住、教育、医疗等配套公共服务，以及产业工人等技术劳动力储备。产业是城镇发展的推动力，城镇又是产业的载体，通过产城融合使大城城市建设与红木产业发展互促共荣，以产兴城、以城聚产、产城联动、融合发展。

策略二：打造政府平台

打造政府平台是产城融合策略的延伸，以政府力量避免无序竞争；以政府声誉保障产品质量；以政府交流集中力量宣传。

策略三：完善产业链条

横向产业——以红木产业为基础，积极拓展与之相关的奇石、玉石、珠宝、文玩、字画、古董等文化收藏类产品的加工销售。纵向产业——红木文化创意产业旅游园区的建立，使得大城作为目的地项目多元化，主动延长消费者停留时间，将消费者由当天往返的家具采购行为转变为 2~3 天的购物休闲游。最终实现完善的产业功能及生活配套设施。

策略四：强化管理 多元共存

打造产城融合的红木名城大城，整合拓展区生产要素，实现城乡统筹发展。

08 河北省廊坊市大城县红木产业园概念规划
Conceptual Planning of Redwood Industrial Park in Dacheng County in Langfang City of Hebei Province

083

空间规划与措施

空间规划

规划红木产业提供适宜的发展环境。实现红木产业价值链在大城的上下游各环节协同发展。多种空间的结合，打造产城融合的典范。未来将以红木博览园带动会展区建设，形成具有地方特色的生活、生产、创新空间，实现产城互促，共进共荣。

西区总平面图

西区功能分区图

大城产业园分布图

建筑形式节点透视图

城市公园平面图

会展区鸟瞰图

节点设计

1. 城市公园：位于红木产业园西北侧。为大城县中心城区提供了绿色开放休闲空间。
2. 文化体验区：包括大师工作室和艺术家园；打造为吸引书画大师、雕塑大师以及企业家进行"人艺互动"的体验式艺术创新空间。
3. 会展区：依托新建的红木产业城，建立多元化市场场馆，在传统红木家具基础上开拓现代家具、西式家具、儿童家具等产品的销售市场。
大城红木商业街：依托大城红木地价低廉、商业形式灵活的优势，吸引外来投资，激发当地商业活力。
4. 生产区：毗邻滨石高速连接线、物流区，为工业生产提供便利的交通和物流支持。
5. 物流区：规划物流区处于产业园用地边缘地带，毗邻滨石高速连接线，为物流提供便捷交通。
滨水文化商业带：集商业、餐饮、旅游服务为一体，以传统建筑形式与亲水空间设计交融。

建筑形式

整体建筑形式采取传统形式，体量大的建筑可以采取新中式；空间围合以四合院形式为主，体现中国传统的文化与礼制；滨水空间设计亲水园林作为休憩场所。

大城红木商业街鸟瞰图

09 湖北省孝感市临空经济区产城融合综合开发项目概念规划设计

项目简介

1. 项目区位：规划用地位于湖北省孝感市东南区域，孝感与武汉城市之间，紧邻武汉天河机场，属于孝感两型社会示范区及天河机场临空经济区范围。规划范围距武汉中心城区（三环线）和孝感中心城区均 25km 左右。

2. 项目规模：11.8km²。

3. 编制时间：2018 年。

4. 项目概况：规划区地处武汉都市圈黄金区域，孝感临空经济区核心位置。规划意图打造"临空生态岛·汉孝活力湾"。采用"军民融合、产城融合、生态绿色、宜业宜居"四大理念，打造活力智城。借孝感武汉同城化发展之大势，充分发挥临空经济区交通优势、产业优势、生态环境优势等，吸纳构建完善的经济产业、城市功能、社会人才体系，聚气纳贤，强势崛起。

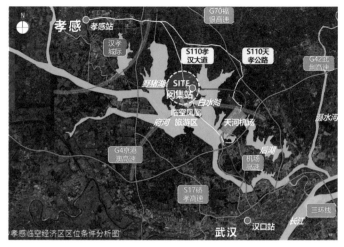

孝感临空经济区区位条件分析图

产业细分表

产业方向	重点领域	重点产业内容
临空经济产业	总部基地	生物医药研发总部、电子信息研发总部
	生产服务产业	现代物流、智慧物流、新材料研发、度假休闲服务
	服务配套产业	时尚商业服务、文化艺术服务、金融商务
休闲服务		体育休闲、体育赛事、旅游服务
军民融合产业	民参军	食品、电子信息、新材料、高端装备等
	军转民	航天航空、船舶、核能、电子信息
	军民共融	健康食品、新材料研发、高端装备等产业

产业体系选择

临空经济区产业布局规律研究

临空经济区紧邻天河机场，在武汉临空 5～20km 辐射范围内，是孝汉区域一体化发展的桥头堡。根据临空经济区距机场的距离，我们可将其细化为空港区（0～5km）、紧邻区（5～10km）、相邻区（10～15km）和辐射影响区（15～30km），其产业分布也从航空运营的相关核心业务逐步向城市功能过渡。规划项目处在武汉临空 5～15km 辐射范围内，其主要业务范围以机场相关业务和延伸业务为主。

主导产业选择

基于武汉市产业环境、区域周边产业基础及生活配套需求，该项目主要围绕临空产业、军民融合产业及休闲体育旅游产业，共三大产业方向。

临空产业——应积极对现状物流产业提档升级，并积极发展现代物流、智慧物流产业，同时发展服务于周边的科技制造总部及相关城市服务的融合型产业。

军民融合产业——遵循"搭建务实合作平台、创造实实在在价值"的理念，把握"深度融合下军民两用技术应用的新动能、新机遇"。

休闲体育旅游产业——结合周边河湖水系和自然风光，打造全国最美体育休闲公园，并充分发挥李宁品牌优势，集体育休闲、体育赛事、体育产业为一体的大型园区。

效果图

09 湖北省孝感市临空经济区产城融合综合开发项目概念规划设计
Conceptual Planning of Integrated Development Project of Industry City in Airport Economic Zone of Xiaogan

085

规划结构

规划构建"一岛一湾 · 双核双廊"的空间结构，其中：

一岛——打造网络状绿化形成的生态半岛（生态岛）；

一湾——用地南部公建集中区（活力湾），水湾两岸作为商务集中区形成集聚空间；

双核——综合管理与交通核心、商务商业与景观核心；

两廊——依托横纵两条主干路打造绿化景观通廊，实现景观绿地的通透性。

用地布局

保持控规整体用地布局比例不变，适当增加公园绿地面积；适当增加公共服务设施用地；调整部分兼容性用地为居住用地，调整部分商务用地为兼容性用地。

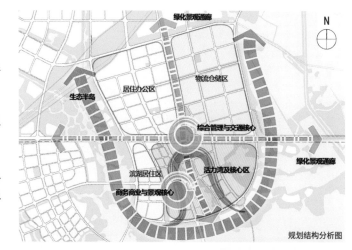

规划结构分析图

用地布局规划图

规划设计

设计构思

"静"——构建"生态岛",突出自然属性,建设"环岛大体育公园"。

"动"——构建"活力湾",强调公共属性,建设临空公共核心区。

"核"——依托两个核心,丰富内湾用地功能。

"网"——打通两条绿化通廊,结合已有道路绿化,构建网格状环岛绿化生态系统。

局部效果图 1

局部效果图 2

区域规划总平面图

孝感临空经济区鸟瞰图

天际线分析

孝感临空经济区内高度控制地标建筑组群150m以上，周边建筑控制在120～150m左右。从孝湾方向向北看，形成"近一中一远"层次丰富的天际线效果。

重点区域设计

规划划定西岸商务区、东岸商务区及运动广场三个重点区域进行详细设计。

西岸商务区——重点发展与空港配套的总部经济、金融等产业，配套建设酒店、商业等服务设施。东岸商务区——以小型孵化企业入驻为主，结合酒店式公寓、商业休闲等商务配套功能，打造活力创智空间。运动广场——环岛体育公园最具活力的地区之一，在这里将集中布置室外运动场地、体育产业推广基地、运动科普交流设施等。

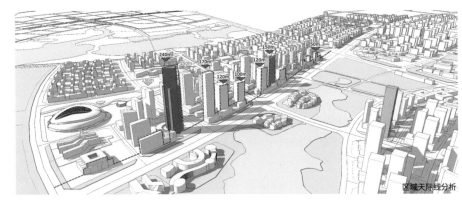

区域天际线分析

区域天际线分析

重点区域设计平面图

10 内蒙古锡林郭勒盟引渤济锡循环经济产业园生活区详细规划

项目简介

1. 项目区位：锡林浩特市位于锡林郭勒草原中部，东北、华北、西北交会处。引渤济锡循环经济产业园生活区位于锡林浩特市区新城北部，紧邻锡林河，是城市北部门户入口。

2. 项目规模：1.84km²。

3. 编制时间：2010 年。

4. 项目概况：引渤济锡循环经济产业园包含七大高科技产业工程项目，良好的投资环境将吸引更多的企业进驻，为锡盟发展带来丰厚的经济效益。为保证锡林郭勒盟引渤济锡循环经济产业园项目顺利发展，需建立产业园总部基地，并设置产业园生活区。

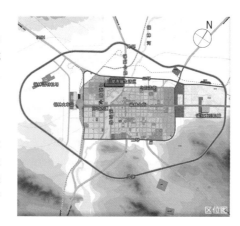

区位图

规划范围图

上海路现状图

乌拉盖街现状图

锡阿公路现状图

乌珠穆沁肉业公司现状图

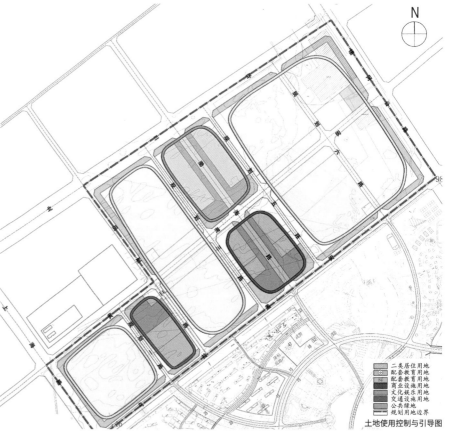

土地使用控制与引导图

10 内蒙古锡林郭勒盟引渤济锡循环经济产业园生活区详细规划
Detailed Planning for Living Area of Recycling Economy Industrial Park of Yinboji in Xilingol League in Inner Mongolia

089

现状用地

地块内闲置地占总用地的 95.32%，北部有一类工业用地 1.29hm²，以及以村民住宅为主的村镇建设用地 5.22hm²，除地块周边已修道路，地块内没有硬化道路。

规划目标

塑造城市全新空间形态，树立城市高品质社区典范，打造城市北部门户节点景观。

空间结构

构建一带、一轴、三区、八组团的空间结构。

功能分区

分为城市生活区、总部基地商务中心区、商业休闲服务中心、公共服务功能区四个功能分区。

道路交通规划

规划构建主干路 "三纵两横"，次干路 "一横两纵"的道路交通体系。

绿化景观结构规划

规划构建一轴、一心、五片区的绿化景观结构。

居住分期开发模式构想

一期 "曲水朝堂"，二期 "天圆地方"，三期"塞上水乡"。

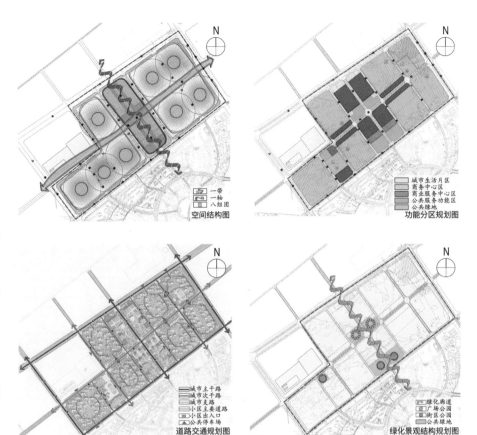

空间结构图

功能分区规划图

道路交通规划图

绿化景观结构规划图

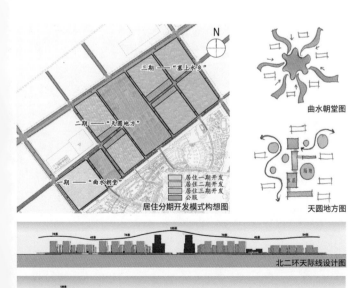

居住分期开发模式构想图

曲水朝堂图

天圆地方图

北二环天际线设计图

上海路天际线设计图

总平面图

主题 03

高铁新城与生态新城
HIGH SPEED RAILWAY NEW TOWN AND ECOLOGICAL NEW TOWN

基于高铁天然红利的城市建设与生态发展路径概览

一、高铁新城

2014 年，我国高速铁路运营里程位列世界第一，由此全面进入"高铁时代"[1-2]（表1）。与未设站城市相比，高铁为沿线城市带来了额外的发展红利：在微观上能够促进所在城市产业结构转型升级与空间结构优化，在宏观上则可完善所在城市群的结构[3]。基于"高铁红利"，国内高铁沿线城市涌现出高铁新城建设的热潮。

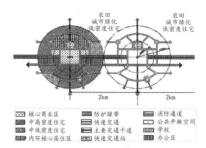

图 1 TOD 圈层模式示意图

高铁时代客流特征的改变[4]　表1

时期	出行目的	乘客特征	出行行为特征	枢纽与城市的时空关系	乘客潜在需求
普铁时代	探亲访友、工作、上学	收入水平多样化	长时耗、低频率；短期博弈机制为主	城市之间旅行时间长，室内接驳时间相对较短	时间敏感度低，顺利、安全地完成出行
高铁时代	商务活动、旅游观光、周末通勤、工作、探亲访友	与航空竞争的中高端商务客流增多	短时耗、高频率；长期博弈机制逐渐形成	城市之间旅行时间缩短，由于城市规模扩大，市内接驳时间更显漫长	时间敏感度稿，高品质的枢纽环境，换乘便捷舒适

从区域城市空间结构研究角度出发，传统意义的高铁效应主要包括：虹吸效应、过滤效应和同城化效应[5]。主要指资金、人才和信息的聚集与析出，以及高铁的"时空压缩"带来的就业、出行和生活的同城化效应。综观国内外高铁新城建设的理论与实践经验，其核心理论支撑主要包括：TOD 理论、综合交通枢纽圈层结构理论（三个发展区理论）和触媒理论。

TOD（Transit-Oriented Development）理论由新城市主义代表人物彼尔·考尔索普提出，主要倡导交通枢纽周边紧凑的用地布局和土地的混合使用，以提高土地和公共服务设施的使用效率，弥补传统的功能分区带来的城市活力丧失，协调城市各系统，采用地上地下一体化的网络式城市开发模式，以获得效益的最大化（图1）。

依据 TOD 理论，枢纽地区以综合交通枢纽为核心，各种功能混合呈圈层布局结构：核心区布置交通枢纽、商业、商务、贸易、办公设施等城市公共设施，服务半径在 800m 范围以内，主要以步行为主；拓展区混合布置居住和公共服务用地，同时对外与对内服务，服务半径在 1500m 左右；影响区服务半径 1500m 以外的区域，主要布置对外服务功能以及为主体功能配套的功能区。

综合交通枢纽圈层结构理论又称为三个发展区理论，由 Schutz（1998），Pol（2002）等人结合高铁站点周边地区开发的案例研究提出。第一圈层（Primary Development Zones）为核

心区域，距离车站约 5 ~ 10min 的距离，主要发展高等级的商务办公功能，建筑密度和建筑高度都非常高；第二圈层（Secondary Development Zones）为影响区域，距离车站约 10 ~ 15min 的距离，主要集中发展商务办公及配套功能，建筑密度和高度相对较高；第三圈层（Tertiary Development Zones）为外围的影响地区，会引起相应功能的变化，但整体影响不明显。由于圈层模型受到抽样类型、地区发展阶段、经济发展水平以及枢纽等级等众多因素的影响，使该理论模型存在较大的局限性（图2）。

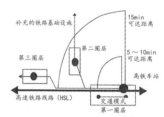

图 2 高铁站圈层结构发展模式图

触媒理论（Urban Catalysts）由美国学者韦恩·阿托和唐·洛根提出。该理论强调将交通枢纽作为城市中的新元素，通过枢纽的综合开发，达到城市功能集聚效应和建设城市地上地下步行系统，引发城市地上地下空间开发等一系列经济、社会和建筑的活动[6]。触媒理论是形成新型城市活力中心的一种空间应对方式，它指出：城市环境中的各个要素都是相互关联的，当其中一个元素发生变化，他就会像化学反应中的"触媒"一样，影响带动其他的元素发生变化。因此，一个政策、建设项目、环境条件的改变都会对城市某一个特定片区的建设起到触发或制约的作用，或

宜宾市南部新区控制性详细规划暨城市设计（竞赛）高铁站区东广场鸟瞰图

南昌市青山湖区临江地区概念规划及城市设计——南昌工业文化博览中心鸟瞰图

宜宾市南部新区控制性详细规划暨城市设计（竞赛）水岸效果图

葛店开发区核心区概念规划方案地下空间设计示意图

影响建设速度的快慢[7]。

我国高铁枢纽的建设以及高铁与城市发展的衔接关系，存在着独特的问题与欠缺：新站远离城市核心区，与城市发展缺乏耦合；车站建设自成一统，缺乏与城市空间的衔接；小汽车主导的交通发展思路制约了车站与城市的空间融合。规划设计构思主要考虑建设线性展开的城市、环线沟通的城市、中心串接的城市、动静结合的城市、营建沟通山水的景观视廊、构建贯穿三岸的交通骨架、融合理性与浪漫的空间肌理以及运用交通先导的土地开发模式等一系列国内外前沿的城市新区开发建设理论。

纵观国内外高铁新城的建设，最具代表性的是法国的TGV和日本的新干线，及其沿线新城的建设规划，它们不仅提供了便利通达的交通条件，也促进了周边区域的合理开发。法国里尔新城是利用高铁新站和旧站之间的空地建成的高铁枢纽地区。其核心是一个复杂的交通核，包括高速铁路（TGV）、普通铁路、地铁、巴士、高速公路、公路等各种交通流。地区内集聚了商务、商业、会展、餐饮娱乐、居住等多项产业和功能，从而成了城市副中心。日本新干线主要担任远距离的通勤任务，日本新干线开通后，大城市郊区住宅快速增长（表2）。同时，商业酒店业向车站周边快速集聚，并吸引各项功能设施进行补充，最终促成住宅、商业服务业、工业产业、旅游服务、交通等多元功能区的形成[8]，涌现了大量的服务类附属产业[9]。

日本新干线车站周边开发效益示意表[9] 表2

功能设施	正面效应	负面效应
住宅功能区	人口合适的分开布置，交通半径的扩大使得新的居住区具有良好的居住和休闲环境	因为对居住区规划存在不足，造成房地产出现退步，居民的交通费用也随之逐渐增加
商业服务功能区	利用高铁站点的集聚效应，努力发展金融商业服务设施业态，车站区域成为城市的标志性区域，并吸引了外部来的居民以及规模较大的小型商店	城市CBD区域的到达性问题增高，购买能力流向了大中城市，较小的车站商业也比较低廉
工业产业功能区	高铁站周边的区域吸引更多的工业，工人数量增加，工资水平增加，政府的税收同时也增加	企业给环境带来了很多污染，政府对企业没有设计有计划的引入，造成了工厂和企业的相互竞争增大，并且重复的建设增多了
旅游服务功能区	车站四周范围内的旅游设施的建设，成功地吸引了许多游客，聚集了很多人气，对高铁站周边商业服务设施供人们的使用和收益	人们的活动范围增大了，同时影响人们的住宿数量即酒店业相对减少
交通功能区	城市与城市间的时间距离进一步缩短，同时加大了人们的出行范围，交通方式更进一步的合理化比例	很多航空的旅客都改成火车出行，造成了航空行业的减弱
其他	出现了高铁的大学城等人流量及人流量增加，咨询与商业务业集聚，旅游设施和文化设施比较发达，车站站前广场上的活动增加了车站区域的城市活力	

资料来源：《日本新干线车站周边开发经验》。

二、生态新城

国内外关于城市绿地生态系统服务效能的评价也较多，国外有关城市绿地系统的研究重点集中在维持生物多样性、改善城市环境质量、提供休闲娱乐和绿色生态系统管理、绿地的负面效应等方面。国内学者对城市绿地系统生态服务效能的研究主要集中在城市"绿量"与"绿当量"、绿化三维量与城市生存环境绿色量值群、绿地结构与布局、评价指标体系、服务价值评估及City Green模型应用等方面。李锋等（2004）选取绿地结构、本地物种优势等指标对扬州市绿地系统生态服务效能进行评价，并对其生态效能做了预测研究；马晓龙等（2003）基于层次分析（AHP）法构建了城市绿地系统效益评价模型。目前，有关城市绿地生态服务效能的评价体系及其定量研究，多侧重于运用绿化经济效益与生态服务经济价值的评估与计量来表达，并基于生态服务效能的价值提出相关的市场补偿机制[15]。单纯消极地通过空间划定保护生态敏感地区的方式并不能带来实际效果，相反还有可能导致地区生态环境一再失守，城乡建设原地踏步；对于生态敏感地区保护应与发展同步，实现生产、生活、生态的协调发展；通过指标体系的构建来控制地区的开发，认为通过产业带动，生态底线坚守，才能真正实现地区的发展与保护的平衡[16]。

1971年联合国的"人与生物圈计划"中第一次正式的提出"生态城市"的概念[17]，英文表达为Eco-city或者Ecological City。1984年我国著名学者王如松和马世骏指出：建设生态城市应当遵循"经济生态学的高效原则、人类生态学的满意原则以及自然生态学的和谐原则"[18]。学者胡俊[19]认为，生态城市主要强调通过扩大自然生态的容量（例如增大城市的开敞空间以及提高绿地的比例等）、调整城市经济的生态结构（例如利用清洁能源进行生产、对污染环境的工业进行改造等）、控制社会的生态规模（例如合理控制城市人口数量、对城市人口进行合理分布等）以及提高系统的自组织性（例如建立有效的环保体系等）等一系列的规划建设手段，来促进生态城市的社会、经济与环境协调共同发展，并且认为生态城市的建立是解决目前我国城市问题的有效途径之一。

阿布扎比的马斯达尔是世界上第一座"零碳城市"（Zero-carbon）和"零废物城市"（Zero-waste），是一座无车的（Car-free）带城墙的城市（Walled-city），被称为"沙漠中的绿色乌托邦"。城市将建设光电发电厂、风力农场、光电农场、研发基地和种植园，是可持续发展社区的一个迷人典范。天津中新生态城是首个国际合作的生态城市建设项目，是中国与新加坡两国政府的战略性合作项目。该生态城特点主要是把自然生态环境与人工生态环境进行有机融合，实现人与自然的和谐统一。以往的生态城建设大多是以市场作为主导，而该项目却是以政府为主导，并且是以国际合作形式完成，具有非常重要的借鉴意义。

参考文献：

[1] 李传成. 高铁新区规划理论与实践［M］. 北京：中国建筑工业出版社, 2012.
[2] 袁博. 我国"高铁新城"空间发展模式初探［J］. 城市发展与规划大会论文集, 2012.
[3] 史官清, 张先平. 高铁新城的建设前提与建设原则[J]. 石家庄经济学院学报, 2015, 38（2）：36.
[4] 王昊. 区域一体化背景下的高铁枢纽与高铁新城［J］. 城乡建设市政基础设施规划专题, 2017.
[5] 陈林烽. 苏州高铁新城产城融合协调发展路径研究[D]. 苏州：苏州科技大学, 2018.
[6] 闫雷, 黄焕. 综合交通枢纽区域的城市设计——记武汉铁路客运枢纽汉口火车站站区综合规划的设计实践[J].
[7] 袁博. 京广高速铁路沿线"高铁新城"空间发展模式及规划对策研究［D］. 武汉：华中科技大学, 2011.
[8] 王敏. 国内外高铁新城（区）建设对淮安高铁新城的启示[J]. 现代装饰（理论）, 2016.
[9] 蔡贺铭. 大都市周边高铁新城总体规划策略研究——以涿州高铁新城规划为例[D]. 北京：北京建筑大学, 2016.
[10] 雷欧阳. 高铁时代背景下的湖南省高铁新城空间发展模式初探[C]// 规划60年：成就与挑战——2016中国城市规划年会论文集（13区域规划与城市经济）, 沈阳, 2016.
[11] 王鹏涛. 快速交通发展中城市空间结构的重组与调整[J]. 中州学刊, 2010, 3（2）：68-71.
[12] 潘海啸. 面向低碳的城市空间结构——城市交通与土地使用的新模式[J]. 城市规划学刊, 2011, 17（1）：40-45.
[13] 姚燕华, 李颖, 师雁. 火车站地区开发的新模式探讨——以广州铁路新客站地区规划为例[J]. 规划师, 2005.
[14] 张楠楠. 徐逸伦. 高速铁路对沿线区域发展的影响研究[J]. 地域研究与开发, 2005, 2（3）：32-36.
[15] 王洪威, 徐建刚, 桂昆鹏等. 城市绿地系统生态服务效能评价及优化研究——以淮安生态新城为例[J]. 环境科学学报, 2012, 32（4）：1019.
[16] 何伯清. 武汉花山生态新城规划与建设实践反思[D]. 武汉：华中科技大学, 2014.
[17] 陈勇. 生态城市理念解析. 城市发展研究, 2002, 8（1）：15-19.
[18] 黄光宇, 陈勇. 生态城市概念及其规划设计方法研究. 城市规划, 1997（6）：17-20.
[19] 金磊. 中国生态城市发展进程的思考. 工程设计CAD与智能建筑, 2002（5）：4-9.

01 四川省宜宾市南部新区控制性详细规划暨城市设计方案竞赛

项目简介

1. 项目区位：宜宾迅速融入成贵渝昆一小时都市圈。南部新区位于宜宾市三江主城区核心位置，东临现状主城区之一的南岸东区，北与金沙新区隔江相望。

2. 项目规模：规划总用地面积约30km²。

3. 编制时间：2014年。

4. 项目概况：宜宾进入工业经济、港口经济、现代服务业大发展的新时期。规划用地位于宜宾市三江口主城区内，金沙江南岸，紧邻现状三江主城区组成之一的南岸东区组团。高速铁路落户南部新区及远景城际铁路，四通八达的道路交通条件，将使南部新区肩负起更重要的枢纽职能，构筑城市开放新格局。

高铁时代背景

高铁新区作为主城的副城区、换乘中心或者未来主城发展对象，影响城市整体发展格局。

位于中心城区的高铁站对周边地区发展产生不同的影响，如：主导交通枢纽功能、发展商务商业中心、衍生周边混合功能、升级城市产业结构、形成城市景观旅游带及提升城市地位和形象等。

聚焦重点

产业：新区功能发展与活力塑造问题；
生态：人工建设与自然和谐统一问题；
交通：构建高铁及新区高效交通体系；
文化：打造时代文化特色和景观标识；
统筹：实现新区与周边地区统筹发展。

功能定位

基于地形和区位特点，以南部新区几何中心为基准，叠加八个发展方向并将基地分成八个象限，得出不同功能和发展策略的八个片区，其涵盖三种类型的政策分区：

1. 景观节点区：大型景观性节点，面向市民及周边地区。
2. 综合服务区：为周边片区提供综合服务。
3. 生态景观区：依山临水，可达性强，适宜布局辐射区域的高端服务业。

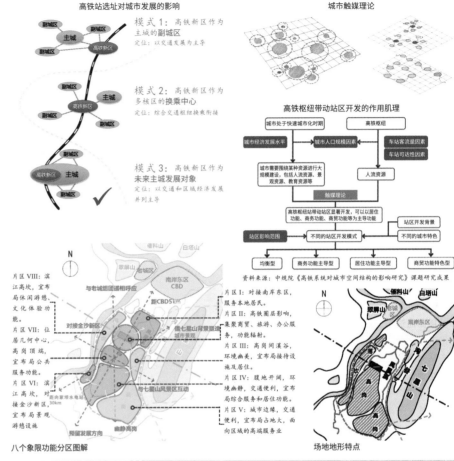

八个象限功能分区图解

场地地形特点

整体鸟瞰图

01 四川省宜宾市南部新区控制性详细规划暨城市设计方案竞赛
Regulatory Planning and Urban Design Competition of Southern New District of Yibin City in Sichuan Province

097

高铁站及周边区域分区规划

1. 交通组织
环形车道便捷连接不同方向道路；最小化交通冲突，减少换乘距离。

2. 轨道交通衔接方式
将轨道线（站）布置在高铁车站侧方，在轨道线不能与高铁车站一体化建设的前提下，既满足了铁路建设要求，又为轨道线的远期实施预留了灵活的选择方案。

3. 交通场站布局方式
将出租车及社会车辆停车场布置于南北广场地下，既缓解了地面的交通压力，又节约了用地。

4. "零换乘"理念
"零换乘"理念是整个枢纽规划设计的核心理念。以交通设施布局方案为基础，优化设计换乘流线，行人立体换乘。方案在东西广场地下规划综合换乘大厅，以换乘大厅为核心，优先满足铁路客流集散的便捷性，尤其重点考虑铁路和公交、地铁的换乘流线。在此基础上考虑长途客运集散的便捷性，充分体现交通枢纽的"综合性"以及"零换乘"的设计理念。

5. 快速交通网络与枢纽交通组织
新区层面通过枢纽周边主干道及快速路系统进行快速交通转换，提高枢纽附近道路网密度。同时，在枢纽地区规划预留机动车环形通道，搭建火车站交通集散通道，保障铁路客流的快速集散。

规划站西快速路采用主辅路分离设计，主路下穿快速通过站前区域，辅路与城市道路平交，右进右出的形式组织交通。既方便快速地完成交通流的转换，又减少了过境交通对站前区域的影响，节约了用地，提高了土地经济性。

场地规模规划值

	东广场（hm²）	西广场（hm²）	合计（hm²）
公交场站	4.10	—	4.10
出租车停车场	1.20	0.76	1.96
社会车停车场	2.12	1.80	3.92
长途车停车场	—	3.01	3.01
绿化广场	5.20	4.20	9.40

高铁站区行人立体"零换乘"交通组织示意图图

高铁站及周边区域效果图

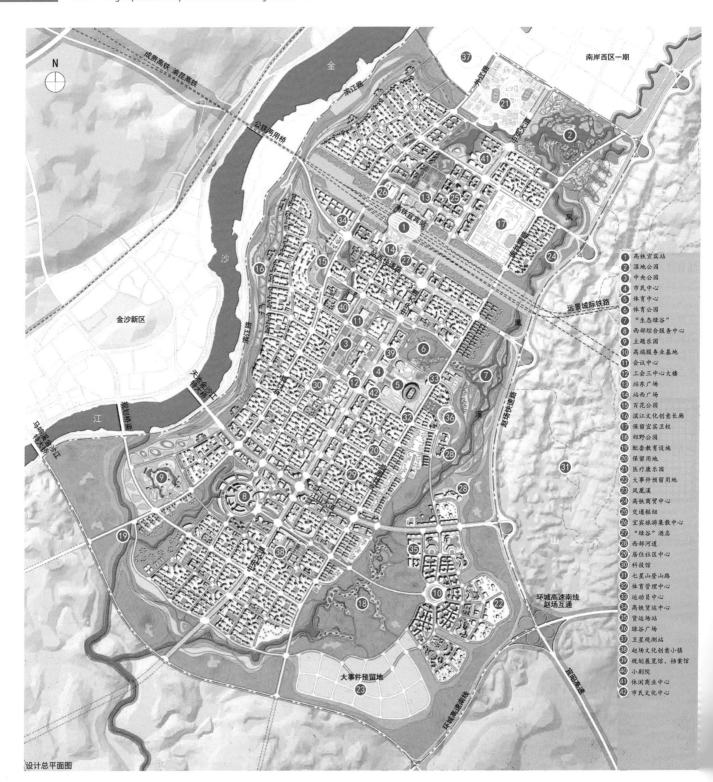

设计总平面图

① 高铁宜宾站
② 湿地公园
③ 中央公园
④ 市民中心
⑤ 体育中心
⑥ 体育公园
⑦ "生态绿谷"
⑧ 西部综合服务中心
⑨ 主题乐园
⑩ 高端服务业基地
⑪ 会议中心
⑫ 工会三中心大楼
⑬ 站东广场
⑭ 站东广场
⑮ 百花公园
⑯ 滨江文化创意长廊
⑰ 保留宜宾卫校
⑱ 郊野公园
⑲ 配套教育设施
⑳ 保留用地
㉑ 医疗康乐园
㉒ 大事件预留用地
㉓ 凤凰溪
㉔ 高铁商贸中心
㉕ 交通枢纽
㉖ 宜宾旅游集散中心
㉗ "绿谷"酒店
㉘ 西部河道
㉙ 居住社区中心
㉚ 科技园
㉛ 七星山登山路
㉜ 体育管理中心
㉝ 运动员中心
㉞ 高铁货运中心
㉟ 货运场站
㊱ 绿谷广场
㊲ 卫星观测站
㊳ 赵场文化创意小镇
㊴ 规划展览馆·档案馆
㊵ 小剧院
㊶ 休闲商业中心
㊷ 市民文化中心

01 四川省宜宾市南部新区控制性详细规划暨城市设计方案竞赛
Regulatory Planning and Urban Design Competition of Southern New District of Yibin City in Sichuan Province

099

城市轮廓线设计

注重对周边山水环境的尊重，显山露水；注重对线轮廓、点轮廓的结合，除完整保留七星山轮廓线外，重点塑造几个城市轮廓线的观测点；注重对天际线层次的塑造，形成丰富有序的天际线景观：天际线的层次以视距划分，以人工实体为主、自然实体为陪衬，对前 2～3 个层次进行控制；综合考虑用地功能布局与城市轮廓线，在满足功能要求的基础上，形成视觉高潮点，形成丰富的天际轮廓线。

多功能混合用地功能布局

传统的城市用地布局由骨干路网、中心商业商务及服务用地、外围居住用地及绿地等构成，随着城市不断发展，伴随着土地开发市场需求的多样化，人们不再满足单一功能的土地使用性质，正在追求一种，在一块土地范围内，甚至在一栋大厦内就解决吃、住、购、娱等多项功能需求。本次规划力求创造这样一种用地，可以根据市场开发需求，复合多种用地功能，灵活应对市场需求。

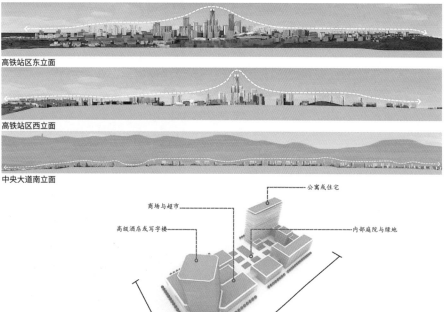

多功能混合用地布局构成模式

商业商务用地布局构成模式

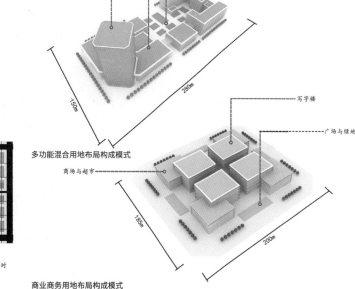

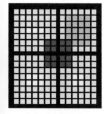

传统的用地布局模式
土地性质功能明确单一

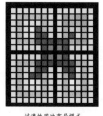

过渡性用地布局模式
土地性质逐步趋向混合

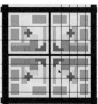

充分混合布局模式
土地性质充分混合、灵活应对

多功能混合用地布局模式

02 北京市门头沟新城南部地区规划设计方案竞赛（魅力门城）

项目简介

1. 项目区位：门头沟区位于北京城区正西偏南，其东部与海淀区、石景山区为邻，南部与房山区、丰台区相连，西部与河北省涿鹿县、涞水县交界，北部与昌平区、河北省怀来县接壤。是联系北京与我国中西部地区的重要交通通道。

2. 项目规模：7.6km²。

3. 编制时间：2011年。

4. 项目概况：北京市规划委员会和门头沟区政府在建设"世界城市"、长安街西延、永定河生态治理、S1线建设等发展背景下，组织了大型国际城市设计方案征集。规划以"重整资源、弘扬文化、修复生态"为理念，以"优势产业集群布局、新兴低碳能源利用、活力开敞空间营造、城市特色形态塑造"为手段，以打造"开放门城、山水门城、便捷门城、活力门城、魅力门城"为亮点，获得优胜。

功能定位

依据北京城市总体规划、门头沟新城规划、门头沟区域规划及门城卫星城总体规划，进一步细化门头沟功能定位为：

北京西部重要的高端商务服务区、生态涵养发展区、文化休闲旅游区，面向中心城、服务山区、联系中西部的综合服务中心。着力打造首都生态山水休闲中心（简称 CERD）。

产业引导

围绕门头沟新城总体发展定位，着力发展高端商务、养生健康、文化创意、战略新兴四大产业。

依托四大产业构建七大产业功能区，包括：高端商务基地、商业娱乐中心、外包服务基地、国际养生健康天堂（生态山水休闲中心）、永定河文化创意园、全国中小型战略性新兴产业孵化园地、京西电子商务中心。

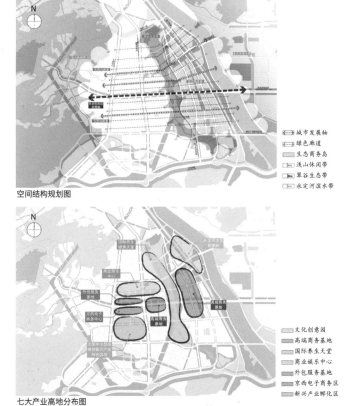

空间结构规划图

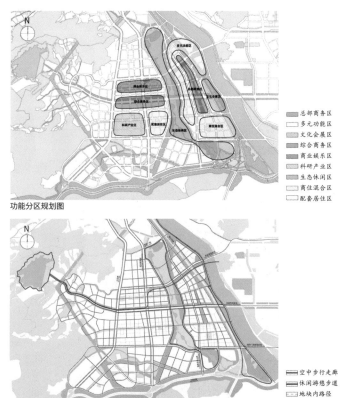

功能分区规划图

七大产业高地分布图

产业分布空间意向规划图

02 北京市门头沟新城南部地区规划设计方案竞赛（魅力门城）
Competition of Planning and Design Scheme (Charming Gate City) in the South of Mentougou New City in Beijing

103

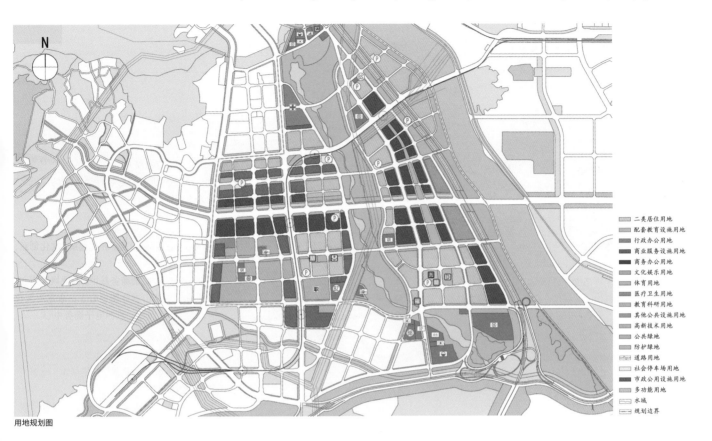

二类居住用地
配套教育设施用地
行政办公用地
商业服务设施用地
商务办公用地
文化娱乐用地
体育用地
医疗卫生用地
教育科研用地
其他公共设施用地
高新技术用地
公共绿地
防护绿地
道路用地
社会停车场用地
市政公用设施用地
多功能用地
水域
规划边界

用地规划图

空间结构——"两带三区"

"两带"：山带——浅山生态休闲度假；水带——永定河文化旅游带。

"三区"：北部历史文化区：包括龙泉务、琉璃渠、三家店，以历史文化保护和休闲旅游等职能为主。

中部老城改造区：依托建成区打造体现商业服务、公共设施、居住等职能的内向型服务中心。

南部新城发展区：城市外向型服务中心，与石景山区共同构成北京西部综合服务中心。

用地规划

多功能的用地性质可以提供多样化的活动。除了功能明确的商务、商业、科研、文化和居住用地之外，推荐更多的使用混合功能的地块，满足城市多元需求与土地开发的弹性需求。

为了开创一种更加弹性复合的开发模式，规划提出活力开发单元的概念。活力开发单元是根据在满足城市居民多元生活需求的前提下，将土地以投资回报较高的多功能组合的形式划分为规模在 $10 \sim 20hm^2$ 的开发单元。

效果图 1

效果图 2

效果图 3

S1 沿线城市轮廓线研究

根据围绕站点的圈层式空间结构的结论，站点对周边的区域有很大影响，主要体现在开发强度、密度与建筑高度。距离站点越近，地块开发密度一般越高，强度也越大，土地价值越高。规划中也将在重要的 S1 站点区域设计视觉冲刺点，高度随后降低。

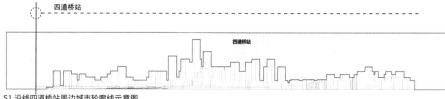

S1 沿线四道桥站周边城市轮廓线示意图

砂石坑综合利用规划

1. 利用 1 号沙石坑东侧大面积绿地（约 30hm²）建设人工湿地公园。
2. 将现状葡萄嘴污水厂、规划南城污水厂二级出水通过管道输送到能源中心进行热能交换，然后排至湿地系统进一步净化处理，处理后汇入 1 号沙石坑。
3. 闸门控制中门寺沟雨水引入量。
4. 1、2 号沙石坑改造为近自然景观水系，同时对水体进一步生态净化。
5. 3 号沙石坑改造为清水储蓄池。
6. 闸门控制体系内水量选择性排入永定河。
7. 沿水系设置若干取水点，方便绿化、道路、消防等就近取水。
8. 工业及冲厕等用水由再生水厂深度处理后供应。
9. 结合湿地公园及沙石坑大面积开散空间铺设热泵地埋管。

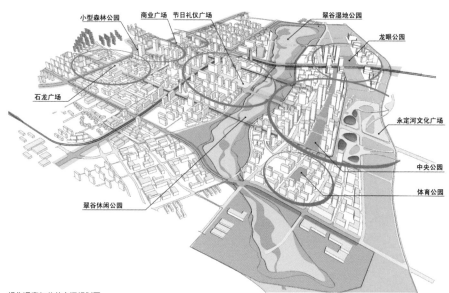

绿化通廊与公共空间规划图

砂石坑生态资源综合利用图

中门寺沟	引水池	1号坑	2号坑	3号坑	西峰寺沟
闸门控制进水	自然沉淀	景观水系，自然增氧，生态净化	景观水系，自然增氧，生态净化	清水储水池，水量调节	闸门控制排水

砂石坑改造纵断面意向图

02 北京市门头沟新城南部地区规划设计方案竞赛（魅力门城）
Competition of Planning and Design Scheme (Charming Gate City) in the South of Mentougou New City in Beijing

105

天际线层次塑造

天际线的层次以视距划分，城市天际线的研究对象通常以人工实体为主，层次靠前，自然实体为陪衬，当实体之间面向视点位置前后关系紧凑时，则层次单一，形成浑然一体的天际线形态。人对远处距离的感觉能力是有限的，尤其对形的感觉有简化及完整化的倾向，规划主要控制 2 ~ 3 个层次，形成丰富有序的天际线景观。

沿长安街轮廓线

沿永定河轮廓线

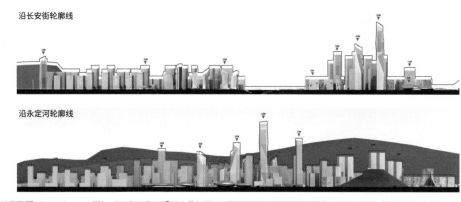

① 石景山
② 首钢改造新区
③ 永定河跨河大桥
④ 门城滨水公园
⑤ 永定河文化广场
⑥ 水库休闲码头
⑦ 六环路
⑧ 龙眼公园
⑨ 文化创意中心
⑩ 文化传播基地
⑪ 商务会展中心
⑫ 门城大剧院
⑬ 历史博物馆
⑭ 规划展览馆
⑮ 艺术中心
⑯ 中央公园
⑰ 国际商务中心
⑱ 总部商务大厦
⑲ 门城财富中心
⑳ 轻轨四道桥站
㉑ 特色产品交易中心
㉒ 中小企业之家
㉓ 网络产业集群
㉔ 体育公园
㉕ 滨水商务办公带
㉖ 配套生态居住区
㉗ 景观水面
㉘ 再生水厂
㉙ 污水厂
㉚ 景水平台
㉛ 翠谷湿地公园
㉜ 彩色花卉梯田
㉝ 室外展廊
㉞ 露天剧场
㉟ 观景平台
㊱ 休憩小站
㊲ 供电设施
㊳ 园艺生产展示
㊴ 健康养生基地
㊵ 康体休闲服务中心
㊶ 空中走廊
㊷ 轻轨石龙路站
㊸ 商业娱乐酒店综合体
㊹ 空中商业街
㊺ 有轨电车环线
㊻ 商业娱乐广场
㊼ 行政文化中心
㊽ 节日礼仪广场
㊾ 外包商务服务大厦
㊿ 小型森林公园
51 科技电子商务大厦
52 综合商务办公集群
53 石龙经济开发区
54 石龙广场
55 上岸村站
56 矿产局站
57 配套商业服务设施

城市设计总平面图

03 四川省宜宾市长宁县高铁新区控制性详细规划及城市设计

项目简介

1. 项目区位：高铁新区位于老城区以北，东山湖水库以东，淯江河以西。
2. 项目规模：规划面积 5.37km²。
3. 编制时间：2012 年。
4. 项目概况：长宁是全国十佳生态养生旅游名县，拥有国家级自然保护区蜀南竹海，全县森林覆盖率 53.1%，是著名的长寿之乡。

长宁地处四川省宜宾市腹心地带，是联结四川、云南、贵州、重庆的重要通道，随着西部大开发深入推进，成贵高铁长宁站的开通，将长宁纳入成都、重庆、贵州 1.5 小时经济圈之内，正式迈入高铁时代。

现状认知

高铁新区现状以未开发山地为主，占比高达 91.6%，建设用地较少。地势西高东低，北高南低，西部为台地，中部丘陵众多，东部地势较平缓。区内河塘水系发达，山体植被覆盖率高，生态环境良好。

项目定位

规划紧紧围绕东山湖水库、碧玉溪等自然水系和竹林、山地浅丘等特色自然景观资源，打造"竹文化山水名居，养生地会客前堂"。

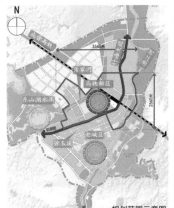

规划范围示意图

区位分析图

现状生态环境

江长路 - 红线 38m

现状生态环境

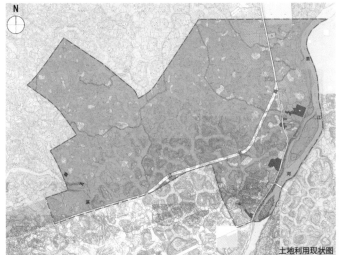

土地利用现状图

二类居住用地
一类工业用地
二类工业用地
排水用地
供电用地
消防用地
村庄建设用地
防护绿地
农林用地
水域
道路用地
规划界限

现状河流　■ 规划界线
汇水线

现状河流及汇水分析图

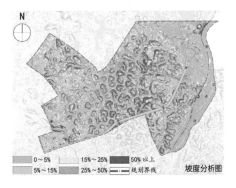

0～5%　　15%～25%　　50%以上
5%～15%　　25%～50%　　规划界线

坡度分析图

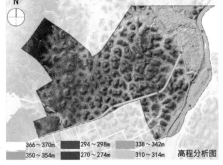

366～370m　　294～298m　　338～342m
350～354m　　270～274m　　310～314m

高程分析图

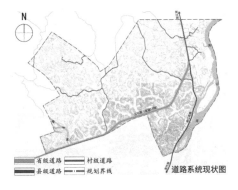

省级道路　　村级道路
县级道路　　规划界线

道路系统现状

03 四川省宜宾市长宁县高铁新区控制性详细规划及城市设计
Regulatory Planning and Urban Design of New Area of High-speed Train in Changning County in Yibin City in Sichuan

107

规划理念

规划紧扣"山水竹城"，打造"美丽长宁"。

依形就势、步移景异

引山入城，搭建绿色廊道；保留山体，形成城市公园；尊重地形，建筑依山而建。

登高望远，玉带环绕

连通水网，引飘带河水脉；河湖一体，丰富城市功能；节点放大，营造水岸空间。

烟雨蒙蒙，竹都览萃

以竹为底，保护生态本底；以竹为用，培育养生名城；以竹为景，塑造景观风貌。

疏密有致，动静相宜

服务县域，统筹功能布局；高品建设，凸显门户形象；新老融合，培育养生名城。

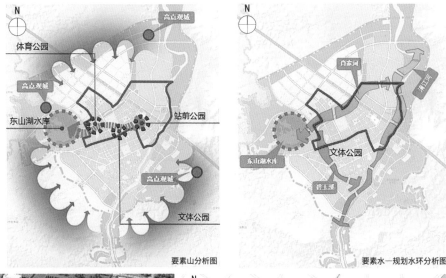

要素山分析图

要素水—规划水环分析图

要素竹—竹文化项目规划图

要素水—滨水公共空间分析图

长宁高铁新区城市设计鸟瞰图

规划布局

规划细化总体规划用地布局，适当增加慢行及公共空间系统、优化绿地水系结构、提升中心区功能，结合高铁线路优化道路网络结构和线型，科学合理布置用地功能，形成本次控规方案。规划构建"竹文化景观轴和竹城市服务轴"的十字轴带，带动十大功能分区，利用周边山水景观，在片区内形成三水绕城、两轴串城、多点观城的山水竹城一体化景观格局。对开发强度、建筑高度等作出明确引导，突出方案的科学性、特色性和实施性。

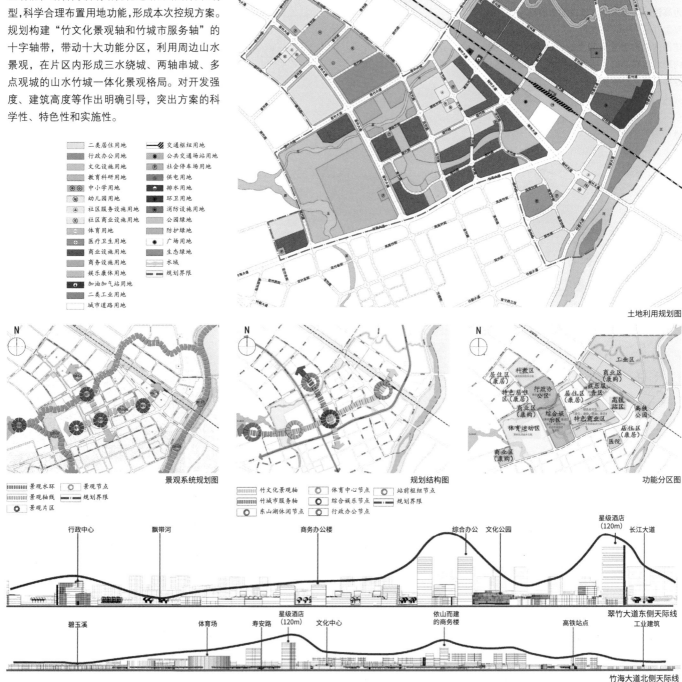

03 四川省宜宾市长宁县高铁新区控制性详细规划及城市设计
Regulatory Planning and Urban Design of New Area of High-speed Train in Changning County in Yibin City in Sichuan

109

城市设计

依据控规方案确定的用地功能、开发强度、建筑高度等指标，进行具体空间形态布局设计，论证指标体系的合理性，充分考虑片区复杂地形因素和周边山水廊道关系，对高铁新区天际线、重要节点竖向进行详细设计，为高铁新区未来建设提供形象的指导依据。

东山湖至高铁站竹文化廊道

范围内地形最复杂多变的区域，从水位 325m 的东山湖，到竹文化廊道内现状标高 268m 的浅丘谷地，相对高差 56.63m。规划通过建筑、景观等要素的合理布置，形成错落有致、疏密得当的空间形象。

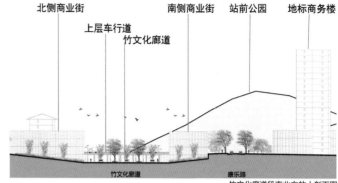

竹文化廊道段南北向放大剖面图

东山湖至高铁站竹文化廊道剖面示意

东山湖至高铁站竹文化廊道剖面图—东

东山湖至高铁站竹文化廊道剖面图—西

城市设计总平面图

04 北京轨道交通房山线广阳城站周边区域一体化设计

项目简介

1. 项目区位：广阳城站位于良乡组团东北，房山区和市中心区之间，永定河西岸。距北京市中心直线距离约20km。

2. 项目规模：总面积114hm²，其中重点区域49hm²。

3. 编制时间：2011年。

4. 项目概况：广阳城站点作为居住型站点，其吸引的人群主要为周边居民、少量的商业从业人员和旅游度假游客。

现状用地

规划范围里的用地以居住用地、村镇建设用地和商业服务设施用地为主。

控规方案优化

通过对车站周边用地的调整，提升站点周边核心区的复合功能，显现TOD开发模式的优势。

城市设计理念

规划打造环境宜人、具有文化特色的小尺度居住社区。

功能定位

居住型的广阳城具有绿色宜居、商业服务、交通中转和旅游度假的功能。

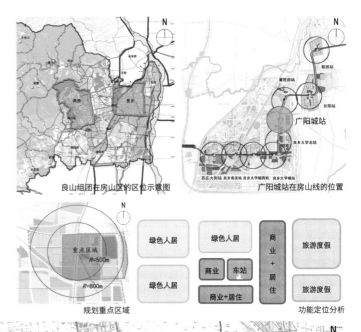

良山组团在房山区的区位示意图   广阳城站在房山线的位置

规划重点区域   功能定位分析

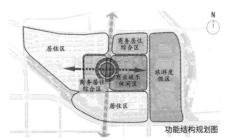

功能结构规划图

车站鸟瞰示意图

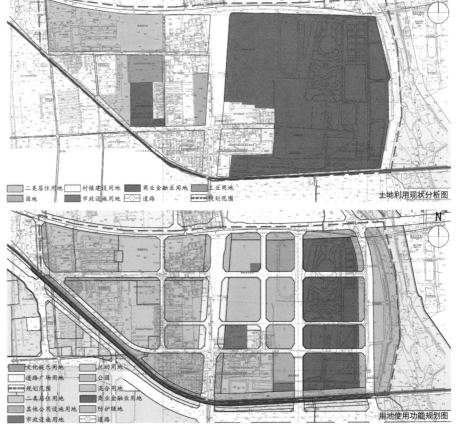

二类居住用地　村镇建设用地　商业金融业用地　工业用地
园地　市政设施用地　道路　规划范围
土地利用现状分析图

文化娱乐用地　托幼用地
道路广场用地　公园
规划范围　混合用地
二类居住用地　商业金融业用地
其他公用设施用地　防护绿地
市政设施用地　道路
用地使用功能规划图

04 北京轨道交通房山线广阳城站周边区域一体化设计
Integration Design of Surrounding Area of Guangyang City Station on Fangshan Line of Beijing Rail Transit

111

功能结构规划

规划构建一心、两轴、四区的整体空间结构。

道路交通规划

规划道路调整后有主干路 2 条，次干路 3 条，支路 4 条，并确定各道路横断面形式。

自行车系统规划

在规划区内共需要安排自行车停车位 4020 个，面积约为 8000m²。根据车站地区一体化设计，规划区内设置自行车停车场 21 处，其中核心区用于与轨道交通车站的接驳自行车停车场有 8 处，约 2000 个车位。

公共交通规划

在车站 300m 服务半径内安排一处换乘站、一处公交停车场（首末站）、三处公交停靠站。

地下空间功能布局

地下综合功能区：以商业、停车为主，并引进休闲娱乐、影视文化、运动健身等项目。

规划简单功能区：以地下停车为主。

地下综合功能区：拟开发深度为地下 15m，其中地下一层以商业为主、地下二层以停车为主。

规划简单功能区：以地下停车为主，拟开发深度为地下 10m。

部分居住区：开发深度为地下 6m，满足居住配套停车；不包括碧波园以西的建成区域。

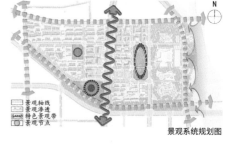
景观系统规划图

车站周边交通衔接规划图

自行车系统示意图

地下空间开发功能总体规划图

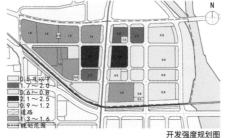
开发强度规划图

公交线网规划图

道路系统规划图

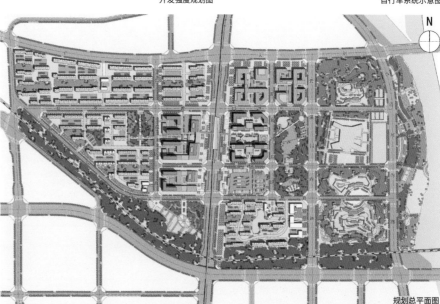
规划总平面图

05 北京市郊铁路 S2 线延庆站规划及周边地区土地使用布局规划调整研究

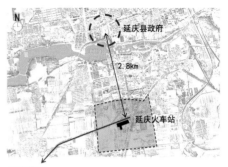

项目区位图

项目简介

1. 项目区位：延庆火车站位于延庆县城区南部，妫水公园以南，规划南环路以北，距离县政府约 2.8km。

2. 规模；规划面积 208.1hm²。

3. 编制时间：2008 年。

4. 项目概况：2008 奥运临近，延庆至西直门北京北站的市郊铁路线建设迫在眉睫，根据政府要求 2008 年 8 月 1 日满足市郊铁路线的通车任务，针对原控规方案与近期实施车站方案的不符，提出了延庆站周边地区场站规划与控规修编的工作任务。任务一：延庆站换乘枢纽规划；任务二：场站周边交通组织及道路调整；任务三：场站周边地区用地功能调整。

现状问题分析

现有车站周边用地规模不足，无法满足动车组通车时的交通疏散要求；车站周边现有道路标准低，现有交通组织方式难以适应通车后的需求；现有的公交线路与火车站没有衔接，难以发挥交通换乘枢纽的作用；车站周边建筑零乱，环境条件不佳，影响其作为延庆形象门户的地位；现有车站周边土地权属复杂，实现规划土地使用性质难度较大。

现状照片

场站功能定位

集交通枢纽、旅游集散、商贸服务、延庆门户等于一体的综合功能中心。集地面公交、旅游车、私家车、自行车等不同交通工具的运行停放功能于一体，满足多种交通方式之间的换乘枢纽。

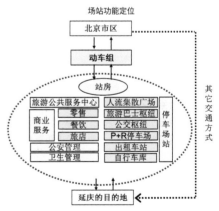

场站功能定位

规模估算

不同情形下每小时客流量：根据三种不同情形下每小时客流量的比较，适当结合高峰小时与一般客流小时，预留远期发展空间。预计远期在延庆站动车组平均每小时疏散客流量 5000 人左右。

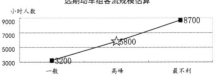

远期动车组客流规模估算

不同情形下每小时客流量

①最不利条件	在高峰如果一小时发 2 次车，人数＝去北京方向人数（满员）＋来延庆新城人数（满员），最不利小时需疏散人数＝1800×2×2（动车组客流）+1500（其他相关客流）=8700 人，可能情形：奥运及其他重要组织活动、旅游高峰期及节假日、不可预测情形等。双向满员，发生频率：一年不到 20 次
②高峰	在高峰如果一小时发 2 次车，人数＝去北京方向人数（满员）＋来延庆新城人数(1/3)，高峰小时需疏散人数＝(1800×2+1800×1/3×2)(动车组客流)+1000（其他相关）=5800 人，可能情形：通勤高峰期、旅游高峰期、周末回家（上学／上班）等，即单向满员。发生频率：平均一周 4 次
③一般客流	在高峰如果一小时发 1 次车，人数＝去北京方向人数(1/2)+来延庆新城人数(1/4)，高峰小时需疏散人数＝(1800×2/2+1800×2/4)(动车组客流)+500（其他相关人）=3200 人，可能情形：平时，发生频率：一天 16 次

05 北京市郊铁路 S2 线延庆站规划及周边地区土地使用布局规划调整研究
Planning of Yanqing Station on S2 Line of Beijing Suburban Railway and Research on Land Use Layout Adjustment Planning

113

远期动车组客流预测与远期交通场站规模估算

交通设施用地按高峰小时 5000 人计算。动车组人流：4000 人。场站工作人员及周边环境开发带来的客流人数 1000 人。

1. 远期动车组高峰小时运送游客约 2500 人。设置 4 条旅游线路。预测需要用地 0.8hm²。

2. 远期动车组高峰小时运送去新城城区约 1750 人。交通场站分布如下：

公交占比为 70%，满足 1225 人交通需求，建议设置 6 ~ 7 条公交线路首末站。预计用地规模预测需要 0.6hm² 用地。

P+R 占比 15%，高峰小时 263 人，220 辆车。结合周边开发布置。用地规划预测约 1.0hm²。

出租车占比 10%，满足 175 人的交通需求，高峰小时出租车约 200 辆。用地规划预测为 0.4 ~ 0.5hm²。

周边步行交通人口占比 5%，约 88 人，约 50 人骑自行车，约 100 辆自行车停车。用地规划预测约 0.15hm²。

3. 远期动车组高峰小时运送去各乡镇约 750 人。交通场站分布如下：

以原首发站为主，在延庆南站附近增设 7 条城郊公交线路首末站。地规划预测约 0.6hm²。

综合以上各部分交通方式出行所需的预测用地规模，其和约为 3.5hm²。

公交线路调查与近期调整建议

在详细了解现状公交线路的基础上，分析公交线路与 S2 线的关系，并提出规划建议。

规划方案
奥运后近期实施的交通组织

奥运后近期实施的交通组织：由南进入的车流通过妫水南街北部的环岛掉头进入站前枢纽；向北出发的车流通过新建的双杏街和汇川街循环至北；妫水南街车站旁的路口取消灯控，车流通过周边路网组织大的循环。新建的双杏街和汇川街总长约 2100m，总体工程造价近 200 万元。

远期场站规划方案

远期交通场站面积总计：4.98hm²。

注：不包括铁路车站、旅游综合服务中心和道路退后绿地。

远期场站交通组织

所有交通换乘均在站南部解决；站南侧交通压力大；出租与私家车多余绕行距离大；妫水南街主路交通压力相对较小；乘客换乘距离较小。

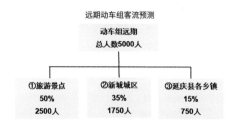
远期动车组客流预测

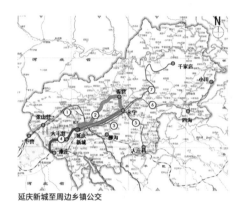
延庆新城至周边乡镇公交

到达枢纽的车流交通组织　离开枢纽的车流交通组织

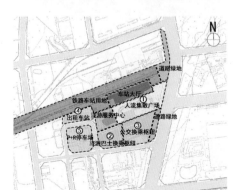
远期场站规划方案

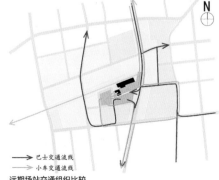
远期场站交通组织比较

06 北京市温榆河公园周边区域概念性规划研究

项目简介

1. 项目区位：规划范围位于北京市域中部，中心城区东北部，地处北京第二道绿化隔离带内，涉及朝阳、昌平、顺义三个行政区，处于三区行政边界交接处，属于三区的边缘地区。规划用地距天安门约20km；距首都机场约7km；距北京城市副中心约21km；距奥森公园约8km。

2. 项目规模：223.6km²。

3. 编制时间：2017年。

4. 项目概况：温榆河公园依托于北运河水系，北运河河道及清河河道，是连接北京中心城区北部水系、构建环中心城区绿色生态圈的重要组成部分，是市域生态格局的重要构成骨架，公园的建设不仅形成中心城东北部的绿色生态走廊，也将对北京城市副中心的生态环境改善起到非常重要的作用。

规划方案

一个定位：温榆河国际开放共享"新岸线"，首都创新协调"新单元"；

五个目标："国际区域，活力岸线，复合功能，绿色环境，共享生活"；

三个战略："手牵起来"—组团联合融合战略；
　　　　　"绿活起来"—绿色空间激活战略；
　　　　　"人留下来"—中心城反磁力战略。

功能定位

三区交汇的几何中心区位，多种功能定位实现的融合区域。

1. 对顺义的功能定位——国际互联。

2. 对昌平的功能定位——科技创新。

3. 对朝阳的功能定位——商务交流。

区位图

| 全球领先的技术创新高地、协同创新先行区、创新创业示范区 | 国际科技文化体育交流区、各类国际化社区的承载地 | 建设世界级航空枢纽，促进区域功能融合创新、港区一体发展 |

功能定位图

城市效果图

规划战略一："手牵起来"——组团联合融合

产业协同

策略："一整合、双主导、双承接"的产业体系；

体系：一个综合服务中枢，四大绿色产业集群，五个绿色产业基地。

功能融合：凸显活力，功能调整

1. 空间结构规划

九水：九条主要水系汇向温榆河。包括：葫芦河、南庄河、葡沟河、秦屯河、白浪河、牤牛河、方氏渠、七干渠、清河；

一心：温榆河核心区，由温榆河中央公园、温榆岛综合服务中枢共同构成；

五城：五个城市组团。包括：来广营组团、北七家组团、小汤山组团、后沙峪组团、天通苑北苑组团。

2. 功能分区规划

（1）城市建设区域：温榆岛综合服务中枢、绿色科技创新基地、小汤山绿色产业应用基地、小汤山绿色医疗康养基地、来广营绿色时尚文创产业基地、孙河国际滨水休闲娱乐区、绿色空港产业基地以及五个城市组团中的居住片区（共10片）；

（2）绿色生态区域：西部门户区、中央公园、南北两段滨河公园、北部都市农业试验区以及南部都市农业试验区。

3. 用地功能规划

（1）来广营组团：调整为多功能用地，打造绿色时尚文创产业基地；

（2）未来科学城组团：发挥央企科技创新优势，建设科技创新示范基地；

（3）小汤山组团：借助小汤山温泉优势，建设小汤山绿色医疗康养基地；

（4）后沙峪组团：调整国门商务区用地为物流用地和一类工业用地；

（5）天通苑北苑组团：完善公共服务配套，打造适老康养社区。

交通互联：五城串联、公交优先

基地现状建设情况不佳，主要存在四点问题：

①车辆乱停，导致交通拥堵；②路面破旧颠簸，雨天积水内涝，安全堪忧；③整体为封闭空间，无法活动停留；④空间形象与历史文化毫无关联。

产业协同策略图

用地功能规划图

区域交通系统规划图

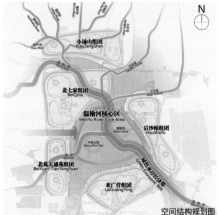

空间结构规划图

产业基地分布图

规划战略二："绿活起来"——绿色空间激活

多水成脉、打造绿色水岸经济带

景观格局规划：通过水景观廊道和绿景观廊道串联 7 类景观，构建以"温榆十二星"为主的区域大景观格局。

"温榆十二星"滨水夜景点，形成展示温榆河水系魅力的舞台。

其他 6 类景观为水景型景观、绿地型景观、农业型景观、民俗村型景观、标志性建筑和历史遗产景观。

开敞空间系统规划：规划形成三级开敞空间系统，主要包括滨河绿地、城市公园、广场等。

一级开敞空间：包括温榆河沿岸滨河公园、中央公园及西部景观门户大道；

二级开敞空间：包括主要滨水廊道、城市组团间道路绿化廊道及片区公园；

三级开敞空间：包括组团公园、其他公园绿地等。

水环萦绕、点亮温榆河活力核心

1. 以生态景观为导向：将自然融入生活，建立动植物栖息地环境。
2. 创造有吸引力的空间：大量采用木结构，打造层次丰富的滨水空间。
3. 激活滨水产业链：发展充满活力和魅力的公园经济。
4. 便捷的慢行交通体系：为市民提供健康绿色的出行方式。

绿色为底、激活新乡村田园经济

用绿活绿，以绿引人

北部都市农业试验区——绿色田园养生板块

采用创新的农业社区发展更新模式与劳动力技术提升模式，以村镇农业资源为基础发展村镇旅游产业。将大赴任村和洋房村保留发展，作为绿色田园养生产业板块的空间承载地。利用靠近农副产品消费市场的优势，大力发展现代高附加值农业和农事活动主题旅游业。

南部都市农业试验区——都市农业体验板块

整合重置村庄空间，培训村民成为城市农业工人，依托物联网＋技术，发展物联网＋绿色农业。依托生态技术，按照生态学原理和经济学原理，运用现代科学技术成果和现代管理手段，以及传统农业经验，使经济效益、生态效益和社会效益三者相协调，发展生态＋绿色农业。

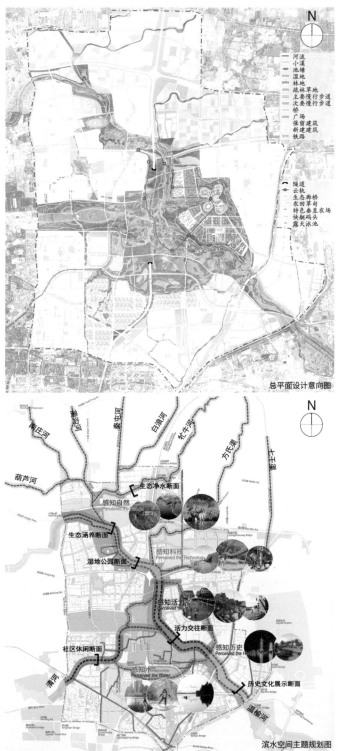

总平面设计意向图

滨水空间主题规划图

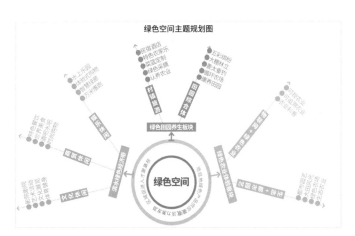

绿色空间主题规划图

规划战略三："人留下来"——中心城反磁力

就业充分、职住平衡

1. 劳动力供给分析——约 101 万

规划范围内总人口 168 万，其中：

根据建设用地总量估算常住人口约 151 万，约需要 86 万个就业岗位；

考虑地区内高密度对外交往，流动人口约占总人口 10%，90% 在此就业，需 15 万就业岗位。

2. 企业就业需求——约 128 万

结合北京市自身经验与国际数据，获得各产业就业容量。

环境优良、绿色低碳

通过测算现状碳排放与碳汇，现状净碳排放量约为 45 万 t；其中能源消耗、建筑使用、交通消耗为碳排放的三大主要源头，净碳排放总量 44.98 万 t。碳排放结构为能源 51%，工业 8%，建筑使用 28%，居民生活 2%，交通消耗 11%。碳汇共吸收 6.34 万 t 碳，占总排放量 11%，高于一般城市地区。规划至 2030 年净碳排放量降至约 24 万 t，净碳排放量降低 46.7%。

优化碳排放结构：能源 40%，工业 20%，建筑使用 15%，居民生活 15%，交通消耗 20%。碳汇共吸收 6.34 万 t 碳，占总排放量 20.9%，成为城市近郊范围内最重要的碳吸收地区。

保障健全、配套齐全

现状区域内部共有学校约 59 所，重点学校 10 所，占比约 17%，教育资源整体质量不高。

为引进优质教育资源，规划共引进 26 所小学，11 所中学，并与市属重点学校合作，在每个城市组团建设 1 ~ 2 所重点小学，1 ~ 2 所重点中学，提升区域内整体教育设施水平。

现状区域内部共有医院 33 所，三甲医院 2 家，占比约 6%，医疗资源整体质量不高。

为引进优质医疗资源，规划共引进 8 所综合医院，并与全国著名医院合作，建设 3 家综合实力强的综合医院，提升区域内整体医疗水平。

在小汤山组团，建设国际医疗康养城。

岗位需求分类分析图

劳动供给
岗住需求

小学
中学
九年一贯制
国际学校
区重点小学
区重点中学
市重点小学
市重点中学
规划小学
规划中学

教育设施布局优化图

专科医院
综合医院
规划医院

医疗设施布局优化图

就业规划三项目

输血项目
—— 严重依靠财政补贴的公益项目，同时极大促进造血项目

绿地公园　道路

补血项目
具备一定盈利能力，需要部分补贴，同时极大促进造血项目

公共医疗　教育　公共交通

造血项目
投资回收期短，盈利能力强

土地开发　公共设施

就业规划项目分析表

分类	项目类型	项目	开发主体	支出类别	项目收入
"造血"项目	土地开发产业发展	城市建设用地集体建设用地工业区、商务区、科研区	政府、集体、企业	土地	土地出让
	市政设施	综合管廊等市政设施	政府从企业购买	公共服务	个人购买相关企业纳税
	商业医疗	国际医疗康养城	企业、机构	—	纳税
"补血"项目	公共交通	3 条主线、4 条支线	政府、企业（TOD）	公共服务	个人购买
	环境治理	升级再生水厂 1 座新建再生水厂 1 座	政府与企业（BOT\TOT\DBO）		
"输血"项目	绿地公园	温榆河公园 1、2 期	政府	公共服务	—
	公共教育	10 所重点中小学			
	公共医疗	7 所规划医院			
	道路	京承高速下穿			
		其他道路改造			

07 江西省南昌市青山湖区临江地区概念规划及城市设计

项目简介

1. 项目区位：基地位于南昌城区青山湖区北部。
2. 项目规模：规划范围 439.38hm²。
3. 编制时间：2013 年。
4. 项目概况：南昌市建城历史悠久，底蕴深厚，四大名楼之一的滕王阁邻江而立，彰显着南昌市的文化底蕴。城市建设与赣江密不可分，工业文化始终伴随南昌成长，也塑造了独特的城市个性。

近年来，虽然经济稳步增长，但居民消费情况趋势却逐年下降，城市缺乏新的消费刺激，基地地处南昌市北部，紧邻青山湖，项目旨在通过基地开发建设，推进南昌市消费结构转型，刺激内需。

现状认知

用地交杂，品质不高：基地内工业、居住、公服用地交杂，品质不高；

边缘区位，交通不畅：基地地处城区北部边缘地带，对外交通较好，但北部交通不畅；

产业退化，发展滞后：基地内产业仍以传统工业发展为主，发展效能不高；

功能缺失，丧失活力：基地内部现状人口近 3 万人，但远离城市中心服务区域，内部服务设施较少，缺乏城市活力；

环境恶化，建设混乱：基地内现有村庄 11 处，建筑质量不佳，经评估，其中三类建筑占地面积达 53hm²，占总量的 56%。

南昌市区位图

基地在南昌市中的位置

规划范围示意图

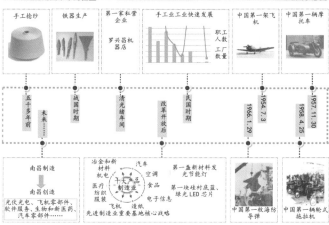

城市工业发展历程

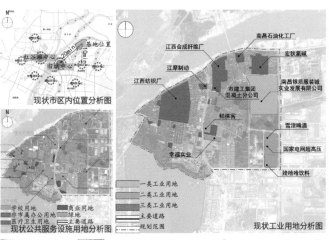

现状市区内位置分析图

现状公共服务设施用地分析图

现状工业用地分析图

南昌市 2007—2012 年消费情况分析

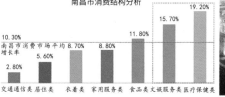

南昌市消费结构分析

文化古城

07 江西省南昌市青山湖区临江地区概念规划及城市设计
Conceptual Planning and Urban Design of Linjiang District in Qingshanhu District in Nanchang City in Jiangxi

119

规划策略

文化复兴策略

南昌历史文化悠久，工业文化独具魅力，但目前却缺少一个全产业链型，且有南昌城市个性的创意文化产业基地，基地内既有南昌传统的工业记忆（江纺），又临近南昌高新工技术开发区，具有成为南昌工业文化展示平台的潜力。规划将工业文化与旅游相结合，打造工业文化博览、文化创意展示以及体验、培训、教育等文化主题。

功能复合策略

补足城市功能，规划沿青山路将休闲商务、康体娱乐、科研培训、特色餐饮、旅游服务等功能引入，完善沿江发展轴的功能联系，并通过大量案例研究得出各项功能配比。

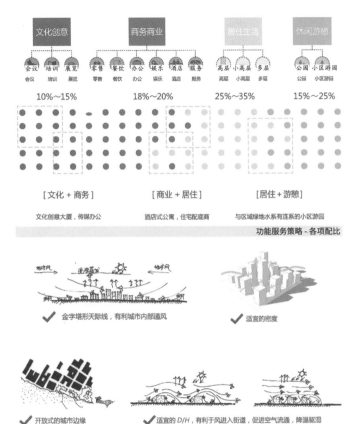

[文化 + 商务]	[商业 + 居住]	[居住 + 游憩]
文化创意大厦，传媒办公	酒店式公寓，住宅配底商	与区域绿地水系有连系的小区游园

功能服务策略 - 各项配比

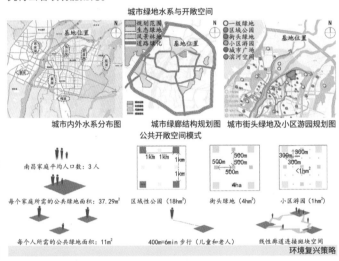

城市绿地水系与开敞空间

城市内外水系分布图　城市绿廊结构规划图　城市街头绿地及小区游园规划图

公共开敞空间模式

空间复兴策略—绿色低碳的空间模式

环境复兴策略

空间复兴策略—现状天际线分析

空间复兴策略

基地属于湿热地区的滨水地块，夏季炎热潮湿，通风与降温是城市气候设计的主要任务，规划将建设用地向自然界面开敞，结合具有韵律的金字塔形天际线，打造绿色低碳的城市空间。

环境复兴策略

基地生态本底良好，规划以水为脉，以绿为韵，打造多条生态廊道，将绿地、水系及开敞空间融入城市大系统，并在基地内均衡分布社区公园，形成完整绿地体系。

功能定位

规划青山湖临江地区的功能定位为：南昌工业文化博览中心、连江通湖生态景观门户、青山湖区公共服务次中心、生态居住示范基地。

红湖区域鸟瞰图

概念规划及总体城市设计

总体布局

规划打造"双核联动，多轴牵引，水脉贯通，绿网织城"的空间结构，激发基地城市活力。

绿地景观系统规划

围绕中心景观，将景观通廊沿路向四周延伸，形成"核心引领，点轴延展，空间渗透"的绿地景观格局。

水系统规划

对基地内滨河岸线进行分类，根据不同河岸形式采用不同生态修复方式。对滨水岸线、河道、滨水节点的檐口高度、建筑退界、驳岸形式、滨水环境、滨水界面做出控制细则，塑造滨水环境。

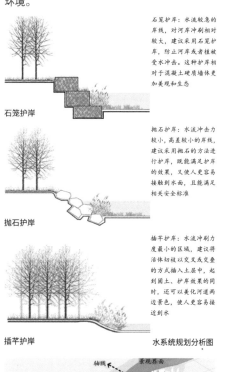

石笼护岸：水流较急的岸线，对河岸冲刷相对较大，建议采用石笼护岸，防止河岸或者植被受水冲击。这种护岸相对于混凝土硬质墙体更加美观和生态

石笼护岸

抛石护岸：水流冲击力较小，高差较小的岸线，建议采用抛石的方法进行护岸，既能满足护岸的效果，又使人更容易接触到水面，且能满足相关安全标准

抛石护岸

插芊护岸：水流冲刷力度最小的区域，建议将活体切枝以交叉或交叠的方式插入土层中，起到固土、护岸效果的同时，还可以美化河道两边景色，使人更容易接近到水

插芊护岸　水系统规划分析图

开敞空间分析图

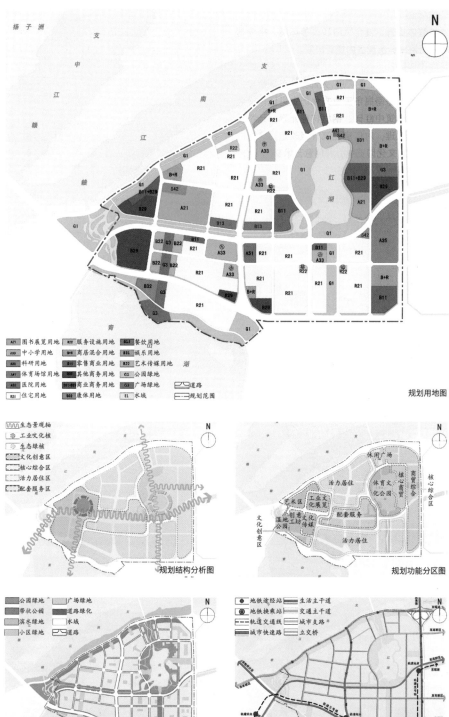

规划用地图

规划结构分析图

规划功能分区图

绿地景观系统规划图

规划道路交通图

07 江西省南昌市青山湖区临江地区概念规划及城市设计
Conceptual Planning and Urban Design of Linjiang District in Qingshanhu District in Nanchang City in Jiangxi

121

慢行系统规划

通过整体提升、健全网络和改善环境，搭建基地慢行网络，实现区内慢行串联。

厂房改造指引

基地内现存多处工业厂房，大部分为苏联援建，年久失修，是南昌市工业文化历史见证，规划提取苏式建筑中红砖、钢材特征元素，延续其原有特色肌理，对厂房建筑升级改造，建设成为南昌工业文化博览中心和创意艺术交流中心。

慢行系统规划图

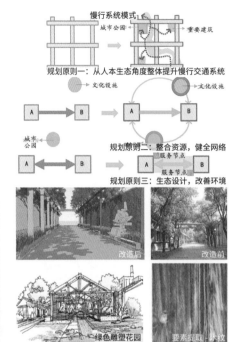

慢行系统模式

规划原则一：从人本生态角度整体提升慢行交通系统

规划原则二：整合资源，健全网络

规划原则三：生态设计，改善环境

艺术展示广场

要素提取 - 钢管

创意家具设计

要素提取 - 红砖

绿色雕塑花园

要素提取 - 外纹

厂房改造指引图示

规划总平面图

08 湖北省鄂州市葛店开发区核心区概念规划方案设计

项目简介

1. 项目区位：项目位于鄂州市西部葛店镇，西邻武汉光谷片区 15km，东距鄂州城区 25km，地处大武汉都市圈黄金地段，武鄂黄黄发展带的核心区域。

2. 项目规模：规划核心区范围为 3.7km^2，总面积为 20km^2。

3. 编制时间：2017 年。

4. 项目概况：核心区周边交通条件优越，干路网体系已初步形成。核心区周边初具建设规模。场地南部分布众多村庄聚落，用地发展潜力较大。

规划目标

创建武鄂之心"城市综合体"，打造光谷以东"中央商务区"。

规划策略

生态优先

搭建和谐宜居的城市绿色网络。构建"水系统＋生物栖息地系统＋文化传承系统＋开放空间系统＋视觉感知与城市印象景观系统＋防灾与防护绿地系统"等多重要素叠合的综合生态服务功能的城市生态基础设施。

优地优用

丰富滨水地区的土地使用功能。规划范围内滨水岸线曲折丰富，河湾众多，临水地区景观视线通透，资源环境良好。规划强调滨水空间的公共开放属性，形成"活力廊道"，少量布置高端住宅项目。

高端高尚

打造丰富时尚的产品业态体系。承接光谷及科技城外溢城市功能，重点发展高新技术类产业，吸引高端人才流入。配套服务走高端时尚路线，打造环境优美、配套完善的中央商务区，提升地区吸引力。

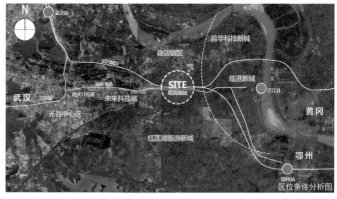

区位条件分析图

现状建设情况分析图

策略一：生态优先分析图

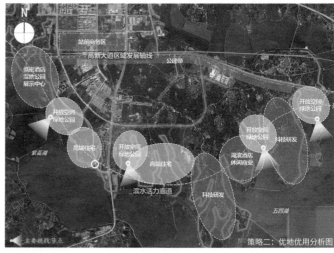

策略二：优地优用分析图

08 湖北省鄂州市葛店开发区核心区概念规划方案设计
Conceptual Planning Scheme Design for Core Area in Gedian Development Zone in Ezhou City in Hubei Province

123

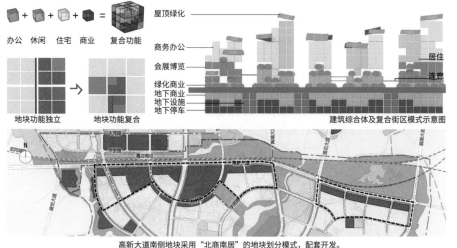

高新大道南侧地块采用"北商南居"的地块划分模式，配套开发。
沿街商务商业建筑中，建议采用垂直复合的功能模式

策略三：立体城市分析图

概念规划

规划形成"一心一轴两核两廊"的空间结构。

合理布置重点项目及用地，其中绿地水系占总用地的32%，在生态优先策略的基础上，促进土地高质量开发。

规划在保持总规主次干道路网体系不变，细化支路网体系，适当调整滨水区域局部支路，形成完整道路交通体系；沿城市绿廊、轴线绿地、滨水地区布局城市主要慢行道，串联主要城市功能区、公共节点、公园绿地、社区中心等，形成网络式慢行系统。

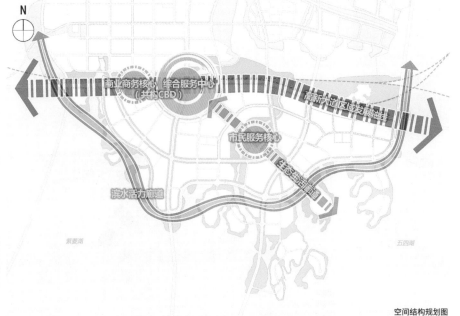

空间结构规划图

立体城市

构建复合多元、立体混合的土地开发模式。规划以"精明增长"为价值观，提高土地混合程度和土地存量空间的使用效率，垂直布局城市功能，鼓励多样化交通方式，保护自然景观和公共空间，高效、集约利用土地，构建一座安全的、立体开放的和谐城市。

创意构思

湖北是"荆楚文化"的传承地，荆楚文化对凤凰有独有的图腾崇拜。本次规划将"凤凰"图案与大地景观有机融合，形成"丹凤朝阳、百鸟朝凤"主题。"凤凰"主体为生态生活轴线，凤头为核心区中心节点，"丹凤朝阳"寓意葛店向西与武汉同城化发展，场地内若干个的滨水小岛，象征百鸟，拱卫中心。

意向落位图

规划思路

在站北区域打造一条贯穿东西的城市绿廊——如意林带；高新大道两侧以商务办公类用地为主，形成综合服务发展轴，展示城市形象；打造功能复合的斜线轴带，构建"生态生活廊道"，功能采用相对集中的组团布局模式；构建"滨水活力廊道"，丰富水岸地区城市功能，营造活力开放的空间形象。

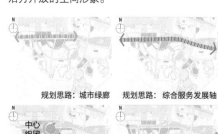

规划思路：城市绿廊　　规划思路：综合服务发展轴

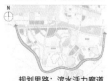

规划思路：生态生活廊道　　规划思路：滨水活力廊道

道路系统规划

保持总规主次干道路网体系不变，细化支路网体系，适当调整滨水区域局部支路。

道路系统规划图

生态系统

规划构建三大生态景观区域，森林广场：50hm² 城市森林，展现都市魅力；中央公园：90hm² 城市绿肺，提升环境品质；紫菱水湾：河湾环抱，静谧迷人。通过"水系统＋植被系统＋场地系统＋交通系统"叠层分析，搭建生态系统平台，建立区域完整生态系统。

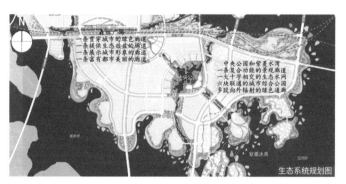

生态系统规划图

经济技术指标

规划扩展研究范围内可开发净用地面积约 690hm²，总建筑规模约 1400hm²。

其中：居住类总建筑规模约 650hm²；商业商务类总建筑规模约 520hm²；科技研发类总建筑规模约 200hm²；市民服务类总建筑规模约 30hm²。

经济技术指标图

地下空间利用

地下空间平面意象

项目的规划范围内，以站前商务中心和滨水文体中心两个片区的地下空间开发为主。

地下空间的沟通联系，既受地面建设的影响，又取决于地下空间的开发模式和业态布局。明确的空间示意和连贯的流线组织，对未来地下空间可持续发展，有着积极的意义。

地下空间剖面意象

竖向空间的多层次利用，使城市的功能更好地相互融合。

可达性使区域的运行效率不断提高，吸引更多的人流和物流。

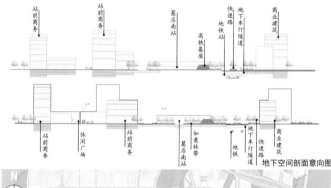

地下空间剖面意向图

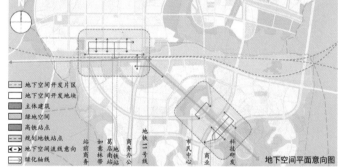

地下空间平面意向图

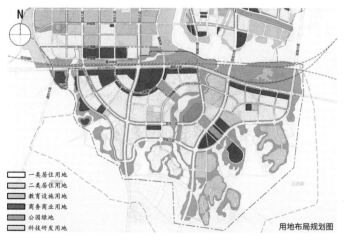

用地布局规划图

森林广场设计

通过对水系统、植被系统、场地系统、交通系统的层叠分析，构建一条贯穿城市东西的绿色通廊。

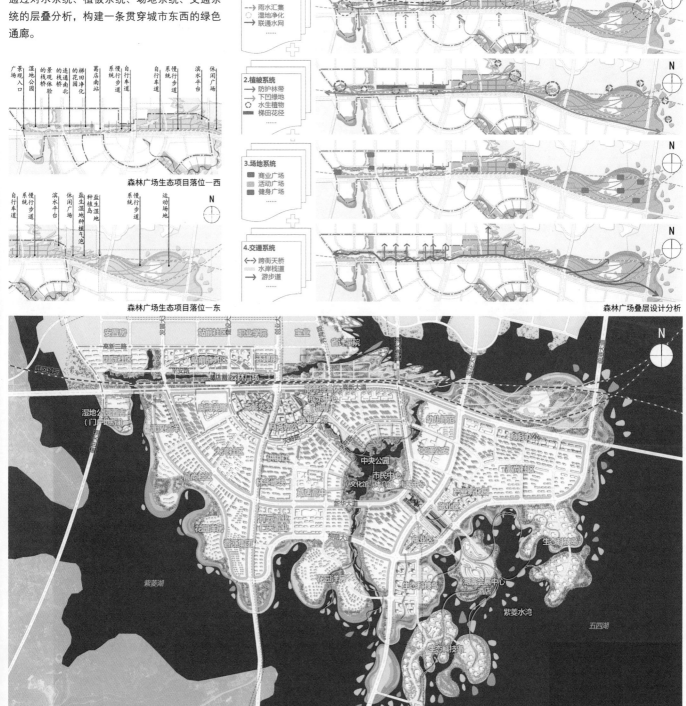

森林广场生态项目落位—西

森林广场生态项目落位—东

森林广场叠层设计分析

核心区规划总平面图

主题 04

城市设计与品质提升

URBAN DESIGN AND QUALITY IMPROVEMENT

存量背景下城市设计转型策略初探

中国城市设计的最新发展与近期中央一系列重大决策密切相关，如北京副中心规划建设、雄安新区建设等都是首先开展城市设计的国际方案征集，所重点讨论的"国际视野""百年大计""千年城市"均聚焦于"理性规划、持续发展"。城市设计作为"理性规划"和"持续发展"的关键抓手和工作要点。

一、城市设计与其他规划的关系

1. 城市设计与总体规划衔接

与总体规划相比，城市设计在城市修补及更新类工作中关注的维度更广。

城市系统中内部各个要素层级相互交织，使得物质空间呈现复合多样，尤其是在建成区中，这种多样性却不失其内在有机性的特点愈发突显。城市规划在针对这些系统性问题的时候，更多地以制定发展目标，并在土地使用、开发强度等指标层面对目标与定位进行贯彻，而面对建成区的复杂性，仅停留在二维层面的研究还不够，需要通过三维的立体的视角，对系统的各个层级进行整合与重组，对物质空间与社会经济等多个层面进行关注。这从客观上使得城市设计的三维立体的视角、社会经济环境空间多维度关注的特征来应对建成区存量问题的研究具有高适用性。

2. 城市设计与详细规划衔接

与城市详细规划相比，城市对于城市要素的处理手法不同。城市设计能以更为针对地、整体式地解决建成区环境中的复合型问题。尽管二者都是在上位总体规划指导下，对城市片区的再深化设计。但从技术范畴来看，详细规划更倾向对上位规划所框定的各类经济技术体系与指标予以达成，其是否符合上位规划的要求与资源的合理配置是其主要关注点。较之于详细规划，城市设计在存量规划中细化了对于人的活动及其相关的环境研究、场所意向、风貌特色等城市要素。

城市设计由于其视角广、关注点更微观的特征，对城市空间的特征性变化更加敏感，其技术体系与方法更加偏向于各类系统交织下的复杂建成环境的要素整合与梳理，设计理念在捕捉人的行为、心里与精神层面更加行之有效。城市设计广泛地涉及城市社会因素、经济因素、生态环境、实施政策、经济决策等，它的目的是使城市能够建立良好的"体形秩序"，或称"有机秩序"。因此，必须由城市设计对这些要素进行整合，去构建各系统与专业之间的纽带。存量背景下的城市设计，主要涉及城市空间与建筑的整合，城市空间与交通的整合，地上与地下的整合，新与旧的整合等方面，并且是在三维形态上的整合。

二、存量背景下的城市问题

改革开放 40 多年来，在快速城市化时期，我国的新城也得到大规模发展。特别是过去 20 年，我国新城在疏解大城市人口、产业等综合功能方面发挥了巨大作用，也大大推动了城市化的进程。但是，在建设初期，我国新城的规划与发展理念都有一定的时代局限性和探索性，比如主要沿袭和推行的"功能主义城市"的理念等，在解决许多旧有问题的同时中国新城的建设也出现了一些新的问题，特别是随着新城环境的建设成熟，人居环境，城乡风貌越来越不能满足广大人民群众对新时代"美好生活"的期待和要求。

1. 空间割裂。表现为城市空间要素的孤立，缺乏互动与融合。街区之间被大尺度的城市车行道分隔，形成了城市空间的隔离和不连续；山水等自然开敞空间与都市空间的割裂，导致空间互动不足、山水资源"私有化"；建筑与户外空间的割裂，产生了冰冷的城市界面；大尺度集中式绿化空间与街区空间的割裂，阻碍了绿化空间的公共共享；绿化空间与游憩空间的割裂降低了绿化的可进入和利用效率等。

2. 特色消失。经过长期的建设，传统的城市空间不仅具有紧凑、完整的形态格局，还反映出昔日人们的生活方式，更承载着以往的社会价值观念。无论是追求礼制的东方传统城市格局，还是遵从宗教的西方古典城市形态，都是当时社会的真实写照，反映出文化的内涵。然而，大量的中国城市正在以前所未有的速度跨越式发展，在城市功能逐渐得到完善的同时，种种"无场所"现象却随之产生。很多城市历经新的建设，却丧失了原本的特质。城市环境特色与文化特色的消逝，难以产生归属感。

3. 规划与实施脱节。由于城市设计在一种非法定规划的状态下运行，合法性与有效性难以保证，在实践中出现了两类典型问题：一是在建设开发过程中，用城市设计随意调整、取代法定规划，造成规划管理工作的混乱；二是城市设计与法定规划缺乏有效衔接，成为可有可无的参照性内容，难以在实际建设中贯彻和实施。

在规划衔接方面，多数规划主管部门已意识到城市设计与法定规划衔接的必要性，但改进后的技术方法非常混乱：有些与总规、控规同步衔接，有些只单独与控规衔接；有些未明确具体的衔接内容，随意性较大，有些衔接内容与法定规划原成果内容出现重复或矛盾，带来规划管理工作的混乱。

三、存量背景下城市设计转型

在城镇化进程加速和居民生活水平不断提高的背景下，随着我国部分城市尤其是深圳、上海这些特大城市的发展受到空间的制约，以新增城市建设用地的城市发展方式逐渐向存量城市建设用地的内涵式提升转型，城市规划手段也由增量规划向存量规划转型。在这一过程中，"城市品质"一词越来越多地为人们所提及，并逐渐开始渗透在城市的更新进程之中。而作为城市发展的重要存量空间载体，对存量低效用地的再开发逐渐成为城市发展的必然趋势和城市更新的重要手段。在这样的背景下，未来应如何在城市的优化更新过程中充分利用城市存量低效用地空间提升城市品质，提高居民幸福感，满足多元化的人居需求，正日益成为重点关注问题。

城市设计对城市发展的转型与空间环境的重构具有的重要指导和推动作用逐渐凸显。存量型城市设计不同于新城、开发区等大规模空间扩张中的增量型城市设计，也不同于旧城改造中规模性大拆大建中的城市设计。存量型城市设计视角转向建成环境，尤其重视基于居民日常行为的微型公共空间的品质和环境营造，推动城市微空间的精雅转型。推动城市建成区的环境改善、空间品质的提升及特色的重塑，把城市建成区的功能提升和旧区更新面临的空间尺度优化、公共设施升级、历史文脉延续、交通方式转变以及景观风貌重构，最终实现人居环境的品质提升。

传统的增量型城市设计的操作方式是采用"手术刀式"的大规模更新改造或新建，忽略了现状基础中有价值的部分，是一种全盘否定的态度。存量型城市设计要尊重现有建成环境的空间机理和历史文脉，采用"针灸式"的操作手法，实行小尺度的渐进性更新，对原有现状中有价值的部分予以保护，对相对不完善的物质环境进行整治和改善。同时，存量型城市设计的目标不是终极性的，而是过程和动态性的，需要在城市的发展中不断完善和调整规划设计策略，是长时期持续不断的规划模式，并非"一劳永逸"。

四、存量型城市设计优化策略

城市设计是针对城市的功能、空间、环境、特色等方面以三维、人本视角进行的指引性工作，《城市设计管理办法》中指出，城市设计是以保护生态环境，传承历史文化，彰显城市特色，构建宜居环境为目的，通过对城市空间秩序、建造环境品质和城乡景观风貌的构思和控制，提升城市竞争力，实现城镇化的可持续。而存量型城市设计相较于常规的城市设计，其研究对象则更加侧重于存量空间；相比于常规城市设计方法的快速塑造、打造一个片区或地段，更加注重修补型

而非大尺度的一步到位式的强力干预；对环境的影响力上，也更加尊重环境本底与承载力，最大程度减小环境影响，以加强实施效果。如果将城市比作人体，存量型城市设计在现有建成区的环境下，可以通过"舒经络""固筋骨""传神韵"三方面来对城市进行重构、缝合、催化、调理，从而形成示范效应，促进城市品质提升进入良性循环轨道。

1. "舒经络"——城市功能链接

经络系统作为有机体联系核心功能及附属功能的通道。承担城市"经络"角色的出行系统，对城市功能的运转发挥了重要作用。《雅典宪章》中指出交通网是联系并促进居住、工作、游憩等功能的正常运转。存量建设背景下的城市设计应区别于一般新区建设，不应当是大手笔、手术刀式地进行道路网打造，而力求采用小尺度、小环境影响。从整体地完善路网结构体系，提高支路利用率与支路网密度，使城市功能高效利用，同时强化人本位的交通环境，改善绿色出行条件。

① 优化网络系统

通过在整体系统层面的分析基础上，借助这种修补式的疏通与建造，既能为交通流提供更多的选择，缓解干路网压力，提高路网的抗拥堵能力，又能丰富人行、车行的出行条件，改善人们的出行环境，还能在低投入、低干扰的介入下，得到系统整体的优化提升。合理利用公园、绿地等公共空间里的道路，为绿色交通流提供更加多样化的选择。

嵌入式绿化　　穿越式绿化　　中心式绿化
图 1　网络优化提升示意

②增加"末梢"微循环

封闭街区与大路网结构有着内在联系性，二者相辅相成，大尺度划分用地、封闭小区单位大院的布局，而使得路网结构势必呈现支路网密度低、末梢疏解能力弱的交通特征。因此，鼓励封闭小区单位大院的开放，运用修补的理念去实现街区用地与支路网的缝合，作为下一层级的开发依据。

另一方面，在局部地段的宽马路干道确实无法更改的情况下，应通过为各类交通流，特别是步行和自行车流等低碳交通提供替代路径，从而减轻宽马路的交通压力的方式，消除其对城市的不利影响。

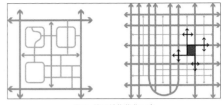

图 2　路网结构优化示意

③缝合修补，优化慢行系统

高品质的慢行系统是提升新城品质的重要方面，基于建成环境的慢行体系的优化设计也是存量型城市设计的重要研究方向。

存量型城市设计中慢行系统构建体现为公共空间网的织补，"以点成线、以线成网、以网成体"即促进公共空间网络化，利用重要景观大道、公园、护城河开敞空间带组织慢行系统，为人们提供高品质的空间。多点成线，通过必要的空间节点的塑造与修补，结合廊道空间形成"线"；多线成网，通过多条"线"促成片区公共空间网；多网成体，通过网络化的空间结构外加面状绿地、面状公共空间，形成层次丰富的系统。从而构建联系紧密的、连续性的、整体性的系统，使绿色出行更加舒适便捷。

2. "固筋骨"——城市场所塑造

筋骨，在中医学中被称作"奇恒之腑"，城市系统之"筋骸"，即为各类的大小空间节点以及公共开放区域所形成的城市场所，对城市的功能运转起到重要的支撑作用。

① 场所要素构成

城市场所塑造由空间和行为构成。空间主要通过城市街道、城市肌理的塑造，强化空间易读性，营造充满活力、有机整体的场所系统。城市的肌理由街道的网络所控制，呈现出紧凑而相对均质的形态。连续的街道界面避免了城市公共空间的失落化，较低的建筑层数则限定出一种人性的街道尺度，使公共生活与私人生活在其中自然有序地进行。步行为主的街道使用模式不仅成就了商业的繁荣，让街道变得熙熙攘攘，充满交流感，还成就了"街道眼"，即让传统的街坊形成了一种自我防卫的机制，从而获得安全感和归属感。城市的结构与系统层面的场所直接相关，将不同的城市片区高效地组合在一起，建立组团与组团之间的联系，有助于信息、物质的交流以及城市景观的渗透，并进一步促进场所系统的完整与结构化。行为主要体现在凯文·林奇提出的城市性能"五项基本指标"，即活力、适宜、感觉、控制以及可达性。"一个聚落中的空间要从事的活动的形式、质量的协调程度"。好的城市形式并非完全依赖宏大的规模，而是取决于其是否与人的行为活动以及环境意象相适应。设计

图3 场所要素构成示意

创造适宜的城市形式，可以促进公共活动的开展，增人们对环境意象的感知。

②城市微空间营造

存量型城市设计场所塑造体现在微空间的修补。商业地段微空间主要使用人群为购物人群及商家。同时，为过往的行人提供休息、交流交往空间。主要活动包括交谈、休息、行走、观赏、展卖、街头艺术等多种活动类型。而商业、商务区微空间一般处于城市标志性区域，应突出观赏性、标志性，加强景观、小品设计。其中商务区重点提供游憩设施和散步、休闲活动场地；商业区重点提供休息设施、展卖空间，条件允许可以提供各类公共活动场地。另外，还可以提供共享单车停车场地等。居住区微空间贴近人居活动，应以功能性空间为主，为周边居民提供日常活动空间。设置休息设施和散步、休闲活动场地，提供运动健身设施，重点关注老年人和儿童需求。

3.“传神韵”——城市特色营造

“神韵”，是机体内外各个系统共同作用之下的外部表征。对于“城市机体”而言，城市肌理、特色、风貌及文化内涵便彰显城市“神韵”，是城市功能、交通、设施、风貌等要素互相关联后的综合体现。

在规划层面，应立足于存量提质的价值倡导下，运用城市设计思维方法，将场所与城市文化织补缝合，彰显地域特征与时代精神。主要策略包括风貌基调塑造、群体空间的有序性及天际线完善等方式。

①风貌基调塑造

城市的地形地貌特征作为有形的自然环境要素，是城市特色的重要载体，更是场所认同的基础。延续城市的山水格局就是要尊重设计地段和周边环境中的海洋、山体、湖泊、河流等地理特征，并在城市设计中加以保护和突出。宏观层面，运用GIS等数据手段，对规划用地的山水格局、山海格局等自然地理条件进行适应性分析，识别场地中重要的景观斑块。通过构建绿道、生态廊道等“绿色基础设施”。保留规划区内那些不宜进行高强度开发的山体、丘峦群等，作为

重要的景观斑块，结合城市特色资源形成地域的特色风貌。

②群体空间的有序性

根据不同街道的功能与风貌特征，制定出针对性的策略，用渐进式的方法去活化街道及空间。避免因为城市空间界面均质化，导致街道面貌趋同、特色丧失。结合其特色功能发展、业态类型与风貌特征，形成各具特色与较强的可识别性城市空间，以指导下一层级的开发建设活动。

③城市天际线修补策略

空间轮廓与特征，是彰显地域气息、体现地域价值、提升片区空间品质、丰富城市意象的重要手段。片区的群体空间又是整个城市天际线的重要组成部分之一，因此，也应当从维护与塑造好的城市天际线的宏观角度对片区进行审视。

存量型城市设计在功能织补与建筑群体组合特征的研究基础上，应结合各个组团或节点的发展要求，制定“点线面”相结合的导控策略。“点控”，是指在关键历史、文化节点及城市标志点等区位，在遵从上位规划的基础上，采取精细化城市设计，塑造高品质的建筑群体空间组合；“线控”，指在关键界面上，城市景观大道等，制定符合各自功能特色建筑群体，形成既富于变化、又各具特色的线状空间建筑群体控制；“面控”则各个街区与组团面状空间的控制，既满足高度服从上位导控，同时避免面状空间组合过于单调。

五、存量型城市设计实施与管控

1. 公众参与

不同于过去的规划是自上而下式的，存量背景下的城市设计应当是政府、规划师、群众等群体“共同缔造”。

政府，通过修补开发解决点位及更大范围内的城市问题，落实上位规划的相关指示，提高城市治理水平，修补城市系统缺项；提高人居生活品质，即公共利益的诉求；同时也有诸如提高土地价值、增加财政收益等私有利益诉求。

规划师，作为上位规划和实际建设的纽带，应对规划设计操作空间有更加清晰的认知，最大程度落实上位规划的要求。以开放、共享、互动、

协同等方式解决城市问题。

社会公众，通过修补更新中的违法与侵占城市公共利益的事件进行监督，并通过相关渠道反映公共利益的诉求。

2. 与法定规划逐步衔接

区别于“粗放式”发展中重设计内容，轻管控引导的管控问题，存量型城市设计“组织”“设计”和“布局”等要素，应形成清晰的管理界限，在实际操作中减少模糊性。

目前，我国已形成了以城镇体系规划、城市总体规划、控制性详细规划为主体的层级式法定规划编制体系，随着国土空间规划的逐步成型，以原有法定规划为基础，城市设计正趋于融入法定规划，未来建立相互平行且渗透的立体化编制架构，即可以维护法定规划的原有秩序。此外，在实施过程中加强对技术管理文件中对于公众参与、监测、评估等环节，使城市设计管控更加具备实际操作性和可行性，能够有效地发挥城市设计在规划建设中的作用。

参考文献：

[1] 段进.当代新城空间发展演化规律.南京：东南大学出版社.
[2] 简·雅各布斯著.美国大城市的死与生.南京：译林出版社，2005.
[3] 王建国.21世纪初中国城市设计发展再探 [J].城市规划学刊.
[4] 邹兵.增量规划、存量规划与政策规划 [J].城市规划.
[5] 柯林·罗.拼贴城市 [M].童明译.北京：中国建筑工业出版社，2003.
[6] 段进，季松.问题导向型总体城市设计方法研究 [J].城市规划.
[7] 中国城市规划设计研究院.催化与转型：“城市修补、生态修复”的理论与实践 [M].北京：中国建筑工业出版社，2016.
[8] 凯文·林奇.城市意象 [M].北京：华夏出版社，2001.

01 北京市门头沟区总体城市设计

项目简介

1. 项目区位：门头沟区位于北京城区正西，西与河北省涞水、涿鹿为邻，是北京市西部的门户地区，同时也是城市西部综合服务区。门头沟距天安门仅 21km，通勤时间 30min。作为长安街的西延线终点，代表了北京的首都形象，体现了城市与国家尊严的互动关系。

2. 项目规模：全区范围 1447.95km²，新城范围 87km²。

3. 编制时间：2017 年。

4. 项目概况：门头沟区总体城市设计作为北京新总规专题之一，对首都生态涵养区城市山水格局及城市形象的塑造具有重要指导意义。本规划从"人的感知体验路径"为出发点，以宏观统筹的视野，对生态涵养区进行整体塑造与管控，改善环境品质、明确城市特色、提升城市竞争力。在宏观层面，规划着眼山区重点新城，在门头沟全区构建宏观层面管控体系，主要包括山水格局、路径廊道构建、旅游体系、城镇空间管控等方面。在微观层面，对门头沟新城范围加强城市整体结构的构建，打造城市特色感知系统，打造特色城市空间。

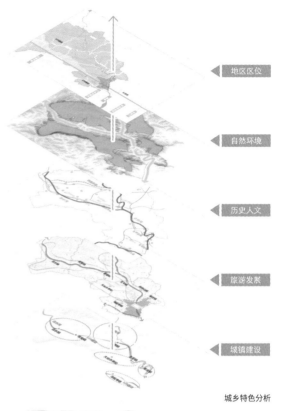

地区区位

自然环境

历史人文

旅游发展

城镇建设

城乡特色分析

门头沟新城整体鸟瞰图

规划背景

城市发展带动了整个经济社会发展，城市建设成为现代化建设的重要引擎。近5年城市建设关注点逐步从城市开发向城市环境品质、精细管控等方面转变。

中央城市工作会议对加强城市设计工作，全面开展城市设计做出重要决策部署。北京作为试点城市，正积极践行《城市设计管理办法》和《城市设计技术管理基本规定》，按照要求开展相关工作。

门头沟作为首都生态涵养区，同时也是长安街的西延线终点，代表了北京的首都形象，体现了城市与国家尊严的互动关系。目前门头沟在快速发展阶段，需要有针对性地解决开发强度过大，未体现浅山区特色；风貌不统一，虽城市风貌治理初见成效，但仍有少量建筑风貌不和谐；缺少山水互动，城市、山水缺乏联系，不足以体现显山露水的规划意图等城市问题。

本次规划作为北京新总规的专题之一，旨在通过总体城市设计，进一步保护门头沟城市自然山水格局，优化城市总体格局，塑造传统文化与现代文明交相辉映的城市特色风貌，确保城市总体规划刚性要求有效落实。

规划思路

响应中央城镇化工作会议和中央城市工作会议多次提及的规划人本导向，规划中利用门头沟现存众多的线性设计要素，从"人的感知体验路径"出发，以宏观统筹的视野，对门头沟进行整体塑造与管控，改善环境品质、明确城市特色、提升城市竞争力。

专题研究背景—内部提升需求

滨水山城框架基本构建
"一湖十园、五水联动"城市景观体系初步显现

基础设施建设不断加强
108隧道贯通、阜石路BRT4、长安街西延线和S1线陆续实施建设，构筑完善交通网

保障住房建设日渐完善
数百万平方米安置房竣工在即

大型房企进驻助力建设
京西土地供应稀缺，需求外溢，仅在门头沟区域已经汇集了十余家大型房企

增产路桥东改造前后对比

小白楼地区棚户区改造工程

城市总体规划		总体城市设计

侧重空间资源分配

总体规划思维出发点是空间资源分配，注重公平有效的保护、分配和利用资源，反映到成果是以空间管控、土地使用等内容为核心。
总体规划常以"线"来划分区域，生态红线、用地红线等。

分配资源 vs 整合空间

侧重空间整合

总体城市设计的思维出发点是空间整合。反映到成果则是以轴线、地标、界面、开敞空间系统等来整合三维形态，建立并强化人对城市的整体意向认知。

以"建设"的思维来看待城市

城市总体规划强调通过科学、技术的力量推动城市发展，使城市更加"高效"、更加"绿色"、更加"智慧"。如紧凑城市、精明增长、生态城市、智慧交通、智慧住区等。总规中的"人"往往更为抽象，以数字代表规模，以人均指标匹配设施。

抽象的人 vs 具象的人

从具象的"人"的体验思维思考城市

总体城市设计强调人的体验以及人文内涵与传承，让城市更有活力与魅力。一方面，通过强调人的体验来激发城市活力。另一方面，通过提炼城市特色、挖掘城市文化等彰显城市魅力。

编制从理性分析出发

城市总体规划编制从理性的分析出发，解析城市，如产业结构、经济运行状况、城镇化水平等；落实到发展策略、用地与设施布局等方面。

理性编制 vs 感性创作

倾向"创作"三维空间形态

总体城市设计更倾向"创作"，是以感性出发，通过美学的经验来塑造和谐的三维空间形态。如开敞空间节奏、整体风格统一、城市色彩协调等。

全域统筹

门头沟区作为首都长安街通向自然的重要节点，在首都的地位具有唯一性。因此门头沟城区的空间特色也决定了北京长安街西延长线的空间特色。

构建总体景观格局

规划从涵养山水格局、弘扬历史文化、促进旅游发展、统筹城乡风貌四个角度出发，统筹构建"山环水绕育门城，水脉串珠谷连村"的总体景观格局。

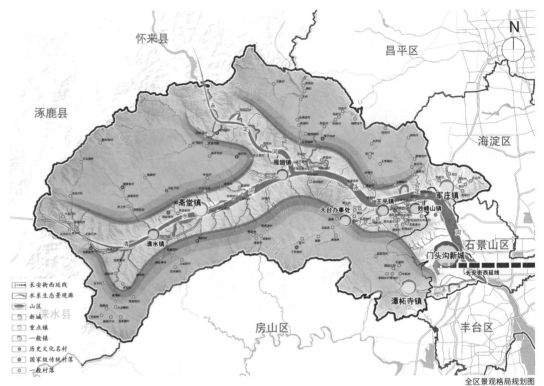

全区景观格局规划图

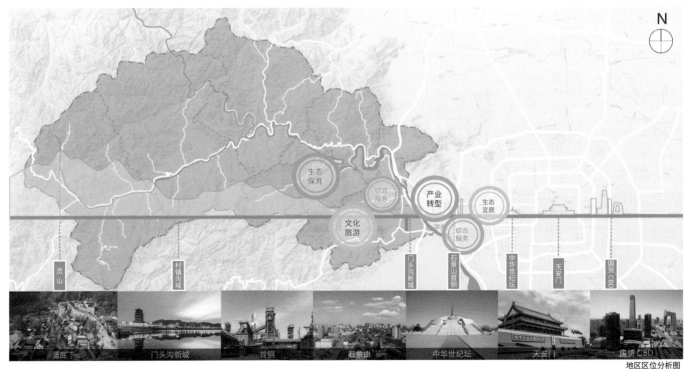

地区区位分析图

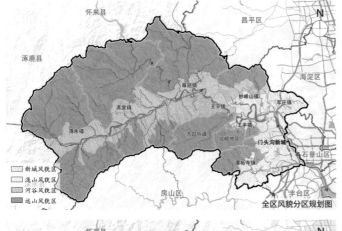

全区风貌分区规划图

全区风貌分区规划图

9m 基准高度管控区
12m 基准高度管控区
18m 基准高度管控区
30m 基准高度管控区
36m 基准高度管控区

划定风貌管控分区

基于现状城、镇、村空间布局特征及山水环境特色，构建风貌管控分区。分别包括：

新城风貌区——打造独具特色、山水花园的城市风貌；构建联通西山与永定河的城市通廊，形成独具特色的山水花园城市；

浅山风貌区——营造环境优美、紧凑精致的城镇风貌；衔接山区与城区，充分尊重山形地势，严格控制建设高度与体量，塑造错落有致、富有韵律的天际线，展现山城的魅力；

河谷风貌区——延续依山傍水、小巧灵动的镇村风貌；构建慢行网络，形成开放连通、尺度宜人的镇村环境；

远山风貌区——保持顺应山势、灵活多变的镇村风貌；山势较高、地势较陡的山地区域，镇村掩映在群山当中，与自然环境融为一体。

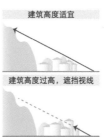

建筑高度适宜

建筑高度过高，遮挡视线

1. 延续风貌分区，形成基于"见山"的高度管控分区。
2. 严格控制建筑高度，防止山体周围建筑尺度失衡，建筑高度不得突破山脊线构成的自然天际线，避免建筑物对于山体的遮挡。
3. 充分结合门头沟镇村建设情况，落实全市相关要求，延续四个风貌分区，形成全域五级基准高度管控。

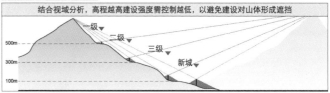

结合视域分析，高程越高建设强度需控制越低，以避免建设对山体形成遮挡

强化视觉引导，构建全区景观眺望系统，展现城市格局，控制第五立面，保护山峰、山脊线，提升山体绿化。通过 GIS 视域分析，进行线性观景廊道内的可视区域分析，同时结合行政区划，将全区山体划为近山、远山两个区域。

近山区范围内涵盖 109 个村庄，山体植被覆盖率达到 90%，重点考虑植物四季色彩变化，做到季季有景；远山区强调山体绿化覆盖率，山体植被覆盖率达到 80%，丰富"望山"景观层次。

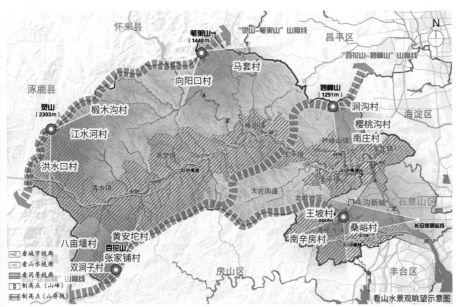

看城市视廊
看山水视廊
看风景视廊
制高点（山峰）
制高点（山脊线）

看山水景观眺望示意图

可见区域
不可见区域

ArcGIS 景观廊道视域分析图

新城城市设计管控

1. 结构塑骨

新城城市设计以打造首都独具特色的"优雅精致·山水花园"，构建首都最具生态特色的和谐宜居滨水山城为规划目标，重点打造山水相融的山水空间格局，确定山水指状穿插的空间结构。

明确"一山、一水、三楔、三片、多廊"的新城风貌格局，构建"望得见山·看得见水"的新城空间结构。

规划以西山突显山体环抱的山城格局，以永定河作为城市活动与景观塑造的主要脉络，以九龙山、葡山、鹰山生态绿楔构成新城组团式空间格局的重要空间限定要素。结合现状特色，形成"北部历史片区、中部老城片区、南部新城片区"三大新城风貌分区。依托道路、水系、绿地，划定九条山水通廊，注重保护山体水系，控制开发强度，提升廊道生态价值及景观价值。

依据城市形态特征和景观分布，选取三类眺望节点，构建看城市、看山水、看风景的城市眺望系统。结合不同的观景内容，构建与地标节点的视线廊道，禁止干扰视廊的建设行为，强化背景建设控制。

以视线水平 30° 视角范围为视廊控制区。分类管控视廊控制区内前景区域与背景区域建筑高度。

严格控制视线范围内天际线与山脊线协调，保证山体可见性、连续性。构建顺应山脊，高低错落，适度排布的新城天际线。

通过视线通廊全要素合理管控，形成"时而显山、时而映山"的城市景致。

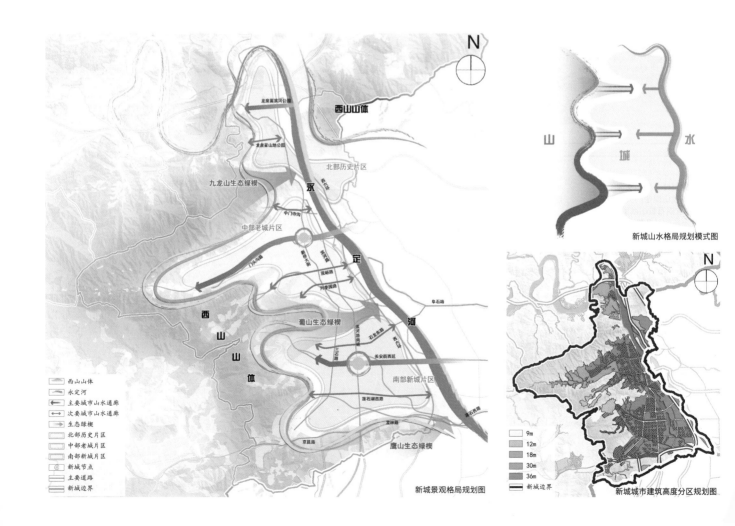

新城山水格局规划模式图

新城景观格局规划图

新城城市建筑高度分区规划图

景观眺望系统

视域控制现状问题：视线范围西山山体显露不足，部分高层建筑体量过大，破坏山脊线连续性；高层建筑高度过于均等，缺乏韵律感，未能与山体相呼应，没有考虑整体天际线以及建筑尺度控制等。

规划严格控制永定楼周边建设高度，突出视线廊道；适当减小建筑体量，突显山水格局，丰富天际线；控制滨河绿地建设，避免新建建筑影响山水风貌。控制整体天际线与山脊线协调，保证山体可见性、连续性。整体天际线不宜超过山体的2/3，标志性建筑可适当突破，天际线应顺应山脊线走向，高低错落，适度布置高层建筑。

营造城市门户、观景点，构建看城市、看山水、看风景的城市眺望系统。

新城眺望景观效果图

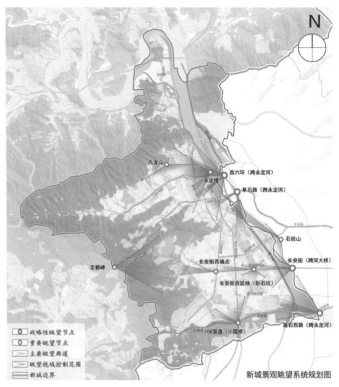
新城景观眺望系统规划图

景观眺望系统分类管控

眺望节点	眺望视廊管控分类	管控要素	形态示意
定都峰东望门头沟新城 九龙山南望门头沟新城 首钢石景山西望西山 （3处）	**看城市** 展示城市风貌和天际线；体现城市群体建筑整体秩序和韵律感	**核心视廊管控要素**：屋顶形式、屋顶色彩、屋顶材质、屋顶设施、广告牌匾、建筑高度、建筑体量、建筑色彩。 **背景协调区**：严格控制建筑高度和体量。使延伸区城市风貌和谐统一，保证不影响整体视图的美观；天际线：协调好各类要素的关系，塑造起伏有致的天际线景观	 定都峰东望门头沟新城
西六环西眺永定楼 阜石路西眺门头沟新城 长安街西延线东望砂石坑景观 小园桥北挑门头沟新城 莲石西路眺望门头沟新城 （5处）	**看风景** 塑造城市门户节点、未来就有一定优化可能的拐点空间；选取重要的街道形成街道对景的视线廊道	1. **全景眺望**：前景眺望点至第一排建筑，以控制细节为主，严格控制建筑体量、布局、色彩和附属构筑物；中景、背景则转化为远处的建筑群落，协调中景范围内建筑高度、体量、色彩和建筑屋顶面附属构物等。 2. **动线眺望**：视觉主题为重点地区建筑群，重点管控重点区域建筑群的屋顶形式、屋顶材质、屋顶设施、广告牌匾及其他专项设施。 3. **周围环境**：视觉主题所在视阀外扩15°	 莲石西路西眺西山
永定楼眺望永定河 长安街西端点西看西山 长安街西沿线西看西山 长安街跨河大桥西看西山 （4处）	**看山水** 提供人们多角度感知山水环境的视廊；展示山水格局的城市空间	1. **全景眺望**：重点管控近景建筑高度；核心视廊眺望点至第一道绿线，严格控制建筑高度、体量、色彩等细节要素。 2. **廊道眺望**：对于眺望主体的管控既涉及个体要素细节，如廊道内建筑高度、体量、屋顶附属构筑物及树木，严格控制避免对山体轮廓的干扰。 3. **多点动线眺望**：严格控制主体景观前建筑附属构筑物，保证视线可达性	 长安街西端点西看定都峰

2. 水绿映城

规划基于门头沟独特的山水格局，依托山水通廊，完善山水廊道构建，形成"廊道＋绿道＋公园"景观绿地系统。廊道两侧严格控制开发强度，提升生态景观价值，打造魅力北京后花园。

构筑山水绿廊，划定控制区域——围绕水系、绿地将山水通廊分为滨水山水通廊、交通山水通廊、景观山水通廊三类，并以各廊道两侧70～200m不等区域为控制区域。

形成视线通廊，控制开发强度——梳理山峰制高点，严格确保景观廊道范围内绿化空间不受侵占，保证标志节点或山体视线无遮挡，建筑形态风貌统一，色彩与山水格局相协调。

提升廊道生态价值及景观价值——景观廊道可构建多层次绿化景观，绿化高度不高于周边标志节点，形成多样化层次分明的视觉效果，植物色彩无大的色相偏差，塑造独特景观风貌。

门头沟新城公共空间使用情况调查示意图

3. 街道兴城

综合服务类：

指新城中以机动车为主体，交通、商业及生活功能并重，且串联各大重要片区、组团的道路，是城市重要的活动空间，人群活动最集中的场所。包括：大峪南路—双峪路、长安街西延线、新桥大街—三石路、滨河路及其南延；应充分满足人的公共活动需求，有序组织各类交通流线，适度分离机动车通行空间与人行道、非机动车道，鼓励营造公共空间节点。

交通主导类：

指以机动车为主体、交通功能先导的道路，生活功能次之，商业功能较弱的道路，具有车流量大、人流量相对较少的特点。一般包括城市主干道、城市次干道：门头沟路、滨水公园景观大道、西北环线、石龙路、莲石湖西路等；应优先保障交通效率，同时需为行人、非机动车提供有效的通行空间，适度考虑沿线城市功能组织。

生活服务类：

指以行人和非机动车为主体、生活功能优先的道路，行人及非机动车流量大。一般包括城市次干道、城市支路和特色步行街等，设计中需特别注重街道设施布局、人性化尺度、两侧界面设计和人行道设计等。应优先考虑人的出行、休憩与交往需求，适度降低机动车通行速度，营造安全舒适的步行与骑行环境。

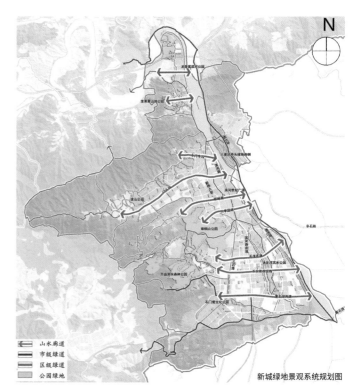

新城绿地景观系统规划图

新城街道空间系统规划图

实施管控思路

门头沟总体城市设计专题基于现状资源及生态涵养区保护程度，从人的体验感受角度出发，从规划管理实施角度出发，为对门头沟区进行分级分类管控引导思路。

首先，划分三级重点地区，依据不同级别和地域特点，分别提出管控要求。

此外，从城乡风貌现状问题出发，基于城市管理角度将城市设计要素分为全域、镇村管控要素与新城管控要素两大部分，并梳理管控要素优先级，将管控要素分为关键基调引导、重点形象把控、环境品质提升三个层级，形成金字塔引导结构。

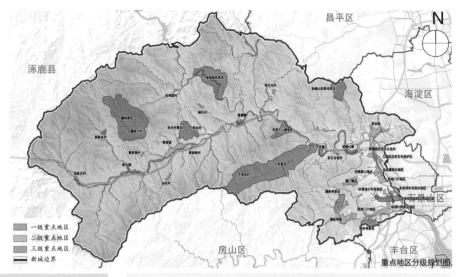

一级重点地区
二级重点地区
三级重点地区
新城边界

重点地区分级规划图

19 项全域、镇村引导要素	27 项新城引导要素

19 项全域、镇村引导要素：眺望系统、高度控制、滨水岸线、景区体系、道路标识、休憩设施、道路照明、节点景观、建筑色彩、建筑尺度、建筑风格、建筑屋顶、立面材质、街道绿化、街巷肌理、街道尺度、街道设施、绿地广场、夜景照明

27 项新城引导要素：空间结构、街巷肌理、建筑肌理、建筑高度、眺望系统、天际线、滨水空间、驳岸形式、景观廊道、绿道慢行、公园绿地、街道尺度、街道贴线率、街道天际线、街道景观、界面功能、街道信息标识、街道卫生设施、街道夜景照明、建筑风格、建筑色彩、建筑形态、第五立面、建筑细部、广告标识、夜景照明

从人的体验感受角度出发
从规划管理实施角度出发
从城乡风貌现状问题出发

关键基调引导
高度控制、建筑色彩、建筑尺度、街道绿化

建筑风格、建筑色彩、建筑形态、街道景观

重点形象把控
眺望系统、休憩设施、道路照明、节点景观、建筑风格、建筑屋顶、立面材质

空间结构、景观廊道、街巷肌理、建筑肌理、建筑高度、眺望系统、天际线、第五立面、夜景照明

环境品质提升
景区体系、滨水岸线、文化建设、道路标识、街巷肌理、街巷尺度、街道设施、绿地广场、夜景照明

滨水空间、驳岸形式、公园绿地、广场空间、绿道慢行、街道尺度、贴线率、街道天际线、界面功能、街道信息标识、街道休憩小品、街道卫生设施、街道夜景照明、建筑细部、广告标识

19 项全域、镇村引导要素

27 项新城引导要素

02 河北省任丘市中心城区总体城市设计

项目简介

1. 项目区位：任丘处于京津冀的京南主要产业承接区域，紧邻白洋淀。

2. 范围：规划面积为 101.38km²。

3. 编制时间：2014 年。

4. 项目概况：通过打造"一个总体城市结构 + 四大城市感知系统"，关注城市中的广场、街道和建筑所形成的节点、轴线、视线等空间设计问题，以便更好地满足人们生活中的舒适性、便捷性、安全性、文化性和多样性等需求，成为促进城市经济振兴的一种手段。

目标和策略

将任丘市定位为：京南典范、成长之城、淀边明珠、大美任丘，规划打造"一个总体城市结构 + 四大城市感知系统"，通过四大城市感知系统的塑造，对城市总体规划进行调整，合理配置城市土地资源，优化城市空间结构。

总体城市把控

1. 城市空间结构整合：一环一廊双十·三心五区多点。

一环：城市生态绿环；

一廊：城市生态绿廊；

双十字轴：城市发展十字轴、城市功能十字轴；

三心：老城商业文化中心、新城商务商贸中心、新城综合服务中心；

五区：油城风貌区、新城生活区、老城生活区、科教文化区、石化产业区；

多点：多个片区功能核心节点。

2. 总体高度引导：城市总体高度根据区位与功能的差异呈梯度分布，整体协调。

高层区相对集中，主要为商务、办公类建筑，呈簇群状分布在城市轴线、入口门户节点处，强化城市地标意象。

中等高度多为 80m 以下的居住建筑，作为面状基质，实现高层、小高层、多层住宅组合布置，综合开发。

低层区主要分布老城生活区、工业区和油区大院。

四大城市感知系统

- 梳理城市街道，完善城市交通环境及界面，打造城市形象展示轴带：**特色街道系统**
- 依托水网资源，营造丰富的公共空间系统，激发城市全时活力：**特色开放空间系统**
- 引导建筑风貌，塑造特色鲜明的城市群形态，打造特色鲜明的建筑风格：**城市建筑风貌系统**
- 注入文化内涵，塑造任丘城市特色形象，彰显城市文化魅力：**公共环境艺术系统**

空间结构规划图

- 城市生态环
- 城市发展十字轴
- 城市功能十字轴
- 城市中心
- 城市分区
- 片区功能核心节点

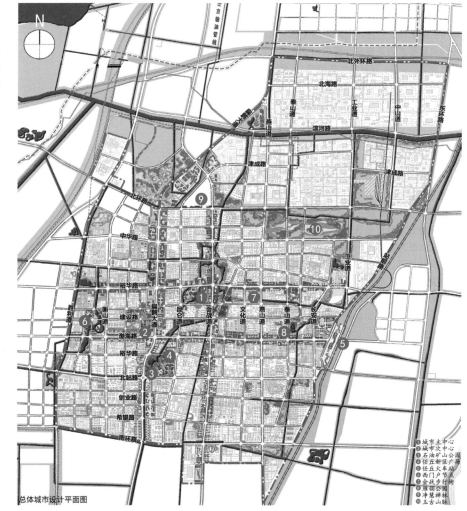

总体城市设计平面图

- 城市主中心
- 城市次中心
- 石油矿山公园
- 任丘新区广场
- 任丘火车站
- 西门户节点
- 会战步行街
- 雁翎公园
- 净慧禅林
- 玉古山脉

特色街道系统

1. 区分街道定位，街道系统继承任丘总规和道路专项规划等上位规划的"一环十横十一纵"主干道系统，根据街道功能确定景观特色定位。

2. 突出"双十"结构，突出街道特色，优化街道系统及街道景观设计。

3. 深化慢行系统，打造舒适宜人的步行空间。

城市建筑风貌系统

总体城市设计中的风貌控制需要在城市历史文脉上进行延续；在城市景观的营造上需要对总体城市设计进行协调和把控，注重统一和协调；在体现城市特色的核心景观上应着重突出城市的鲜明个性，强调城市风貌的独特性。以此为基础，提出了四项任丘总体城市设计城市风貌的引导原则。引导建筑风貌，塑造特色鲜明的城市空间形态，打造特色鲜明的建筑风格。对各种风貌要素的景观设计要求和空间组合关系做出合理的安排，以形成生态和谐、尺度宜人、协调统一、视觉优美的风貌特色景观，展现城市的个性魅力。

公共环境艺术系统

公共环境艺术体现了公共艺术对城市元素的渗透，是一种规划和管理的艺术，是城市公共空间内公共视线可及的范围，对周边环境发生影响的艺术作品以及城市家具、市政设施、标识体系等城市公共要素中与艺术元素有关的部分。公共环境艺术是塑造任丘城市特色形象和提升城市文化最为重要的一个环节。

注入文化内涵，塑造任丘城市特色形象，彰显城市文化魅力。城市公共环境艺术是整体上蕴涵了丰富的社会精神内涵的文化形态。它将成为艺术与城市整体功能联结的纽带，是社会公共领域文化艺术的开放性平台。

1. 创新规划编制体制，总体控制与引导城市公共环境艺术的塑造。

2. 完善规划实施机制，切实保障城市公共环境艺术实施的可操作性。

3. 提升城市艺术品质，加强城市雕塑等艺术元素的总体统筹与引导。

4. 协调视觉空间风格，以艺术风貌为平台，融汇城市浓厚文化底蕴。

双十字轴功能定位图

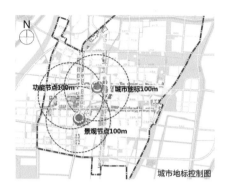

城市地标控制图

任丘特色文化主题提取图

淀边水乡　水网之城
白洋淀　商文化　鄚州大庙　韩婴　工业文化
红色抗战文化　**任丘特色元素**　扁鹊　毛笔书法
药王庙　张郃　任丘大鼓　　安辛庄
苇席工艺　龙山文化　荷花　仰韶文化

新城主中心—时尚繁华
老城副中心—传统历史

引出

G106城市发展轴—城市客厅
渤海路城市发展轴—门户走廊
会战道城市功能轴—城市记忆
裕华路城市功能轴—综合服务

新城主中心	老城副中心	G106	渤海路	会战道	裕华路
商贸文化展示	传统文化展示	扁鹊主题展示	荷花主题展示	石油工业主题	红色抗战主题

公共环境艺术的规划图

定位需求 Location	功能需求 Function	形象需求 Image	内涵需求 Connotation
特色定位：成长之城，大美任丘；城市文化的完美体现需要公共环境艺术	任丘由工业向科技创新转型，数量型向质量型转变，产业向品质化升级	国家对城市风貌的高度重视以及基于战略高度对城市形象的需求	战略机遇下城市内涵的升级，提炼场所精神，挖掘文化内涵，展现城市气质
诉求一	诉求二	诉求三	诉求四

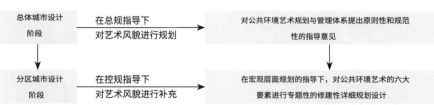

特色开放空间系统

1. 水——营建亲和互动的水体网络系统

临水而居——构建城市外围水网及城市内部水网；

依水而活——构建城市三个层级海绵体；包括城市外围具有生态调节机制的大片蓄水绿地；城市内部密集综合的水体网络和开放水面、主要城市公园，形成以水为媒介的排水廊道；散布在居住区内、街区内的各类街头绿地、中心绿地以及屋顶花园，形成与生活紧密结合的渗水绿地。

依托水网资源，营造丰富的公共空间系统，激发城市全市活力。遵循生态优先的原则，加强水体保护和合理的利用。水系绿化景观互相渗透，与其他城市空间密切联系成有机的整体。

2. 绿——构建连续循环的生态绿地系统

结构——一环、一廊、多点。

一环：建设环城绿化带，形成一环，为城市持续性发展提供优良的生态环境；

一廊：控制主要生态廊道宽度，确保一廊的城市通廊功能；

多点：明确公共绿地的等级结构和分布要求，以多点实现生态景观的共享和均好性。

绿地空间平面设计引导   绿地利用模式

预留通廊   可达性   复合型   公共绿地周围竖向高度示意

水体结构规划图

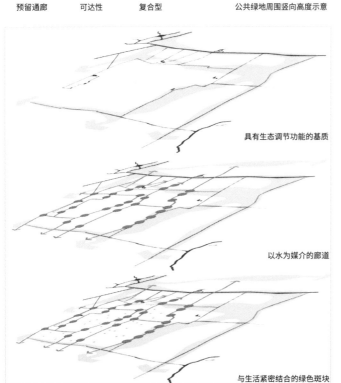

具有生态调节功能的基质

以水为媒介的廊道

与生活紧密结合的绿色斑块

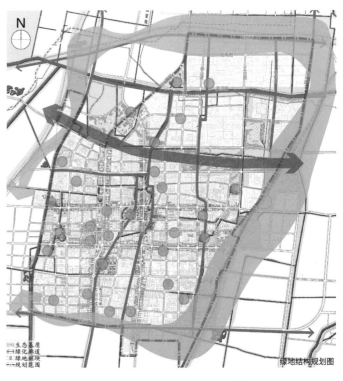

绿地结构规划图

3. 城——塑造丰富活力的公共活动系统

结构为两街、三场。以两条商业步行街作为公共活动的集中地区；会战商业街：新华路北侧、西起会战道、东至燕山道，以生活休闲活动为主题的商业交往空间。

新城商业街：建设路南侧、西起衡山道、东至九江道，新区的现代商业步行街主要体现高端娱乐、商务消费等活动。

4. 文——引入多元场景的慢行步道系统

结构为三环、多点。慢行系统成为城市体验的重要途径。在步道体系中串联多点，成为体现生态宜居城市的重要载体。

规划三条环形游线：

风情游线——主要体现游区特色，寻找城市集体记忆；

人文游线——连接两个城市中心，结合新的城市中心打造城市新景观；

生活游线——联系东西两城和任丘六景，提供便利生活。

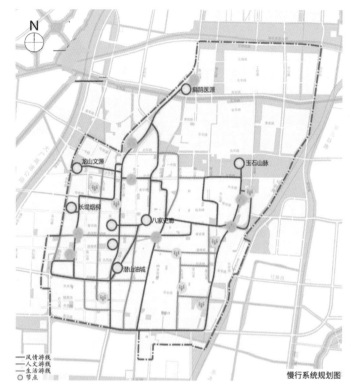

慢行系统规划图

城市色彩印象

任丘的传统景观		任丘市区的现状		任丘市区的未来规划
黑白灰 质感丰富的 映衬自然的 低艳度的	**+**	开放的 生态的 现代的 崭新的 都市功能的集合	**+**	崭新的 黑白灰 结构感 丰秀欣荣的生态系统 与时俱进

城市色彩印象：被丰富滋润的自然景观带所环绕的任丘新城，形成浓淡雅韵的印象任丘

任丘市总体效果图

03 河北省廊坊市大城县中心城区总体城市设计

项目简介

1. 项目区位：大城县隶属于河北省廊坊市，大城县西北至首都北京 160km，东北至天津 95km，西南至省会石家庄 213km，交通条件便利。东与静海、青县毗邻，西、南与任丘、河间接壤，北与文安相连接。县城所在地为平舒镇。该县地处大城县的中地区，津宝公路、廊沧公路贯穿东西南北。

2. 项目规模：用地规模 7.32km²。

3. 编制时间：2010 年。

4. 项目概况：县域总面积 903.7km²。设计范围内常住非农业人口常年维持在 4.5 万 ~ 5 万人，较为稳定。在中心城区居住人口中，仍有部分农业人口不再从事农业，在未来城区发展中存在居住和就业安置问题。

发展优势

1. 产业发展对城镇建设的全面带动；
2. 水体、绿地的自然本底条件优越；
3. 城市历史久远，文化底蕴丰富；
4. 交通条件改善，道路体系逐步完善；
5. 城市开发建设活力逐步显现。

城市建设现状

1. 大城古城的东面、南面和西面的古城的界限较为清晰，但保存不佳，沿古城边界堆满了垃圾，城界的高程变化因水土侵蚀而逐渐模糊。

2. 部分道路宽度与其承担的功能不相吻合；交通干道与过境公路合二为一；街道界面不连续，街道空间缺乏特色。

3. 整个区域天际线较为平缓，建筑层次感不强，城市界面及天际线不连续。

4. 现状公共绿地、公共空间总量不足、不成系统，绿地在中心区总用地中所占比例不足 2%，无法满足居民生活需求。

城市设计策略

1. 转变城市发展方向，重点拓展向西部的城市建设，以构成未来完整的城市结构。

2. 以发展三产为核心，完善中心区居住、商业、公共服务等各项产业配套职能。

3. 构建复合型交通体系，在保证对外交通联系顺畅的基础上强化功能区间的交通联系。

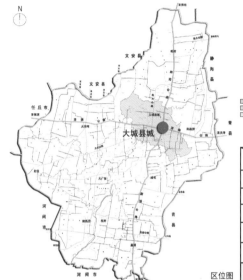

区位图

■ 城市设计范围 ■ 城市总体规划范围 ■ 城市预留用地范围
大城县规划范围图

现状建筑综合评价统计表

	占地面积 (hm²)	比例	比例
保留类建筑	60.77	17.00%	8.30%
整治类建筑	72.24	20.20%	9.90%
改造类建筑	28.36	7.90%	3.90%
拆除类建筑	196.43	54.90%	26.80%
现状建设用地	357.80	100.00%	48.90%
总用地	732.20		100.00%

用地功能现状图

■ 二类居住用地   ■ 医疗卫生用地   ■ 耕地
■ 教育设施用地   ■ 教育科研用地   ■ 林地
■ 行政办公用地   ■ 公共绿地   ■ 村庄用地
■ 商业金融用地   ■ 防护绿地   ■ 工业用地   ■ 闲置地
                                              ■ 水域

建筑综合评估图

■ 保留建筑分布   ■ 改造建筑分布
■ 整治建筑分布   ■ 拆除建筑分布

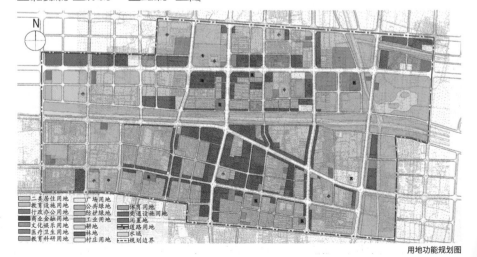

用地功能规划图

■ 二类居住用地   ■ 广场用地   ■ 体育用地
■ 教育设施用地   ■ 防护绿地   ■ 变电设施用地
■ 行政办公用地   ■ 公共绿地   ■ 道路用地
■ 文化娱乐用地   ■ 耕地
■ 医疗卫生用地   ■ 村庄用地   ■ 水域
■ 教育科研用地   ■ 工业用地   ■ 规划边界

03 河北省廊坊市大城县中心城区总体城市设计
Master Urban Design for The Central District of Dacheng County in the City of Langfang in Hebei Province

143

设计目标

突出和彰显中心区"以水为脉，以绿为底"的生态本底优势，将"水城绿城"作为城市设计的总体目标，突出生态优先的主题，并融入城市经济、文化、空间的建设发展当中，把大城县中心区打造成为生态之城、特色之城、宜居之城、活力之城。

空间布局

设计对特质空间进行梳理提炼，形成由核心区＋特色片区＋滨水生态景观带＋主要公共轴线＋生态景观通廊＋门户＋节点构成的空间结构，即中心区的空间结构为：一核心区、三特色片区、双带、双轴、三通廊、七门户、四节点。

用地功能

在城市总体空间布局的基础上，对城市用地进行划分，公共设施用地和绿地的比例较高，适当集中，贯穿全城，突出大城县宜居且富有活力的特色。

道路交通系统规划

中心区道路系统分为主干路、次干路、支路三级。

绿地与景观系统规划

本次设计以"水城绿城"为总体目标，中心区以周边农田、绿地为背景，依托白马河、安庆屯干渠生态水脉的优势本底条件，以道路绿地、沿河绿地、绿色廊道为网络，以公园、广场、居住组团中心绿地为绿核，形成"点、线、面"相结合的立体网络，强化绿地系统在三维空间上的连通性，构筑"两带多廊多点"的绿地系统格局。

重点地段设计

中心区的重点地段包括：行政办公核心区、商业文化特色片区和传统风貌特色片区及生态公园特色片区。这四处重点地段的用地性质、城市职能、建筑尺度、景观风貌等均不一致，是城市建设重中之重。

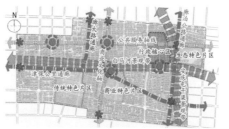

空间布局分析图

景观系统规划图

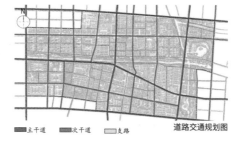

道路交通规划图

绿地系统规划图

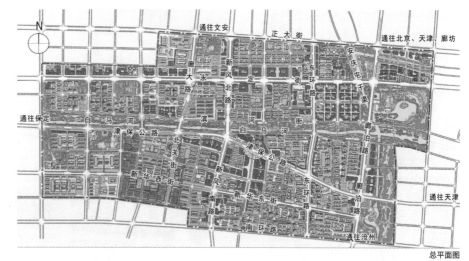

总平面图

行政办公核心区功能分区图

商业文化特色片区功能分区图

04 河北省廊坊市霸州市中心区城市设计

项目简介

1. 项目区位：霸州东邻天津市西青区、武清区，西接保定市雄县，南邻文安县，北与固安、永清及廊坊市安次区接壤。

2. 项目规模：总占地面积为 6.75km²。

3. 编制时间：2010 年。

4. 项目概况：霸州是省辖县级市，是河北省首批扩权县市之一，分属廊坊市代管。依托京津、提升霸州市在环渤海地区、京津冀都市圈的地位，超前实现"两个率先"。将霸州建设成为廊坊南部重要的交通枢纽城市，廊坊南部中心城市，以现代制造业、现代物流业、现代服务业为特色的经济强市和生态型宜居城市。

规划目标

创建"生态宜居城市，幸福和谐之都"。

空间结构

构建"两心、两廊、两带、双轴、五组团、四节点"的城市空间结构。

规划用地功能布局

规划大十字轴和小十字轴两处，火车站节点与大剧院节点两处重要节点，西北居住与东南居住两处组团片区。

道路交通系统规划

基本保持控规中的规划道路体系；为保持滨河公园的完整性，对滨河路网进行局部调整。

城中村分布图

图例　□水体　┉┉现状村庄边界　━━━规划边界

注：图纸来源于霸州市规划局提供《霸州市中心区控制性详细规划（2009-2020）》。

现状街道界面功能分析图

□二类居住用地　□行政办公用地　■文化娱乐用地　■铁路用地
□教育用地　■商业金融用地　□工业用地　□公共绿地
■村镇建设用地　■医疗卫生用地　□耕地、林地　□广场用地

用地现状图

□一类居住用地　□行政办公用地　■文化娱乐用地　■铁路用地
□二类居住用地　■商业金融用地　□工业用地　□公共绿地
□三类居住用地　■医疗卫生用地　□仓储用地　□广场用地

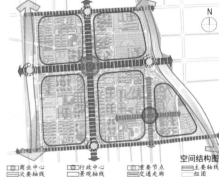

空间结构图

□商业中心　□行政中心　□重要节点　□主要轴线
□次要轴线　■景观轴线　■交通走廊　□组团

交通规划图

■综合性主干路　■交通性次干路　■支路
■交通性主干路　生活性次干路　滨河景观路

用地规划图

□二类居住用地　□行政办公用地　■文化娱乐用地　■铁路用地　□公共设施用地　■村镇建设用地　□耕地、林地
□三类居住用地　■商业金融用地　□工业用地　□公共绿地　□体育用地　■医疗卫生用地　□广场用地

地标景观廊道规划

在中心区规划 2 个门户节点、7 个地标、外围生态廊道和内部景观大道两条景观廊道。

绿地开放空间规划

在中心区重点打造"两轴、两廊、三核、多点"的绿化有机网络。

建筑高度控制

以现状质量和风貌较好的建筑高度为基础,对中心区建筑高度进行分区控制,形成低、中、高、超高建筑相结合的城市空间体系。

街道界面功能规划

规划主要街道界面以公共性功能为主,强调街道界面功能连续性和完整性。规划后街道界面总长度由 3.7km 增加到 6.7km。

街道界面空间规划

增强街道空间界定感,使街道尺度亲切宜人。在主要街道两侧,增加绿化和开敞界面。

特色街道布局与功能规划

设置综合性景观大道、交通性景观大道、门户性景观大道、功能性街道、商业功能街、文化功能街和特色步行街。

街区城市设计空间结构

科学安排用地功能结构,设置景观轴线与节点,通过对建筑高度的控制,形成风貌特征。

地标景观廊道规划图

绿地开放空间规划图

建筑高度控制图

街道界面功能规划图

街道界面空间规划图

特色街道布局与功能规划图

特色街道规划 1

特色街道规划 2

东南方向鸟瞰效果图

总平面图

05 北京市门头沟新城北部琉璃渠地区城市设计

项目简介

1. 项目区位：门头沟新城是北京西部的交通门户，是 108、109 国道的起点，通过阜石路、莲石路与中心城区顺利衔接，具有良好的交通可达性。龙泉务、琉璃渠位于门头沟新城的北端。

2. 项目规模：研究范围 871.67hm²；规划范围 241.36hm²。

3. 编制时间：2012 年。

4. 项目概况：门头沟新城是北京市十一个新城之一，其承担着市区人口和功能疏解的重要功能。本项目位于门头沟新城的北部，永定河的出山口处，山水环境优美，历史文化资源丰富，应借助永定河滨水景观和滨水文化形象，着力体现滨水文化的特征，形成自然山水与城市生活相融合的滨水新区、传统文化与现代文化相协调的文化新区、永定河生态发展带上重要的水岸经济区。

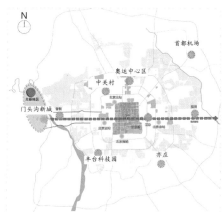

与中心城区区位分析图

设计主题与创意

设计主题

我国传统思想中的"道"涵阴阳，是阴阳二气的中和统一。当今城市建设处于飞速发展时期，如何在这个阶段把握好尺度，把人居环境中的各类要素协调统一地组织在一起，正是一个融合的过程。

空间创意

搭建生态网络，以片层组织方式协调山水与建筑关系，以细胞聚落的形式构成自然、低碳、生态的建设模式，建设可生长建筑。

规划设计

规划提出"一带五区"的空间形态结构，一带即永定河滨水文化休闲产业带，五区即滨水商务休闲区、滨水康体休闲区、文化保护体验区、文化创意地产区和山体生态涵养区。

生态景观组织

规划区地处永定河的河套地区，背山面水，山水景观要素比较丰富。新旧水担路各从两条山谷穿过，形成本区域连山接水的生态通廊。通往妙峰山的香道和西山古道是传统尺度的生态通廊，也是本区域的文化通廊。沿永定河的100m绿带是永定河生态景观带，共同达成"显山露水、连景成区"的效果。

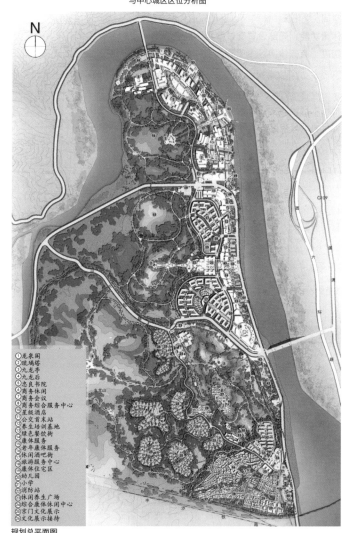

①龙泉阁
②琉璃塔
③九龙亭
④九龙后
⑤忠良书院
⑥商务休闲
⑦商务会议
⑧商务综合服务中心
⑨星级酒店
⑩公交首末站
⑪养生培训基地
⑫绿色餐饮街
⑬康体服务
⑭老年身体服务
⑮休闲酒吧街
⑯旅游服务中心
⑰康体住宅区
⑱幼儿园
⑲小学
⑳消防站
㉑休闲养生广场
㉒综合康体休闲中心
㉓京门文化展示
㉔文化展示接待

规划总平面图

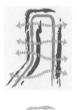

空间创意图

生态景观组织图

公共空间系统规划

公共空间包含森林公园、公共绿地、公共广场、滨水绿地等开敞空间,各类公共空间通过亲山林荫道、滨水步道和空间视廊串联成为公共空间体系。

历史文化资源保护

规划将琉璃文化、古道文化和京门铁路文化作为本地区核心文化,形成标志性文化体系,并以不同策略进行保护。

1. 琉璃文化:赋予琉璃文化博览、琉璃展示体验、琉璃制作销售等功能,形成新的产业项目。

2. 京门铁路文化:对铁路线保护与修缮,开展沿线文化旅游与体验。

3. 古道文化:挖掘西山古道、妙峰山香道的优秀历史资源,利用香道发展商贸功能、民俗休闲功能、愿景文化产业功能,恢复西山古道在琉璃渠村内的传统商贸功能。

滨河形态引导

结合永定河西岸文化保护体验区、滨水康体休闲区和滨水商务休闲区设置不同内容与主题的滨河空间。文化保护体验区以展现琉璃之乡文化特征和古村风貌为主。康体休闲区沿河设置健身、餐饮、休闲功能,局部设置穿过水担路的亲水空间,并通过设计柔化人工岸线,增加水岸的舒适感与亲切度。商务休闲区主要服务于高端的会议休闲,专属性较强,充分体现人与自然相互融合的亲水主题。

特色风貌控制

根据本区域的文化内涵、地形限制和功能定位,将本区域分为传统历史风貌区、传统协调风貌区、现代协调风貌区三类风貌区域,并分别提出引导。

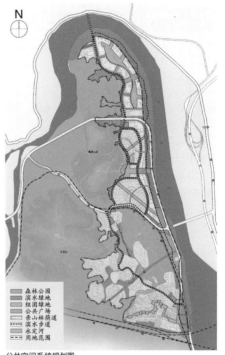

公共空间系统规划图

历史文化资源保护

效果图1

效果图2

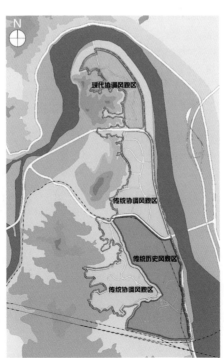

规划风貌分区图

历史文化和景观风貌保护规划图

06 江苏省扬州市"七河八岛"地区保护与开发概念规划

项目简介

1. 项目区位："七河八岛"地区位于扬州广陵新城西北侧,北至邵伯湖,南至新沪陕高速,东至高水河、廖家河东侧,西至京杭大运河、廖家沟西侧。

2. 项目规模：45km²。

3. 编制时间：2013 年。

4. 项目概况："七河八岛"地区是南水北调清水走廊、水源保护地以及扬州的城市生态廊道。区内多条水系贯穿南北,将地块划分成八个岛屿。本规划以"整体控制、分区引导、局部发力"为策略,将本地区分为生态控制区、农业地区、旅游地区、城镇地区和公园绿地五个分区。

关键问题

地理位置特殊,需处理好与城市的关系；功能混杂,空间布局如何取舍；环境与文化价值,需恰当地转化为时代发展所需的动力；生态敏感,必须遏制污染加剧、建设失控的趋势。

项目定位

"七河八岛"地区同时扮演了城市生态核心、以水乡为特色的旅游目的地和居民休闲游憩的都市庭院三种角色,是一个复合型城市生态廊道。

场地特征

1. 生态视角：保护河岸带纵深、保护河岸带的生态连续性、保护水岸的动态变化、保护农业用地,坚持采取生态扰动最小化的开发策略。

2. 空间视角：在建设用地总量控制的前提下,城镇建设用地仍然在泰安镇现有用地上整合,规模不超过 160hm²。村庄建设用地涉及基础设施建设和旅游开发的需要部分拆迁,总量不超过 996hm²。

3. 产业视角：保持传统村庄模式,一产转型增收；严格管控,二产减量提质；把握趋势与机遇,三产跨越提升。

4. 景观视角：保护水的利用和岛的感知两项关键性要素,结合关键要素的梳理,对景区进行评价,确定四个分区：特色景观区、协调景观区、一般景观区、较差景观区。

功能分区

综合空间、生态、产业、景观多个视角的分析,考虑七河八岛地区混合的土地性质、45km² 的大尺度,规划将"七河八岛"地区划分出城市公园绿地、旅游主题功能区、生态控制区、城镇地区、农业地区五大类。

总体布局

布局立意：新扬州都市庭院 秀广陵梦幻水乡。提取亭台廊榭厅等传统园林要素,打造"梦幻水乡""都市庭院"。

水源保护区

允许建设区及有条件建设区分布图

景观评价分析图

功能分区图

06 江苏省扬州市"七河八岛"地区保护与开发概念规划
Conceptual Planning of Protection and Development of "Seven Rivers and Eight Islands" in Yangzhou in Jiangsu

149

公园绿地规划

为促进城市东西两翼的融合，在七河八岛与城市相邻地区设置6个城市公园及相连的公共绿地，作为城市与城市生态廊道衔接的纽带，是城市绿色公共开放空间。这些公园以游憩为主要功能，与周边城市用地良好结合，创造安全且有吸引力的环境，并向扬州市市民免费开放。

旅游主题功能区规划

旅游主题功能区总用地 130.7hm²。根据区位、景观和用地条件的不同，按照不同的功能特色分为以下四类：水乡的繁荣体现在临近城市地区的水上商肆与集市；水乡的闲适体现为温泉度假类的休闲养生项目；水乡的韵味体现为一系列以扬州文化为主题的项目；水乡的静谧体现在位于部分岛头地区的会所场馆。

生态控制区规划

生态控制区的总面积为 1630.9hm²，占总用地的36%。除公园绿地外，分为湿地保护区、生态自然保育区和生态景观建设区。明确提出生态环境保护策略与控制要求。

城镇地区规划

泰安镇区现状建设用地 92.7hm²，镇区南部工业开发区现状建设用地 89.8hm²，出于保护水岸带的需要，规划建议适度分散布局，形成一核三片的格局，以降低对现有生态环境的冲击。

农村地区规划

在不改变原有空间形态的原则下，采取村庄单元的模式进行分解，像对待生态细胞一样对待村庄单元，划分、整治、整合村庄单元。

分系统支撑

1. 景观塑造

根据场地的景观特色和内容分为四级景观分区，并针对不同的分区采取不同的景观塑造措施。

2. 旅游组织

七河八岛地区的旅游发展以水上游览为主线，以扬州历史文化元素为内核，形成功能多样复合、相互关联的旅游集聚区。按照水乡的四种特色划分由动至静的旅游分区，设置三处游船换乘码头和多处停靠码头，形成"两环、三带"的水上旅游线路。

3. 交通组织

规划新增道路的规模不大。根据交通需求的变化，利用现有交通线路，对上位规划路网进行合理的增补及调整。将生态系统对用地完整性的要求置于重要地位，尽量保持生态廊道连续性，降低地区开发对生态环境的干扰。

4. 市政和节能减排、防洪排涝基础设施规划。

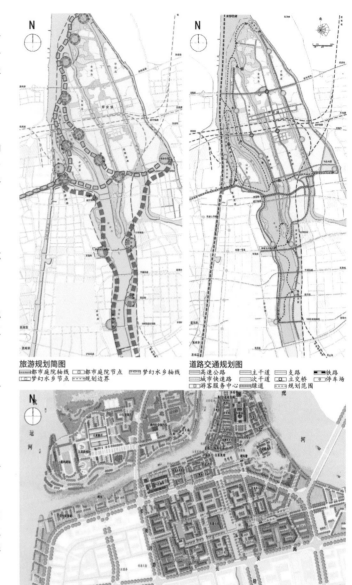

旅游规划简图　　　　　　　　　道路交通规划图

水上温泉度假区城市设计总平面图

水上温泉度假区效果图

07 山西省阳泉市平定县西部新城核心区修建性详细规划及城市形象设计

功能结构规划图

项目简介

1. 项目区位：平定县位于山西省与河北省交界处，是山西省的东大门。而本次规划项目位于平定县城西部，项目地块北距阳泉市中心 4km，是平定西部新区建设的启动区及核心区。

2. 项目规模：总面积约为 162.5hm²，城市风貌协调区约 82.24hm²。

3. 编制时间：2014 年。

4. 项目概况：平定县作为阳泉市经济技术开发区的试验区，经济基础条件较好，发展动力强劲。同时西部新城将成为与老城区并驾齐驱的城市中心，是平定县门户重要节点。本次项目为西部新城建设的启动区和核心区，是平定县西部新城对外门户形象展示区、商业文化中心、市民休憩与游乐场所，展示着平定县现代、活力、生态、宜居的城市新面貌。

总体设计

规划结构：以新区功能特征和区位特征，划定西部新城"一核三心·双轴两带"的城市规划结构。一核——服务西部新城的公共服务核心。三心——以公共服务核心为拓展的综合服务中心；以县体育馆为依托的创智活力中心；以西部特色商业为依托的特色消费中心。双轴——承接老城区的新城发展轴、聚集城市功能的城市公共服务轴。两带——门户景观带、片区滨水景观带。

功能分区：以生产生态生活三生空间为原则，形成西部新城"1+2+3"的六大城市功能区。打造以商务、商业、行政办公为主要功能的一个综合服务区；打造以山体为特色的山景生态门户区和以休闲游憩为主的生态休闲体验区两大生态；打造山景生态、创智活力、特色商业为主题的三大城市生活区。

设计重点：突出城市双轴线，沿两条功能轴排布商业用地、商务设施用地，打造以创智眼为复合化功能核心，并拓展服务心、活力心及体验心，构建多元服务体系。

沿城市景观带分别形成以广阳路为载体的城市景观门户大道，突出森林城市理念。

围绕新区核心功能布局居住组团，北部片区，突出山地景观优势，打造为山景居住；西部临近冠山森林景区，突出生态特色和平定地方建筑特色；南部作为城市功能轴线终点，应突出城市品质，因而打造为城市精品居住区。

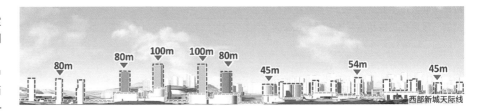

西部新城天际线

总平面图

07 山西省阳泉市平定县西部新城核心区修建性详细规划及城市形象设计
Detailed Planning and Urban Image Design for The Core Area of The Western New Town in Pingding County in Shanxi

151

交通组织

道路交通系统：在满足控规干道路网的基础上，对部分次干道和支路进行调整，保证功能连续性和道路通畅性，构建等级完善、结构合理的道路系统。结合公共服务核心区布局1处社会停车场，结合公园地形形成半地下覆土停车场，满足地块的景观需求，提升核心区的景观品质。

慢行交通系统

通过慢行交通串联起核心区的体育设施、商业设施及主要办公区，使各个功能区均通过生态、便捷的慢行交通系统互相连接，增强每个开放空间和公共节点间的步行联系，丰富行人的步行体验，创造连续、安全、舒适的慢行空间，同时串联起整个地块的景观系统。

构建串联城市主要公共活动节点及社区公共节点的一级慢行流线和串联核心区商业公共活动节点的二级慢行流线等两级慢性流线。

景观结构规划

西部新区的景观结构主要通过南北向主要的景观轴线组织，同时结合水系形成串景廊道构成新城"两横三纵"的景观结构。

两横：横向两条滨水景观廊道；将规划水系作为城市活动与景观塑造的联系脉络，打造生态滨水活力岸线。

三纵：新城门户景观带，作为阳泉进入平定的门户标识，串联整个地块的南北向景观中心；综合服务景观带，联系新区核心公共服务功能，同时构成休闲景观步道；新城界面展示带，形成从平定老城向新城过渡的重要展示界面。

开发控制

结合城市高度、开发强度等控制指标，规划在天际线控制中首先结合规划区周边山体环境，形成东高西低的城市格局；结合城市功能，以综合服务中心作为规划80m制高点，周边建筑高度逐级递减，形成环境协调、错落有致的城市天际线。

建筑高度浮动图

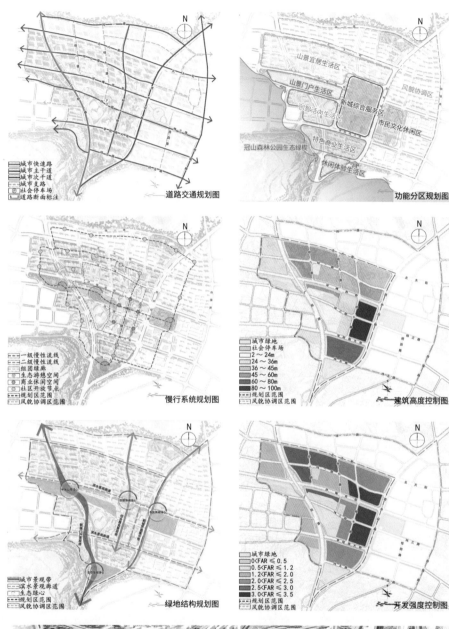

08 四川省宜宾市筠连城南拓展区概念规划
（含控制性详细规划及城市设计）

项目简介

1. 项目区位：项目基地属于筠连城南拓展片区，处于交汇贯通的关键区位，北接宜宾，南通云南，省道 206 和宜昭高速交会于此，是未来筠连对外服务与城市形象展示的新门户。

2. 项目规模：100.9hm²。

3. 编制时间：2014 年。

4. 项目概况：通过对基地周边地形地貌和建设条件分析，对规划边界进行局部调整，有效地整合了基地周围的用地，将不易于使用的边缘地块纳入整个区域进行设计。筠连主城发展轴上，自东向西，老城行政文化中心、城南综合服务中心依次拉开，城南拓展区将成为代表主城未来的宜居示范区和都市休闲集聚区。

产业策划

目标将该区域建成筠连县重要的生态型幸福宜居城区，成为筠连县及宜宾南部新的服务中心，带动和提升筠连的产业结构升级，促进产业的高端化发展。并对房地产、商贸旅游业及休闲产业产品进行详细策划。

总体空间结构

规划设计形成"一山、一网、一轴、一面、两带"的空间结构。

绿地系统规划

规划依托片区内山、河自然景观资源，结合景观水网，构建点、线、面结合的绿化景观体系，营造富有特色的空间，创造优美的环境，打造宜居的生态新城。

道路交通规划

规划区内道路主要划分为快速路、主干道、次干道和支路。南北向 206 省道和煤都大道是主要交通干道，东西向筠巡快速路，是场地与古楼岩溶风景区连接的重要道路，也是和巡司片区连接的快速通道。

项目区位图

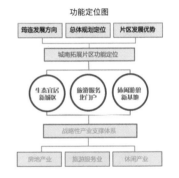

功能定位图

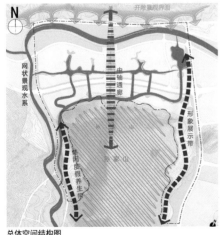

总体空间结构图

绿地系统规划图

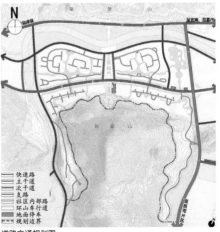

道路交通规划图

08 四川省宜宾市筠连城南拓展区概念规划（含控制性详细规划及城市设计）
Conceptual Planning of Junlian South Development Zone in Yibin(Including Regulatory Planning and Urban Design)

153

控制性详细规划

1. 建筑高度控制

规划区建筑高度分为 4 个层次进行控制：高层酒店区与标志性制高点、高层居住带、中等高度区与一般高度区。

2. 建筑密度控制

规划区建筑密度分为 4 个层次进行控制：高层酒店区与标志性制高点、高层居住带、中等高度区与一般高度区。

3. 容积率控制

主要的开发强度控制大致沿孙家山由南向北阶梯式递减，分为 4 个强度控制梯度。

4. 建筑类型与体量控制

规划设计建筑主要分为：休闲娱乐、酒店会展、公共服务、滨水娱乐、商业、教育、居住七大类别。

建筑高度控制图

建筑密度控制图

容积率控制图

公共环境与城市设计指引

从建筑风格、建筑色彩、建筑贴退线、公共环境艺术等方面分别提出控制指引导则，并对道路照明、广场与公园照明、建筑照明灯方面进行详细夜景设计。

鸟瞰图

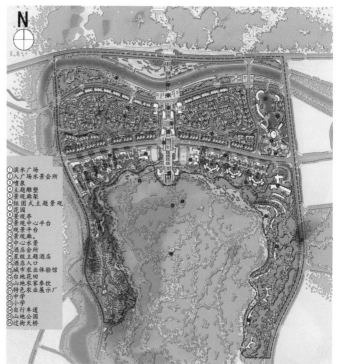

总平面图

09 河北省廊坊市文安县城西城区启动区详细规划方案设计

项目简介

1. 项目区位：文安县隶属河北省廊坊市，地处环京津环渤海腹地，被京津保三大城市环抱其间。
2. 项目规模：总面积 1028km²。
3. 编制时间：2013 年。
4. 项目概况：文安县共辖 12 镇、1 乡、5 个国营农场和 383 个行政村。规划范围位于文安县城西部，是城西组团核心区，也是总规中确定的文安县城未来发展的西进方向。

规划理念

绿色城市——打造文安"低排放、高能效、高效率"的"绿色低碳新城"；复合功能——以"精明增长"为价值观，建设复合功能立体开发的新区。

目标定位

西进战略重要的起步区，提升文安人民现代生活方式与生活水平的公共服务中心，绿环水绕的生态宜居新城。

规划结构

在整个基地形成"一心、一轴、一廊、两环"的规划结构。

文安县域乡镇位置图

现状用地图

规划结构图

功能分区图

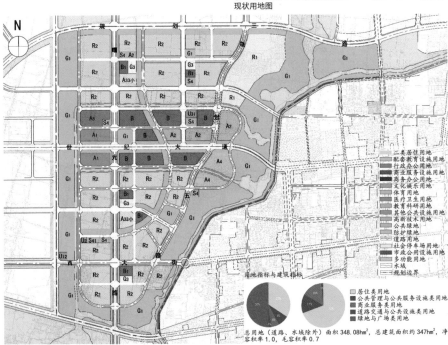

绿色的城市

总用地（道路、水域除外）面积 348.08hm²，总建筑面积约 347hm²，净容积率 1.0，毛容积率 0.7

功能分区

将西城区划分为五类功能区，分别为商业中心区、行政办公区、文体会展区、高尚居住区、商住混合与配套居住区。

用地功能规划

规划总建设用地面积为 475.75hm²，净用地面积为（除道路和水域用地后）为 348.08hm²。

道路系统优化调整

1. 保留原控规中主、次干路网不变，对支路系统进行优化调整；
2. 加大支路网密度，进一步细分地块，提高道路对土地开发的服务功能和支持作用。通过增加支路，加密路网，将每块开发用地面积控制在适合的规模，商业开发地块控制在 1~3hm²，居住地块控制在 2.5~5hm²，便于开发与管理；
3. 营造舒适的城市步行环境和宜人的行走空间。

景观系统规划

通过对景观廊道、节点等规划及提升城市细节品位的城市公共空间规划，构建景观体系。

开放空间规划

在整个基地形成"一环、两心、两廊、多点"的开放空间体系。

分期规划

规划分为近期开发阶段——启动期（1期），中期开发阶段——推进期（2~4期），远期开发阶段——完善期（5期）。启动期先期进行基础设施建设，为规划的开发准备条件和奠定基础；推进期继续推进基础设施建设，打造优质环境，提升规划区土地价值；重点发展能够服务于全县的商业购物、文化娱乐等产业功能；完善期扩散效应开始呈现，各项配套设施基本完善，各级地产开发也将同步完成。

道路系统优化调整

景观系统规划

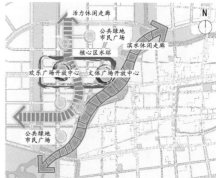
开放空间规划

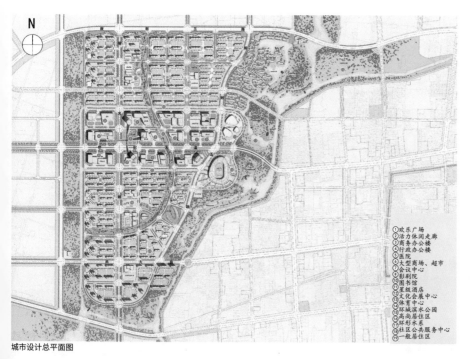
城市设计总平面图

鸟瞰图

10 山西省朔州市应县县城控制性详细规划及新区城市设计

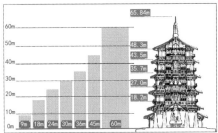

建筑高度与木塔的关系分析图

视觉理论分析图

建筑高度控制图
■ 4m控高区　■ 9m控高区　■ 18m控高区　■ 30m控高区
■ 7m控高区　■ 12m控高区　■ 24m控高区　■ 36m控高区

开发强度控制图
□FAR1.0及以下　□FAR1.1~1.5　■FAR1.6~2.0　■FAR2.1~2.5

项目简介

1. 项目区位：朔州市位于山西省北部，应县位于朔州市东部。

2. 项目规模：规划范围约 13.1km²，研究范围约 25km²。

3. 编制时间：2012 年。

4. 项目概况：应县因现存最古老、最完整的木结构佛塔——佛宫寺释迦塔而闻名于世。规划以"文化传承和现代活力协调发展"为思路，注入现代化城市功能，完善服务配套设施，创造宜居生活环境，建设"文化底蕴深厚、地方特色鲜明、旅游产业发达、生活宜居舒适、城市环境优美"的新应县。

第一部分：控制性详细规划

规划目标

打造一个地方特色鲜明、具有世界级价值的旅游文化名城。以建设"五新应县"为目标，着力打造文化底蕴深厚、地方特色鲜明、旅游产业发达、生活宜居舒适、城市环境优美的幸福和谐新城。

规划原则

文物保护与城市发展相结合；文化传承与旅游产业相结合；城市建设与风貌延续相结合；环境整治与设施完善相结合。

用地规模与人口规模

规划县城总用地面积约为 1309.53hm²，其中城市建设用地面积约为 1290.81hm²，约占总用地面积的 98.6%。规划县城总人口约为 15.7 万人。

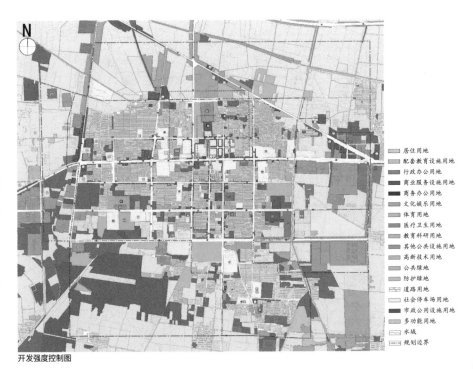

居住用地
配套教育设施用地
行政办公用地
商业服务设施用地
商务办公用地
文化娱乐用地
体育用地
医疗卫生用地
教育科研用地
其他公共设施用地
高新技术用地
公共绿地
防护绿地
道路用地
社会停车场用地
市政公用设施用地
多功能用地
水域
规划边界

开发强度控制图

10 山西省朔州市应县县城控制性详细规划及新区城市设计
Regulatory Planning and New District Urban Design of Yingxian County in Shuozhou in Shanxi Province

157

空间结构规划

本次规划的空间结构为："一心、两轴、两带、两环"，其中：

"一心"：老城历史文化中心，主要包括"一塔、两城"，即佛宫寺释迦塔、辽应州城和明清应县古城。

"两轴"：传统历史文化轴线和传统商业服务轴线。

"两带"：依托新建街形成传统商业带；依托南四环路形成新城混合功能带。

"两环"：通过梳理老城用地，新建城市道路，整治八一排水渠，打造环城休闲绿化水环；依托县城外围道路形成城市外围交通绿环。

用地功能规划

1. 公共管理与公共服务设施规划：以公益性设施为主。
2. 道路网布局规划：保证城市主干路系统的连续性和畅通性。
3. 绿地景观系统结构："一核·两廊·双环·七片"。
4. 市政基础设施及城市安全设施规划符合国家标准。

建设开发管理控制

对道路红线、绿线、蓝线、黄线、紫线和橙线进行严格控制。

第二部分：新区城市设计

城市设计控制与引导

本次规划从"点一线一面"三方面要素对县城整体空间形态进行控制。其中："点"即地标和节点；"线"即佛宫寺释迦塔景观廊道和天际线；"面"即重要开放空间。规划打造"三大城市门户、两大城市地标、六大城市节点、七条特色街道"，并对开放空间、建筑风貌进行控制，设计和引导地标建筑、主要街道、公园广场、重要节点的夜景照明。

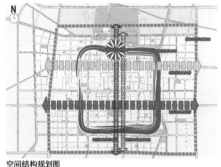

空间结构规划图
现状左砂路　应县古城推测边界　规划边界　规划研究边界

公共管理与公共服务设施规划图
文化设施用地　配套教育设施用地　体育用地　医疗卫生用地
教育科研用地　应县古城推测边界　规划边界　规划研究边界

道路系统规划图
对外道路　主干路　次干路　支路
步行路　应县古城推测边界　规划边界　规划研究边界

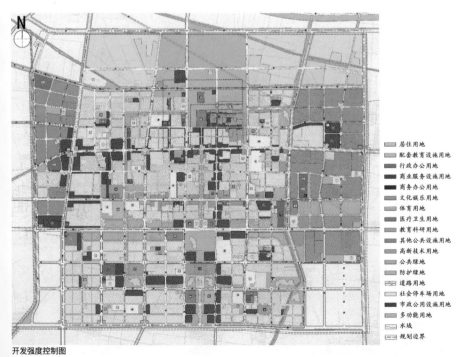

开发强度控制图

居住用地
配套教育设施用地
行政办公用地
商业服务设施用地
商务办公用地
文化娱乐用地
体育用地
医疗卫生用地
教育科研用地
其他公共设施用地
高新技术用地
公共绿地
防护绿地
道路用地
社会停车场用地
市政公用设施用地
多功能用地
水域
规划界

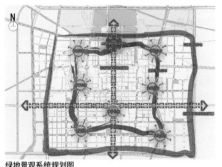

绿地景观系统规划图
现状左砂路　应县古城推测边界　规划边界　规划研究边界

11 山西阳泉赛鱼路、义平路道路两侧用地控规及城市设计——赛鱼路

项目简介

1. 项目区位：赛鱼路位于阳泉市的西部，是阳泉市与省城太原之间重要的连接通道。赛鱼路西接石家庄至太原的石太高速，东接矿区桃北路和赛鱼桥，西段与河北至宁夏的 307 国道重合，是阳泉市的西门户。

2. 项目规模：赛鱼路全长约为 6.3km，规划范围东起三矿口，西至坡头，北至自然山体，南至桃河，规划区用地规模约 1.53km²。

3. 编制时间：2009 年。

4. 项目概况：在阳泉市城市总体规划不能满足现阶段城市发展需求的状况下，与时俱进，结合阳泉市实际的城市发展诉求，为了更好地保障赛鱼路和义平路两侧用地的建设开发能够有序、合理，塑造阳泉市的西门户形象和整体协调的城市形象，并引导、促进和有效管理开发建设，特编制本次规划予以引导和控制。

现状特色总结

采用全要素的分析模式，分别从场地的地形地貌、用地使用条件、现状城市风貌、现状交通条件、现状建筑情况、现状基础设施、城市天际线和规划条件等多方面进行定性定量分析，总结地段特色，掌握场地动态。

规划思路

本次规划充分保护和遵循自然地形地貌的特点，以打造系统性景观节点为先导，提升城市西部的门户形象。结合城市开发思路，以调整城市的土地功能为手段，满足城市经营的开发需求。以整治道路两侧城市环境和生态环境为契机，打造城市开放空间，改善城市环境品质，构建山水相依的生态社区。

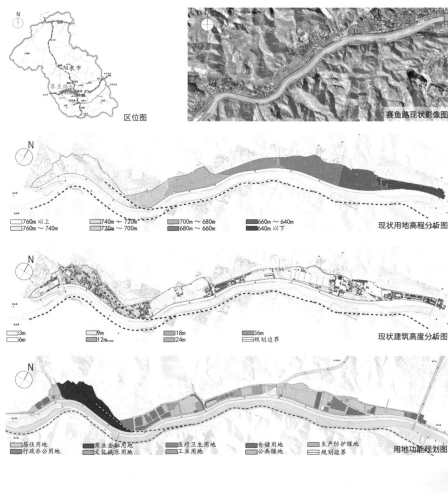

区位图

赛鱼路现状影像图

现状用地高程分析图

760m 以上　　740m ~ 720m　　700m ~ 680m　　660m ~ 640m
760m ~ 740m　　720m ~ 700m　　680m ~ 660m　　640m 以下

现状建筑高度分析图

3m　　9m　　18m　　36m
6m　　12m　　24m　　规划边界

用地功能规划图

居住用地　　商业金融用地　　医疗卫生用地　　仓储用地　　生产防护绿地
行政办公用地　　文化娱乐用地　　工业用地　　公共绿地　　规划边界

赛鱼桥头效果图

11 山西阳泉赛鱼路、义平路道路两侧用地控规及城市设计——赛鱼路
Regulatory Planning and Urban Design of Land Use for Saiyu Road and Yiping Road in Yangquan in Shanxi: Saiyu Road

159

总体规划

本次规划以生态优先的原则，以山体景观为本底，以赛鱼路为边界，打通三条重要的南北向生态廊道，结合城市功能和用地布局的调整，尤其是公共服务设施的调整，规划形成"一线、三廊、四区、多点"城市空间结构。

保持现状路况较好、可利用的道路，保持总规中确定的路网布局形态，局部地区结合现状地形、绿地以及用地功能需要，形成以"主干路、次干路、支路"为主的三级道路交通路网体系，达到交通快速疏解的要求。

深挖现状优越生态景观环境条件，营造多个城市公共开放空间。充分利用规划地段南侧有桃河流经，打造桃河景观与场地南北两侧的山体共同形成了山水相依的开放空间格局，规划形成"一线、一网、四廊、多点"景观系统结构。

重点地区设计

赛鱼桥头： 根据城市控制的要求，结合区域的景观定位，赛鱼桥头为城市南北城区联系出的门户区域，桥头两侧可做对称的标志性商业办公类建筑，展示城市形象。

三角地： 重点打造文化交流空间；结合公共开放空间、文化交流空间打造开放、通透的城市文化公园；充分利用靠山临水独特的区位条件，结合城市山体景观，打造环境优美、空间有趣的生态社区。

平坦镇节点： 交通组织上延续历史的轨迹和居民生活的模式，组织底商与交通混合的功能；功能上延续片区的历史定位，并完善配套的文化娱乐设施。

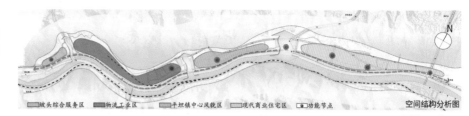

空间结构分析图

意向性总平面图

道路系统规划图

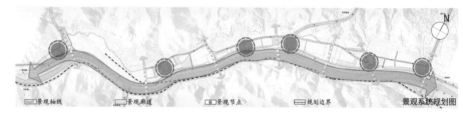

景观系统规划图

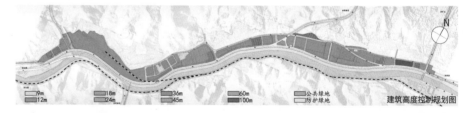

建筑高度控制规划图

赛鱼桥头建筑立面图

平坦镇建筑立面图

平坦镇效果图

三角地效果图1

三角地效果图2

12 山西阳泉赛鱼路、义平路道路两侧用地控规及城市设计——义平路

项目简介

1. 区位：义平路位于阳泉市南部，北接阳泉市城市主干道南大东街，南至平定县城府新路（与太旧高速连通），西与平阳路相接，是阳泉市与石家庄之间重要连接通道，承担着阳泉市区与周边地区的货运交通功能。

2. 规模：义平路全长约为 8.0km，规划范围北起阳泉市城区南大街，南至平定县城区南川河北岸，西至自然山体，东至自然山体，规划区用地规模约 7.79km²。

3. 编制时间：2009 年。

4. 项目概况：为顺利实施《阳泉市义平路道路两侧用地控制性详细规划及城市设计》和更好地保障义平路两侧用地的建设开发能够有序、合理，塑造阳泉市的东门户形象和主要的景观大道，并引导、促进和有效管理开发建设，特编制本次规划予以引导和控制。

设计思路

本次规划设计充分考虑与周边复杂多变的自然地形地貌相结合，整合道路两侧的城市用地功能，兼顾道路本身的交通性和景观性要求，打造一条城市重要的景观大道，构建起城市与周边地区的景观系统。

现状特色总结

本次项目采用全要素的分析模式，分别从场地的地形地貌、用地使用条件、现状城市风貌、现状交通条件、现状建筑情况、现状基础设施、城市天际线和规划条件等多方面进行定性定量分析，总结地段特色，掌握场地动态。

总体规划

本次规划强调自然生态和可持续发展，充分挖掘区域潜在优势，形成"一带、两团、多心"的空间结构；整合现状分散杂乱的城市用地功能，将整条路分片区打造成多主题的城市功能性组团，明确各分区的城市风貌；道路规划尊重总体规划的格局，在保持与城市交通体系衔接的同时，从交通及景观要求出发进行道路及

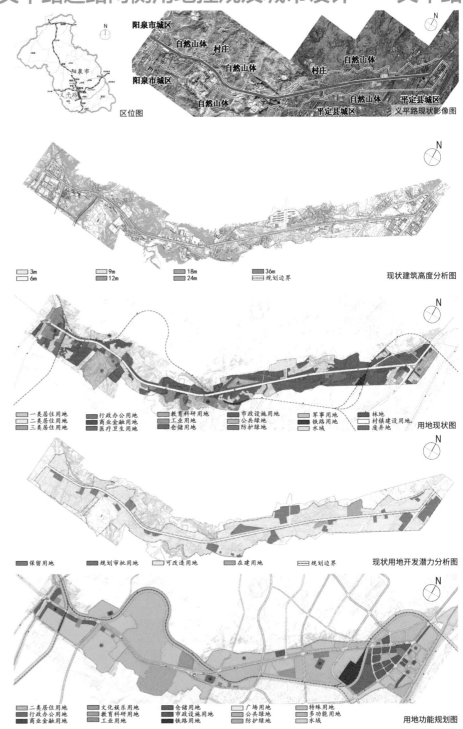

12 山西阳泉赛鱼路、义平路道路两侧用地控规及城市设计——义平路
Regulatory Planning and Urban Design of Land Use for Saiyu Road and Yiping Road in Yangquan in Shanxi: Yiping Road

161

交通设施设计，满足区域对外联系交通要求，在现状路网基础上构建完善，形成"六横两纵"的主干路格局；规划将自然环境资源沟通起来，以构建完善的步行系统，并根据周边用地环境的不同，打造"一带、三楔、五点、多廊"的空间格局。

重点地区设计

义井桥区域开敞景观节点：体现北端门户形象，营造繁荣商业氛围，打造滨河开放景观，分流进城及过境交通；

平定路口开敞空间节点：树立入口节点形象，营造科教文化氛围，组织过境及进城交通；

平定中心组团景观节点：体现南端门户形象，营造新区中心氛围。

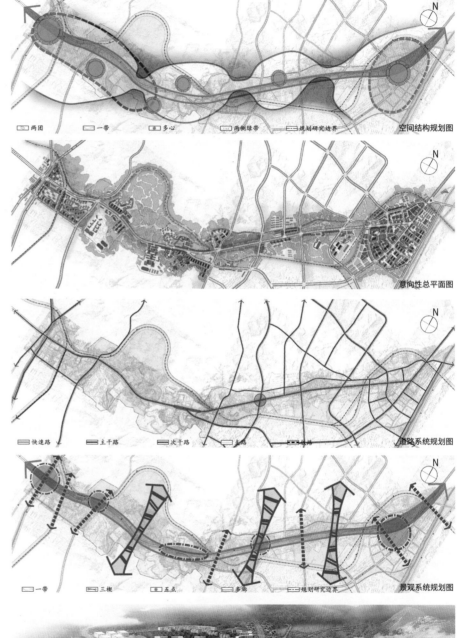

空间结构规划图

意向性总平面图

道路系统规划图

景观系统规划图

平定县节点效果图

道路断面图1

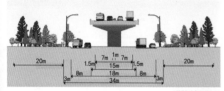

道路断面图2

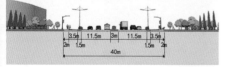

道路断面图3

道路断面图4

昆陽城賦 [vertical calligraphy text at top of image]

主题 05
文化复兴与城市更新
CULTURAL RISE AND URBAN RENEWAL

文化复兴与城市更新

一、文化复兴

1.文脉空间是指文脉在空间中的具体体现，是人们感知和体验历史文化的场所，也是历史镇区特色的重要组成部分。通过对历史镇区文脉空间特征的解析，可以发现物质空间演变过程中对传统文脉的忽视，出现文脉空间的破碎化与"拼贴化"现象。可以通过修补、渗透的组织方式重新建构文脉空间体系，并且将文脉显性要素与隐性要素相结合，让文脉空间渗透到历史文化价值较低的片区，通过点、线、面的空间建构方法，对文化场所、文脉通廊以及文化氛围区提出规划意向。事实上，不同实态特征的历史镇区需要有不同的规划策略，但目的是一样的，都是在适应发展需求的过程中传承文脉，恢复活力，协调人的生存—发展与历史镇区的保护—更新，从而实现历史镇区的可持续发展，延续历史镇区的历史文脉，传承空间特色的必要举措。

2.线性文化遗产是由文化线路衍生并拓展而来，是指在拥有特殊文化资源集合的线形或带状区域内的物质和非物质的文化遗产族群，往往出于人类的特定目的而形成一条重要的纽带，将一些原本不关联的城镇或村庄串联起来，构成链状的文化遗产状态，真实再现了历史上人类活动的移动，物质和非物质文化的交流互动，并赋予作为重要文化遗产载体的人文意义和文化内涵。线性文化遗产的形式和内容多样，其中河流峡谷、运河、道路以及铁路线等都是重要表现形式，大多代表了早期人类的运动路线，并体现着地区文化的发展历程。南粤古驿道作为一种线性文化遗产，串联着沿线村镇以及丰富的自然、人文资源。通过对古驿道沿线村镇人居环境的整治、对古驿道沿线重要节点历史遗存的修复、对古驿道沿线配套设施的完善等保护修复措施营造舒适的城市空间，通过利用当地文化资源举办系列文化活动、依托当地地理条件开展相关体育赛事等活化利用措施丰富多样的文化内涵，从而完善南粤古驿道的保护和利用，有利于展现岭南历史文化和地域风貌、推动户外运动和乡村旅游以及促进沿线地区的经济发展。

3.市镇型历史文化名村是因交通物流、商业贸易使村落成为区域贸易中心，因此村落具有与其他村落有差异的空间特征，这种差异性就是市镇型名村需要被保护的特色，村落空间并非短期成就，而是通过历时态的多重文化演变，通过交替叠加的相互影响而派生出的共时态复合表达形式，对空间特征的解读是为保护

市镇型历史文化名村的独特性提供重要依据。市镇型历史文化名村的空间形态主要分为市镇古街空间形态（丁字形古街、一字型古街、双街）、古街水系空间关系（"房屋－古街－水系""房屋－水系－房屋"）。通过整体、街巷、要素三个维度对市镇型村落的特色性、功能性历史遗存进行保护，采取村落空间格局保护、市镇老街线性保护、历史遗存要素保护等针对性的保护措施。

4.城市空间文化规划一方面应构建包含"城市空间文化主题—城市空间文化单元—城市空间文化元素"的空间文化体系，另一方面应通过文化导向的空间营造，引导和优化城市空间。基于文化性引导的城市空间规划就要遵循当地人群的文化观念，融合地域文化特点并不断调整，达到同步互动的良性循环，并能够借助这种文化的力量去实现引导城市空间规划优化的目的。

5.基于城市双修的启发，提出文化修复、空间修补的"古村落双修"之道，旨在增强居民对村落传统文化的自信、构筑村落的自强，而加强村落特色的挖掘、建立科学的价值评估方法，搭建系统务实的设计体系，构筑立足基层的管理机制是古村落双修之道的核心内容。据此，进一步以福全古村落为例，通过福全村落的价值解读、空间演变轨迹、建筑特色等探索了文化挖掘之道，并通过精细化规划与设计、"四维一体"创新设计模式、"选择式"的引导、文化活化的产业发展途径、多方互动、签订"新民约"等探索了文化修复与空间修补之策。"古村落双修"即文化修复、空间修补。其中，文化修复是挖掘地域传统文化精华、解读村落文化价值、村落空间与建筑特色及其非物质文化价值，传承文明，促使文化向产业的转换，重塑聚落文化自信。空间修补是以探寻支撑村落发展为目标，解决村落功能空间的缺失，改善空间环境品质、重树空间秩序、保护文化遗产，促进建筑物、街道立面、天际线、色彩和环境更加协调、优美。其次，修复被破坏的山、水、农田、林地，治理污染土地，恢复宜人的、自然生态的、低技术的人居环境。

6.传统风貌区是一个城市弥足珍贵的遗产，对其多元价值问题进行探讨，能提升对它们的重视程度与保护更新力度。从历史文化价值、空间美学价值、使用经济价值三个方面对其进行多元价值剖析，针对现状价值利用困境从文化展示、建筑更新、产业投入等方面寻求传统风貌区多元

叶县古城鸟瞰图

价值利用的途径。通过充分挖掘都市传统风貌区多元价值，并加以合理科学利用，可以再为社会所用，承载传统文化与历史记忆，成为城市发展新的经济增长点。传统风貌区多元价值的构成主要由历史文化价值、空间美学价值、使用经济价值等几个方面构成，对于历史文化价值（多元文化特色、文物古迹丰富），应继承多元文化，保护文化建筑，开展文化活动，发展文化旅游；对于空间美学价值（独特空间肌理、唯一建筑形式），应强化空间结构，延续传统风貌，整治特色建筑、街巷空间；对于使用经济价值（物质使用价值、文化旅游价值），应完善使用功能，提升土地价值、产业类型，发展特色旅游。在充分了解传统风貌区的多元价值的基础上，构建多条价值利用途径，主要包括历史文化价值途径（从历史资源保护到文化展示规划）、美学价值途径（历史轴线强化与建筑风貌延续）、使用经济价值途径（从产业综合策划到旅游发展规划），进而让历史文化遗产与当代的经济发展需求、现代城市建设、市民生活状况结合起来，让文化记忆在现代都市中熠熠生辉。

7. 现行历史文化街区保护规划基本沿用"建筑年代、风貌、质量、层数、结构 + 街区建筑文化遗产一览表"为基础物质要素评价的方法，其评价结果可为历史街区范围划定、地区现状保护建筑的规划措施提供依据，但难以对规划实施后的成果进行评价与导控，这种"重现状""轻未来"的评价方式已无法适应历史街区可持续保护的需求。基于可持续语境下的历史地区保护方式，需从传统"愿景式导向"转变为"目标导向"，从保护对象评价、实施保护方式与其历史价值三个方面探讨规划保护的可持续性。历史地区保护实践中需制定面向未来切实可行的目标，该目标需基于地区现状，考虑历史信息实际可传达的程度，不应导向纯粹理想状态。保护结果设定中，需挖掘和考证历史资料，明确本地区可传承的历史文化信息，设定"目标历史风貌"值，区块与各自的"目标历史风貌"贴合度越高则历史价值效益越高。通过构建历史地区二维评价矩阵，对现实可行的保护行为进行聚类分析和类型总结，探索历史地区遗存现状与结果可协同的评价方式，为历史遗产多元可持续保护提供依据。

二、城市更新

1. 存量背景下，旧城区的城市设计面临空间容量有限、功能结构失衡、公共空间匮乏等问题。微更新的城市设计理念为旧城区更新改造提供了一种新的解决思路，以小规模渐进式、触媒介入催化和以人为本精细化设计为原则，有效改善旧城区的整体城市机能。基于微更新理念构建了旧城区城市设计的技术体系，从生态网络构建、交通系统优化、开放空间提升、建筑单体更新和开放多元参与五个层次提出具体的城市设计策略，探索了旧城区可持续发展的实施机制。

2. 要实现基于文化线路思想的城市老旧住区更新，应面向三个目标，分别是住区外部物质环境与文化线路的融合、住区内部宝贵历史资源与文化线路的整合、住区在文化线路的贯通下实现文化复兴。因此，基于文化线路思想，分别从空间物质层面、文化精神层面，以及制度构建层面提出更新策略。其中将以居住区文化线路为先导的空间策略是其更新的物质载体，处于基础层次，居住区线路文化策略是对住区邻里、住区精神等非物质的塑造，制度构建则是作为保障以保证上述方面得以顺利实施。空间上体现住区外部物质环境与文化线路的融合，文化上体现住区内部历史资源与文化线路的整合，管理上建立良性的公众参与和社区规划师制度。

3. 城市基因是城市社会、经济、文化的综合表征，是城市的空间、建筑、环境与人所共同形成的整体的构成，反映了一座城市的结构形式和类型特点，反映了生活在其中的人们的历史图式及城市发展的实质。在旧城更新设计中，既包括对客观存在实体（建筑物等"硬件"）的改造，同时更要关注对空间环境的改造与延续，包括邻里的社会网络结构、心理定式等"软件"的延续与更新。因此，通过发掘、梳理旧城区的城市基因，并在此基础上建构历史地段保护更新控制的"基因修复"模式，传承更新传统空间，从而实现风貌区的良好生长和自我完善。"城市基因"主要包括自然地理环境（最基本、最具独特性的城市基因）、传统空间格局（最典型、最具识别性的城市基因）、地方风俗民情（最珍贵、最具延续性的城市基因）等三个方面。"基因修复"的设计手法：功能业态的修复（填）、交流空间的修复（嵌）、文化传统的修复（续）。

4. 城市进入存量发展阶段，中心城区大量的老旧住宅区则是这些存量用地中的主角。目前的更新提升多以物质层面的问题出发，针对旧、破、乱等要素进行质量、安全、美观方面的提升。这种单纯以问题出发的改造角度，忽视了老旧小区自身优势的挖掘，忽视了当地居民的真实诉求。这种基于"城市美化运动"的更新改造模式，忽视了老旧小区既有的空间特征及社会特征，许多工程项目并没有起到改善当地居住环境的意图，反而破坏了原有的尺度、空间以及场所。同时，告知式的公众参与无法将居民诉求反映在具体的改造内容上。

5. 将"城市双修"理念引入城市废弃铁路更新改造实践，在挖掘现状核心症结的基础上，总结出"守绿、挖潜、融文"的更新理念，最后从自然生态修复、城市功能修补、历史文脉复兴三个方面探讨更新策略，希望对城市废弃铁路这一特殊对象的更新改造方法有所完善。随着交通工具的日新月异，由于城市发展边界的不断拓展，城市中出现了越来越多的废弃铁路，传统的交通空间亟待更新改造为面向生活的城市空间，原来孤立的空间需要与其他城市空间融为一体。由于自身的连续性与线性特征，铁路沿线串联多个城市功能区，影响着城市各个子系统的运作，各要素或系统之间相互联系、彼此制约，形成统一的整体。因此，废弃铁路的线型特征决定了其具有连接和引导作用，对于各网络系统的更新织补具有先天的优势，改造不仅是对铁路空间本身的更新利用，更为重要的是对相关的各个城市要素和系统的症结进行系统梳理，以铁路更新改造为契机，修补完善各系统网络，优化城市功能体系，提升整体空间品质，这正契合了的"城市双修"理念。

6. 通过对道路的尺度、环境、设施、立面、铺地等方面定量化分析，从而构建针对道路的步行友好性评价体系（安全性、舒适性、便捷性、服务性），从而提出了适当拓宽人行道宽度、规范行道树树池铺装、加强监管力度、完善街道服务设施、设置缓冲区、提高非功能性界面美观性等改造策略。

7. 城市特色可以体现在方方面面。从外表达出城市的风貌、形体环境、天际线轮廓、建筑肌理、景观构造、标志物节点等。从内可以表达出地域风情、产业结构、人文历史、经济特征、文化习俗、城市性质等。城市的特色是内外两方面的加和，既体现时间上城市历史文化的沉淀，又在空间中勾勒出城市特色蓝图。城市特色空间元素主要包含自然及人工环境和人文历史背景两大方面。

8. 通过对现行旧城修复的主要方法和局限进行分析，总结了在"城市双修"视野下突破这一局限的方法与路径，即以提升城市活力、改善民生，传承历史文化、塑造城市特色，重塑开放空间、优化生态环境三大方向，在严格保护的基础上寻求生态环境、历史文化与现代城市生活的和谐交融。

9. 社区公共空间作为社区居民日常生活的空间载体，其空间品质的改善能促使更多居民前往公共空间，增添空间的活力。社区公共空间主要包括边界空间、社区入口空间、社区活动空间、绿化空间和公共设施。

10. 交通安宁化追求"车"与"人"两方面的平衡，需要从交通需求管理、提升街区内部可达性来实现交通结构的优化；从合理维护街道尺度、提升街道空间品质等方面追求"车"与"人"

的平衡。基于安宁化的历史街区街巷保护，在街巷保护策略上要明确重要历史街巷，划定核心区域，禁止车辆通行，明确慢行区域，对该区域的小汽车交通进行限制，疏解城市交通，疏解城市功能；在满足交通需求的手段上划定限制区，优化交通结构，实现公共交通和非机动交通与步行的无缝衔接，同时合理增设停车位；在提升街巷品质的策略上对非机动车通行街巷维护原有街道尺度和优化空间品质，对机动车通行街巷，优化步行空间，调整机动车空间。

参考文献:

[1] 孙毅."文脉修补"视角下的古镇文脉空间保护策略——以中国历史文化名镇溱潼为例.

[2] 单霁翔.大型线性文化遗产保护初论——突破与压力 [J].南方人物,2006(3):3-5.

[3] 朱晗,赵荣,郗桐笛.基于文化线路视野的大运河线性文化遗产保护研究——以安徽段隋唐大运河为例 [J].人文地理,2013,131(3):70-73.

[4] 张翔.线性文化遗产理念下的南粤古驿道保护与利用——以江门台山"海口埠－梅家大院"段为例.

[5] 何倩,何依,李哲,等.市镇型历史文化名村空间特征与保护方法研究——以宁波市域历史文化名村为例.

[6] 王立国.基于文化性引导的城市空间规划研究——以重庆市渝中区城市空间文化规划为例.

[7] 张杰,庞骏.系统协同下的闽南古村落空间演变解读 [J].建筑学报,2012.

[8] 张杰,王涌泉,姚羿成.古村落文化遗产保护中的"双修"之道——以福全国家历史文化名村为例.

[9] 李和平,曾文静.基于多元价值利用的传统风貌区保护更新研究——以重庆大田湾传统风貌区为例.

[10] 杨东峰,殷成志.可持续城市理论的概念模型辨析:基于"目标定位－运行机制"的分析框架 [J].城市规划学刊,2013.

[11] 刘博敏,夏丝飔.可持续语境下的历史地区保护方式的思变——以镇江西津渡为例.

[12] 邹兵.增量规划向存量规划转型:理论解析与实践应对 [J].城市规划,2015.

[13] 亢梦荻,臧鑫宇,陈天.存量背景下基于微更新的旧城区城市设计策略.

[14] 芒福德.城市文化 [M].北京:中国建筑工业出版社,2009.

[15] 张京祥,赵丹,陈浩.增长主义的终结与中国城市规划转型 [J].城市规划,2013.

[16] 杜若菲,王有正.基于"文化线路"思想的城市老旧居住区更新策略研究——以南京浦口区浦口火车站原职工居住区为例.

[17] 王颖,阳建强."基因·句法"方法在历史风貌区保护规划中的运用 [J].规划师,2013(1).

[18] 赵钟鑫.基因视角下的城市特色传承 [C].2016中国城市规划年会,2016.

[19] 毛梦维,文婷,莫俊超.基于城市基因修复的旧城更新方法初探——以肇庆市旧城核心区更新城市设计为例.

[20] 张君君.老旧小区改造调查及研究 [D].北京:北京建筑大学,2014.

[21] 何凌华.老旧社区空间更新改造模式的评估与思考——以北京双榆树为例.

[22] 倪敏东,陈哲,左卫敏."城市双修"理念下的生态地区城市设计策略——以宁波小浃江片区为例 [J].规划师,2017.

[23] 汤林浩,徐敏,王松杰,等."城市双修"理念下废弃铁路更新改造思路初探——以南京市宁芜铁路更新改造为例.

[24] 彭雷.武汉城市住区步行友好性研究 [D].武汉:华中科技大学,2015.

[25] 卢银桃,王德.美国步行性测度研究进展及其启示 [J].国际城市规划,2012(1):10-15.

[26] 可怡萱,徐肖薇.南京老城街道步行友好性研究.

[27] 叶凡君.城市空间环境特色规划初探 [D].武汉:华中科技大学,2007.

[28] 朱力,郝经惠,武长胜,等.体现城市特色为目标的城市设计策略.

[29] 满新,陈惠安,陈拓."城市双修"视野下的旧城修复路径探索——以醴陵一江两岸老城区改造与建设项目为例.

[30] 左培丁,黄瓴.基于行为特征的社区公共空间改造实施评估——以重庆市合川钓鱼城街道草花街片区为例.

[31] 丁明.基于交通安宁化的厦门中山路半步行街设计 [M].福建建筑,2009.

[32] 张琳.基于交通安宁化的历史街区保护研究——以南京市老城南三条营历史街区为例.

01 山西省朔州市应县佛宫寺释迦塔周边环境整治规划

项目简介

1. 项目区位：本次项目位于应县县城的北部，项目南侧紧邻县城中心区，发展动力较强。

2. 项目规模：规划范围是以佛宫寺释迦塔为中心，包含明清应州古城和疑似辽城墙地区的范围，占地面积约为223hm²。研究范围内进行一体化研究和保护，占地约为408hm²。

3. 编制时间：2011年。

4. 项目概况：佛宫寺释迦塔（辽代）是目前存世最古老、最完整的木结构佛塔，是我国研究古代高层木构建筑的唯一实例，在世界建筑史上占据举足轻重的地位，具有不可替代的重要的历史价值。编制本次规划是为了进一步落实佛宫寺释迦塔的文物保护规划，配合佛宫寺释迦塔申报世界文化遗产工作，科学整治文物周边相关环境。

文物价值

释迦塔及其附属文物反映了辽代佛家文化内涵；反映以塔为中心的早期佛寺建筑格局特点；反映了独特的佛寺建筑竖向集合体；是辽宋时期边疆关系的实物见证，反映辽金时期应县的军事地位；释迦塔佛像内发现的辽代契丹藏经卷，是对佛教经典的重要补充和印证。

现状调研照片 1

现状调研照片 2

现状调研照片 3

建设控制地带图

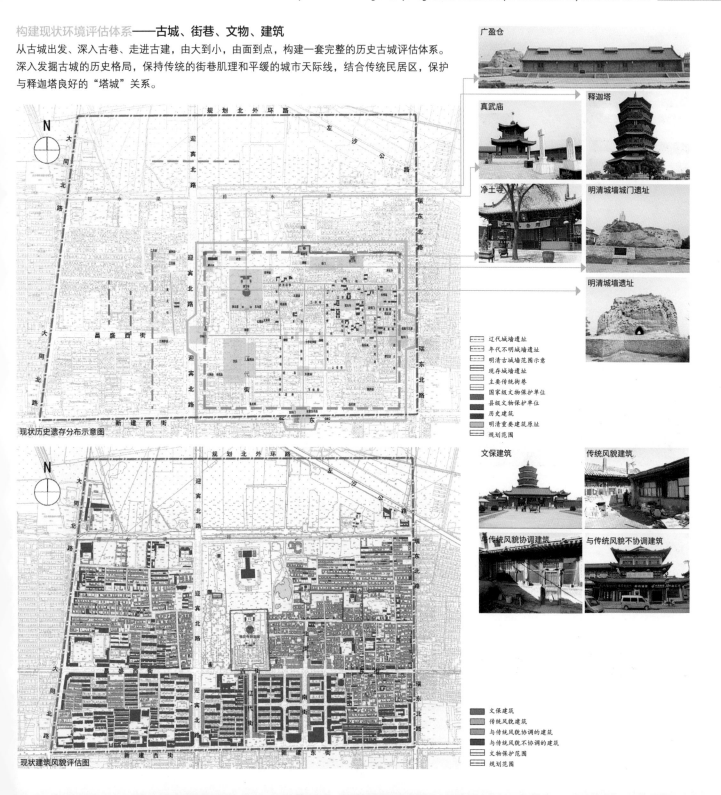

01 山西省朔州市应县佛宫寺释迦塔周边环境整治规划
Environmental Improvement Planning of Sakya Pagoda in Buddhist Temple in Shuozhou City in Shanxi Province

167

构建现状环境评估体系——古城、街巷、文物、建筑

从古城出发、深入古巷、走进古建，由大到小，由面到点，构建一套完整的历史古城评估体系。深入发掘古城的历史格局，保持传统的街巷肌理和平缓的城市天际线，结合传统民居区，保护与释迦塔良好的"塔城"关系。

广盈仓

真武庙

释迦塔

净土寺

明清城墙城门遗址

明清城墙遗址

现状历史遗存分布示意图

辽代城墙遗址
年代不明城墙遗址
明清古城墙范围示意
现存城墙遗址
主要传统街巷
国家级文物保护单位
县级文物保护单位
历史建筑
明清重要建筑原址
规划范围

文保建筑

传统风貌建筑

与传统风貌协调建筑

与传统风貌不协调建筑

现状建筑风貌评估图

文保建筑
传统风貌建筑
与传统风貌协调的建筑
与传统风貌不协调的建筑
文物保护范围
规划范围

质量一般的建筑

质量较差的建筑

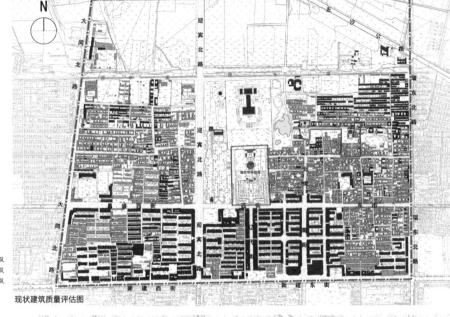

文保建筑
质量好的建筑
质量一般的建筑
质量较差的建筑
质量很差的建筑
文物保护范围
规划范围

现状建筑质量评估图

塔东低层片区

塔西南角多高层片区

塔南片区

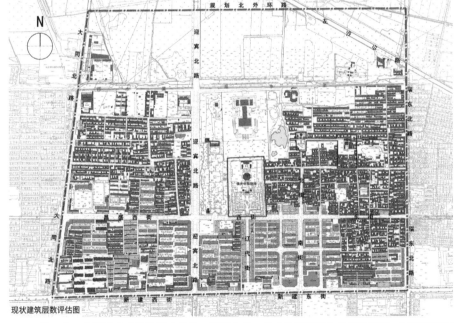

现状建筑层数评估图

文保建筑
一层建筑
二层建筑
三层建筑
四～六层建筑
七层及以上建筑
文物保护范围
规划范围

建筑风貌评估：主要考虑建筑的历史价值、科学价值、艺术价值和社会价值的高低，以及建筑与传统建筑在建筑风格、建筑材料、建筑细部、建筑尺度等方面的协调性。

建筑质量评估：主要根据建筑主体结构（包括建筑的支撑结构、屋顶、主要墙体等）是否安全，以及是建筑部件维护使用状况（包括门、窗等建筑部件及其维护使用的状况）是否完整。

建筑高度评估：主要依据现状建筑的层数及高度进行分类。

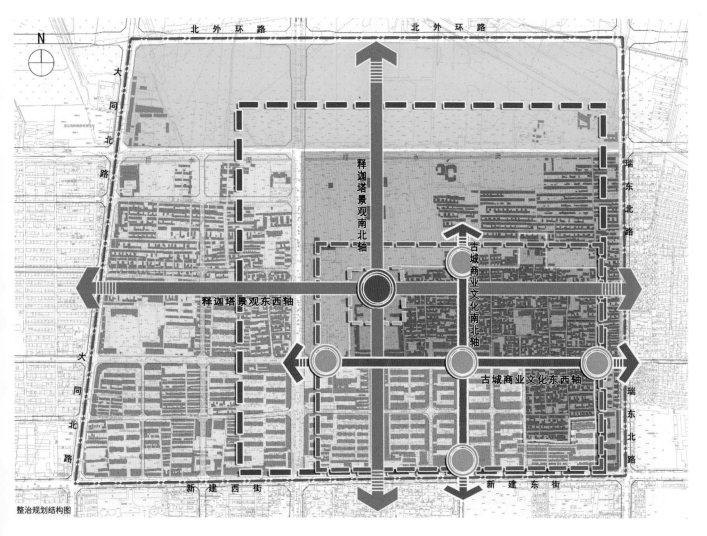

整治规划结构图

"塔城"环境整体保护——构建"一心两轴三环四区"整体保护格局

一心：佛宫寺释迦塔作为"申遗"的文物本体，是环境整治的核心，应严格按照《保护规划》中对文物本体保护的要求进行保护、修缮与展示。

两轴：以释迦塔为核心，发展东西、南北两轴为主要景观廊道，烘托释迦塔高大雄伟的景观形象；以应州明清古城十字街为载体，推动发展东西、南北两轴为古城商业文化十字轴，展现古城多元、活力的风貌。

三环：保护以释迦塔院墙构成的"塔院文化环"，塔院内的建筑与环境整治应严格按照《保护规划》中的相关要求执行；以明清应州古城城墙构成的"明清城墙文化环"，结合现状留下的遗址，打造明清城墙遗址公园，重点保护明清城墙遗址；以辽代应州古城城墙构成的"辽城墙文化环"，结合实际考古发掘的需求，打造为城市生态公园，更好地保护释迦塔的北部环境。

四区：根据文物周边环境敏感性，以保护古城的整体空间格局和传统建筑风貌为原则，依次将整个规划区划分为传统风貌区、风貌协调区、明清城墙保护控制区和辽城墙保护控制区，并提出不同的保护要求。

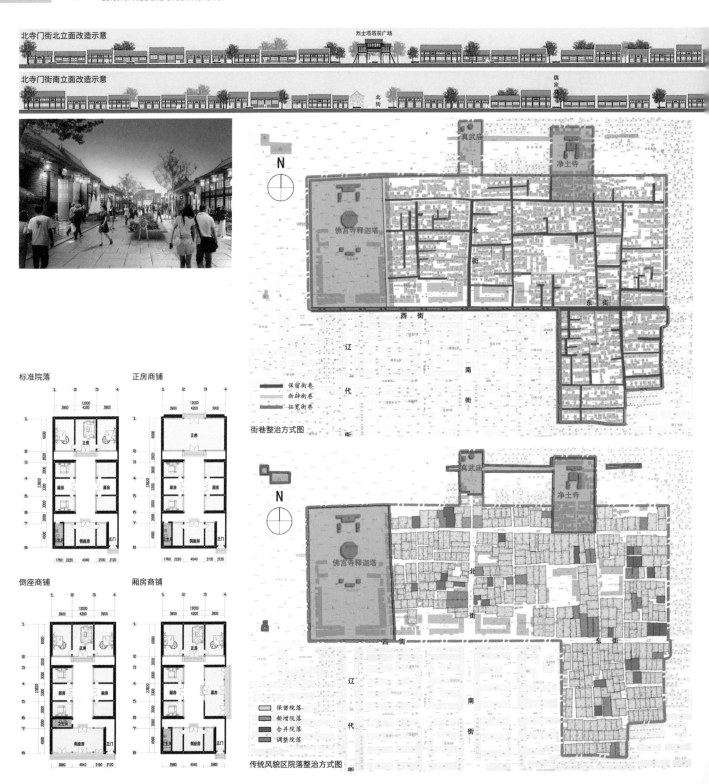

北寺门街北立面改造示意

北寺门街南立面改造示意

街巷整治方式图

传统风貌区院落整治方式图

标准院落

正房商铺

倒座商铺

厢房商铺

01 山西省朔州市应县佛宫寺释迦塔周边环境整治规划
Environmental Improvement Planning of Sakya Pagoda in Buddhist Temple in Shuozhou City in Shanxi Province

171

传统风貌区建筑整治方式图

建筑风貌整治主导色谱

传统街巷与院落肌理的保护

深入研究历史资料，梳理现状遗留的历史街巷，对于与明清应州古城街巷肌理保持一致、具有较高历史文化价值的传统街巷，采取"保留"的整治方式；对于少数现状无法满足出行、消防、市政管线敷设要求的街巷，采取"拓宽"的整治方式；对于少数尽端街巷和少数无法直接连通院落的街巷，采取"新辟"的整治方式。

通过详细的现状调研，结合街巷肌理，重新梳理古城的城市肌理，对于古城内遗留的民居院通过"保留""新增""合并""调整"等手段予以重新规划，焕发古城古色古香的传统风貌。

分片区、分层次、分阶段开展环境整治——建筑、环境、重点地区

根据不同的现状特征和属性的区域进行分片区地环境整治工作，整体将规划范围划分为传统风貌区、风貌协调区、明清城墙遗址保护控制区和辽城墙遗址保护控制区四个区域。

传统风貌区：在释迦塔东部、明清应州古城范围内，现状集中保存着大量传统民居的片区。该区域为古城传统风貌展示区，应进行整体保护和控制。

风貌协调区：规划范围内、传统风貌区之外的城市功能区。该区域为传统风貌区的协调区，应进行整体空间尺度和建筑风貌的控制。

明清城墙遗址保护控制区：明清城墙遗址重点保护与展示所在的"∏"形区域，通过打造城墙遗址公园，实现对明清城墙遗址的保护与展示，明确了古城的边界，重塑了古城的空间格局。

辽城墙遗址保护控制区：指释迦塔北部、排水渠以北、疑似辽城墙遗址所在的区域，通过打造辽城墙生态公园，实现对辽城墙遗址的保护与展示，构建释迦塔北部生态屏障。

建筑风貌整治辅助色谱

鸟瞰图

02 北京市海淀区紫竹院街道区域发展提升规划（2017—2035 年）

项目简介

1. 项目区位：紫竹院街道地处北京市海淀区南部。

2. 项目规模：面积 6.23km²。

3. 编制时间：2017 年。

4. 项目概况：紫竹院街道前身为蓝靛厂街道。至 2017 年末，总人口约 15.7 万人。街道内资源丰富，历史悠久，环境优美，京杭大运河源流之一的长河水系自西北至东南贯穿街道，国家 4A 级景区紫竹院公园位于街道东南部，街道内还包含万寿寺、紫竹院行宫、法华寺、广源闸与龙王庙等多处文物保护单位。

项目源于新北京建设、新海淀建设和新中关建设的大时代背景。新北京建设主要由 2017 年北京市政府发布的新一轮城市总体规划指导，明确四个中心的战略定位和建设国际一流的和谐宜居之都的发展目标，北京正式进入"减量规划，更新建设"时代，"微更新"成为北京未来城市建设的主旋律。

新海淀建设由 2018 年海淀区十二届七次全会的会议精神指导，强调在疏解的基础上，同步做好"腾笼换鸟"、留白增绿、完善城市功能、补齐公共服务"短板"等各项工作，并正式提出"挖掘新动力，构建新形态"的发展战略。

新中关建设由于紫竹院街道地处中关村核心区南部门户，是科学城建设的重要一环。且中关村大街是科学城最重要的南北发展轴线，在中关村大街发展规划中明确了"5+6"的功能布局结构，为街道未来产业发展方向提供了支撑，同时重要节点的建设对街道也提出了新的要求。

本规划非法定规划，意义在于从街道自身层面出发，实现向上衔接海淀区分区规划，向下衔接街道建设管理，破除以往街道在规划体系中被动执行和在建设管理中缺乏系统引导的局面，为街道提供一份有定位、有目标、有策略、有计划的区域提升规划。

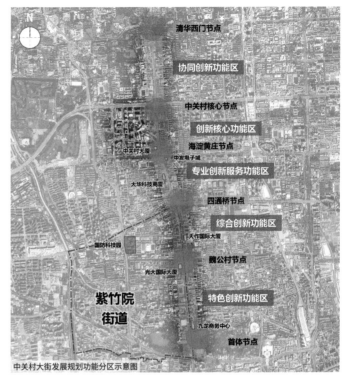

中关村大街发展规划功能分区示意图

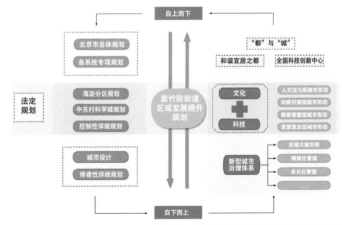

规划与法定规划和城市管理关系图

目标定位

紫竹院街道资源丰富，区内历史与现代共存，科创与文艺交融，生态与建设共赢，特色资源概括为"一河一院一馆八遗产，八校八所三团四高端"，彰显"书香乐舞·科创紫竹"的街道气质。结合当前时代发展需要以及相关上位规划对街道的新要求，街道总体发展定位为：北京市富有文化艺术气质的科技创新区域。

规划策略

1. 动力提升策略

以打造首都文化科创融合示范基地为目标，侧重文化动力和产业动力的双重挖掘与融合，形成地区经济发展新动力。

紫竹院城市印象

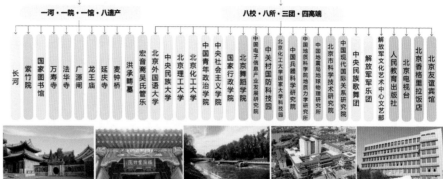

城市印象

一河·一院·一馆·八遗产：长河、紫竹院、万寿寺、法华寺、广源闸、龙王庙、麦钟桥、洪承畴吴氏管乐

八校·八所·三团·四高端：北京外国语大学、中央民族大学、北京理工大学、北京化工大学、中国青年政治学院、中国社会主义学院、国家行政学院、北京舞蹈学院、中国电子信息产业发展研究院、北京化工大学国家大学科技园、中关村科学技术研究院、中国兵器科学研究院、中国地质局地球物理学研究所、北京市科学技术研究院、北京现代舞蹈团、中国国际关系研究院、中央民族歌舞团、解放军军乐团、解放军文化艺术中心文艺部、人民教育出版社、北京电视台、北京香格里拉饭店、北京友谊宾馆

万寿寺　　紫竹行宫　　长河　　国家图书馆　　北京舞蹈学院

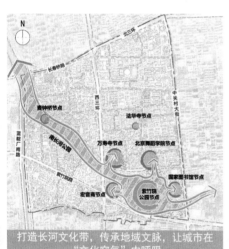

打造长河文化带，传承地域文脉，让城市在"文化空气"中呼吸

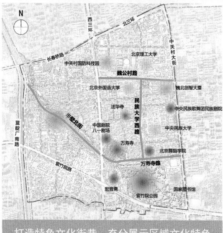

打造特色文化街巷，充分展示区域文化特色

推进重点文化工程实施，实现紫竹文化空间落位

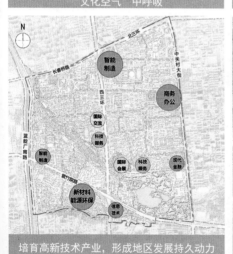

培育高新技术产业，形成地区发展持久动力

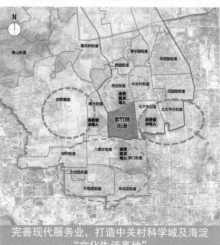

完善现代服务业，打造中关村科学城及海淀"文化生活高地"

打造首都文化科创融合示范基地，形成地区经济发展新动力

2. 空间更新策略

规划结构：

规划形成"一路一带，三轴四点"的空间结构。

一路：中关村南大街：是海淀区域发展轴带，中关村科学城建设重要轴线，以科创功能为主，辅以高端服务、商业办公等配套服务。

一带：长河文化活力带：依托长河沿线的文化资源节点和良好的生态本底条件，打造区域活力带。

三轴：产业发展轴：依托街道主要交通轴线及产业基础，升级优化，形成"工"字形产业发展轴。

四点：发展节点：依托国防科技大学和理工大学科技园形成两个科技创新节点，依托魏北办公区形成商务办公节点，依托紫竹院公园及周边文化资源形成人文景观节点。

用地更新：

规划综合分析区内建筑性质、建筑质量、用地权属等条件，结合未来街道发展需要，确定可更新用地 13 处，总面积约 16.52hm²，为街道未来产业落位提供空间载体。

空间结构规划图

街道提升总平面图

02 北京市海淀区紫竹院街道区域发展提升规划（2017—2035 年）
Promotion Planning in Regional Development of Zizhuyuan Street in Beijing(2017—2035)

175

3. 环境提升策略

景观系统：

突出蓝绿交织，文化传承的城市特色环境

规划形成"一心六轴多点"的景观系统。

一心：以紫竹院公园为区域内景观系统核心。

六轴：三条绿轴（魏公村路、民大西路、厂洼中路）、三条水轴（京密引水渠、南长河、双紫支渠）。

多点：人文景观节点、滨水景观节点、绿地景观节点。

绿地系统：

街道现状拥有南长河公园和紫竹院公园，形成带形绿地，占街道总面积的10%，绿地总量较高，但其他社区公园缺乏，服务均等性不足。

规划以现有绿地为基础，结合用地更新，增加社区内街头绿地。在居住区周边或内部，按照"最近距离、最短时间和最低费用"的原则，布局小区级小型绿地开敞空间，以实现5 ~ 10min 路程的小区级绿地开敞空间全覆盖，构成居民休憩活动基本网络。

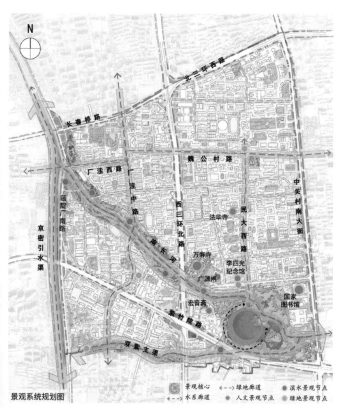

景观系统规划图

绿地系统规划图

特色街道：

通过产业导入、风格界面、休闲小品、文化植入等方式，提升特色街道环境品质，塑造特色街道，展示"书香乐舞·科创紫竹"的街道特质。

魏公村路——现代科创路
民大西路——书香学府路
万寿寺路——紫竹文化路
半壁北街——生态休闲路

特色街道分布图

规划新增社区绿地一览表			
序号	地块名称	占地面积（hm²）	位置
1	电视台街头公园	0.63	厂洼西街与厂洼中路交汇处
2	美林社区公园	0.60	车道沟东路中段
3	材料公园	0.15	北洼路与紫竹院路交汇处
4	三虎桥口袋公园	0.38	紫竹院路辅路与双紫支渠交汇处
5	延庆寺公园	0.39	延庆寺东侧
6	文化中心公园	0.12	新建文化中心东北侧
7	艺术公园	0.19	民大西路中段
8	创智公园	1.25	民大西路与魏公村路交汇处
9	三义庙公园	0.75	友谊宾馆西侧
10	车道沟公园	0.77	北京理工大学附中小学部北侧
总计		5.23	

4. 品牌塑造策略

设计可视化、可宣传的"一本书·一张图·一个LOGO",强化街道品牌形象,增加街道知名度。

一本书:《紫竹故事》:讲述街道历史沿革、文化资源、现代建设等情况,加强街道推广宣传力度,形成地域名片。

一张图:旅游地图:策划水上和慢行两种不同方式的旅游线路,提供不同游览体验,包括水上旅游线路、文化体验线路和休闲旅游线路,其中文化体验线路又结合不同资源策划历史文化体验、紫竹书香日和紫竹乐舞日。

一个LOGO:长河是街道最具代表性的精神图腾,设计取"蓝绿交织、水城共融;长河万寿,如意紫竹"的寓意,采用吉祥如意、万寿祥云、紫竹竹叶和流动长河意向,拼合为紫竹院街道首字母简称"Z"字形,作为街道独有的LOGO。

旅游地图　○ 文化旅游节点　● 分时旅游节点　◎ 休闲旅游节点　━ 文化旅游线路　━ 休闲旅游线路

紫竹故事　街道 LOGO

统筹协调机制

创建"共谋、共建、共享、共治"新型管理机制,整合街道内优势资源,加大公众参与力度,营造良好营商环境。

管理实施

社区"微治理"体系

鼓励社区公众参与规划管理,倡导社区"微治理"体系,强化社区居民归属感。

"大魏公村"融合区

重点打造"大魏公村"融合发展区域,充分依托魏公村周边三所高校和国防科技园,围绕魏北办公中心,结合配套国际人才中心公寓和魏公街国际餐饮街,建设"大魏公村"融合区域,成果街道发展示范先行片区。

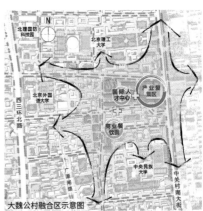

大魏公村融合区示意图

02 北京市海淀区紫竹院街道区域发展提升规划（2017—2035 年）
Promotion Planning in Regional Development of Zizhuyuan Street in Beijing(2017—2035)

177

建设实施计划

对街道更新提升项目具体落位，制定合理分期实施计划，对街道管理工作提供具体指导。

项目类型	序号	项目名称	实施序列
文化挖掘	1	万寿寺东路改造	近期
	2	延庆寺改造	近期
	3	广源闸及龙王庙改造	近期
	4	双林寺塔恢复	近期
	5	紫御湾码头改造	
	6	法华寺改造	
	7	非遗保护传承	近期
	8	新增国际文化交流中心建设	近期
	9	魏北商务楼建设	近期
	10	国际餐饮街改造	近期
产业提升	11	化大平房产业空间更新	近期
	12	紫竹院路产业空间更新	
	13	紫竹桥西南产业空间更新	
	14	新增民大西路沿线产业空间	
	15	广源闸路改造	
	16	厂洼路与魏公街疏通	
交通治理	17	魏公村路与厂洼东二街疏通	
	18	理工校园北路疏通	
	19	路边停车治理	近期
	20	路边停车治理	近期

项目类型	序号	项目名称	实施序列
交通治理	21	智能化交通管理	近期
社区管理	22	社区配套完善	近期
	23	居民素养培训	近期
	24	延伸公共管理	近期
	25	社区"微治理"体系	近期
	26	魏公村小区改造	近期
	27	百花地块改造	近期
	28	化校东东房改造	近期
用地更新	29	厂洼20、21号楼	
	30	民印厂宿舍及魏公村小区	
	31	魏公村小区24～28号楼	
	32	延庆寺北部及东部棚户区	
	33	紫竹楼宾馆及部分万寿寺甲3号院	
	34	广源闸路西1、2号楼及3号1号楼	
	35	三虎桥11号楼	
	36	三虎桥3～8号楼及北侧用地	
	37	紫竹院路1-3号楼及昌运宫9号院1、2号楼	
	38	紫竹院路98号院4、5、7号楼及北洼路7号院	

项目类型	序号	项目名称	实施序列
用地更新	39	紫竹院路44号院及4-9号楼	
	40	三义庙北区平房	
	41	车道沟理工大学附中家属院南侧平房	
	42	新增医院建设	
公服完善	43	新增小学建设	
	44	公立幼儿园建设	近期
	45	环卫设施整治	近期
	46	城市家具改造	近期
	47	沿街立面改造	近期
景观风貌	48	双紫支渠岸线改造工程	
	49	新增街头公园建设	
	50	万寿寺路改造	近期
	51	民大西路改造	近期
	52	魏公村路改造	近期
	53	魏公街改造	近期
	54	街道形象设计	近期
品牌宣传	55	《紫竹故事》编纂	近期
	56	特色活动举办	近期
	57	合作机制建立	近期
	58	"大魏公村"融合区建设	

文化挖掘	交通治理	社区管理	景观风貌	品牌宣传
非遗保护传承	路边停车治理	社区配套完善	环卫设施整治	街道形象设计
	慢行系统串联	居民素养提升	城市家具改造	《紫竹故事》编纂
	智能化交通管理	延伸公共管理	沿街立面改造	特色活动举办
		社区"微治理"	新增街头公园建设	合作机制建立

金鹰写字楼
新增医院
厂洼20、21号楼
新增社区服务中心
魏公村路与厂洼东二街疏通
厂洼路与魏公斜街疏通
民印厂宿舍及魏公村小区
紫竹楼宾馆及部分万寿寺甲3号院
万寿寺路改造
延庆寺北部及东部棚户区
车道沟理工大学附中家属院南侧平房
万寿寺东路改造
紫竹院路44号院及4-9号楼
紫竹院路产业空间更新
紫竹桥西南产业空间更新
化校东东房
化大平房产业空间更新
紫竹院路98号院4、5、7号
双紫支渠岸线改造工程
紫竹院路1-3号楼及昌运宫9号院1、2号楼

三义庙北区平房
理工校园北路疏通
魏公村路改造
新增幼儿园
魏公村小区改造
魏北商务楼建设
百花地块改造
魏公街改造
国际餐饮街改造
魏公村小区24-28号楼
民大西路改造
法华寺改造
广源闸路改造
新增国际文化交流中心建设
延庆寺改造
紫御湾码头改造
广源闸路西1、2号楼及3号1号楼
广源闸及龙王庙改造
新增小学建设
双林寺塔恢复
三虎桥11号楼
三虎桥3-8号楼及北侧用地

文化挖掘
产业提升
公服完善
交通治理
风貌改造
用地更新

建设项目分布图

03 山西省阳泉市平定县古城复兴规划

项目简介

1. 项目区位：古城位于中心城区核心地段。

2. 项目规模：总用地面积 28.93hm²。

3. 编制时间：2014 年。

4. 项目简介：平定古城悠久历史，但目前建设混杂，文化底蕴缺失。因此对古城进行修复重建，以求重现盛期盛景。

山水格局

属于太行山区域战略要地，具有连续、完整的山水格局。古城吉祥不规则形态，城包城、城内城、上下重城、整体空间布局成龟形。

用地现状

规划范围内以三类居住用地为主，环境较差，沿十字街分布一些商业用地；古城肌理保护较好，但道路环境较差、业态与服务设施较为低端、缺乏休闲空间；古城现状建筑以低层为主，私自加盖建筑现象比较严重，部分建筑的高度失控；古城空间割裂、风貌缺失、环境较差，急需统一整治与提升。

发展目标与愿景

打造晋东区域旅游集散中心，古城复兴典范。建设平定县城市高品质服务功能区，平定县新旧动能转化的催化剂。

规划策略

1. 固本——人居环境提品质。营造具有活力的商业、旅游空间、宁静的居住空间，满足古城复兴功能需求；构建便利的交通系统，提升古城各个片区的可达性；营造隔而不断，连而不畅的可视空间；从空间布局调整、景观环境优化、建筑功能置换等方面对古城老建筑进行更新；改善嘉河的生态环境，恢复生态性驳岸，增加亲水设施，重新构建河流与城市功能的联系，塑造滨水活力岸线。

2. 筑魂——文化传承显特色。构建整体空间构架，修缮维护古建筑风貌，还原公共空间。

3. 扬名——旅游服务展名片。优化区域游客服务体系，打造阳泉市游客服务中心、旅游集散中心；重塑十字街商业氛围；构建区域交通接驳网络，优化内部交通系统。

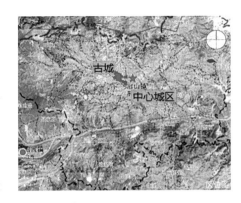

区位图

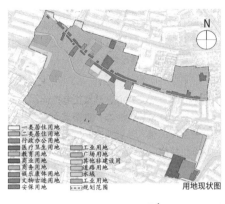

用地现状图

现状照片 1

现状照片 2

现状照片 3　现状照片 4

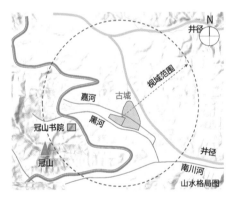

山水格局图

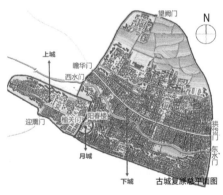

古城复原总平面图

聚气流动空间分析图

风貌规划图

4. 展貌——风貌塑造促发展。

营造"1+4+4"古城风貌体系，挖掘城市内涵，展示城市特色，彰显城市魅力，打造具有记忆功能、文化功能、服务功能、休闲功能的城市片区。1个完全依据古城风貌的片区，4个古城风貌片区，4类建设片区。

总平面设计

以复兴古城文化为核心，延续街巷空间、复原历史建筑；修复嘉河生态、重塑滨水空间；延续文化空间、植入新型业态；对人性化公共空间精细化导控。

空间结构规划

U质复兴、蓝带活城；两廊点睛、多点筑魂。打造"十字街+南营街+济川桥"的U形古城旅游体验轴；营造嘉河滨水休闲带，提升古城活力与魅力；多点筑魂，依托古城重要的商业和文化空间打造核心游览节点。

文化空间规划图

交通规划图

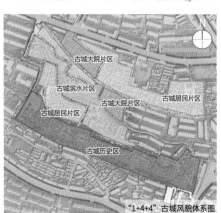

"1+4+4"古城风貌体系图

空间结构规划图

总平面图

04 河南省平顶山市叶县古城保护与发展修建性详细规划

项目简介

1. 项目区位：叶县古城位于县城西南，距叶县人民政府仅 1.2km，由内城、护城河和外城三部分组成。

2. 项目规模：规划面积 75.37km²，城市建设用地 65.11km²。

3. 编制时间：2017 年。

4. 项目概况：规划重点在于研究如何保护古城的整体格局、县衙、文庙及有价值的古建筑、街巷空间、建筑肌理等，同时制定一系列的规划政策和发展策略，保证老城在规划实施中既有特色又具有极强的可操作性。

项目定位

集明代衙署、昆阳大战两大文化品牌的大明风情体验古城 5A 景区。

用地现状

古城内地势平坦，呈中部高、四周低之势，高差约 4m。规划范围内道路与交通设施用地占比较大，但道路系统不成体系，古城绿地与广场用地、公共服务设施用地亟须完善补充。

旅游发展空间结构

通过叶县旅游市场分析，在县域内叶县古城应与其他旅游景区协同打造，叶县将形成以叶县古城为核心，带动叶邑古城、盐主题小镇共同发展的旅游格局。

区位图

规划范围图

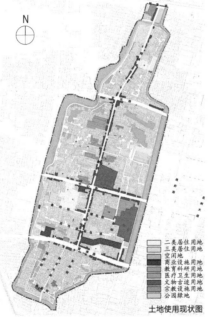

土地使用现状图

土地使用规划图

叶县旅游发展结构图

鸟瞰效果图

04 河南省平顶山市叶县古城保护与发展修建性详细规划
Detailed Planning for The Protection and Development of Yexian Old City in Pingdingshan City in Henan Province

181

古城运营

古城四位一体、统一开发、统一运营、模式创新。

规划结构

根据古城用地现状与空间肌理，结合叶县总体规划、叶县古城控规，规划打造"一核、双环、两轴、多节点"的空间结构。

景区布局

"古城核心景区"在形态上呈现"士"字形，主要承载古城旅游观光的功能，呈现完整的街巷肌理、古色古香建筑单体和建筑组群。同时，多个景观节点的布局形成景区观光游览的高潮。核心景区倾力打造七个文化旅游片区。

道路交通系统规划

1. 规划道路系统由古城外部交通和古城内部交通组成。

2. 为确保古城景区及周边道路通行基本畅通，建议古城内城实行交通限行措施。

3. 通过慢行系统网络，实现步行、自行车和游览电瓶车等公共交通的无缝对接，解决道路拥堵、停车难等管理难题。古城慢行景观系统分为核心十字商业街、文化体验步行环、休闲景观步行环、街巷步道、景观节点、滨水景观带。

4. 规划设计三条旅游路线：核心文旅游线、休闲景观游线、外部联系路线，使旅游点、服务设施连接成一个整体。

建筑风貌与院落布置

1. 古城建筑属于砖瓦式建筑，是珍贵的河南文化遗产。建筑墙体：主要为当地青砖，包含少量石头墙体砌筑。屋顶形式：主要为双坡出檐。雕饰图案以各种吉祥图案为主。建筑建议采用抬梁式。硬山形式：建筑高度建议为 1～2 层，建筑局部高度超过 3m，不低于 2.6m。

2. 以"一"字形、"L"形、"品"字形、"口"字形及组合式为主要院落布局。

空间结构图

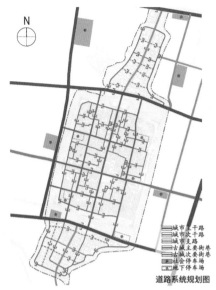

道路系统规划图

总平面图

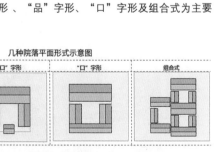

几种院落平面形式示意图

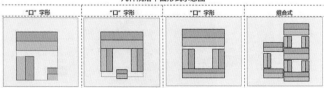

效果图1

效果图2

效果图3

05 内蒙古乌海市海勃湾旧城改造概念性设计及新区概念规划

项目简介

1. 项目区位：乌海位于内蒙古自治区西南部，毗邻黄河，与鄂尔多斯、阿拉善盟、宁夏回族自治区接壤。

2. 项目规模：规划面积 22.1km²，待更新改造区面积 3.6km²，占规划面积的 16.3%。

3. 编制时间：2008 年。

4. 项目概况：全市下辖海勃湾区、乌达区、海南区，110 国道、丹拉高速和包兰铁路从海勃湾区穿过。拥有黄河风光、滩涂湿地、戈壁风光等自然资源条件。

现状核心问题

1. 城市道路肌理单调乏味，缺少绿化，部分道路尺度过大。

2. 海勃湾旧城区建设用地约 17.6km²，人均建设用地 87.8m²，低于国家标准 105 ~ 120m²/人。

3. 公共服务设施与市政基础设施不满足国家标准。

4. 城市建成区公园与公共绿地较少，没有充分利用依山傍水的自然资源，东山生态环境遭到破坏。

5. 建筑高度以低层、多层为主，城市天际线平淡；城市缺少标志性建筑和标志性门户节点。

规划目标

营造城市整体风貌形象，明确城市空间发展结构，完善城市公益设施配套，保护城市自然生态格局，指导旧城区的控规调整。

空间结构

规划海勃湾旧城区空间结构为"单核、双环、十字轴、六节点"。"单核"：旧城商业中心核；"双环"：内环——商业文化休闲中心区，外环——外围交通干道，生态绿环；"十字轴"：南北文化轴——人民路，东西商业轴——新华大街景观带。"六节点"：商业中心节点，东山观景台节点，城西火车站节点，城南文化广场节点，城北行政文化节点，迎宾环岛节点。

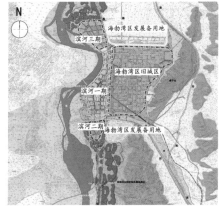

海勃湾区城市发展用地分析图

现状照片

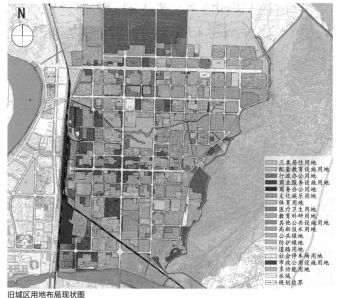

旧城区用地布局现状图

用地布局调整图

道路系统规划
完善城市原有的"棋盘网"式道路系统。构建"六横五纵"主干路网，旧城主干路红线宽度控制在 40 ~ 60m；构建"四横五纵"的次干路网，次干路红线宽度控制在 25 ~ 40m；城市支路红线宽度控制在 15 ~ 25m。

门户、地标与景观廊道规划
在旧城区规划 3 个门户节点：城北迎宾环岛、城南迎宾环岛和城西火车站；在旧城区规划 2 个地标：火车站和东山观景台；景观廊道将东山和黄河的景色引入城市内部，形成良好的视觉通廊。在旧城区规划 3 个景观廊道：沿海北大街、沿新华大街和沿海大街。

绿地系统规划
点、线、面结合，形成结构合理、功能多效的城市生态绿地系统。

用地功能调整
规划旧城用地总面积 2213.0hm^2。规划旧城区建设用地 2188.7hm^2，人均建设用地 109.4m^2。

健康步道系统规划
健康步道按照所处的位置及主要功能分为以下三类：登山步道、健身步道和休闲步道。

重点地段城市设计
包括景观改造、构筑物美化、街景改造、交叉口景观改造、休闲设施与绿化改造、立面改造等。

历史街区保护
1. 历史街区面积：16.5hm^2。其中北侧街区：7.4hm^2，南侧街区：9.1hm^2。
2. 保护原则：保护街巷肌理，保护建筑尺度；保存建筑形态，保存建筑布局；保持居住功能，引入特色功能。
3. 实时策略：通过拆除违章建筑，改善居住环境；完善基础设施，提高生活质量；修缮建筑立面，提升街区风貌；强化绿地系统，增设活动场所，达成留住城市发展印记的保护目标。

旧城历史街区平面图

旧城区道路系统规划图

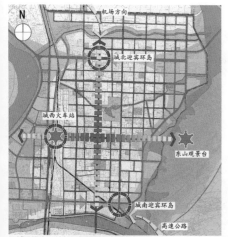
旧城区门户、地标与景观廊道规划图

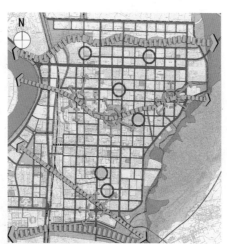
旧城区绿地系统规划图

旧城区空间结构规划图

06 北京市海淀区紫竹院街道三虎桥文化微景观设计

项目简介

1. 项目区位：项目位于海淀区紫竹院路南侧三虎桥路沿线，与紫竹院公园南门仅一路之隔，紧邻城市主干路与重要水系干渠。

2. 项目规模：规划范围分为两个地块，面积约1100m²。

3. 编制时间：2019 年。

4. 项目概况：三虎桥始建于明代，随着 20 世纪 80 年代紫竹院路拓宽被拆除，至今仍有"跑走一只，剩余三虎"的故事传颂，只留下"三虎桥"的地名和故事传颂，而没有实体作为文化遗产的载体。本次设计旨在思考如何传承和展现地域历史文脉，使其在未来的城市发展中得以延续文脉。

现状情况

基地现状建设情况不佳，主要存在四点问题：

1. 车辆乱停，导致交通拥堵；

2. 路面破旧颠簸，雨天积水内涝，安全堪忧；

3. 整体为封闭空间，无法活动停留；

4. 空间形象与历史文化毫无关联。

基地概况

现状交通分析图

周边用地情况分析图

整体效果图

06 北京市海淀区紫竹院街道三虎桥文化微景观设计
Cultural Micro Landscape Architecture Design of Sanhuqiao Bridge in Zizhuyuan Street in Beijing City

185

形象定位

项目所在的紫竹院街道总体定位为"书香乐舞·科创紫竹"，是北京市最富有文化艺术气质的科技创新区域。文脉汤汤，印象三虎，人情流传，如意紫竹。本次设计以"印象三虎桥，如意新紫竹"为设计主题，以"微更新，微改造"为手法，打造"社区微花园"的标杆，传承地域文脉，满足居民需求。

规划方案

设计以"三虎桥文化，紫竹文化，书香文化"为切入点，以实现使用人群的功能需求为目标，形成"北静南动"的功能体验空间，在不同空间植入不同活动，实现功能转换。

形象定位分析图

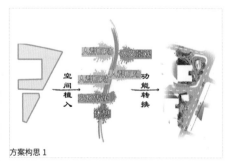

方案构思1

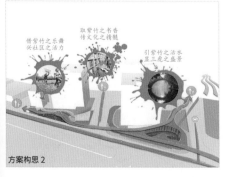

方案构思2

节点设计

北部地块以文化展示为主，取意"印象三虎"；取三虎桥形微缩成袖珍桥体，卧于镜水之上，三虎组合坐落侧旁；整体以紫竹为紫竹山水玻璃幕墙为背景，展现出长河紫竹，三虎桥镇守的怀旧山水画卷。

同时利用场地与道路高差设置台阶，将步行引导至地块内，解决积水和人车混行问题。

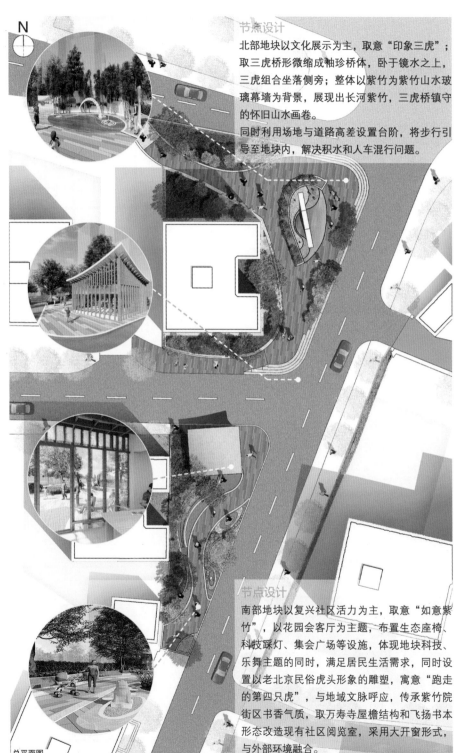

总平面图

节点设计

南部地块以复兴社区活力为主，取意"如意紫竹"，以花园会客厅为主题，布置生态座椅、科技踩灯、集会广场等设施，体现地块科技、乐舞主题的同时，满足居民生活需求，同时设置以老北京民俗虎头形象的雕塑，寓意"跑走的第四只虎"，与地域文脉呼应，传承紫竹院街区书香气质，取万寿寺屋檐结构和飞扬书本形态改现有社区阅览室，采用大开窗形式，与外部环境融合。

07 北京市朝阳区城市地区南部廊道区域规划设计

项目简介

1. 项目区位：本区域位于北京市东部、朝阳区南部地区，北邻中央商务区、西接首都核心区。

2. 项目规模：面积 2.52km²。

3. 编制时间：2018 年。

4. 项目概况：规划范围包含潘家园街道、劲松街道辖区内 13 个社区。劲松小区是在国家统一规划下建成的典型的大规模住宅区，交通便利。

街道功能现状

区域内以生活服务性质的街道为主，景观休闲街道极少。

街区开放性现状

街道界面以半封闭式和封闭式围墙的居住小区为主，开放性不足。

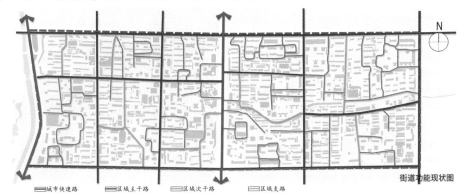

街道功能现状图

城市快速路　区域主干路　区域次干路　区域支路

绿色开敞空间现状图

城市公园　沿街行道树　沿街花园　沿街无绿化　社区绿地

区位图

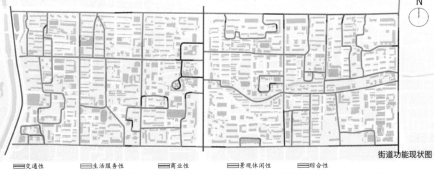

街道功能现状图

交通性　生活服务性　商业性　景观休闲性　综合性

区位图

街区开放性现状图

开放式界面　半开放式界面　封闭式界面

规划理念

打造朝阳富有历史文化景观特征的老工业社区更新典范。

规划策略

1. 再现历史，营造文化氛围；深挖社区文化，打造特色节点；

2. 改造车棚，完善社区服务；发掘车棚资源，合理改造利用；

3. 理顺路网，合理布局交通；打通毛细血管，多方安排停车；

4. 恢复河渠，优化绿道系统；合理恢复河渠，打造滨水绿道，经由景点，串联绿地，主环连通。

劲松八区老旧小区改造工程

以劲松八区改造提案为例，增设绿道，串联社区节点；现状商业，梳理缺失业态；车棚改造，增设缺失业态；突破围墙，合理规划空间；理顺路网，加设道路导识；现状梳理，停车设施紧缺；结合现状，增设立体停车；加建电梯，完善社区服务。

交通规划图

■新增支路　■新增区域次干道

停车规划图

■地面停车场　■新增立体停车楼　■错峰开放楼宇停车场　■12层及以上高层住宅区

绿色开敞空间现状图

■绿道主环线　■社区绿道　□重要节点　■大型超市／菜市场　■大型开敞绿地

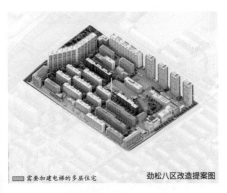

■需要加建电梯的多层住宅　　劲松八区改造提案图

劲松八区老旧小区改造工程规划图

整体规划图

08 哈尔滨哈西群力联络空间区域改造规划设计

项目简介

1. 项目区位：哈西群力联络空间区域位于哈尔滨市西南，行政管辖隶属于道里区，紧邻机场与高铁站，是集中展示哈尔滨城市魅力的重要门户区域。

2. 项目规模：6.9km^2。

3. 编制时间：2014年。

4. 项目概况：规划提出"龙江之门"的设计理念，力争将该区域建设成为哈尔滨西部经济发展融合的带动区和城市综合发展的示范区。

用地现状

规划区域内，现状用地以工业企业级及其家属宿舍、村庄农田、闲置地为主，除保留已建部分住宅用地和在建用地外，其他用地在本次规划中都将重新布局划分。

限制因素

规划区域内现状用地的建设情况较为复杂，主要分为四类：保留用地—多为住宅用地；在建用地；已批未建用地—多为商业用地；可利用建设用地，指本次规划可以利用的未开发的城市建设用地。现状有四大问题：两区发展不均衡，规划建设不同步；门户形象不鲜明，地标节点不突出；城市功能不完善，用地布局不合理；道路功能不明确，断面设计不宜人。

规划设计理念

营造城市门户形象，留住"城市的记忆"，"一主两辅·快慢分离"的街巷格局，统一建筑界面，凸显地方特色。

用地现状图

城市门户节点分析图

空间结构分析图

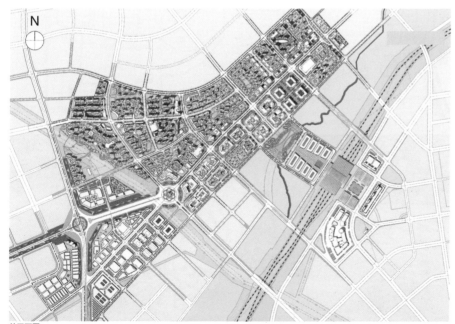

总平面图

建筑高度控制图

空间结构
一条交通廊道，一条商业廊道，两条绿化廊道，三个城市节点。

用地规划
规划用地布局方案强调城乡路的礼仪性和交通性，道路北侧以居住用地为主（大部分为已建、在建和已批未建项目），道路南侧主要布置公共建筑，将行政职能部门用地布置在靠近城区一侧，在环岛及齿轮路口形成两个重要节点，并且强调齿轮路至哈西客站北广场商业景观廊道的序列感。规划新增建筑面积约 438hm^2。

道路交通规划
规划结合用地功能，加大路网密度，梳理打通尽端路，细分地块，满足开发需求。

绿地景观系统规划
规划将为哈尔滨城市西部增添一处新的城市"绿楔"，即铁路公园。打造两条城市景观通廊、两条绿化景观廊道、三个城市景观节点。

城市开放空间规划
规划区内城市开放空间结构可归纳为一轴、两带、多节点，阶梯式构建城市空间体系。

城市形象
通过街景立面、建筑色彩的控制，打造特色、融合、现代的城市形象。

用地功能规划图

现状用地建设情况

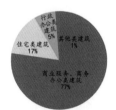

规划建设用地技术指标

鸟瞰图

交通组织分析图

绿地景观系统规划图

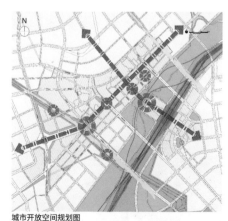

城市开放空间规划图

09 昆明滇池西岸北段片区华电地块综合开发概念规划

项目简介

1. 项目区位：滇池西岸位于昆明主城西部，西靠西山、碧鸡山，东以春雨路为界，北抵西三环，南邻西山风景名胜区。距离市中心 7km 左右。

2. 项目规模：滇池西岸度假休闲区面积 143.5km²，北段片区规划范围 32.2km²，规划用地面积 9.7km²。

3. 编制时间：2015 年。

4. 项目概况：场地最大高程差约 420m，坡向以东南、东、南方向为主。景观层次丰富、地标建筑鲜明、空间层次丰富、厂房改造弹性大、景观内涵多元化。周边环境亟待改善、交通阻隔、景观阻隔、工业衰败。综合分析，得出最适宜的项目选址。

总体愿景

打造"昆明后湾区"，演绎精品城市生活，滇池之"后海"·城市"后花园"·本地第一居所；建设成集文化、创意、休闲、教育多重功能的城市更新活力片区。打造城市级别的山水—人文景观新轴线。

设计理念

跨越隔离、铁路上盖；融入风景、山水相望；塑造亮点、场馆联动；延续文脉、遗产利用；理顺廊道、廊道体系；借势快轨、复合功能。

规划结构

规划构建一核、两轴、两带的布局结构。
一核指文化娱乐体验核——1956 西山文创园（昆明发电厂）+ 综合文体场馆；两轴指公

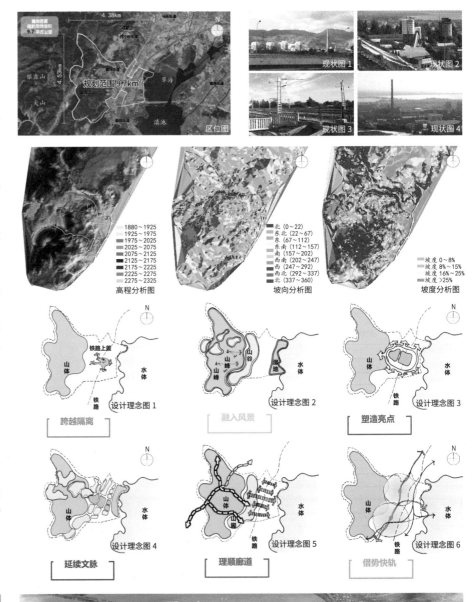

滇池西岸·山水-人文景观新轴线
城市文化新地标

09 昆明滇池西岸北段片区华电地块综合开发概念规划
Conceptual Planning for Comprehensive Development of Huadian Plot in North Area of The West Bank of Dianchi Lake

191

共服务轴——春雨路，串联文体娱乐、教育、交通场站功能；特色商业轴——以手工作坊、特色商业为主要业态的商业街，联系山间和滨水地区；两带指环山景观带——沿环山路两侧种植观赏性植物，形成环山花谷；滨水景观带——利用草海西侧湿地，打造尺度宜人的休闲景观带。

道路交通规划

打造一横三纵、织补连通的交通网络结构，密度合理、适应地形，并遵守公交先行的基本原则。

景观结构

通过水岸景观带、花谷景观带、山地景观带的构建，打造三带环绕、多点辉映的景观结构。

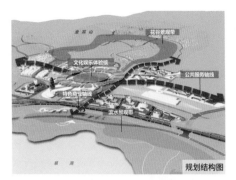

规划结构图

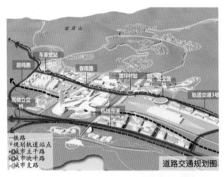

道路交通规划图

景观结构图

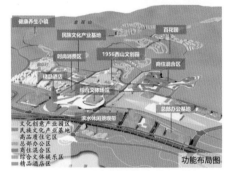

功能布局图

用地规划布局表

用地类型	代码	用地面积（hm²）
商业设施用地	B1	13.38
科研教育用地	A3	11.93
医疗卫生用地	A5	1.68
康体娱乐用地	B3	42.82
混合用地	RB	48.89
一类居住用地	R1	78.69
二类居住用地	R2	82.78
交通场站用地	S4	19.33
体育用地	A4	15.64
特殊用地	H4	5.91
公园与广场用地	G1	117.2
防护绿地	G2	58.13
总建设用地面积		496.4

用地规划布局饼图

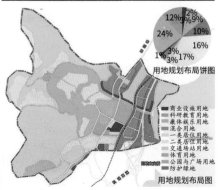

用地规划布局图

商业设施用地
科研教育用地
康体娱乐用地
混合用地
一类居住用地
二类居住用地
交通场站用地
体育用地
公园与广场用地
防护绿地

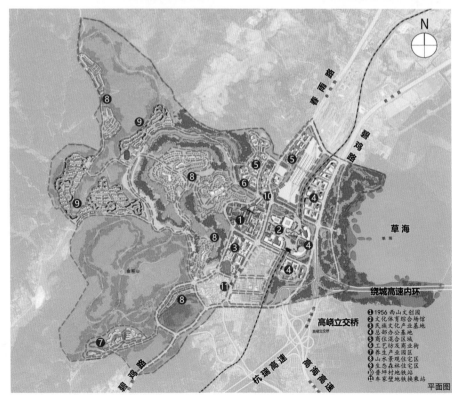

平面图

① 1956 西山文创园
② 文化体育综合场馆
③ 民族文化产业基地
④ 总部办公基地
⑤ 商住混合区
⑥ 工艺坊及商业街
⑦ 养生产业园区
⑧ 山水景观住宅区
⑨ 生态森林住宅区
⑩ 普坪村地铁站
⑪ 车家壁地铁换乘站

10 中节能北京门头沟棚户区改造圈门 C 地块概念性规划设计

项目简介

1. 项目区位：项目位于门头沟北部老城区，圈门地区。

2. 项目规模：用地面积约 48.19hm²。

3. 编制时间：2014 年。

4. 项目概况：中国节能环保领域最大的科技型服务型产业集团，是目前我国节能环保领域规模最大、实力最强、最具竞争力的科技型服务型产业集团。全局发展方面，符合北京市对门头沟整体发展的要求及定位，顺应了绿色生态节能的发展趋势；企业发展方面，借助大发展环境及企业自身双重优势，是企业对外宣传的良好途径，同时满足必要的投资收益需求。

规划设计主题

印象西山·九龙源筑。叠：尊重自然，因地制宜；山：巧借山水，修山理气；院：院落精神，文化传承。

规划目标

充分利用优势，满足各方需求，打造一个在门头沟，乃至全市范围内，标志性的、具有名片意义的项目，达到"山·水·城·人"的和谐统一。

开放空间规划

"修山理气"，形成多层次立体化的开放空间。山水为廊，蓝绿共生；居游一体，城绿共融。依据规划条件（道路、泄洪沟等）细分场地，结合场地的不同特色形成不同性质的开放空间：水空间、绿化廊道、生态景观界面、建筑景观界面，构建一大区级公园和六个主题广场。

功能分区

将场地基本划分为七大功能版块。

控制性详细规划

用地性质与街区控规深化基本保持一致，以公建混合住宅用地（F2）为主。规划总建筑面积约 21.7hm²。其中，居住类总建筑面积约 6.4hm²，公建类总建筑面积约 15.3hm²。各地块建筑面积比为公建：住宅 =7:3，基本满足 F2 类用地要求。

用地位置分析图

现状照片 1　　　现状照片 2

开放空间规划图

景观生态界面　水体界面　建筑界面　水空间
景观界面　山水廊道

规划功能分区图

用地功能布局规划图
公建混合住宅用地
幼儿园用地
市政公用设施用地
公共绿地
道路用地
水域
规划边界

建筑功能布局规划图
居住建筑
商业办公建筑
文物保护建筑
公用设施

10 中节能北京门头沟棚户区改造圈门 C 地块概念性规划设计
Conceptual Planning and Design of Block C in the Transformation of Mengtougou Shantytown of Cecep in Beijing

193

建筑功能布局规划

居住建筑主要布置在场地北侧，地势相对较高、视线开阔、私密性强的坡地上。公共建筑主要布置在场地南侧，交通较为方便的地块，通过进行适当内部环境营造，打造各具特色的公共服务组团。

道路交通系统规划

不改变上位规划确定的道路等级、红线宽度及交通组织方式的前提下，根据场地现状及竖向设计，合理确定车行出入口位置、内部道路体系及道路形式。停车通过地面＋地下停车方式解决停车问题。规划地面停车位约 200 个，能满足 15% 停车需求，其余 85% 需通过地下（半地下）停车解决。

建筑高度控制

基地内整体高度控制在 18m 以下，既满足上位街区控规的要求，同时又考虑地质条件的建设限制。幼儿园及文化推广区结合建设需要控制高度限制在 9m。

开发强度控制

街区控规开发强度控制在 1.8 以下，规划场地容积率分为四个梯度：容积率 1.0 以下主要为文化推广区、幼儿园及市政公用配套设施地块；容积率 1.0 主要为集中办公、创意产业区；容积率 1.2～1.4 为精品酒店＋花园洋房住宅地块、集中办公＋花园洋房地块。

其他专项建设指引

通过建筑风貌控制规划、绿地景观设计引导、夜景照明设计引导、建设绿色生态示范项目指标体系、六大绿色建筑评价指标控制、充分利用节能技术进行能源利用、提高节水技术、绿地率达到 40% 以上、生活垃圾分类回收率达到 100%、建立智能信息系统等手法，完成整体控制性详细规划。

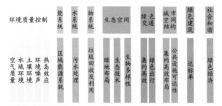

绿色生态示范项目

道路交通系统规划图

总平面图

规划开发强度控制图

建筑高度控制规划图

11　山西晋中市祁县旅游通道（208国道）及两侧用地规划设计

项目简介

1. 项目区位：北起榆祁高速祁县出入口，南至大西高铁，以208国道旅游景观通道两侧200～300m范围。

2. 项目规模：规划总用地面积约484hm²。

3. 编制时间：2013年。

4. 项目概况：项目以中部高压走廊为界，分北段和南段。

定位和目标

1. 整体定位：中国晋商文化风情旅游示范区。

2. 形象定位：祁县旅游城市门户，传统文化展示窗口，历史文化名城标志。

3. 规划目标：弘扬晋商文化，彰显祁县特色；推进文化旅游，引领三产联动；营造绿色空间，构建生态体系。

空间结构

规划形成一轴、两心、四区的总体空间结构。

景观及开放空间规划

规划形成一轴、三心、三带、六点的景观及开放空间结构。

道路系统规划

落实总体规划路网体系，规划公交车站、加油加气站、公共停车场、信号灯、道路标志标线标牌等其他交通设施；对乔家大院北侧停车场进行游客容量测算，以保证高峰日游客的旅游停车需求。

建筑高度控制

现状乔家堡路以南区域整体建筑屋脊高度控制在8m以下，现状乔家堡路以北区域建筑檐口高度控制在8m以下；高压走廊以北区域建筑檐口高度控制在30m以下。

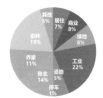

现状用地占比示意图

规划用地占比示意图

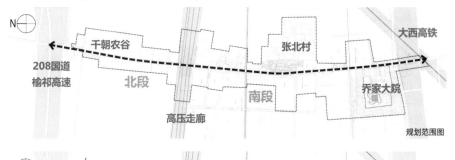

规划范围图

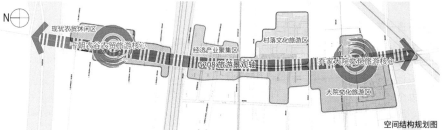

空间结构规划图

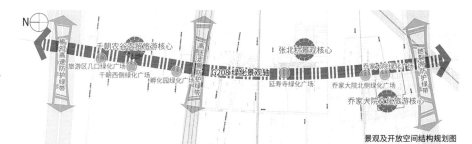

景观及开放空间结构规划图

道路系统规划图

用地功能规划示意图

11 山西晋中市祁县旅游通道（208 国道）及两侧用地规划设计
Planning and Design of Qixian Tourist Passage (National Road 208) in Jinzhong and Land Use On Both Sides of Roads

195

用地功能规划

规划范围总用地 484hm²（7260 亩），净用地面积（除道路、绿地外）349hm²（72%）。需从农业用地调整为建设用地的土地面积约 100hm²（1500 亩）。保留用地 283hm²（81%，工业、千朝、张北村、乔家），新发展用地 66hm²（19%，以商业服务用地为主）。新发展用地中，重点配套完善三大类用地。其中，商业用地增加 9%，绿地广场增加 9%，道路停车增加 8%。

重点项目"139 工程"

重点打造一条旅游通道，三大核心景区和九大重点项目。

对旅游通道进行断面改造，路口渠化设计和人行道设计，并对三个核心景区分别进行详细设计。九个重点项目分别为：程家庄村综合改造项目、五处四星级酒店项目、经开区产业孵化基地项目、农副产品展销大厅项目、乔家大院旅游停车场项目、文化创意区建设项目、乔家大院景区周边商业用房改造项目、经开区保留厂房立面改造项目、208 国道绿化种植项目。

分期实施计划

近期落实 208 旅游通道道路红线及两侧绿线；规划高压走廊以北范围实施建设；规划燕京啤酒厂南北两侧、乔家大院景区以南范围沿街商业设施用地建设；中期进行高压走廊以南工业厂房改造；张北村北侧商业用地、停车场用地建设；乔家大院景区北侧及东侧商业用地、停车场、绿地广场建设；远期进行张北村村庄整体改造范围；乔家大院景区及周边环境整体规划范围。

建筑拆迁概况

1. 张北村近期只拆除占压道路红线、绿线，占压规划延寿寺广场的建筑，其他村庄建筑根据张北旅游村整体改造项目统一考虑，不纳入本次拆迁计划。
2. 乔家大院景区及周边区域，只统计 208 国道临街建筑，其他建筑根据景区整体规划统一考虑，不纳入本次拆迁计划。

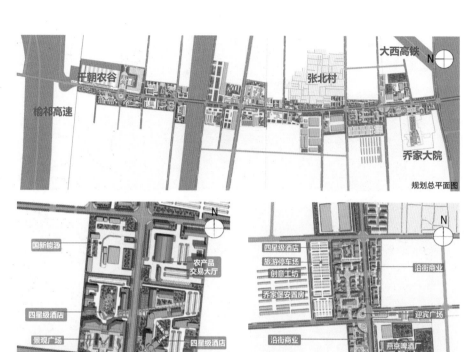

规划总平面图

千朝农谷农贸旅游区酒店地块总平面布局示意

乔家大院文化旅游区总平面布局示意

分期建设规划图

建筑拆迁分析图

主题 06

城市基调与城市风貌
CITY KEYNOTE AND CITYSCAPE

浅析城市基调和多样性

城市基调与多样性是个"新鲜"的词汇，它的出现是为落实《北京城市总体规划（2016—2035年）》关于"加强城市设计和风貌管控"和"注重城市建设基调的把控"的要求，北京市规划自然资源委城市设计处联合多家单位开展了北京城市基调和多元化的专项研究。"基调与多样性"是脱胎于城市风貌规划之中。城市风貌即城市的风采和面貌，是关于城市自然环境、历史传统、现代风情、精神文化、经济发展等的综合表征，既反映了城市的空间景观、神韵气质，又蕴含着地方的市民精神与科教文明。通过运用现代城市规划的理论和方法，对各种风貌要素的景观设计要求和空间组合关系做出合理的安排，从而形成生态和谐、尺度宜人、协调统一、视觉优美的风貌特色景观。

"基调与多样性"，是对城市风貌的高度精练概括，使人能够直观地感受城市的特色。城市基调和多样性即城市的总体印象，是城市内在精神气质和外延风貌环境的基本定位和丰富表现。"基调与多样性"不同于现代主义的城市规划理论对功能主义和高速高效城市的追求，它更多是对人的尺度、人的活动、人的心理的温情关注。它更关注社会的文脉与活力，强调公共空间里人类的互相吸引，重视功能的混合与复杂性，体现出当代社会对多元的文化与价值的需求与关注。它是城市内在精神气质和外延风貌环境的基本定位和丰富表现，而且不是凭空创造的，也不是一成不变的，而是随着城市的诞生、成长而不断演进与丰富。

什么是城市基调？城市基调可以是游客对旅游目的城市所感受到的城市第一印象，也可以是城市的自然地域特征、历史、城市精神等的综合。但是，长期以来并没有明确提出城市基调这一内容，基调只作为一个用于陈述的一般性词汇。基调与城市的自然生态、历史人文、未来发展有着千丝万缕的联系，可以在城市内在精神与实体空间之间建立有序关系，推动城市的高品质发展。我们认为城市基调即城市的总体印象，是城市内在精神气质和外延风貌环境的基本定位和丰富表现。

城市基调是城市之魂，是城市内在历史、空间、技术、文化等多要素的共同作用结果，创造有活力、有人性的城市空间，完整阐述城市基调，为城市中人群的聚集提供有利的场所。

城市基调是如何形成的呢？我们认为它受四方面影响。

城市基调是时间的产物。城市是人类文明史沧桑变迁的见证，也是不断展现国家发展新面貌的载体。在古代，城市是"礼制"约束下具有严谨空间秩序的防卫、行政形态，礼制营城的思想贯穿历朝历代，主导城市建设，规整有序的肌理从老城延续到大部分地区；中华人民共和国成立后，城市体现出社会主义新中国新气象；改革开放后，城市建设处于大规模高速发展时期，各种先进的技术理念体现在建筑风貌上，对传统的建筑审美价值造成影响和冲击。探索传统文化元素、建筑语汇与现代城市环境、功能需求的有机融合，是城市风貌演变的重要问题，彰显传统文化特色应当成为城市基调引导的重要方向。

城市基调依托空间载体。城市基调是一个由面及点的概念，在一定范围内通过空间要素的共性给人以符合区域定位的认知印象。城市基调很大程度上受到城市风貌要素的影响，包括城市尺度、城市色彩、城市街道、城市廊道、水系等。城市空间尺度或大或小，不同城市、不同地区也呈现出不同的肌理形态特征；城市色彩是一个城市总体的建筑颜色，城市色彩规划设计是对一个城市的色彩确定一个色调，突出城市的自然美和与自然环境的和谐，并反映城市的历史文脉；城市街道是彰显着地区历史文化、社会物质生活和空间艺术形态的演变历程。城市水系始终是城市得以存在运转的基础设施和休闲游赏的人文景观，结合山水形势，因地制宜地塑造出灵活多变的城市肌理，成为城市空间重要的活跃元素。

城市基调受技术要素影响。结构技术、施工技术、消防技术、维护技术等现代建筑技术的发展，给城市的空间形态、第五立面、建筑风貌等都带来革命性的改变，丰富了城市肌理和天际线景观，对城市整体基调产生了深刻的影响。

城市基调是文化的积淀。城市是中华民族深厚文化的集中体现，深刻地影响着城市的基调。城市始终是我国最重要的人口聚集地。在各个历史时期，不同地域、民族、宗教背景的人群深度融合，获得归属感。

如何在把控城市基调的同时展现多元特色呢？城市基调与多样性应是一个体系，这个体系应具备四个主要特征。

特色的体系，城市基调应能够准确表现城市特征，具有代表性、差异性以及鲜明的辨识度，可以将该城市与其他城市相区别。包容的体系，城市基调允许在其基本定位基础上，演化并包容更加丰富的内容，与时代发展相协调，是培育多元文化的载体和摇篮。稳定的体系，城市基调具有历史延续性和稳定性，在较长时间内不会轻易

北京门头沟新城南部地区城市设计导则与近期重点建设项目规划指导细则的实施评估——俯瞰门城

北京门头沟新城南部地区城市设计导则与近期重点建设项目规划指导细则
的实施评估——生态商务岛

河北承德市城市风貌规划设计——滦河新城效果图

改变，可以为不同时代大众认可和接受，符合城市发展基本规律。先进的体系，城市基调应体现城市深厚的历史文化价值和内涵，能够反映时代社会经济、文化科技、思想理念的先进性。

同时，这个体系应当有三类两级，分别为①生态格局基调（山川地貌、河湖水系、田林湖草、日昼夜华、风雨光气）；②历史文化基调（历史演变、传统生活、思想意识、民俗民节、神话传说）；③城市风貌基调（山形地理、城市建筑、公共空间、环境氛围、格局肌理、视廊通廊、昼夜色彩）。

以北京为例，北京城市基调与多元化核心内涵是什么呢？即望山亲水、两轴统领、方正舒朗、庄重恢宏的大国首都基调特征；包容创新、今古融合、丹韵银律、活力宜居的世界名城多元特色。

大国首都基调特征 表1

大国首都基调特征（8条）	望山亲水	01	连绵壮丽的山峦背景
		02	水田林城的和谐共生
	两轴统领	03	纵贯古今的中央轴线
		04	沉稳厚重的神州大地
	方正舒朗	05	方正规整的街巷格局
		06	舒朗优质的空间形态
	庄重恢弘	07	庄重优质的政务地区
		08	端庄大气的城市风貌

国际名城多元特色 表2

国际名城多元特色（8条）	包容创新	01	复合包容的城市载体
		02	绿色创新的建筑力作
	古今融合	03	连续清晰的文脉传承
		04	古今交融的建筑风格
	丹韵银律	05	和谐统一的色彩分区
		06	特色鲜明的城市两点
	活力宜居	07	别致有趣的公共空间
		08	焕发生机的城市角落

望山亲水：城市与自然的有机融合是中国传统营城理念的核心法则之一。山水格局是北京城市规划建设的根基。全面统筹城乡建设与山、水、林、田、湖等自然资源，突出城市自然景观特征，充分展现壮丽山峦的优美轮廓线，塑造连续贯通、舒适宜人的滨水空间，完善市域林网与田园，彰显望山亲水，富有东方文化意境的山水格局基调特征。

两轴统领：坚持以两轴为统领，架构城市空间形态的骨架与脊梁。以长安街强化壮美首都空间秩序、以中轴线传承浓郁古都文化特征，通过线性空间的系统引导和重要节点的精细把控，塑造特征鲜明的城市轴线。

方正舒朗：北京老城是中国古代营城理念指导下的典范之作，其"棋盘式"的路网格局、舒缓开阔的空间形态在后续城市建设中得以贯彻延续，成为北京城市基调的重要内容。全面加强对城市二维肌理和三维形态的管控，传承方正、规整的路网格局和肌理特征，彰显疏朗有序、错落有致的空间形态，构建组团发展、大疏大密的

城市格局。

庄重恢宏：落实北京城市战略定位，建设拥有优质政务保障能力和国际交往环境，迈向中华民族伟大复兴的大国首都。紧抓"政治中心"承载地区、重要门户地区、特色空间轴线地区的综合管控，塑造整洁有序的第五立面，充分展示大国首都形象，彰显端庄华美、气魄恢宏的首都风范。

包容创新：大国首都的悠久历史和深厚文化孕育了北京"包容大气"的城市性格，使其逐渐成为承载多元文化和多样生活、引领世界格局发展的关键性城市。全面加强城乡建设的多元化引导，形成因地制宜、城景相融的景观风貌，建设国际一流的和谐宜居之都。探索传统语汇、绿色技术与时代需求在建筑设计和城市建设中的融合应用，创造富有创新精神、独具人文魅力的东方名城。

古今融合："北京历史文化遗产是中华文明源远流长的伟大见证，是北京建设世界文化名城的根基，要精心保护好这张金名片"。以更开阔的视野不断挖掘历史文化保护和文脉传承的内涵，严格管控老城和三山五园地区的景观风貌，对风貌协调地区和展现不同时期发展印记的地区进行差别化、精细化设计，实现兼容并蓄、古今融合，具有高识别度的城市风貌，充分展现世界名城的古都风韵。

丹韵银律：通过谱系化梳理城市建筑类型，呈现北京由古至今的建筑色彩，从红墙黄瓦的皇城到灰墙青瓦的民居，从经典米色的十大建筑到银辉清新的现代高层，共同造就了北京"丹韵银律"的城市色彩主基调。应在充分汲取古都五色系统精髓的基础上，规范城市色彩使用，建立和谐统一的色彩分区，突出特色鲜明的城市亮点，形成典雅庄重、协调律动的北京城市色彩形象。

活力宜居：公共空间是城市基调与多元化的重要载体之一，集中体现了北京作为世界文化名城的人文特色和城市精神。坚持以人为本的原则，倡导开放复合的理念，创造安全便利、活跃舒适、有北京味儿的高品质公共空间。加强城市修补，深挖场所文脉，在传承与创新中形成独具文化魅力的空间形象。

参考文献：

[1] 袁磊. 城市风貌与特色规划 [M]. 上海：同济大学出版社，2015.
[2] 齐新明. 城市风貌规划理论与实证研究 [M]. 甘肃：甘肃人民出版社，2014.
[3] 疏良仁. 城市风貌规划编制内容与方法的探索 [J]. 城市发展研究，2008（2）.
[4] 俞孔坚，奚雪松. 基于生态基础设施的城市风貌规划 [J]. 城市规划，2008（3）.
[5] 段德罡，刘瑾. 城市风貌规划的内涵和框架探讨 [J]. 城乡建设，2011（6）.
[6] 朱旭辉. 城市风貌规划的体系构成要素 [J]. 城市规划汇刊，1993（6）.

河北承德市城市风貌规划设计——风情小镇透视图

城市基调不是凭空创造的，也不是一成不变的，而是与生俱来的，并随着城市的诞生、成长而不断演进与丰富。

城市基调和多样性是人们对一个城市的总体印象，是城市内在精神气质和外延风貌环境的基本定位和丰富表现。基调与城市的自然生态、历史人文、未来发展有着千丝万缕的联系，可以在城市内在精神与实体空间之间建立有序关系，推动城市的高品质发展。

项目简介

1. 项目区位：北京居华北平原北端，位于太行山与燕山交会处，西部为西山属太行山脉；北部和东北部为军都山属燕山山脉。

2. 项目规模：包括北京市五大圈层，土地面积 16410.54km²。

3. 编制时间：2017 年。

4. 项目概况：2017 年 9 月，《北京城市总体规划（2016—2035 年）》获得正式批复，提出了"凸显北京历史文化整体价值，塑造首都风范、古都风韵、时代风貌的城市特色"。为全面贯彻十九大精神，落实城市总体规划，探索"保持城市建筑风格的基调与多元化，打造首都建设的精品力作"的科学策略与合理路径，北京市规划和国土资源管理委员会组织开展了本次"北京市城市基调和多元化的战略方案"征集与汇总工作。

工作意义与目标

本次工作通过对北京城市基调与多元化的提炼与总结，探究城市内在文化基因的外在显性，旨在进一步彰显大国首都的风貌特征，提升宜居城市的空间品质，体现国家和民族的文化自信。

本次工作是北京总体城市设计层面的一项专题研究，落实总规战略，广泛建立共识，把"首都风范、古都风韵、时代风貌"的三风意境实体化和具象化，解读可感知、可辨识的"城市基调"。

工作模式

本次工作坚持专家引领、公众参与，以"12 家技术单位专题研究 +12 所特色高校专场论坛"的形式开展方案征集，以主题展览、问卷调研及专业座谈等为补充，为深刻解读、规划引导北京城市的基调和多元化出谋划策、凝聚智慧。最终由北京市规划院汇总提炼，达成共识。

北京市规划和国土资源管理委员会		
城市设计处（整体组织协调）		
市规划学会（组织实施）	市规划学会（组织实施）	市规划学会（组织实施）

12 家在京规划设计高校 主题专长研讨	12 家在京规划设计院所 战略方案征集
清华大学 北京大学 中国人民大学 北京师范大学 北京建筑大学 北京林业大学 北京工业大学 北京交通大学 北方工业大学 北京联合大学 北京市社会科学院 首都师范大学	北京清华同衡规划设计研究院有限公司 中国城市规划设计研究院 北京市建筑设计研究院有限公司 中国建筑科学研究院 华通设计顾问工程有限公司 北京土人城市规划设计有限公司 中国建筑设计院有限公司 中国中建设计集团有限公司 中国中元国际工程有限公司 北京市弘都城市规划建筑设计院 中国美术学院 中央美术学院

01 北京市城市基调与多元化战略方案征集

任务要求

实施总规战略，编制方案征集任务书，明晰整体把握与专题研究两个层次，构建六大基本要素和六大特定地区的管控体系，形成重点突出、全域覆盖的基调与多样性规划管控网络。

工作内容

实施总规战略，编制方案征集任务书，明晰整体把握与专题研究两个层次，构建六大基本要素和六大特定地区的管控体系，破解条块分割，形成重点突出、全域覆盖的基调与多样性规划管控网络。根据任务分配，我院承接了三大主题，分别为：整体解读部分、街道与公共空间部分及城市活力地区部分。

工作目标

1. 整体把握与专题研究相结合。旨在建立完整工作框架，细化工作层次与内容，共同推动北京城市基调和多样性的规划管控工作。

2. 定性描述与定量管控相统一。旨在落实总规战略要求，以可读、可视与可控为多重导向，保障总体城市设计层面工作精细有效指导具体地区实践。

3. 基本要素与特定地区相协调。旨在破解条块分割，形成重点突出、全域覆盖的基调与多样性规划管控网络。

工作结果

研究编制完成了北京城市基调与多元化总报告、白皮书及研究成果汇编。我院编制的大部分成果被编收入册。

整体解读		街道与公共空间	城市活力地区
形成城市整体层面基调与多元化的明确结论		形成针对该要素的规划设计通则，应覆盖全市域范围	明确该类地区在整体工作框架中的层级位置及规划愿景
形成城市分区层面基调与多元化的明确结论		充分体现"首都风范、古都风韵、时代风貌"的城市特征	建立适用区的规划管控体系，提出核心影响要素
提出明确的基调和多元化规划管控体系		充分考虑历史风貌地区、现代城市地区差异性管控要求	选取局部地区开展规划应用实践，展现管控目标与效果

整体解读							建筑色彩			建筑第五立面				公共空间			
建筑形态					建筑风貌									街道			
建筑布局	建筑体量	建筑密度	建筑高度	高点位置	建筑风格	建筑材质	立面细分	建筑基底色	建筑强调色	环境设施色彩	屋顶形式	屋顶色彩	设备设施	大地景观	街巷肌理	街道宽度	建筑推线	建筑贴线	建筑底层功能

公共空间										水系与滨水空间				滨水生态景观	
广场						公园绿地				水系	滨水空间				
广场范围	界面D/H	围合度	建筑贴线	建筑底层功能	绿地率	种植通透度	交通组织	环境小品	广场范围	界面D/H	围合度	建筑贴线	建筑底层功能	连续性	水质	滨水空间范围	滨水岸线形式	山体轮廓线	资源保护

第一部分 整体解读

三大认知

城市基调不是凭空创造的，也不是一成不变的，而是与生俱来的，并随着城市的诞生、成长而不断演进与丰富。
——项目编制组

Definition | System | Feature

概念认知
城市的总体印象，是城市内在精神气质和外延风貌环境的基本定位和丰富表现

体系认知
生态基调：山川地貌、河湖水系、自然植被；
文化基调：历史演变、传统生活、思想意识；
风貌基调：城市建筑、公共空间、环境氛围

特征认知
特色的体系
稳定的体系
包容的体系
先进的体系

北京基调

山水相依、林田共生；中心放射、组团环绕
老城新城、交相辉映；科技创新、共享共荣

整体分区

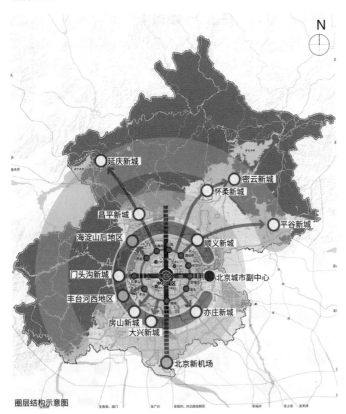

圈层结构示意图

▶ 根据北京城市发展布局特点，形成五大圈层结构：
第一圈层：中心大团和城市副中心。
第二圈层：第一道绿隔城市公园环和十个边缘集团。
第三圈层：第二道绿隔郊野公园环、五个近郊新城及海淀山后地区和丰台河西地区。
第四圈层：平原生态农业区、北京新机场地区及昌平新城。
第五圈层：山区生态涵养区及四个远郊新城。
根据圈层结构，形成基调分区框架（图）。

基调分区框架

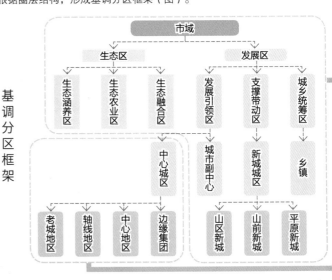

特定地区划分

▶ 重要历史地区

分为三类，以三环路为界，包括老城区、典型城市改造地区和风貌控制区。

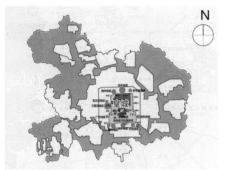

重要历史地区布局图

■ 历史文化保护区　●● 城门地区　□ 风貌控制区
□ 老城区　⊡ 典型城市改造地区

▶ 重要活力地区

分为: 商务地区、商业地区、科创地区、文体地区。

重要历史地区布局图

■ 商务地区　■ 科创地区
■ 商业地区　□ 文化地区

▶ 重要景观地区

分为：门户地区、地标地区、标志地区。

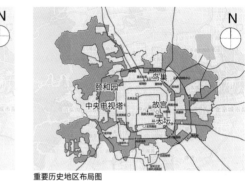

重要历史地区布局图

○ 铁路枢纽　▲ 地标　━ 环路及高速公路
● 高速进京节点　▲ 标志（世界文化遗产）

市域分区图

市域层面，基调分为两个大区，即：生态区和发展区。其中：

1. 生态区具体可细化为三个分区：生态涵养区、生态农业区和生态融合区。

（1）生态涵养区：主要包括昌平、怀柔、密云、平谷的北部山区，门头沟、房山的西部山区及延庆区，是北京北部和西部的绿色屏障。

（2）生态农业区：主要包括昌平、怀柔、密云、平谷的平原地区及房山、大兴、通州的南部平原地区，是北京由山区过渡到平原发展区的缓冲地带。

（3）生态融合区：主要包括一道绿隔城市公园环、二道绿隔郊野公园环及永定河、潮白河两条重要河流两侧地区，是生态空间与发展空间的融合地区。

2. 发展区具体可细化为三个分区：发展引领区、支撑带动区、城乡统筹区。

（1）发展引领区：主要包括中心城区、北京城市副中心、清河北苑组团北部地区。

（2）支撑带动区：主要包括十个新城城区及北京新机场枢纽地区。支撑经济活力，带动区域发展。

（3）城乡统筹区：主要包括市域内乡镇。

中心城区层面，基调分为四个区，即：老城地区、轴线地区、中心地区、边缘集团。其中：

1. 老城地区：二环内地区。

2. 轴线地区：

（1）中轴线及其延长线：传统中轴线及其南北向延伸，奥林匹克森林公园至南苑段。

（2）长安街及其延长线：以天安门广场为中心东西向延伸，首钢至定福庄段。

3. 中心地区：中心大团除老城区及轴线区外地区。

4. 边缘集团：西苑、清河、北苑、酒仙桥、东坝、定福庄、垡头、南苑（部分）、丰台、石景山及海淀山后地区和丰台河西地区。

中心城区分区图

管控要素

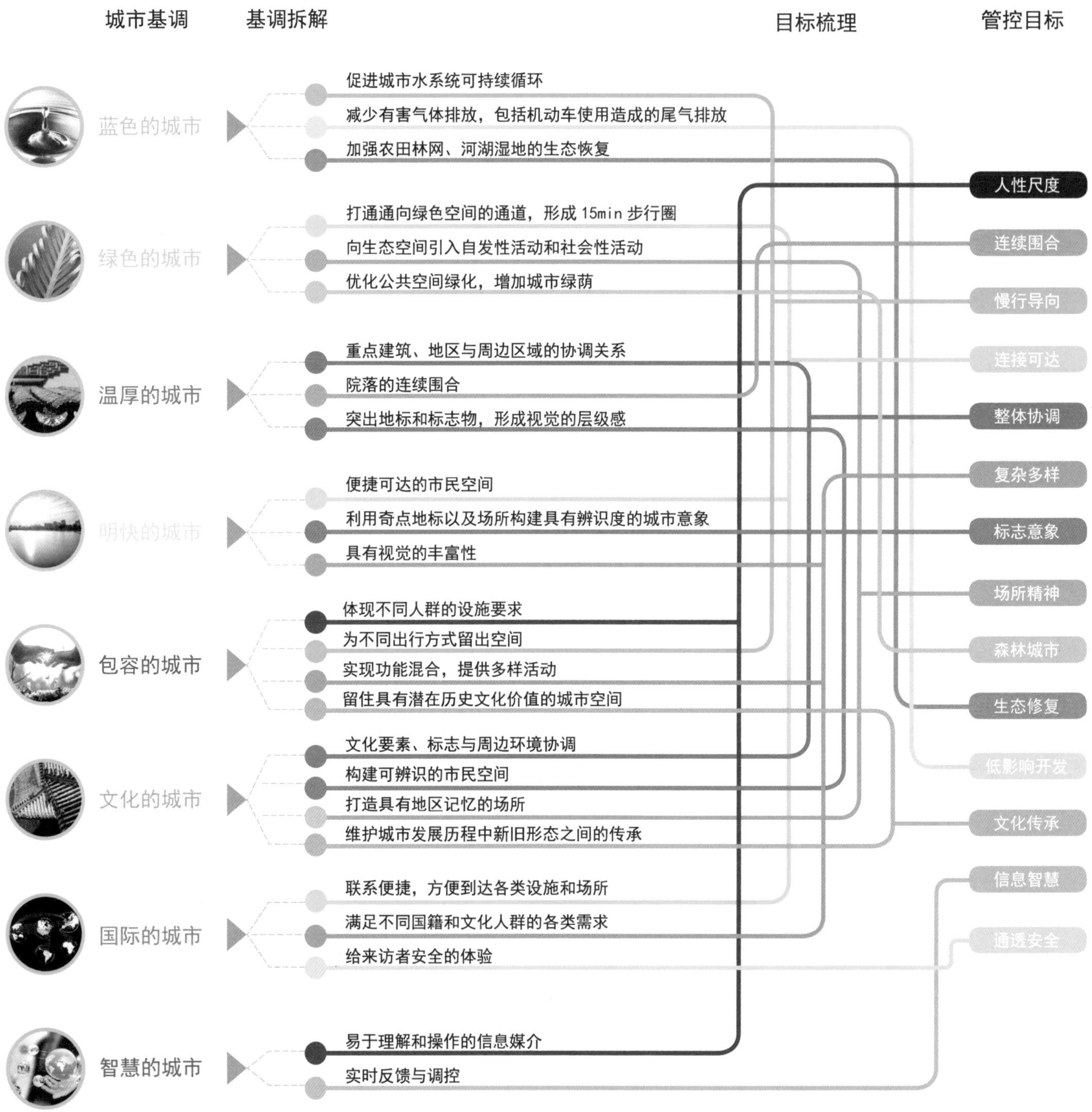

城市基调　　基调拆解　　　　　　　　　　　　　　　　　　　目标梳理　　管控目标

蓝色的城市
- 促进城市水系统可持续循环
- 减少有害气体排放，包括机动车使用造成的尾气排放
- 加强农田林网、河湖湿地的生态恢复

绿色的城市
- 打通通向绿色空间的通道，形成 15min 步行圈
- 向生态空间引入自发性活动和社会性活动
- 优化公共空间绿化，增加城市绿荫

温厚的城市
- 重点建筑、地区与周边区域的协调关系
- 院落的连续围合
- 突出地标和标志物，形成视觉的层级感

明快的城市
- 便捷可达的市民空间
- 利用奇点地标以及场所构建具有辨识度的城市意象
- 具有视觉的丰富性

包容的城市
- 体现不同人群的设施要求
- 为不同出行方式留出空间
- 实现功能混合，提供多样活动
- 留住具有潜在历史文化价值的城市空间

文化的城市
- 文化要素、标志与周边环境协调
- 构建可辨识的市民空间
- 打造具有地区记忆的场所
- 维护城市发展历程中新旧形态之间的传承

国际的城市
- 联系便捷，方便到达各类设施和场所
- 满足不同国籍和文化人群的各类需求
- 给来访者安全的体验

智慧的城市
- 易于理解和操作的信息媒介
- 实时反馈与调控

管控目标：
- 人性尺度
- 连续围合
- 慢行导向
- 连接可达
- 整体协调
- 复杂多样
- 标志意象
- 场所精神
- 森林城市
- 生态修复
- 低影响开发
- 文化传承
- 信息智慧
- 通透安全

管控实例

市域—生态区—生态融合区

优先级 管控目标	重要	建议	参考	无关
人性尺度			√	
连续围合				√
慢行导向			√	
连接可达				√
整体协调	√			
复杂多样		√		
标志意象		√		
场所营造			√	
森林城市				√
生态修复	√			
低影响开发	√			
文化传承		√		
信息智慧			√	
通透安全			√	

1. 重要措施

严格控制体量与色彩。

以山、水及历史建筑作为地区标志物，严控相临标志物之间建筑和设施高度，保证视觉不遮挡。

生态融合区内活动场地和设施依自然环境布局。

场地、设施、建筑尽量集中、高密度、低强度布置；滨水空间考虑洪泛期影响。

2. 建议措施

设置慢行步道，并在与主要机动交通交叉处设置停车场。

加强活动场地和设施与主要交通的连接。

西北部结合历史文化元素塑造记忆点。

注重河流生态系统的恢复与保护。

市域—生态区—生态融合区

优先级 管控目标	重要	建议	参考	无关
人性尺度			√	
连续围合				√
慢行导向		√		
连接可达		√		
整体协调	√			
复杂多样			√	
标志意象	√			
场所营造	√			
森林城市		√		
生态修复	√			
低影响开发		√		
文化传承		√		
信息智慧			√	
通透安全		√		

1. 重要措施

禁止破坏、拆除或改建。

在优秀建筑（群）和外部主要通道之间构建多条空间与视觉联系，以及通畅的进入通道。

最大可能在建筑周边打造开放景观，增强建筑（群）的可意象性。

不改变建筑外观和内部结构的同时注入丰富业态，活化功能，向公众开放或设置开放时段。

挖掘历史文化价值，打造地区历史记忆点。

外部通道上设置具有文化元素的清晰指引标识。

2. 建议措施

邻近新建建筑控制高度和尺度与近现代优秀建筑协调，已建建筑尽可能改造协调。

市域—发展区—发展引领区（中心城区）

优先级 管控目标	重要	建议	参考	无关
人性尺度		√		
连续围合		√		
慢行导向		√		
连接可达		√		
整体协调	√			
复杂多样		√		
标志意象	√			
场所营造		√		
森林城市	√			
生态修复			√	
低影响开发			√	
文化传承	√			
信息智慧		√		
通透安全		√		

1. 重要措施

划定发展引领区特定地区和核心标志，中心城区依重要程度分为老城地区、长安街及延长线和中轴线及延长线地区、中心地区、边缘集团。

主要以塑造和强化标志意象的标志性措施和外围一般地区的协调性措施为主。

强化标志物在城市空间中的突出性。

引绿入城，打造森林街道。

保存城市发展历程中的代表性形态。

2. 建议措施

设计精细、尺度宜人。

减少骑行和步行障碍，提高可达性。

注重功能复合和形态的细部变化。

第二部分　基本要素——公共空间

公共空间概念

城市公共空间：指在城市中，对公众开放或半开放的空间区域，是公众进行公共交流、公共活动、休憩娱乐、舒适安全的开放性场所，是城市不可或缺的一种空间形态，是城市居民生活的重要组成部分。当前城市中的公共空间类型，可基本划分为六大类，包含：绿色空间、滨水空间、街道空间、广场空间、附属空间、小微空间。

广场空间	市政广场、商务广场、商业广场、纪念广场、宗教广场、生活广场、交通广场等
街道空间	生活型街道、商业型街道、景观型街道、交通型街道、综合型街道等
绿色空间	风景名胜区、田园风光用地、城市公园绿地、城市防护绿地等
滨水空间	滨海空间、滨河空间、滨湖空间、滨溪空间、湿地空间等
附属空间	校园交往空间、托幼活动空间、医院疗养空间、住区休闲空间、企业门户空间、场馆集散空间等
小微空间	建筑间小广场、街头小广场、建筑旁小绿地、街头小绿地等

公共空间功能

公共空间承载着交通、交往、休憩、散步、观赏、健身、娱乐、餐饮、展示、节庆等多种功能。多种人群，多种活动，多种事件，多种故事的汇聚生成了场所的活力，这就是公共空间的魅力所在。公共空间作为城市重要的绿色功能区，承担了城市重要的生态调节功能。

简单来说，可以将功能归纳为"交通功能""活动功能"和"生态功能"。

公共空间特征

公共开放	公共空间具有大众化的服务对象的属性，所有人均可使用，自由进出，没有阶级分化和贫富之嫌。着重强调公众可进入，容易形成群体的聚合，人的行为活动多样
功能复合	公共空间具有生态、娱乐、文化、美学等多重目标和功能。它是多种城市活动聚集的区域，也是城市生态空间的景观区，更是城市文化和形象的展示区
绿色空间	公共空间具有开敞空间体的概念，主要可分为：行为可达，指城市交通、空间细节设计让人方便到达；视线可达，指与周边的建筑和景观环境的关系；心理可达，指与整个地段的总体环境质量相结合
舒适安全	公共空间是公众聚集的地方，强调公众活动的安全和舒适。一方面提供舒适的设施，另一方面广场空间上要体现通透、安全，保证各种人群活动的安全

公共空间核心问题

绿地控制不足

小微空间开发利用

滨水空间活化

街道空间不宜人

附属空间对外开放

公共空间目标

城市公共空间是城市自身文化内涵和对外展示的重要承载地，未来在公共空间的打造上更应该坚持"以人为本"，充分考虑人的交通、活动、生态等多种功能体验，创造人性化的公共空间。把关心人、尊重人的理念体现在城市空间的创造中，重视人在城市空间环境中的心理活动、行为和文化，创造环境与人和谐、统一的理想空间。

确保空间的安全性，避免风险、身体损伤、不安全感、不愉快的感官影响，尤其是应避免气候的负面影响。如果以上任何一个主要问题没有顾及，那么其他方面的准则也就是空谈。

确保空间的舒适性，鼓励人们利用公共空间进行若干最重要的活动：行走、站立、坐下、观看、交谈、倾听和自我表现。要充分利用公共空间，就要既考虑白天的使用场景，也考虑夜间，此外也要兼顾一年四季的全部时间。

确保空间的活跃性，应符合人性的尺度、充分利用当地气候优势、尽可能提供审美体验和宜人的感官印象，这就能让场所给人带来充分的乐趣。（引自：扬·盖尔.人性化的城市 [M]. 北京：中国建筑工业出版社，2010.）

公共空间——广场

广场：根据城市功能的需求而设置的，是供市民公共活动的城市空间，它由周围的建筑、道路、绿地等要素围合而成，是室内活动场所的延伸和补充。城市广场上可进行娱乐集会、交通集散、游览休憩、商业服务及文化宣传等活动。

无障碍改造

更安全

· 避免来自交通的干扰
· 避免来自人行为的干扰
· 避免不愉快的感官体验

生态提升

更舒适

· 拥有充足行走的空间
· 拥有随时停坐的设施
· 拥有交流体验的场所

界面优化

更活跃

· 处于人性化的空间尺度
· 处于适宜的当地气候
· 处于有趣的感官体验

安全的广场

提供心理上的安全环境；将广场的活动空间与它的交通空间从视线上或空间上分离，一定程度上保证活动私密性；营造安全的局部空间环境

绿色的广场

保证广场空间整体拥有足够的绿地率，以绿植分隔空间，营造景观中心；布置多种类的植物，充分利用立体空间，种植灌木、地被植物等

宜人的广场

满足人们对于广场空间多种不同的功能需求；满足人们对于广场当中各种配套设施的需求；布置无障碍设施，让不同人群都可以进入广场当中

公共空间研究方向

基于城市公共空间的六大要素，结合北京市实际城市发展情况，根据"以人为本"、增强人性化的城市公共空间体验为指导，我们明确北京市现在城市发展中对于广场空间的开发建设管控存有明显的缺失；对于街道空间以人为视角的设计开发存有明显的不足。所以我们选取街道和广场作为本次课题研究的重点方向。

广场	· 城市广场数量类型偏少 · 现有广场品质质量偏差 · 广场建设保障机制偏弱
街道	· 汽车时代，街道的意义正在逐步消失 · 绿色缺失，街道成为城市生态的裂痕 · 共享单车的兴起，慢行生活路在何方

公共空间——广场管控体系

城市广场,是一个城市的灵魂,是城市的"客厅"。城市广场体现一个城市特有的景观风貌和文化内涵,也反映着城市居民的生活。当代人们推崇"以人为本""人本主义"等思想,人在生活中的作用与地位越来越大,这就要求城市广场在设计时要与时俱进,充分考虑人的需求进行人性化的设计。

三大类十二项人性化控制要素
构建完整的广场管控体系

	安全	舒适	活跃
广场界面	·建筑出入口方向	·广场围合度 ·建筑界面 D/H ·建筑贴线率	·建筑底层开放度
广场场地	·林木通透度 ·交通组织方式 ·广场照明	·绿地率	·广场竖向开放度 ·活动场地 ·服务场地

建筑出入口方向	面向广场	按需开口	
种植通透度	低通透度	中通透度	高通透度
交通组织方式	穿越广场	广场一侧	引向广场
广场照明	低照度	高照度	

广场围合度	不围合	25%	50%	75%	围合
建筑界面 D/H	<1	1~1.7	1.7~3	3~4	
建筑贴线率	70%	80%	90%		
绿地率	50%	60%	70%		

建筑底层开放度	部分开放	完全开放
竖向开放度	水平式	下沉式	提升式
活动场地	动态区为主	动静平衡	静态区为主
服务场地	需要设置	按需设置	不设置

公共空间——广场管控体系的实践

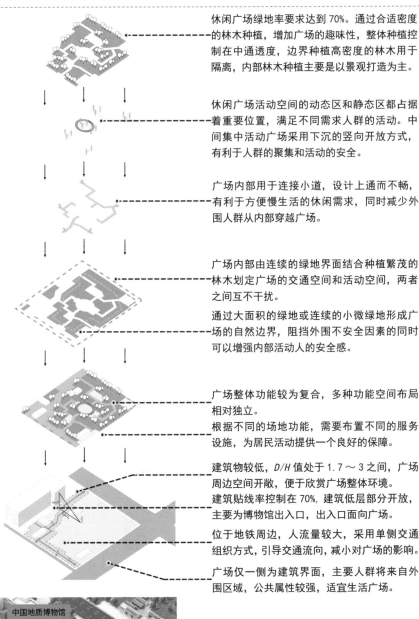

休闲广场绿地率要求达到70%。通过合适密度的林木种植,增加广场的趣味性,整体种植控制在中通透度,边界种植高密度的林木用于隔离,内部林木种植主要是以景观打造为主。

休闲广场活动空间的动态区和静态区都占据着重要位置,满足不同需求人群的活动。中间集中活动广场采用下沉的竖向开放方式,有利于人群的聚集和活动的安全。

广场内部用于连接小道,设计上通而不畅,有利于方便慢生活的休闲需求,同时减少外围人群从内部穿越广场。

广场内部由连续的绿地界面结合种植繁茂的林木划定广场的交通空间和活动空间,两者之间互不干扰。

通过大面积的绿地或连续的小微绿地形成广场的自然边界,阻挡外围不安全因素的同时可以增强内部活动人的安全感。

广场整体功能较为复合,多种功能空间布局相对独立。

根据不同的场地功能,需要布置不同的服务设施,为居民活动提供一个良好的保障。

建筑物较低,D/H 值处于 1.7~3 之间,广场周边空间开敞,便于欣赏广场整体环境。

建筑贴线率控制在70%,建筑低层部分开放,主要为博物馆出入口,出入口面向广场。

位于地铁周边,人流量较大,采用单侧交通组织方式,引导交通流向,减小对广场的影响。

广场仅一侧为建筑界面,主要人群将来自外围区域,公共属性较强,适宜生活广场。

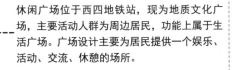

休闲广场位于西四地铁站,现为地质文化广场,主要活动人群为周边居民,功能上属于生活广场。广场设计主要为居民提供一个娱乐、活动、交流、休憩的场所。

公共空间——街道定义

我们对街道的定义：街道是城市的线性公共活动空间，街道承担着车辆与人群的交通功能，是人们感知城市文化、体验城市生活、感受街道环境的重要场所，是认知城市的主要路径。

快速路　　　　主干路　　次干路　　支路　　社区道路　　　　步行街

车行功能"道路属性"　　　　　　　　人行功能"街道属性"

"道路属性"
① 主干路
② 次干路
③ 支　路
④ 社区级道路

"街道"包含道路属性与街道属性，道路属性为以车为主的道路通行功能，街道属性为以人的步行及活动为主的人行功能。随着道路等级的升高及道路宽度的增加，街道的道路属性逐渐增强，街道属性减弱。

"道路属性集中在车行道管控中体现！"
"街道属性集中在人行道管控中体现！"
"通过管控实现对人行体验的关怀！"

"街道属性"
① 居住型街道
② 商业型街道
③ 景观型街道
④ 交通型街道
⑤ 综合性街道

公共空间——街道愿景

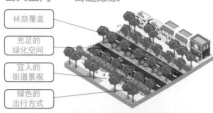

林荫覆盖
充足的绿化空间
宜人的街道景观
绿色的出行方式

突发天气提醒
充足的生态空间
应急医药箱
人行安全岛

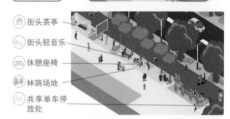

街头茶亭
街头轻音乐
休憩座椅
林荫场地
共享单车停放处

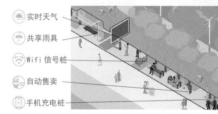

实时天气
共享雨具
Wifi 信号桩
自动售卖
手机充电桩

公共空间——街道定义

安全街道				森林街道				幸福街道				智慧街道				
机动车道宽度	步行空间宽度	骑行空间宽度	安全街道设施	街道绿地率	绿化覆盖率	树的排数	绿化隔离宽度	界面开放度	界面连续性	共享空间类型	设施空间类型	幸福街道设施	Wifi信号	天气实时建议	手机充电设施	自动售卖机	共享雨伞

公共空间——街道管控

车行空间 变窄	**+**	绿化隔离带 增绿	**+**	慢行共享空间 增加活力

车行空间 变窄

大车车道 **+** 公交车道 **+** 小车车道

限速 60km/h 下的车道，在不影响通行的情况下：
- 公交车道、大车道为 3.5m
- 小汽车道为 3.25m

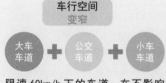

绿化隔离带 增绿

绿化隔离带 **+** 公交站台 **+** 汽车临时停靠点

- 为街道增加生态空间，增加树的排数，使街道顶部形成绿色的伞盖
- 必要地段中，中间绿化带设置人行安全岛，两侧绿化隔离带设置机动车临时停靠场地

慢行共享空间 增加活力

骑行空间 **+** 步行空间 **+** 设施空间 **+** 微景观空间 **+** 界面共享空间

- 骑行空间与步行空间处于一个平面
- 树池连成带状，形成微景观空间
- 保障明确的步行空间
- 鼓励建筑界面前区共享，与设施带形成共享空间

第三部分　特定地区——城市活力地区

活力地区定义

城市活力地区：城市中具有高度的经济价值、社会价值和文化价值的特殊功能区域，对人具有强大吸引力和聚集效应。

活力地区价值

城市活力地区是增加城市凝聚力、强化城市特色、提升城市知名度、激发城市经济活力的源泉。

无活力的城市地区　VS　有活力的城市地区

北京活力地区分类

结合北京市活力地区的具体情况，课题组将北京活力地区细分为商务主导型、商业主导型、科技创新型和文化主导型四种类别。

活力地区类别	举例
商务主导	CBD 地区、金融街、望京商务区、丽泽商务区、丰台总部基地、运河商务区
商业主导	王府井商业区、西单商业区、前门商业区、三里屯商业区
科创主导	中关村科学城、未来科学城、怀柔科学城、亦庄－顺义经开区
文化主导	传统中轴线地区、首钢地区、798 地区、三山五园地区、亚奥地区

活力地区基调管控

为了打造更加综合、更加完善的城市活力地区，站在以人为本的核心进行思考，构建"4+N"城市活力基调管控目标，其中"4"适用于各类活力地区，"N"则分别针对不同活力地区。围绕四大城市活力分区，针对不同地区不同人群，提出各分区的专属基调，定位活力地区建设。

活力地区管控视角

保持城市活力地区城市活力的关键，应首要明确该地区的活力源泉，吸引人群集聚；其次，应区别不同活力地区所吸引的不同人群特点，分析该类人群关注核心，满足其不同需要；最后，应综合提升活力地区相关配套设施与服务水平，保持城市活力经久不衰。

O 开放 OPENNING

鼓励开放底层界面，鼓励共享单位内部绿化、微空间、停车位等公共设施，鼓励营造开放式围合街区，构建多元、包容的城市形态。

繁华、品质
商业活力地区

站在繁华的高度，拥享成熟商业配套，集休闲、娱乐、美食、家居生活于一体，铺陈的时尚风，浓缩的国际范儿应有尽有，为居者提供时尚、前沿、便捷的生活。

C 复合 COMPLEX

促进建筑功能复合、城市空间复合、设施复合，应同时兼具多种功能与作用，鼓励不同建筑风格进行直接对话，鼓励设施的包容。

高效、便捷
商务活力地区

紧张地工作、高效地沟通，密集的空间并不单调拥挤，快节奏的生活也可以丰富多彩。快捷的服务、便捷的交通，商业运转不分昼夜，发达的网络社会连接世界。

G 绿色 GREEN

促进土地资源集约节约，倡导绿色低碳，鼓励绿色出行、绿色建筑、绿色空间，增进居民健康，促进人工环境与自然环境和谐共存。

创新、智慧、交流
科创活力地区

以智慧为核心，构建"智慧建筑"网、"智慧交通"网以及智慧社区，同时将快速、高效、便捷、集约等融入城市建设当中，充分体现智慧所在，建设智慧地区。

M 记忆 MEMORABLE

既包含对历史文脉的传承与延续，记住过去，同时也表示对当前社会、文化、城市风貌的构建是值得记忆，令人难忘的。

感染、融入、体验
文化活力地区

不让艺术沉寂在高墙之中，也不让历史埋没在广厦之下，唤起城市深处的记忆，把城市变成活的博物馆和艺术馆，让城市处处摸得到历史，时时品得出文化。

	核心基调"4"				分区基调"N"			
					商业活力地区	商务活力地区	科创活力地区	文化活力地区
	开放（16项）	复合（13项）	绿色（19项）	记忆（16项）	繁华、品质（19项）	高效、便捷（13项）	创新·智慧·交流（11项）	感染、融入、体验（16项）
建筑组群	1. 建筑首层开放度 2. 建筑低层公共化 3. 地下空间共享程度 4. 建筑空中联系 5. 街区开放程度	1. 建筑单体功能复合 2. 建筑群体功能复合 3. 多类型建筑协调性 4. 建筑群尺度多样性 5. 建筑立面的多样与变化	1. 绿色建筑星级 2. 建筑屋顶绿化 3. 建筑垂直绿化 4. 环保建筑材料 5. 光污染控制 6. 建筑高度控制 7. 建筑近人尺度精细设计	1. 历史建筑活化利用 2. 地标节点营造 3. 新老建筑的协调性 4. 建筑界面连续性 5. 有序的城市天际线 6. 多种年代建筑共存	1. 临街商业面连续性 2. 首层半公共空间的设置 3. 中高密度建筑布局 4. 建筑底层开放度 5. 有商业特色的建筑形式	1. 高密度的建筑布局 2. 高强度的建筑开发 3. 多种功能混合 4. 地标节点营造	1. 智能化楼宇 2. 智能化社区 3. 新科技的应用 4. 中低密度建筑布局 5. 可识别的建筑形式	1. 历史文化资源保护 2. 历史文化资源合理利用 3. 鼓励对公众开放 4. 传统建筑风貌延续 5. 建筑尺度的控制 6. 增加视觉的丰富性
公共空间	1. 道路网密度 2. 临街建筑退线空间开放度 3. 广场进入路径 4. 绿地进入路径 5. 单位附属空间开放 6. 小微空间数量 7. 积极的隔离界面	1. 街道空间功能多样化 2. 街道断面多样化 3. 街道线形多样化 4. 广场形式多样化 5. 多时段空间重复利用	1. 街道绿化率 2. 广场绿地率 3. 附属空间绿地率 4. 慢行优先 5. 绿道建设 6. 慢行空间宽度 7. 尊重自然的河岸 8. 鼓励行人停留的小微空间	1. 尊重传统的城市肌理 2. 有特色的街道 3. 有特色的广场 4. 强化节点的到达体验 5. 历史节点场所精神 6. 社区认同感建设	1. 步行商业空间塑造 2. 立体步行空间联系 3. 沿街店面街道模式 4. 小街区密路网设计 5. 互相观察的可能 6. 丰富的空间形态 7. 老幼活动场所安排	1. 交通组织的便捷性 2. 小街区密路网设计 3. 潮汐交通管理 4. 非正式交流场地 5. 丰富的空间形态	1. 非正式交流场地 2. 丰富的公共空间形态 3. 出行辅助 4. 智慧停车	1. 不轻易改变原有空间格局 2. 重视历史原真性体验 3. 重视可达性 4. 重视本地区文化符号传承 5. 公共空间与建筑尺度协调
环境氛围	1. 停车位共享 2. 街道设施带共享 3. 照明方式多样化 4. 重点地区标识引导	1. 服务设施的复合性 2. 地下综合管廊利用 3. 节能减排综合利用	1. 环境噪声控制 2. 共享单车管理 3. 行人尺度照明 4. 户外广告与环境	1. 传统文化要素展现 2. 标识系统体系化 3. 增加环境艺术设计 4. 特殊区域照明设计	1. 照明的艺术性 2. 广告的丰富性 3. 标识系统的独特性 4. 有趣味的环境艺术 5. 方便的休憩设施 6. 无障碍设施普及 7. 高品质的购物环境	1. 智慧停车 2. 安全的环境 3. 娱乐康体设施安排 4. 明快、现代的环境设计	1. 安全的环境 2. 娱乐康体设施安排	1. 文化环境氛围塑造 2. 重视历史场景体验 3. 传播与宣传价值 4. 控制户外广告 5. 避免大面积、高照度的照明设计

第四部分　特定地区实践——中关村科学城

现状认知

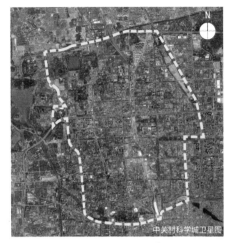

中关村科学城卫星图

中关村科学城产业聚集带分布图

中关村科学城用地现状图

中关村科学城传统范围约75km²，南至西直门外大街、西至万泉河快速路、北至北五环、东至京藏高速的矩形区域。

本次课题研究划定范围：东至原八达岭高速和新街口外大街；北至北五环；西至西三环、万泉河快速路、海淀展览馆、海淀公园；南至西北二环、西外大街和紫竹院路；总面积约70km²。

中关村科学城用地以高等院校、科研院所、居住用地、科技园区办公用地为主

高等院校、科研院所等大院众多，围墙内各自为政，对城市交通、功能分割较严重

快速路、13号城铁、铁路等交通线路对城市功能割裂，产生大量城市灰空间

"大院"多数为国管土地，大拆大建实施难度较大，以城市更新为主要设计模式

公园绿地单体面积大，分布集中，15min服务半径覆盖不足，不利于居民日常使用

基调愿景

中关村——孕育了众多的知名科技企业，这里的高端企业吸引高质量的毕业生留下工作，这里环境宜居，教育资源优秀。它应是多样的聚会场地、科技感的公司总部、静谧的科研院所，它应具有以下特质：

智创核心
高等院校
科研院所
办公园区

文化高地
中小幼教
文化建筑
课辅产业

商业中心
大型商场
餐饮天地
沿街店铺

宜居之城
居住环境
生活便利
社区认同

行动纲领

| 街区功能复合 | 历史传承 | 道路网优化 | 慢行优先 | 公共空间优化 | 轴线风貌塑造 | 辅助设施布局 | 标志系统设计 | 节点营造 |

纲领解析

街区功能复合	历史传承

17:30 与 20:00 热力对比

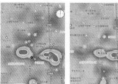

五道口商圈

西直门商圈

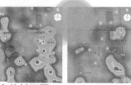

中关村西区

街区不同时段的热力图对比，可以得出街区活力时间长，街区功能复合的程度高。我们观察了研究范围内几个人口热力值最大的地区，并跟踪了他们的热力值变化。

- 夜间人气降低的区域
- 夜间人气升高的区域
- 全天人气都低于预期的区域
- 夜间人气升高的活力点

中关村科学城人气分布图

"朝九晚五 下班走人"

这一类地区白天人口热力值大，傍晚5时~7时人气下降，夜晚7时后人气热力值低于居住区。这种情况说明该地区除商务办公功能外，无其他功能引发夜间活力。属于该类地区的有：中关村西区（海淀黄庄地铁商圈除外）、清华科技园、大钟寺商圈。

"越夜越美丽"

这类地区晚上人口热力值高于白天，说明其商业功能十分突出，吸引了其他地区的人群下班后在此休闲活动。属于该类地区的有：五道口商圈、西直门商圈。

除以上两种情况外，我们还发现一些非传统印象中的活力点，它们面积不大但夜间人口热力值最高值可与著名商圈媲美。属于该类的活力点有：四道口餐饮区、民族大学西路餐饮街。

管控建议

加强中关村西区、清华科技园、大钟寺商圈的功能复合性，增加商业、餐饮、居住等功能。
培育四道口餐饮区、民族大学西路餐饮街知名度，营造更有活力的城市环境。

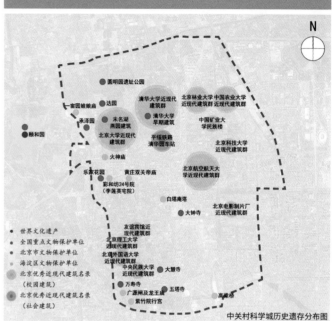

中关村科学城历史遗存分布图

- 世界文化遗产
- 全国重点文物保护单位
- 北京市文物保护单位
- 海淀区文物保护单位
- 北京优秀近现代建筑名录（校园建筑）
- 北京优秀近现代建筑名录（社会建筑）

中关村科学城范围内有丰富的历史遗存，包括国家级、北京市以及海淀区文物保护单位20处，另外还有北京优秀近现代建筑13处。这些历史遗存的闲置不利于城市文脉的保护，也是城市稀缺的公共空间的浪费。因此，有必要把这些历史文物和优秀建筑活化利用，让人们能够触摸到历史，让历史有机会重唤生机。

管控建议

结合以下有改造空间的历史遗存，打造记忆点公共空间。
全国重点文物保护单位：增强大钟寺、万寿寺、大慧寺、五塔寺历史场所感，强化进入路径，提升游览体验，增加知名度。
北京市文物保护单位：增强乐家花园的公共属性，将现有内向的空间模式适当开放，增强中关村西区公共空间。
海淀区文物保护单位：一亩园、李莲英宅院、黄庄双关帝庙、白塔庵塔、广源闸及龙王庙、高梁桥，强调公共属性，增强展示、公共活动功能，提供进入路径，建设软性的围墙、建设积极的界面。
优秀近现代建筑名录：平绥铁路清华园车站、友谊宾馆。结合清华园车站建设广场绿地，保护清华园车站历史原真性，增强区域历史认知。

第五部分 特定地区实践——怀柔科学城

区位分析

怀柔科学城距离北京市中心55km，北倚群山，西邻雁栖湖，基地内部水系纵横，雁栖河、牤牛河、沙河自北向南流过。基地现状包含中科院大学、雁栖工业园、云西开发区及若干自然村落，环境基础优良。

根据"十三五"规划，怀柔科学城的定位为"重点拓展与中科院合作，依托大科学装置集群和怀柔科教产业园搭建大型科技服务平台，打造我国科技综合实力的新地标。"怀柔科学城注重基础科学研究，初始建设将以大科学装置为依托，结合其强大的科研技术转换能力，并与周边的研究型大学紧密结合发展。

怀柔科学城区位分析卫星影像图　　怀柔科学城区位分析图

核心功能布局

围绕基础科学，配套科教、科研转化、综合服务等功能，形成组团簇群式空间发展格局。通过水系、绿隔、道路绿化等生态手段实现各功能组团的融合与联通。

基调愿景：开创引领、簇团环绕、花园城市

怀柔科学城核心功能布局图

SWOT 分析

优势 生态优势显著 交通体系发达 科教基础雄厚	怀柔北依群山、南偎平原，水网纵横，其中雁栖湖更是举世闻名；境内三条客货两运铁路，城区形成了"三纵十横"的道路网；现状雁栖工业园发展相对成熟，多结合资源优势大力发展无污染和少污染的环保型工业；中国科学院大学作为发展依托，基础雄厚。	**机遇** 国家政策支撑 区域发展带动	落实首都城市战略定位、加强"四个中心"功能建设的重要任务，为北京尤其是怀柔区带来了前所未有的发展机遇；首都的知名度，为发展建设具有全球影响力的科技创新中心打下了良好的基础。
劣势 建设发展不平衡 非建设区域过多 工业园面临腾退	区域建设发展与成熟度差异较大：现状以中科院大学、雁栖工业园、村庄与农林地为主体；需应对雁栖工业园中建材、印刷、家具等一般性制造业的腾退转移问题。	**挑战** 产业多样化格局 科学城差异发展 传统分区束缚	未来产业类型依然会呈现出多样化格局，既有高端、精细化的产品研发与生产企业，也有少量相对粗放的生产型企业，应如何把控；处理好科学与教育的关系、科学城与中关村的关系；如何在空间上打破传统的科学分区，构建有利于创新的学术生态。

分区实践

大设施核心承载区
Basic Science Facility Carrying Area

科研转化区
Research Transformation Area

科教区
Colleges and Universities

综合服务区
Integrated Service Area

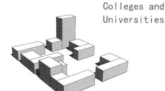

大设施核心承载区是一个功能相对独立的区域，它所提倡的开放性并非针对普通民众，而是更为侧重区域内部不同科研单位的专家学者；承载区内应有丰富的交流空间以及非正式会面的空间与场合；整个区域内拥有较高的绿化率、优美的环境景观、便捷的智能辅助设施；除此之外，还应该拥有街角的咖啡店、充满小情调的书吧等，让科研人员拥有可以放松下来的"第三个地方"。	科研转化区应拥有较为完善的城市功能，它应是一个功能高度复合的区域。在这里面，有科研学者、有来此实践的莘莘学子，也有工作在其中的服务人员，并且拥有环境优美的住宅小区。整个区域内和谐、安静、复合、高效；园区内拥有完善的绿道慢行系统，让科研学者在工作之余可以放松自己的身心；各种开放共享的小微空间，提供了更多可以交流的非正式场合，可以提供跨单位与跨领域的交流氛围，拥有脑力激荡与思维碰撞的良性刺激。	以大学为主要核心构成的科教区，是一个充满青春活力的区域，在此研读的学子们享受着优美的环境，同时拥有这得天独厚的便捷条件，应为他们建立完善的步道慢行系统，构建连接其他区域的慢行步道；科教区内应拥有足够多可以停留的空间，供学子们进行学习交流；建筑的建造充分尊重怀柔城区的城市肌理，并与雁栖湖景致遥相呼应，学生们读书累了的时候，可以抬头眺望远处山水与绿树掩映的校园。	该区域作为辅助推动怀柔科学城整体健康发展的核心关键区域，拥有高度复合的功能，智慧完善的配套设施，突出融合、多元，创造宜居的生活环境，体现绿色、交流，营造持续的城市活力，提供更多步行化混合街区、社交聚会场所，营造优美自然生态环境和倡导绿色健康，培育创新文化氛围。结合怀柔历史风貌，塑造具有科学城地域特色的文化格局。

02 北京市门头沟新城整体城市风貌研究

项目简介

1. 项目区位：门头沟区位于北京城区正西偏南，其东部与海淀区、石景山区为邻，南部与房山区、丰台区相连，西部与河北省涿鹿县、涞水县交界，北部与昌平区、河北省怀来县接壤。是联系北京与我国中西部地区的重要交通通道。

2. 项目规模：87km²。

3. 编制时间：2016 年。

4. 项目概况：此次风貌研究工作充分结合"多规合一""新城减量提质扩绿研究"等工作成果，与"城市设计实施导则"互为衔接，从风貌的角度出发，对该导则进行了深化、强化与细化。优化城市风貌整体控制内容，建立科学可操作的风貌管控实施体系，逐步将风貌管控要求纳入城市各类建设管理环节中。

研究内容

深入研究门头沟区历史发展沿革、挖掘地域文化内涵、分析城乡总体空间和山水格局，明确风貌特色定位，划定风貌控制范围，构建风貌空间结构，确定风貌控制要素，制定风貌管控措施。

总体目标

提升城市品质，改善人居环境，挖掘城市内涵；展示城市特色，彰显城市魅力；景观可视·文脉可读·场所可悟·特色可辨。

总体定位

打造成为首都独具特色的山水城市、花园城市、文化城市、记忆城市。

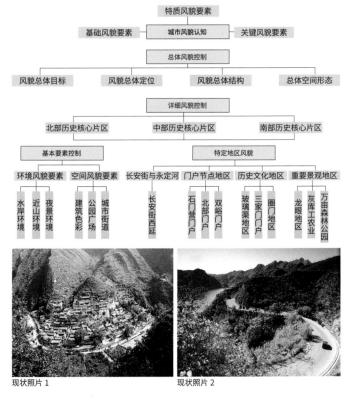

现状照片 1   现状照片 2

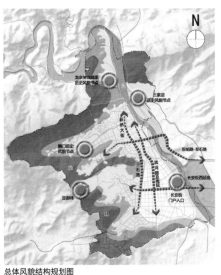

总体风貌结构规划图

■ 山体景观带   ┅ 景观通廊   ▭ 研究范围
■ 滨水景观带   ◉ 风貌节点

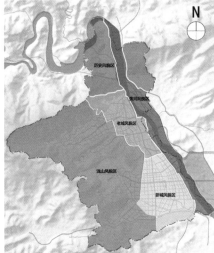

总体风貌分区规划图

■ 历史风貌区   浅山风貌区   滨河风貌区
■ 老城风貌区   新城风貌区   ┅ 研究范围

总体结构

构建"山水廊点片"—一山、一水、四廊、五点、六片的风貌结构。

一山：环境优美的山体景观。

一水：贯穿南北的滨河景观。

四廊：两横两纵城市景观通廊。

五点：五处城市标志性景观节点。

六片：六大特色风貌片区。

风貌分区

考虑风貌要素的多元化，结合独特的山水资源，在三大核心片区的基础上细化为五个风貌控制区。

1. 历史风貌区：金砖碧瓦，古村新貌。

2. 老城风貌区：文脉延续，魅力老城。

3. 新城风貌区：长安西望，古韵新颜。

4. 浅山风貌区：浅山绿水，诗意安居。

5. 滨河风貌区：一水绕城，两岸风光。

总体空间形态

门头沟区总体空间呈现出南高北低的形态。高体量建筑主要集中分布在南部新城,包括长安街沿线、长安街门户节点、南部中心节点等地区;中低体量区主要集中分布在永定河沿岸、西部浅山区及北部历史风貌区。

	9m
	12m
	18m
	24m
	36m
	45m
	60m
	80m
	100m
	120m
	120m 以上

总体空间形态图

基本要素控制

十项要素

环境要素:水岸环境、近山环境、夜景环境;

空间要素:城市街道、公园广场、地区节点;

建筑要素:建筑色彩、第五立面、建筑细部、建筑形态。

特定地区

长安街与永定河:长安街西延。

门户节点地区:石门营门户、北部门户、双峪门户。

历史文化地区:琉璃渠龙泉雾地区、三家店地区、圈门地区。

重要景观地区:龙眼地区、灰库公园、万亩森林公园。

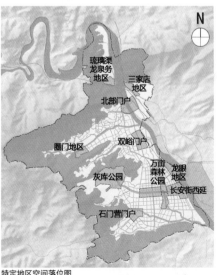

特定地区空间落位图

琉璃渠地区

三家店地区

03 北京市门头沟区近期重点项目建设实施细则

项目简介

1. 项目区位：门头沟区位于北京城区正西偏南，其东部与海淀区、石景山区为邻，南部与房山区、丰台区相连，西部与河北省涿鹿县、涞水县交界，北部与昌平区、河北省怀来县接壤。

2. 项目规模：门头沟区总面积 1455km²。

3. 编制时间：2012 年。

4. 项目概况：本细则分为新城范围内重点项目和其他区域重点项目两个部分。新城范围内重点项目由风貌区实施细则和重点项目建设实施细则两个层面分别进行控制建设。其他区域重点项目由区域实施细则和重点项目建设实施细则两个层面分别进行控制建设。

要素分类

1. 通用性风貌要素：城市建筑风貌主要通过建筑风格、建筑色彩和建筑屋顶三个要素进行控制与引导。

2. 特殊性建设要素的选择包括三类十要素。其中，建筑单体从建筑布局、建筑立面与建筑体量三方面加以控制。

现代主义建筑风格

居住类建筑坡屋顶形式

传统建筑风格

多层建筑屋顶绿化处理

欧美建筑风格

公共类建筑平屋顶退台处理

平屋顶收分处理   坡屋顶

特殊性建设要素的选择

新城风貌区划分图

建筑色彩

建筑主色调与屋顶色彩配色方式

03 北京市门头沟区近期重点项目建设实施细则
Detailed Rules of Implementation of Recent Key Projects Construction in Mentougou District in Beijing

219

风貌区划分

综合考虑门头沟新城空间结构、功能定位、地区特征、山水环境等因素，将新城分为六大风貌区进行控制引导。

传统风貌区：建筑风格以传统风格为主，建筑色彩以灰白色系为主、辅色调，建筑屋顶按照屋顶设置要求执行；

浅山风貌控制 A 区：建筑风格以现代主义风格、欧美建筑风格为主，建筑色彩以米黄色系为主色调，建筑屋顶按照屋顶设置要求执行；

浅山风貌控制 B 区：建筑风格以现代主义风格、欧美建筑风格为主，建筑色彩以咖啡色系为主色调，建筑屋顶按照屋顶设置要求执行；

浅山风貌控制 C 区：建筑风格以现代主义风格、欧美建筑风格为主，建筑色彩以棕红色系为主色调，建筑屋顶按照屋顶设置要求执行；

浅山风貌控制 D 区：建筑风格以现代主义风格、传统建筑风格为主，建筑色彩以棕红色系为主色调，建筑屋顶按照屋顶设置要求执行；

滨水风貌控制区：建筑风格以现代主义风格、欧美建筑风格为主，建筑色彩以米黄色系为主色调，建筑屋顶按照屋顶设置要求执行；

新城北部风貌控制区：建筑风格以现代主义风格、欧美建筑风格为主，建筑色彩以咖啡色系为主色调，建筑屋顶按照屋顶设置要求执行；

新城南部风貌控制区：建筑风格以现代主义风格、欧美建筑风格为主，建筑色彩以棕红色系为主色调，建筑屋顶按照屋顶设置要求执行；

产业园区风貌控制区：建筑风格以现代主义风格为主，建筑色彩以咖啡色系为主色调，建筑屋顶按照屋顶设置要求执行。

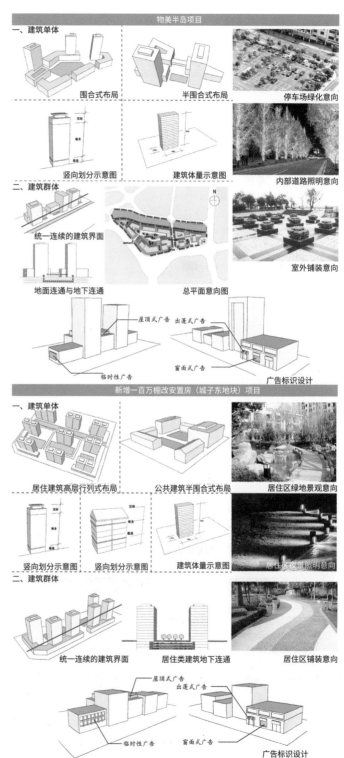

物美半岛项目
一、建筑单体
围合式布局　半围合式布局　停车场绿化意向
竖向划分示意图　建筑体量示意图　内部道路照明意向
二、建筑群体
统一连续的建筑界面　室外铺装意向
地面连通与地下连通　总平面意向图
屋顶式广告　出蓬式广告
临时性广告
窗面式广告　广告标识设计

糕点厂项目
一、建筑单体
独立组合式布局　独立组合式布局　绿地景观意向图
竖向划分示意图　建筑体量示意图　绿地景观意向图
二、建筑群体
高层建筑地下空间利用　总平面意向图　绿地景观意向图
建筑物顶部以企业 Logo 为主
顶部 Logo 位置示意

新增一百万棚改安置房（城子东地块）项目
一、建筑单体
居住建筑高层行列式布局　公共建筑半围合式布局　居住区绿地景观意向
竖向划分示意图　竖向划分示意图　建筑体量示意图　居住区夜景照明意向
二、建筑群体
统一连续的建筑界面　居住类建筑地下连通　居住区铺装意向
屋顶式广告　出蓬式广告
临时性广告　窗面式广告　广告标识设计

04 北京市门头沟区新城南部地区城市设计导则与近期重点建设项目规划指导细则的实施评估

项目简介

1. 项目区位：门头沟区位于北京城区正西偏南，其东部与海淀区、石景山区为邻，南部与房山区、丰台区相连，西部与河北省涿鹿县、涞水县交界，北部与昌平区、河北省怀来县接壤。

2. 项目规模：7.6km^2。

3. 编制时间：2014 年。

4. 项目概况：2013 年起至今，门头沟分局依据城市设计导则、规划项目实施指导细则的指导要求，对建设项目的规划设计方案、建筑设计方案和现场施工进行了具体的控制和指导。

评估对象

涉及 24 个项目，其中 5 个为已实施项目，12 个项目位于导则编制当年（2012 年）确定的重点建设项目。分布于六个风貌区中的五个。

评估要素

第一级指标：评估建筑单体，评估周边环境；第二级指标：建筑风格、建筑色彩和建筑屋顶；建筑空间、道路交通和开放空间；第三级 19 项指标详见评估框架所示。在完成每个项目各项指标评估之后，统计评估结果中"完全符合""基本符合"和"较少符合"所占的比重。

要素汇总评估

统计分析所有项目中各项要素达到"完全符合"的结果所占比重；城市设计导则引导效果；城市设计导则各项指标的有效性。

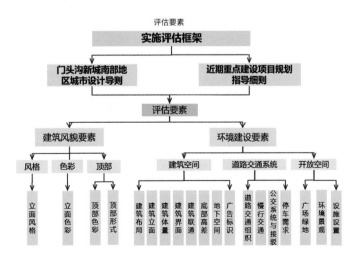

评估要素

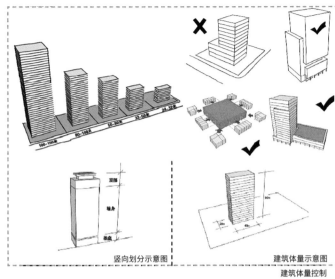

竖向划分示意图　　建筑体量示意图

建筑体量控制

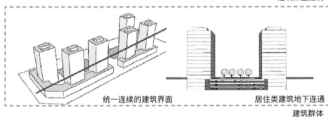

统一连续的建筑界面　　居住类建设地下连通

建筑群体

门头沟新城规划实施评估项目列表

风貌区类型	编号	项目名称	用地性质	2012年重点项目
新城南部风貌控制区	1	曹各庄地块土地一级开发定向安置房	R2	
	2	曹各庄北地块	R2	√
	3	棚改安置房曹各庄A地块	R2	
	4	新城MC16-073等地块综合用地（融创项目）	B1\B2\F1\R22\A5\G1	
	5	新城MC00-0017-6005等地块综合用地（远洋项目）	B1\B2\A5\G1	
	6	新城MC00-0017-6007等地块国有建设用地（华润项目）	B1\B2\S42	
	7	新城MC00-0017-6010等地块混合用地（融创项目）	B1\B2\S4	
	8	永定镇、何各庄地块以土地一级开发（A地块）定向安置房（国信、中建项目）	R2	√
浅山风貌控制A区	9	棚改安置房石泉地块	R2	
浅山风貌控制B区	10	棚改安置房黑山地块	R2	√
	11	棚改安置房小白绿二期	R2\A33	√
	12	高家园2号地块土地一级开发定向安置房（中水项目）	R2	√
	13	棚改安置房中门寺项目	R2	√
浅山风貌控制D区	14	小园2C、3B、7 地块一级开发定向安置房（国信项目）	R2	√
	15	小园4、5、8地块	R2	√
产业风貌控制区	16	小园03A地块	R2	
	17	中铁·东方国际高新产业园	M4	
滨水风貌控制区	18	棚改安置房城子村委会地块	R2	
	19	城子大街国有资源整合改造升级项目	B\A1\F1	√
	20	永定镇MC00-0020-0030等地块（中水项目）	R2\S42	
	21	永定镇MC00-0020-0031等地块混合用地项目（中铁项目）	F1	
新城北部风貌控制区	22	新城MC04-149地块（中昂项目）	F3	√
	23	新城MC08-014等地块综合用地（华远项目）	B1\B2\F1	√
	24	新城MC09-004地块商业金融项目（世纪金创项目）	B1\B2\G1	√

已批项目建筑方案效果评估

居住类项目 11/15 个项目指标基本符合导则要求。公建类项目 9/10 个项目指标基本符合导则要求。已建项目：目前评估范围内已建成项目仅有 5 处，均为居住类（定向安置房）项目，3/5 个指标符合导则要求，建成效果仍与评审意见提出的要求存在一定的差距。评估指标有效性分析：个别指标项由于项目实施具有一定周期，导致近期存在不达标等现象，随着用地开发逐渐成熟，应再次对其进行评估。

评估结论

1. 导则编制：导则应用的灵活性需进一步加强，控制要求表达过于烦琐，导则控制的时效性有待加强，导则动态维护机制尚未建立，导则控制要素分类重叠；
2. 建筑方案设计：部分控制要素达标率不高，设计单位对导则的重视程度不够；
3. 专家评审：审查要素的侧重点不统一，审查方式条目尚需健全，重点区域项目审查特别重视；
4. 实施监督：分别在前期宣传环节、设计条件下发环节、关键要素审查环节、现场监督指导环节和工程验收环节予以控制。

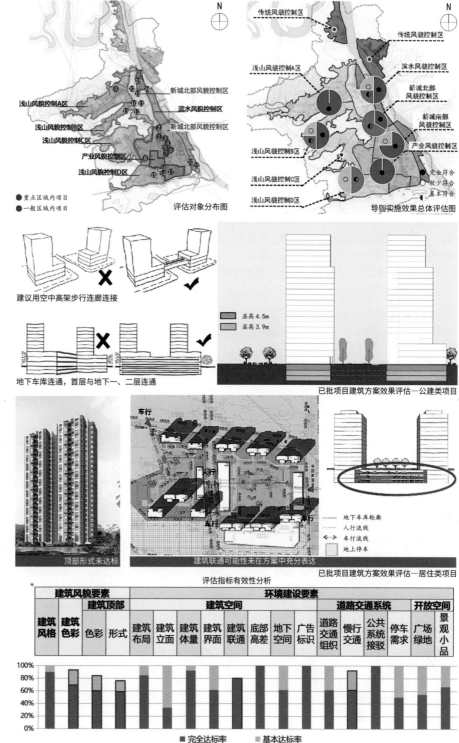

05 河北省承德市城市风貌规划设计

项目简介

1. 项目区位：承德地处冀北山区，市域西北部为内蒙古高原，东北部为七老图山山脉，中部、南部为燕山山脉。

2. 项目规模：总面积 39519km²。

3. 编制时间：2008 年。

4. 项目概况：现阶段城市发展遇到了较多问题，因此，城市风貌规划设计提上议程。

城市历史发展历程

1910—1995 年：城市空间陆续出现—避暑山庄及周边的城市建设也基本停滞—城市由山谷地向武烈河两岸扩展。2007 年版总规提出了"南扩、西进、北延、中疏"的发展战略，明确了承德中心城市以组团式多中心的结构布局。现状老城区为承德中心城区的核心，北区、西区、南区为3 个城市组团。城市得到了长足的发展，形成了如今的组团结构。

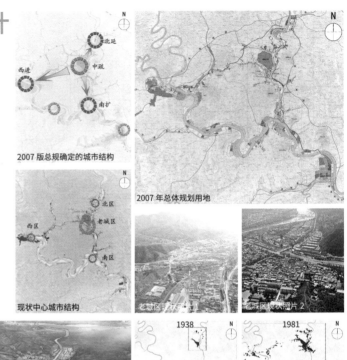

2007 版总规确定的城市结构

2007 年总体规划用地

现状中心城市结构

老城区现状图片 1　　老城区现状图片 2

城市历史发展历程

鸟瞰图

城市结构分析图

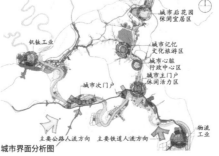

城市界面分析图

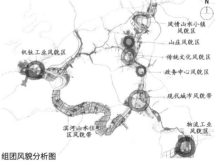

组团风貌分析图

城市发展定位

休闲之都，文化之都，活力之都。

老城区城市风貌控制

整体风貌定位为文化名城、山水城市。将关键点高度控制要求叠加，重合部分取最严格控制，得出城市建设区高度控制总体要求；根据现状土地使用情况对高度控制叠合图进行适当调整，得出高度控制总图。恢复城市的历史风貌和历史印迹，对文庙进行原址重建及合理的原貌恢复，并进行城市开放绿地再生设计。

文庙恢复设计立面图1

文庙恢复设计立面图2

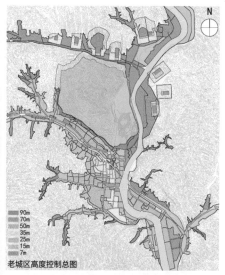

老城区高度控制总图

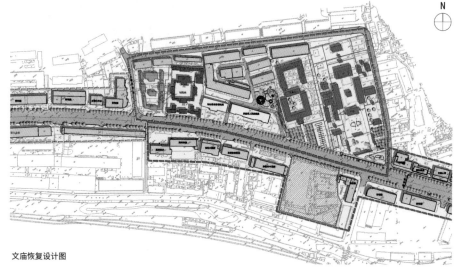

文庙恢复设计图

城市风貌空间结构

空间结构包括两个门户界面、两条空间发展轴、组团式布局、山水廊道。

风貌分类

分为保护型风貌和发展型风貌两类。

风貌元素研究

滨水城市形态：武烈河与滦河所形成的两河相交的滨水城市类型。滨水城市形态演进模式：跨越发展式、中心外向式、协同发展式、独立组合式。水岸与城市形态：典型的分叉型水岸。滨水地区开发理念：功能适应性、公共性、亲水性、注重历史文脉、注重生态景观。滨水建筑的模式研究：创造契合河流特色的形式，满足亲水和观水需求。山地城市理论：属于"单中心带状城市"向"多中心带状城市"发展。山地建筑模式：形成山体与建筑此起彼伏、互为映衬的城市轮廓。

历史记忆的恢复

承德是国内唯一拥有种类最全庙宇的城市，所以也常被人们称为"庙城"，对具有历史价值、教育意义的项目，考虑原址重建，原貌恢复；对于破坏严重、无法完整恢复的项目，进行开放绿地的再生。

城市开放绿地再生设计图

两河口城市风貌控制

两河口节点，是南部新城最为重要的核心区域。设计提出"RBD（Recreational Business District）"理念，直译为"游憩商业区"，也可译为"旅游商业区""休闲商务区"等。

1. 结合承德自身特点以及 RBD 区的功能布局形态，建筑群沿水岸圈层展开：第一圈层为滨水开敞区，布局滨水绿化带；第二圈层为多层区，布局滨水商业带；第三圈层为高层区，布局高层酒店及公寓带，底层形成活力街；第四圈层为核心开敞区，布局 RBD 核心多功能城市绿带体系，形成绿化公园、餐饮酒吧和文化艺术中心；第五圈层为超高层区及中高层区，布局核心超高层区和配套城市服务区。

2. RBD 区域规划强调设计应布局合理的休憩、观光娱乐、健身、购物以及文化设施等功能。

3. 设计在两河口新城节点打造"一心、三轴、多组团"的规划结构。

两河口总平面图

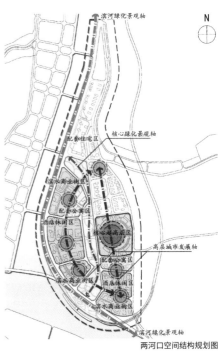

两河口空间结构规划图

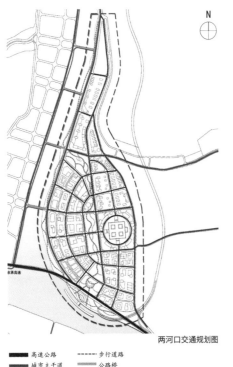

两河口交通规划图

高速公路　　　　　步行道路
城市主干道　　　　公路桥
城市次干道　　　　步行桥
城市支路

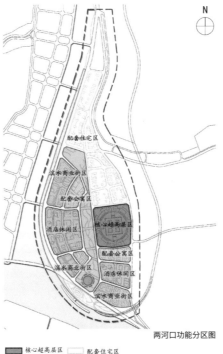

两河口功能分区图

核心超高层区　　　配套住宅区
酒店休闲区　　　　核心多功能绿化公园带
滨水商业街区　　　文化艺术中心
配套公寓区

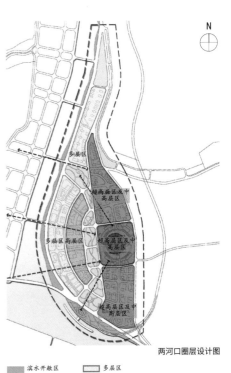

两河口圈层设计图

滨水开敞区　　　　多层区
核心开敞区　　　　沿道路景观视线
超高层区及中高层区　景观视廊
高层区

小外滩城市风貌控制

作为城市主门户、休闲活力区的重要组成部分之———娱乐休闲中心，方案突出地段依山傍水的"精致和谐"气质，与两河口 RBD 区的"开放大气"相得益彰。

凤凰湾城市风貌控制

凤凰湾节点是未来城市发展重心 RBD 的配套延伸，同时它又是城市向西部滨水新城发展的跳板和过渡，是未来开启西部滨水新城的金钥匙。它的发展对于 RBD 核心区的功能辐射，过渡到滨水新城扮演着至关重要的角色。

次门户城市风貌控制

承德区域次门户节点位于总体规划中的滨水新城片区，京承高速与承唐高速交会点。这一节点是北京、唐山区域来到承德所面临的第一个节点，未来的承德给人们的第一印象将从这里开始。

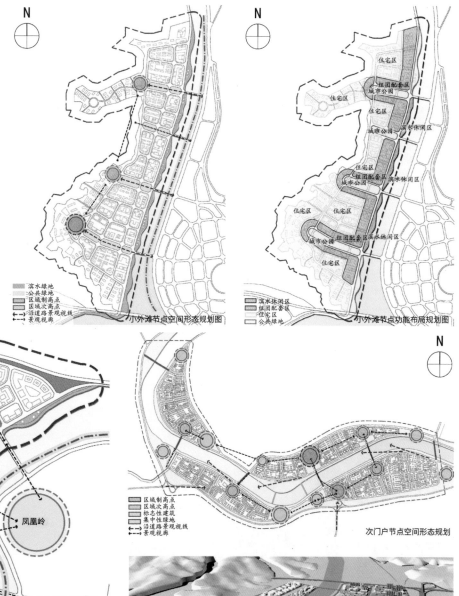

小外滩节点空间形态规划图

小外滩节点功能布局规划图

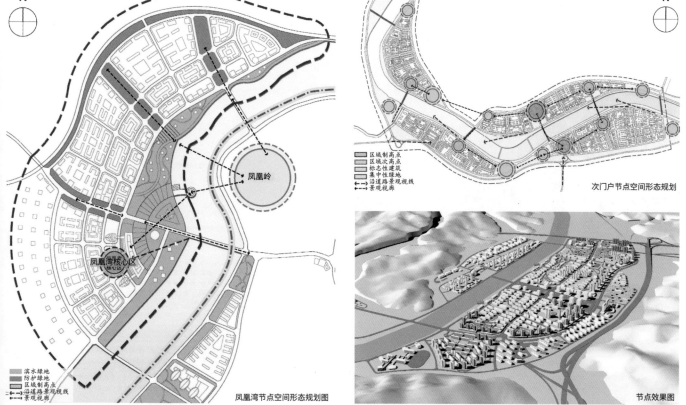

凤凰湾节点空间形态规划图

次门户节点空间形态规划

节点效果图

06 河北省廊坊市大城县城乡风貌规划研究

项目简介

1. 项目区位：大城县地处华北平原中部，廊坊市南端，扼守京津走廊，距离天津 70km，距离北京 160km。
2. 项目规模：县域 904km²。
3. 编制时间：2015 年。
4. 项目概况：城乡风貌是在城乡发展过程中逐渐形成，通过自然环境、人工环境、人文环境体现出区别于其他区域，具有一定特色、个性、审美的环境特征。是审美主体对城乡环境、文化内涵的感受与体验。

第一部分 城镇风貌建设

风貌分区

本次风貌分区为红木产业特色区及主城风貌协调区，红木产业特色区包括"两片＋一路"。两片指红木产业园西区和东区，一路指津保路；主城风貌协调区根据功能和空间需求，形成 5 个特色功能片区，包括：行政商务区、老城商业区、高端居住区、生态宜居区、精品住宅区。

建筑风貌控制

红木产业特色区

红木产业园西区——建筑风格为传统建筑风格、新中式建筑风格；建筑屋顶形式为坡屋顶、平坡屋顶结合；红木产业园东区——建筑风格为传

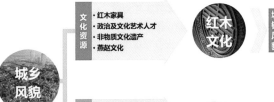

城乡风貌规划解读

红木产业园西区红木博览园

红木产业园西区古玩街

红木产业园西区——规划打造北方传统四合院

风貌分区：红木特色产业区

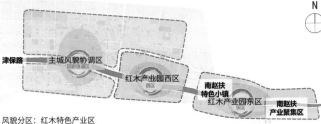

风貌分区：主城风貌协调区

津保路城区西出入口综合整治实施方案设计

北关村段综合整治方案效果对比图

统建筑风格、新中式建筑风格；建筑色彩为青灰色、棕红色、咖啡色；建筑体量以小体量建筑为主，体现红木文化特色小镇；津保路——建筑形态引导。色彩以灰、白为主色调，搭配红色窗套等装饰。

主城风貌协调区

建筑形式以简洁、明快的现代风格为主；多层建筑重在坡屋顶、平坡屋顶结合和屋顶绿化；高层建筑重在平坡屋顶结合、平屋顶退台处理和收分处理；公共建筑以青灰色、灰黄色、咖啡色为主；居住建筑以青灰色、米黄色系、砖红色等为主；建筑高度控制在 60m 以下。

风貌细节

从城市家具、雕塑、广告标识等方面控制整体风貌特色，以红木的色彩为主色调。

第二部分 乡村风貌建设

县域景观风貌

打造 13000 亩森林湿地，形成"绿网 + 绿块"的森林湿地景观结构。"绿网"包括县域内河道滩涂和重要道路两侧防护绿带形成的绿网。"绿块"为 6 个景观项目节点，打造果树大县。

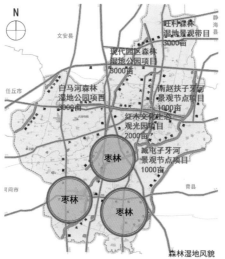

森林湿地风貌

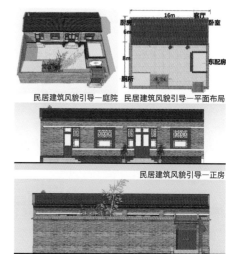

民居建筑风貌引导—庭院　民居建筑风貌引导—平面布局

民居建筑风貌引导—正房

民居建筑风貌引导—围墙

村庄风貌

乡村建筑风貌

为体现红木文化的延伸，规划采用突出乡村青砖灰瓦的传统风貌，用木制构件点缀房屋细部。建筑风格为院落式传统民居；为体现"绿色家园"的主题，民居主色调以砖红、米黄等为主，塑造淡雅的田园风光。

乡村环境风貌

村庄街道：依据乡村街道使用功能划分为主要街道、次要街道、巷路。乡村广场环境：结合乡村绿化，进行坑塘治理、改造建设开敞空间，采用硬质铺装，设置座椅、体育健身设施等为村民提供活动场所。

乡村设施标识

包括村庄入口标识和公共服务设施标识。村口入口标示塑造应结合乡村自身特色和所处环境条件，体现乡村文化元素的入口形象，营造统一的乡村风貌。

公交站台

木艺窗花雕塑　　煤炭结构雕塑

乡村风貌展现 1

乡村风貌展现 2

民居建筑风貌引导—正房　民居建筑风貌引导—庭院　　民居建筑风貌引导—庭院　　乡村设施标识—马上封侯

县域鸟瞰图

07 河北省任丘市域美丽乡村风貌总体规划

项目简介

1. 项目区位：位于河北省中部，西临白洋淀，是神医扁鹊故里，华北油田总部所在地。
2. 项目规模：规划总面积约为 852.1km²。
3. 编制时间：2016 年。
4. 项目概况：本次规划重点是研究城乡一体化视角下市域乡村规划编制的整体风貌控制，指导 15 个乡镇风貌建设，突出各乡镇风貌特色，落实与深化"1+12"模式的美丽乡村建设规划设计。

第一部分 市域风貌规划

整体布局

市域整体风貌结构：一淀一城五水六廊五区。一淀：白洋淀；一城：中心城区；五水：赵王新河、小白河、任文干渠、古洋河、隔碱沟；六廊：大广高速、G106、京九铁路、津保路、规划任德高速、规划津石高速；五区：五大风貌分区。

任丘市文物古迹分布图

①鄚州药王庙遗址
②鄚州古城墙遗址
③七里庄商代村落遗址
④三各庄邙郜文化遗址
⑤北平庄古村落遗址
⑥高郭古城遗址
⑦段家坞古村落遗址
⑧滹王遗址
⑨阿陵城遗址
⑩长丰城遗址
⑪东段村古村落遗址
⑫张佐商代村落遗址

● 国家级文物保护单位
● 市级文物保护单位
● 未定级

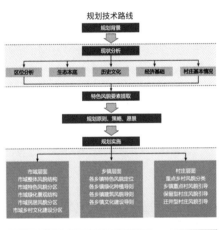

村庄风貌1

村庄风貌2

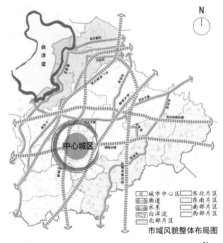

市域风貌整体布局图

市域乡村文化建设分区规划图

市域绿化景观结构图

市域民居封面分区规划图

07 河北省任丘市域美丽乡村风貌总体规划
Master Cityscape Planning of Beautiful Rural Landscape in Renqiu City Administrative Region in Hebei Province

229

绿化景观结构

适地适树，四季有景；打造水系廊道，丰富岸线设计。春季：诗画田园风貌区；夏季：淀边渔韵风貌区；秋季：特色工业风貌区、艺术田园风貌区；冬季：滨水田园风貌区。

民居风貌控制

体现乡镇特色，分为五大风貌分区，包括淀边渔韵·休闲旅游风貌区、清雅乡村·滨水田园风貌区、工业邻里·特色工业风貌区、诗画田园·生态农业风貌区、艺术油区·艺术田园展示区，以及镇区多层社区六种类型的风格，并规划总结出六种民居模式。

乡村文化建设

本区域的乡村文化建设应以发扬游区文化为重点；除此之外，作为拥有抗战等红色文化为主导乡镇所在地，也要大力加强红色文化建设，宣传革命文化精神。

第二部分 乡镇风貌引导

分别对绿化种植、民居风格、乡村文化建设等方面建设指引要求。

第三部分 村庄风貌引导

将市域范围内规划村庄分为五种类型：纳入中心城市型、迁并型、撤村改居型、集中联建型、集体提升改造型。前两种类型村庄主要改善村庄环境，暂不对民居风貌进行改造；后三类村庄主要按照乡镇政府所在地村庄及保留型村庄两类分别进行改造，主要改造为《河北省美丽乡村规划设计技术导则》"1+12"模式内容。

民居模式一——北方水乡风格

民居模式四——清雅乡村风格

民居模式二——传统民居风格

民居模式五——特色工业风格

民居模式三——生态农业风格

民居模式六——社区型建筑（新中式风格）

村庄类别	改造类型	改造内容
纳入中心城市型 迁并型	迁并型村庄	主要改善村庄环境，以绿化种植、道路硬化、公共设施完善等投资较小的工程为主，不对建筑进行改造，将其纳入中心城区改造项目中
撤村改居型 集中联建型 整体提升改造型	乡镇政府所在地村庄、保留型村庄	"1+12"模式

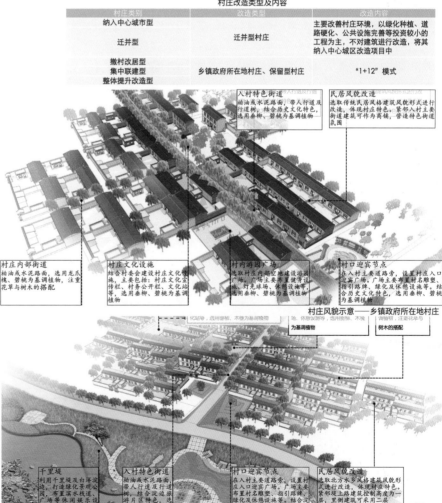

入村特色街道
柏油或水泥路面，带人行道及行道树，结合历史文化特色，选用垂柳、碧桃为基调植物。

民居风貌改造
选取传统民居建筑风貌形式进行改造，体现村庄特色。紧邻入村主要街道建筑可作为商铺，营造特色街道氛围。

村庄内部街道
柏油或水泥路面，选用龙爪槐、碧桃为基调植物，注重花草与树木的搭配。

村庄文化设施
结合村委会建设村庄文化设施，主要包括：村庄文化宣传栏、村务公开栏、文化站等，选用垂柳、碧桃为基调植物。

村内游园广场
选取村庄内部空地建设游园广场、广场主要布置健身设施、灯光球场、休憩设施等，选用垂柳、碧桃为基调植物。

村口迎宾节点
在入村主要道路旁，设置村庄入口迎宾广场。广场主要布置村名雕塑、指引路牌，结合历史文化特色，选用垂柳、碧桃为基调植物。

村庄风貌示意——乡镇政府所在地村庄

千里堤
利用千里堤及白洋淀沿边，打造绿化景观公园，布置滨水线道，广场等休闲娱乐设施，选用垂柳、荷花、芦苇为基调植物。

入村特色街道
柏油或水泥路面，带人行道及行道树，结合滨水游片区特色，选用滨水线道，广场等，结合淀边旅游片区特色，选用垂柳、水榕为基调植物。

村口迎宾节点
在入村主要道路旁，设置村庄入口迎宾广场。广场主要布置村名雕塑、指引路牌，绿化及休憩设施，结合淀边旅游特色，选用垂柳、水榕为基调植物。

民居风貌改造
选取北方水乡风貌建筑风貌形式进行改造，体现村庄特色。临近堤上路建筑控制高度为一层，倒则建筑可采用两层。

村庄风貌示意——淀边村庄

乡镇特色标识

08 湖北省宜都市中心城区城市风貌专项规划

项目简介

1. 项目区位：宜都交通联系便利，隶属于三峡宜昌"半小时经济圈""楚蜀咽喉，鄂西门户"，立体交通构建成网，区位优势明显。

2. 项目规模：总用地面积约 70km²，其中城市建设用地面积约 26km²。

3. 编制时间：2018 年。

4. 项目概况：宜都是一座具有 2000 多年历史的古城，不仅有着丰厚的历史文化底蕴，还有着清丽的山水园林特质，更洋溢着现代都市的鲜活气息。本次风貌规划范围为中心城区陆城片区。四至边界为：北起后河路，西起岳宜高速，东北以长江为界，东南至宜张高速。

城市风貌现状

宜都城市风貌尚存以下问题：①整体风貌定位不明确；②风貌引领作用不突出；③城市特色优势未彰显；④建筑风格混杂，色彩不协调；⑤新建建筑尺度缺乏有效引导；⑥未形成疏密有致的城市景观空间；⑦附属设施杂乱无章，破坏城市形象；⑧部分地段滨水景色尚待加强。

规划目标

塑造湖北宜都的新形象，凸显山水形胜的新格局，构筑管控升级的新标准。

城市风貌定位

宜都·未来城市印象——"蓝色的城市·绿色的城市·橙色的城市，平缓、精致、现代的城市"。

1. 蓝色的城市：构建由水体、滨水绿化廊道、滨水空间共同组成的蓝网系统，通过改善流域生态环境，恢复历史水系，提高滨水空间品质。

2. 绿色的城市：通过完善绿地系统、增加城市绿化覆盖率、构建包含滨水绿化廊道、道路绿化系统共同组成的绿色生态体系，大幅增加城市内的绿色景观，使宜都市成为绿色充盈的健康生态城市。

3. 橙色的城市：宜都是中国柑橘之乡，提取橙色元素，与蓝色水网、绿色基底共同组成宜都的三大主色调，通过橙色表达宜都人热情好客的城市性格，展现宜都温暖祥和的城市基调。

4. 平缓的城市：塑造出"中心引领、梯级分布、开合有序"的城市天际线风貌，多维引导特征建筑的体量、立面、色彩等控制要素，形成基底协调、重点突出的天际线景观。

5. 精致的城市：在建筑立面形式、立面材质、建筑细部、街道设施、广告标识、夜景照明等方面加强细节管控，创建精致的城市。

宜都城市特色

规划实施管控

一级管控
建筑色彩
建筑尺度、绿化种植

二级管控
建筑屋顶、建筑风格
建筑细部、公园广场、广告标牌

三级管控
建筑布局、立面材质、建筑贴线
街道设施、街道尺度、桥梁美观度、夜景照明

天际线——长江望向三江新城

天际线——老城望向三江新城

绿色的城市

6. 现代的城市：宜都市总体以现代建筑风格为主，运用现代技术、建筑材料、建设方式，满足当代的需求；特色地区重要节点等适度采用湖北近代建筑风格，遵循并延续传统。

城市风貌结构
构建"三带·三廊·四心·五区"的城市风貌结构。

城市风貌特色分区
划分为五个特色风貌分区，各区特色如下：老城风貌区——"两江水岸·古城新貌"；新城风貌区——"魅力都市·现代新城"；三江风貌区——"三江交汇·乐享盛景"；工业风貌区——"产业推动·经济新区"；田园风貌区——"生态都市·美丽田园"。

重要城市风貌地区
1. 城市街道：作为重要的线性空间，串联各大重要景观节点与区域，是观赏城市景观的主要通道，展现城市魅力的界面，特以街道为主体进行风貌控制。
2. 标志节点：将宜都市中心城区内重要的城市标志与景观节点进行分类，包括：历史文化节点、门户节点、活力节点与景观节点。

镇村风貌现状
主要存在以下问题：缺乏全市层面风貌统筹，乡村设施建设不够精细，镇村风貌营造缺乏特色。

平原地区风貌控制引导
通过叠加特色主导产业，平原地区风貌可划分为四个区域。

西南山区风貌控制引导
通过叠加特色主导产业，西南山区风貌可划分为四个区域。

构建风貌管控体系
构建全要素风貌管控体系，形成金字塔风貌管控层级和分类分级管控手册。

城市风貌结构

城市特色分区

城市街道

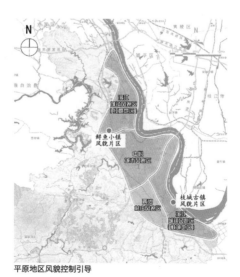

平原地区风貌控制引导

西南山区风貌控制引导

09　广东省珠海市担杆岛概念规划方案研究与设计

项目简介

1. 项目区位：担杆列岛是位于珠江口之外，香港东南的一组岛屿，位于万山群岛东部。

2. 项目规模：担杆列岛由担杆岛、二洲岛、直湾岛三个岛屿组成，陆地面积约为25km²。其中，担杆岛13.2km²，二洲岛8.15km²，直湾岛4.5km²。

3. 编制时间：2014年。

4. 项目简介：隶属珠海自然保护区。其中，担杆岛和二洲岛均为猕猴保护区。

基本条件

人口：岛上现有村庄三个，居民约200户，人口约701人，耕地约120亩。

基础设施：港湾码头两处；供水、供油等设施。

现状道路：公路通往各主要村庄、港湾，道路全长约11.5km。

规划目标

构建复合功能体系下的旅游海岛；构建人与自然和谐下的生态环境；构建海岛特色环境下的活力宜居；构建特殊海洋情势下的军事用途。

规划结构

规划构建"一核三线五区"的整体空间结构。一核：旅游文化核心；三线：观光休闲岸线、生态保护岸线、绿色能源利用岸线；五区：主题观光区、综合服务区、原住民社区、野生动物保护区、军事管理区。

用地功能规划

村镇用地：13hm²（3个）；旅游服务用地：60hm²；市政设施用地：10hm²；农田：86hm²；野生动物保护区：6km²。

交通系统规划

对外交通：建设机场一座，位于担杆岛西端北侧，定位为军民两用支线机场。建设港口两座，分别为军民合用港口和游艇/帆船港口。

岛内交通模式：公共交通、自行车和步行为主，小汽车等为辅。采用自由式道路网，主干道贯穿全岛路。

担杆岛风光

担杆岛日落

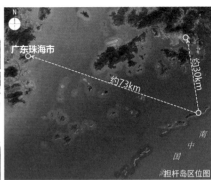

广东珠海市　约73km　约30km　南中国

担杆岛区位图

担杆岛条件分析图

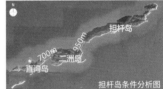

担杆岛条件分析图

322m

担杆岛竖向分析图

核心服务区鸟瞰效果示意图

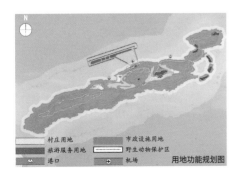

村庄用地　市政设施用地
旅游服务用地　野生动物保护区
港口　机场

用地功能规划图

观光休闲岸线　军事管理区　旅游文化核心　主题观光区　综合服务区　原住民社区　野生动物保护区　综合服务区　绿色能源利用岸线　生态保护岸线

规划结构图

对外交通系统　内部交通系统　内部交通系统

交通系统分析图

09 广东省珠海市担杆岛概念规划方案研究与设计
Research and Design of Conceptual Planning Scheme of Project of Dangan Island in Zhuhai City in Guangdong

233

海岛技术运用

包括浮岛建造技术、资源利用技术、能源转化技术、绿色建筑技术和绿化种植技术五种。

场所营造导则

建立休闲游憩活动、打造特色海洋文化体验、构建活力旅游活动载体、培育优质生活休闲品牌、完善生态自循环大系统。

旅游承载力分析

根据我国自然风景区用地标准，测算出担杆岛日人口容量为 8000 人。

担杆岛水循环系统示意图

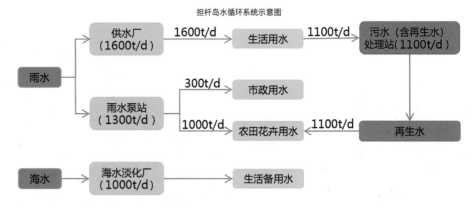

固定浮岛建造（海上机场）
可移动浮岛
浮岛建造技术

雨水收集
水循环处理中心
资源利用技术

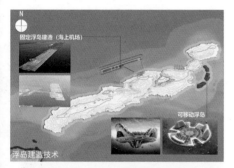

总体设计方案

1. 滑翔伞俱乐部
2. 观景台
3. 游客服务中心
4. 海滨浴场
5. 游艇码头
6. 浮岛技术展示馆
7. 儿童乐园
8. 水上乐园
9. 规划村庄
10. 休闲康体中心
11. 主题酒店
12. 景观水系
13. 渔港风情美食小镇
14. 花谷景观
15. 海景别墅
16. 水循环处理系统
17. 地标建筑
18. 水循环处理系统
19. 风能利用系统
20. 生态农田
21. 生态酒庄
22. 山地运动服务站
23. 军民两用机场

光伏发电
风能发电
能源转化技术

绿色建筑建造
绿色技术示范展示
绿色建筑技术

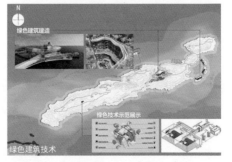

景观绿化种植
森林绿化种植
绿化种植技术

城市建设与综合开发
URBAN CONSTRUCTION AND COMPREHENSIVE DEVELOPMENT

新常态下城市建设路径探讨与未来城市建设展望

一、城市建设

城市的出现，是人类走向成熟和文明的标志，也是人类群居生活的高级形式，现代城市是一个复杂的巨系统，而城市的复杂性也决定了现代城市规划和城市建设的复杂性。城市建设的实施过程，在某种程度上，可以看作是城市的土地置换为建筑、广场、绿地，交通设施以及其他城市元素的过程[1]，其建设质量直接影响了城市未来整体空间环境质量；我国城市建设历程与经济发展和城镇化发展阶段有着密切关联，自新中国成立以来，大体可分为三个阶段。

1. 开创奠定阶段

第一阶段为1949—1978年，在此期间，城市建设按照"一五"计划，依托156个重点工程，新建了一批工业城市、扩建了一批重点城市和改建了一些中小城市，一定程度上扭转了内地与沿海城市分布不均、发展不平衡的现状，有力推动了城市建设的发展，到1957年，全国城市数量从136座增加到176座，城镇化率从10.69%增加到12.46%，形势趋于向好。1958年以后城市建设先后受到"大跃进"思潮和"文化大革命"的影响，城市建设进程遭遇"过山车式"起伏，先是超常规发展，至1961年，3年期间城市数量达到199座，新增城市23座，城镇化率增加至16.35%，增长3.89%，而后因国家政策方针调整，城市建设遭受严重挫折，增长缓慢，甚至几乎停滞，城镇化率也一直低于18%，且多年负增长。与此同时，在冷战威胁的情况下，为了应对可能爆发的战争，确保国家安全，进行了"三线"建设，调整工业布局，按照"不建设集中的城市"的思想规划城市建设，严重影响了城市建设和健康发展，至1978年，全国共有城市193座，比1966年新增21座，比1961年减少15座，城镇化率为17.92%[2]。

这一阶段主要特征表现为受计划经济影响过大，同时受战后阶级斗争与国际形势影响，对城市规划和城市建设并没有形成一个相对独立、健康的科学体系，导致城市建设增速缓慢，反复现象明显；但在此期间完成大批国家重点工程的布局和建设，为城市长远发展和建设奠定了良好基础。

2. 快速扩张阶段

第一阶段大体为1978—2014年；在此期间，中国从"一穷二白"一跃成为世界第二大经济体，全国城镇化率从17.92%到53.73%。这一阶段，受经济增长主义思潮影响，城市建设走上了规模扩张之路，城市数量快速增加，从193个增加

到653个，城市规模快速扩张，城市建成区面积从1981年的0.7万 km^2 增加到2014年的4.9万 $km^{2[3]}$，扩大了7倍。"建新城、建园区"是这一阶段主旋律，大规模"造城运动"背景下，我国的城市建设虽然取得了举世瞩目的成就，但也暴露了很多问题，主要呈现出以下特征：

（1）系统缺乏，规划战略实施不连续

对于城市建设而言，由于城市建设涉及的程度较大，并且每个城市的实际情况不同，城市建设需要完善的规划设计方案作为保证，因此做好完善的城市建设规划方案设计是保证城市建设取得实效的关键[4]。而城市规划设计系统十分复杂，包含城镇体系规划、城市总体规划、控制性详细规划、修建性详细规划、各类专项规划以及城市设计，不同类型规划解决不同层面的问题，环环相扣，从一而终。从目前的城市规划设计和城市建设的实际情况来看，往往由不同设计单位独立完成各项规划，缺乏系统性统筹，既难以保障规划战略和思路的连续性，也不利于城市建设工程的开展，影响城市建设的整体效果。

（2）特色不足，城市建设同质化严重

城市特色是一个城市灵魂，是区别其他城市的不同之处，城市建设与历史文化也是不可分割的。我国的城市营建具有悠久的历史传统，产生了许多具有极高城市规划和艺术价值的历史城

图1 唐长安城复原图[5]　　　　图2 元大都复原图[5]

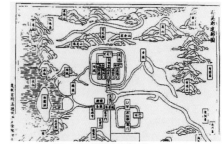

图3 孙吴国都建邺概貌图[6]

市，比如遵循《周礼·考工记》礼制思想的唐长安城和元明清北京城、遵循象天法地思想的秦咸阳城、遵循形胜思想的东吴建邺城，这些城市在我国城市建设的历史长河中，独领风骚，各具特色。而到了现代城市快速发展阶段，受地方政府快速"建城建园"的要求影响，很多规划设计和城市建设为了"求快"，缺乏对城市发展历程、空间肌理、历史文化等要素的深入研究，大量的历史建筑、传统街区、居民的传统生活习惯被毁，忽视城市个性的塑造，导致出现大面积"千城一面"的现象。

（3）忽视生态，城市环境品质不高

在以往的城市规划设计和建设中，很多的规划设计都忽视了城市与周边的山林、河流、湖泊等自然生态资源的关系，在城市快速扩张和经济快速增长的背后，很多城市付出的代价是大面积的生态环境破坏。以享有"百湖之称"的武汉为例，大小湖泊曾经在武汉三镇星罗棋布，20世纪50～60年代，武汉市区尚有127个大小湖泊，到了20世纪90年代初，武汉中心城区主要湖泊仅剩下35个，总面积仅63.33km^2，就连武汉人为之自豪的东湖，短短几十年便减少了0.729km^2。由于人类的不守规矩和贪心，不仅在城市中衍生出了雾霾频发、生态安全、城市内涝等很多从来没有大规模遇到过的问题[7]，也使城市失去自然生态原有的亲和力，城市环境品质难以提升。

（4）规建脱节，规划设计参与度弱

城市规划是城市综合管理的前期工作，是城市管理的龙头，涉及城市管理的方方面面，偏向于城市发展战略、城市功能布局及城市各项工程建设的综合部署，正因如此，城市规划无法像建筑设计、景观设计一样，可以对建设过程提供具体的建设方法和施工指导，导致其与城市建设之间的距离很长，存在严重脱节现象，受经济增长主义影响，一些"不经济"的规划思路无法得到充分落实，在各地也多次出现产业项目突破规划要求的情况。

3. 高品质建设阶段

第三阶段大体为2014年至今，在经历30多年的快速发展之后，2014年我国经济发展进入"新常态"，同时也正式迈入新型城镇化时代，截至2019年，我国城镇化率为60.60%，较2014年增长6.87%，城市数量为672座，较2014年新增19座，增速明显放缓。与传统快速扩张阶段化不同，新型城镇化要求以人为核心，更加注重质量，在此阶段规划设计中引入了生态观、文化复兴、可持续发展、社会和谐等思想，提出"城市修补、生态修复""城市治理"等建设策略[8]，目的是使城市文脉得以传承，城市与自然环境得以融合，城市特色得以彰显。

这一阶段，对城市规划和城市建设也提出了更高的要求，以"全专业设计+全过程参与"模式为主导的新型城市规划建设方案，成为促进规建结合，保障土地开发效率和城市建设质量的重要手段，此模式下的城市规划建设方案主要呈现出以下特征：

（1）全基底分析，守住生态底线

2013年党的十八大以来，《关于加快推进生态文明建设的意见》《生态文明体制改革总体方案》等重要文件相继出台，生态文明建设成为国家战略，成为新形势下城市规划和城市建设首要底线，坚持可持续发展道路，完成了从"满足总量"到"量质并重"的思路转型[9]，重新思考城市与大自然的关系，坚守生态红线，守住底线思维，如何充分保护和利用生态资源成为新时期城市规划建设的首要问题。

（2）全要素梳理，塑造城市特色

每个城市都是不一样，有独特的历史韵味、空间肌理和城市形象，如何在规划设计中体现城市个性，塑造城市特色，是未来城市规划和城市建设的灵魂所在。城市特色的塑造，需要对一个城市的全部要素有深入理解，分为自身要素和外部要素两个部分，其中自身要素包括历史沿革、空间演变、文化内核、民风民俗等；外部要素包括政策方向、区域职能、市场机遇等要素，只有在充分了解自身要素的基础上，明确自身特点，才能抓住外部要素机遇，在新时代众多城市中塑造出自身的特色与个性。

（3）全专业设计，支撑城市系统

城市是复杂且多元的，在城市规划和建设的过程中，除城市规划专业以外，还涉及多个专业，比如建筑设计、景观设计、市政工程、道路交通、生态环境、公共环境、艺术设计等，不可能依靠某一个专业解决所有问题，为此，需要在城市规划设计阶段就发挥全专业配合的作用，从各个维度充分考虑到各种专业情况，为城市建设提供完整的、系统的规划方案。

（4）全过程参与，保障城市建设

城市建设的实施是一个动态的过程，只有全过程的规划设计引导是不够的，在城市建设实施的过程中，融合了多重角色的介入，包括环境、文化、政治经济、事件、人等，各种角色介入的方式、代表的利益以及在其中起到的作用各不相同，由此带来了角色间协调的必然要求，在实施过程中，如何保证规划设计方案在满足多方利益的基础上，得到最大限度的落实，使规建脱节的问题得到有效解决，成了城市建设实施的重中之重，为此，规划设计者全过程参与城市建设就很有必要。

4. 城市建设展望

城市作为经济社会发展的重要载体，是创新要素的主要集聚地，随着科学技术的进步，未来城市建设将趋于持续化、绿色化和智能化，为人类文明发展提供空间载体和幸福家园。

（1）韧性城市建设

韧性城市是指城市或城市系统能够化解和抵御外界的冲击，保持其主要特征和功能不受明显影响的能力，也就是说，当灾害发生的时候，韧性城市能承受冲击，快速应对、恢复，保持城市功能正常运行，并通过适应来更好地应对未来的灾害风险。韧性城市概念的提出，为城市应对灾害的理念带来了新变化，谢礼立院士认为，韧性城市的基本内涵是在地震和风灾、洪水、恐怖袭击等其他灾害作用下，城市能够做到可持续发展。

从国际上看，总体上发达国家由于经济实力强，同时也因近年来陆续遭到了重大的灾害冲击，韧性城市的推进相对较快。例如美国纽约制定实施了《一个更强大、更有韧性的纽约》建设计划，防控的风险主要是洪水和风暴潮；英国伦敦制定实施了《管理风险和提高韧性》计划，防范的主要是洪水、高温和干旱；日本则颁布了一项《国土强韧性政策大纲》，提出了推进整个国家的一个韧性提升计划，防控的目标主要是地震和海啸风险。我国的韧性城市建设目前处于起步阶段但早在20世纪末与21世纪初已开始对"韧性城市"展开理论研究，近年来已有一些城市陆续提出开展韧性城市建设，如北京、黄石、德阳、海盐、义乌等城市，特别是在2017年6月，中国地震局提出实施《国家地震科技创新工程》，包含四大计划，"韧性城乡"计划是其中之一，这也是我国提出的第一个国家层面上的韧性城市建设计划①。

韧性城市建设不仅要求在城市规划设计初期就按照"韧性"的要求，融入可持续发展理念，如海绵城市、城市双修等，进行完整的顶层设计，在后期城市建设中也要严格遵循"韧性"要求，守好生态底线，统筹安排三生空间。长远来看，未来很多新建城市可以达到要求，但现有老城市的很多设施当时没有按照"韧性"要求来进行设计，未来将要逐步改造，这是一个十分艰巨的任务，面对新常态下韧性城市建设的要求与挑战，规划师应该传承规划之"道"，变革规划之"术"，以改善人居环境为核心，以提高城市韧性为目标，在城市规划的全过程贯彻韧性城市建设的理念，具体来讲包括4个方面：①充分认识城市灾害风险评估的重要性，科学合理地制定城市综合防灾规划；②强化城市重大危险设施安全线划定，守住城市安全底线；③落实韧性社区规划，强化韧性城市建设的基础性环节；④注重大数据的应用；通过对城市灾害源、承灾体相关信息的采集，利用数据分析，制订科学、合理的辅助决策系统[10]。

（2）低碳城市建设

我国历来是高碳基排放的消费大国，碳排放总量和增量已位居世界前列。目前，占全国一半人口的城市排放的二氧化碳已占到全国的90%[11]，城市成为碳排放的主要聚集地，也成为我国低碳发展的关注重点。因此，发展低碳城市、控制碳排放的增长速度，是实现我国低碳发展和可持续发展的必经之路。

低碳城市建设是一个全社会化、全流程化的过程。是在一定的城市空间范围内，将低碳发展理念融入从规划到建设、从生产到消费、从政策制定到执行等各环节，通过城市发展战略、发展规划的转型，通过技术创新和制度创新，引领和推动生产模式和生活方式的转变，形成节约、高效、环保、低碳的城市发展模式[12]。建设低碳城市需要创新体制与机制，理顺政府、市场的关系，以国土空间规划为基础，统筹规划经济社会发展与低碳城市建设，用全生命周期效率来衡量城市建设的合理性，并引导居民养成低碳生活方式，逐步融入城市建设中[13]。

（3）智慧城市建设

智慧城市起源于传媒领域，是指利用各种信息技术或创新概念，将城市的系统和服务打通、集成，以提升资源运用的效率，优化城市管理和服务，以及改善市民生活质量，从现有研究文献来看，已基本形成共识，即智慧城市是城市发展的新趋势。

国际上较为具有代表性的智慧城市有荷兰阿姆斯特丹、瑞典斯德哥尔摩、韩国首尔、美国纽约和英国布里斯托，上述五大城市发展能够代表当前全球智慧城市建设的新动向，根据其建设情况分析，五个城市虽然在目标、定位、具体做法上不尽相同，但在发展趋势上表现出一些共同特征，即城市治理更为协同开放、城市服务更为智能个性、融资方式更为灵活多元、技术应用更为综合集成、政策红利释放更为有效[14]。

目前，中国的智慧城市建设仍处于发展阶段：一方面，因缺少智慧城市建设的相关建设标准，政府和各部门还不能对实际工作进行有效的评估与考核；另一方面，因缺乏完整的智慧城市建设企业链和相应的城市管理体系，无法将建设资本有效地投入市场以支持智慧城市的建设。未来我国智慧城市建设应着重推进智慧城市项目的企业参与、扎实进行智慧基础设施全面与多元的建设，以积极应对智慧城市建设的市场需求与挑战[15]。

二、综合开发

城市综合开发项目是 20 世纪 80 年代在我国逐渐兴起的一种新兴城市建设模式，国内的一些重要城市，如广州、天津、成都、西安、青岛、昆明、南京、哈尔滨等城市已在旧城改造和新城建设中采用了这种建设模式。它以城市区域内物质设施为对象，以土地大规模成片开发、基础设施建设和房地产开发等为主要内容，并且力求通过对城市土地的重新开发和利用，达到优化城市功能区位组合和提高城市竞争力等目的[16]。刘松、崔理杰认为，几十年以来，我国城市综合开发经历了从 1.0 到 2.0 的进化，传统的 1.0 模式下是以完成区域开发基础设施投资建设为主要工作，通过所开发区域土地的出让收入实现项目投资成本和投资收益的回收。此类项目由于进入门槛较低，市场竞争激烈，获利能力越来越低；在 1.0 的基础上发展了以一二级土地市场与房地产市场联动为切入点的 2.0 模式，但随着市场竞争的加剧，该模式的法律和政策风险也日益突出。目前城市综合开发已进入 3.0 模式，即在关注城市基础设施投融资建设和房地产开发的同时，更加关注城市规划和项目策划、产业发展和产城融合，更加关注资产运营和资本运作，对整体产业链进行资源整合和价值创造[17]。

随着城市化进程的加快和市场经济的快速发展，城市综合开发项目在促进城市发展和完善城市功能方面发挥着越来越重要的作用，其根本目的是进一步提升或完善城市在某个方面的可持续发展能力，但在以往城市建设和综合开发过程中，受到快速扩张的影响，大量开展的城市综合开发项目在起始评估阶段尚没有从可持续发展角度系统评估此类项目与城市环境之间的关系和影响情况，更有甚者在项目立项方案中直接忽略了与此相关的评估内容，由此造成的大量环境问题也对项目后续的决策以及未来城市的运营与管理带来极大隐患。

因此，在当前高品质城市建设阶段，在城市综合开发项目起始评估阶段，就以可持续发展思想构建科学、合理的指标体系，是现代综合开发项目评估理论和实践需要解决的迫切问题。以天津市综合开发项目为例，董玉梅等人在对 9 个典型案例进行比较研究后，总结得出一套基于城市可持续发展的城市综合开发项目起始评估体系，分为三级指标，包括 3 个一级指标、8 个二级指标和 25 个三级指标体系，详细阐述了城市综合开发项目在各个层面和维度与可持续发展思路的关系，将综合开发项目对城市可持续发展所做出的贡献进一步数量化、具体化、指标化和货币化（转化为具体的货币指标），同时识别出那些可能会对城市环境和城市生态造成不利影响的全部因素，并以此作为制定环境保护防护措施的依据和准则，为新时代背景下的综合开发项目管理提供新的思路和参考[18]。

三、结语

世界著名建筑大师贝聿铭先生曾言"人类只是地球上匆匆的旅行者，唯有城市将永久存在"，城市建设也将是一个永恒的课题，值得一代又一代的规划人和建设者前赴后继，历史车轮滚滚向前，时代潮流浩浩荡荡，无论任何一个历史时期，城市建设和综合开发的最终目的只有一个，便是让城市更美好！

注释：
① 资料来源：http://www.sohu.com/a/290440586_120030309

参考文献：
[1] 朱渊. 谈城市建设实施中参与人群的角色干预 [J]. 东南大学学报（自然科学版），2005（35）.
[2] 董刘吕红，余红军. 70 年来城市建设的历史进程、主要特征和基本经验 [J]. 江西社会科学，2012（9）.
[3] 刘加平，陈晓键. 意识与能力：城市建设的限度 [J]. 城市规划学刊，2017（1）.
[4] 李帅，晁俊刚. 城市建设中存在的问题及对策 [J]. 石家庄经济学院学报，2015，38（2）：36.
[5] 李德华. 城市规划原理（第三版）[M]. 北京：中国建筑工业出版社，2001.
[6] 阳建强. 南京古城格局的独特魅力与保护延续 [J]. 城市保护与更新，2004，28（12）.
[7] 周庆华，姜长征. 城市建设与城市自然环境及人文环境的关系研究 [J]. 工业建筑，2015，45（12）.
[8] 曾鹏，李晋轩. "新常态"下城市创新空间及其理论的新发展 [J].
[9] 陈伟劲，周祥胜，杨嘉. 面向宜居城市建设的生态控制线规划 [J].
[10] 郭小东，苏经宇，王志涛. 韧性理论视角下的城市安全减灾 [J].
[11] 刘传江. 低碳经济发展的制约因素与中国低碳道路的选择 [J]. 吉林大学社会科学学报，2010.
[12] 周冯琦，陈宁，程进. 上海低碳城市建设的内涵、目标及路径研究 [J]. 社会科学，2016，6.
[13] 许丽红. 中国低碳城市建设的路径选择 [J]. 复旦学报，2015（2）.
[14] 高璇. 比较分析视域下我国智慧城市建设的重点、难点与策略选择 [J]. 科技管理研究，2017（15）.
[15] 沈振江，李苗裔，林心怡，等. 日本智慧城市建设案例与经验 [J]. 规划师论坛.
[16] 马白玉，戚安邦，董玉梅，等. 城市综合开发项目风险评估内容及方法研究 [J]. 项目管理技术，2012.
[17] 刘松，崔理杰. 城市综合开发 3.0 模式下的产业发展策略浅析 [J].
[18] 董玉梅，宋振华，戚安邦，等. 基于城市可持续发展的城市综合开发项目起始评估体系研究 [J]. 项目管理技术，2012，10（9）.

01 江苏省常熟南部新城城市设计

项目简介

1. 项目区位：常熟南部新城位于苏州市北部、常熟市中心城区南端。

2. 项目规模：规划总面积约47km²，其中陆域面积约为31.37km²，水体面积约为15.63km²。研究范围：北至招商城东北至东三环与申张线交叉口、东至庐山路、东南至沙家浜风景区、南至张泾路，总面积88km²。

3. 编制时间：2012 年。

4. 项目概况：项目位于城市大湖地区，城市轴线南端点，城乡接合部地区，水网密集地区，生态敏感地区，蓄势待发地区，市区南部内外交通门户。

项目背景

1. 空间特点：常熟自古到今，经历了三个重要的时代，即传统农耕社会，常熟以虞山为中心的依山时代；改革开放后，城市生产服务业发展滞后于工业经济发展的沿江时代；常熟工业经济发展到较高水平的后工业化时代新使命——环湖时代。

2. 人水模式：本案将滨水城市的空间与水之间的关系划分为三种模式，即齐水而居、滨水而居、离水而居。

规划主题

七彩湖居，水墨常熟

七彩湖居指构建多姿多彩的生活体验，营造复合多元的城市功能。

水指的是昆承湖和河道；墨指的是城市功能载体。水墨常熟，则是指富有艺术气息，融入中国传统审美、现代生活和水乡特色的南部新城。以山、湖为底，体现水乡生活。规划要素包括更远处的虞山山势，远处的制高点、塔、楼、中观维度的堤、桥、岛，近处的大湖面、亭台楼榭。

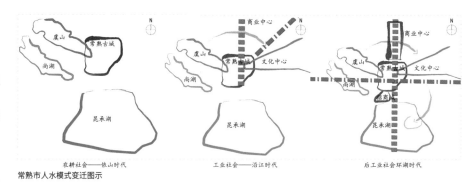

常熟市人水模式变迁图示

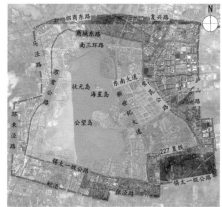

规划与研究范围示意图

与周边功能关系示意图

总体设计意向图

重要视廊效果图

规划定位

南部新城城市定位为: 长三角地区重要商务休闲后花园; 苏州北部地区重要的创业、创意基地; 常熟市重要的生态服务核心; 东南开发区核心配套区。

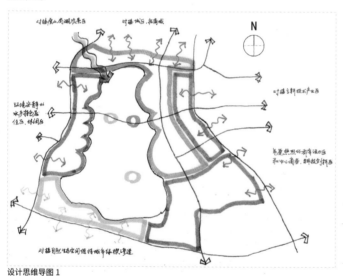

设计思维导图1

设计思维导图2

方案生成

综合理解项目定位、各片区发展条件、岸线、水体、视觉景观等发展要素, 遵循城市设计策略, 把南部新城划分为七大城市空间分区。

依据"水墨常熟"的设计理念, 对新城内的整体空间进行划分。环绕昆承湖形成"一环七组团"的整体空间结构。

新城内进行了湖面、主要水流、支流等多层次的水面划分, 从而形成了多层次的滨水空间。

规划在核心区设置一座180m的商务大楼和120m的五星级酒店, 并在公望岛规划一座"常熟塔", 构成了南部新城的制高系统。

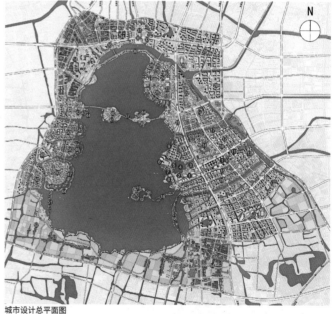

城市设计总平面图

1. 金席水街	11. 商务双星	21. 水铺茶楼	31. 未来广场	41. 闻香苑	51. 谦益堤
2. 超白金酒店	12. 研发中心	22. 创意基地	32. 环岛商务	42. 状元公园	52. 水上田园
3. 江南美食街	13. 孵化基地	23. 科技展馆	33. 数码大道	43. 湖畔酒吧	53. 小桥人家
4. 音乐喷泉	14. 理工大学	24. 艺术长廊	34. 电子商务	44. 轻艇码头	54. 沙家浜
5. 喷泉广场	15. 国际学院	25. 现代SOHO	35. 滨湖体验长廊	45. 星级酒店	55. 商业公园
6. 水文化论坛	16. 出入境检验检疫局	26. 创作之家	36. 言公堤	46. 度假村	56. 社区中心
7. 游船码头	17. 常熟海关	27. 国际花园	37. 状元堤	47. 养生苑	57. 湖畔人家
8. 亲水广场	18. 公望新城	28. 现代水乡	38. 水上乐园	48. 冥思堂	58. 学士堤
9. 游艇俱乐部	19. 展望塔	29. 体育场	39. 贝可观广场	49. 湖畔会馆	
10. 贸易中心	20. 书画苑	30. 未来之窗	40. 琴音小筑	50. 湖畔人家	

城市设计策略

通过对常熟南部新城周边因素、自然条件、发展态势的综合分析，本次规划在遵循城市设计基本原则，确保南部新城公共性、开放性和以人为本的基本要求的基础上，提出包括保护生态环境，营造水墨江南风情；疏理航道，保护昆承湖水质；疏导交通，确保南部新城与老城联系；合理开发，控制新城建设对环境破坏四个方面的总体策略。

分区策略

通过对常熟市整体空间研究和功能区划分，规划对南部新城城市设计提出八个象限四种政策的分区策略。以昆承湖为中心，形成四种不同分区。

北象限：昆承湖北侧，命名为昆北区。该区域特点与政策：缝合城、湖关系，强化南北向城市轴线。

东象限：以昆承湖为界，命名为昆东区（含核心区、言公岛区、现代水乡区）。该区域特点与政策：植入新兴职能，打造城市新地标。东南象限：主要为沙家浜镇。该区域特点与政策：系统提升功能，促进区域融合。

西象限：以昆承湖为界，命名为昆西。该区域特点与政策：植入新兴职能、促进区域融合。西北象限：主要为招商城现状建成区。该区域特点与政策：系统提升功能，促进区域融合。

南象限：命名为生态湿地区。该区域特点与政策：生态水网保护，开发生态旅游。

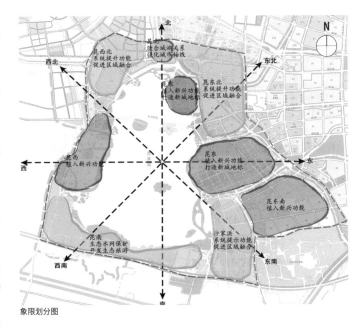

象限划分图

总体空间形态效果图

规划用地布局

规划总用地面积约 47km²，其中居住用地占比 11.94%，公共管理与公共服务设施用地占比 3.60%，道路与交通用地占比 3.33%，绿地与广场用地占比 5.37%，非建设用地占比 65.99%。

水上交通系统

昆承湖水上巴士系统规划为消除昆承湖对南城东西两岸联系的阻隔，与地面公共交通系统形成合理的衔接换乘体系。并在核心区和国际水乡社区设置可供高端商务人士使用的游艇服务设施。

绿地系统与开放空间系统

规划绿地系统以生态自然绿地为主，包括湖南生态湿地、环湖绿带、道路沿线绿带、公园绿地和广场。构建三个层次的开放空间体系，并打造"一轴两带，一环四区"的景观系统。

视廊设计

南部新城设计中，规划通过对虞山、水岸广场、金廊水街、地标建筑等进行视线分析后，参照视线关系原则，进行系统规划。

新区内所有地段都对虞山拥有良好视线。核心区特色水街商业景观带视线延伸向公望岛，与公望岛共同形成了新区内最重要的景观视廊。未来之窗城市广场联系常熟古城与新区，为新区提供良好的景观视野。

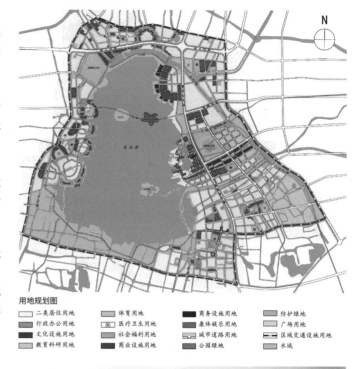

用地规划图

二类居住用地　体育用地　商务设施用地　防护绿地
行政办公用地　医疗卫生用地　康体娱乐用地　广场用地
文化设施用地　社会福利用地　城市道路用地　区域交通设施用地
教育科研用地　商业设施用地　公园绿地　水域

多姿多彩的**生活**体验　　以水为纲的新城**格局**

复合**多元**的城市功能　　**东方**神韵的形象气质

亲水近水的特色功能　　清新**淡雅**的建筑风格

核心区日景效果图

水上交通系统规划图

城市快速路　景观路　滨水步道　轨道站点
城市主干道　高速公路　停车场　码头
城市次干道　航道　客运枢纽　规划范围
城市支路　水域航线　公交站点

绿地系统规划图

公共绿地　防护绿地　广场绿地　生态绿地
水系　规划范围

视廊设计规划图

虞山视线走廊　主要视线　一般眺望点　规划范围
城市景观延展线　重要眺望点　地标区域

02 江苏省常熟南部新城东部西片区控制性详细规划

项目简介

1. 项目区位：规划用地位于昆承湖东部。规划范围北起白茆塘，南至黄浦江路；西起东环河及常昆公路沿线，东至黄山路。

2. 项目规模：总用地面积约 405.3hm²（约 4.05km²）。

3. 编制时间：2014 年。

4. 项目概况：为加强和规范常熟南部新城东部西片区的规划管理，配合城乡规划及建设主管部门合理、有效地指导规划区域内的各项建设；为落实常熟市"退二进三"产业发展战略，根据《常熟市城市总体规划（2010-2030）》、参考《常熟南部新城总体规划（2010-2030）》，编制《常熟南部新城东部西片区控制性详细规划》。

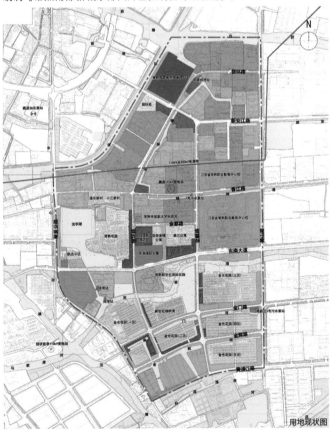

用地现状图

R1 一类居住用地	A33 中小学用地	M2 二类工业用地	U1 供应设施用地	G3 广场用地
R2 二类居住用地	A5 医疗卫生用地	M3 三类工业用地	U16 广播电视用地	H14 村庄建设用地
A1 行政办公用地	B1 商业用地	W1 一类物流仓储用地	U2 环境设施用地	E1 水域
A2 文化设施用地	B2 商务用地	W2 二类物流仓储用地	U3 安全设施用地	E9 农林用地
A3 教育科研用地	B4 公用设施营业网点	S3 交通枢纽用地	U9 其他公用设施	E9 其他非建设用地
A32 中等专业学校	M1 一类工业用地	S4 交通站场用地	G1 公园绿地	⊕ 变电站

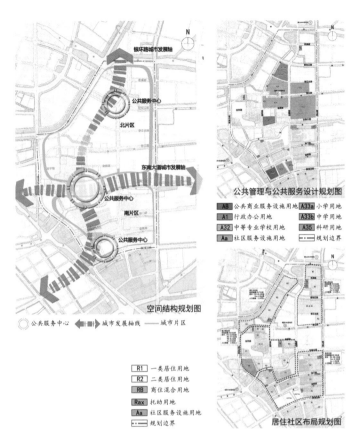

公共管理与公共服务设计规划图

AB 公共商业服务设施用地	A33a 小学用地
A1 行政办公用地	A33b 中学用地
A32 中等专业学校用地	A35 科研用地
Aa 社区服务设施用地	---- 规划边界

空间结构规划图

◯ 公共服务中心　◀▦▶ 城市发展轴线　── 城市片区

R1 一类居住用地
R2 二类居住用地
RB 商住混合用地
Rax 托幼用地
Aa 社区服务设施用地
---- 规划边界

居住社区布局规划图

城市设计控制与引导

本次规划从"点—线—面"三方面要素对东部西片区整体空间形态进行控制。其中："点"即节点；"线"即河道水系、道路及其两侧绿化带构成的绿色廊道和天际线；"面"即功能相近的成片开发的区域及重要的城市开放空间。

总体目标

本次规划对东部西片区的整体定位是：建设集公共服务、教育科研、生态居住于一体的南部新城生活服务区。

空间结构

落实南部新城总体规划，结合实际发展，确定规划区空间结构为"三心、两轴、两区"。其中，"三心"即三个公共服务中心；"两轴"即东南大道与银环路"十字形"城市发展轴线；"两区"即东南大道南北两侧形成两个城市片区。

用地规模与人口规模控制

规划总用地面积约为 405.0hm²，其中城市建设用地约占总用地面积的 90.5%，水域面积约占总用地面积的 9.5%。规划片区总人口约为 5.1 万人。其中，现状人口约 1.77 万人，新增居住人口约 3.33 万人。

02 江苏省常熟南部新城东部西片区控制性详细规划
Regulatory Planning in the Western Area of the Eastern Changshu Southern New Town in Jiangsu Province

243

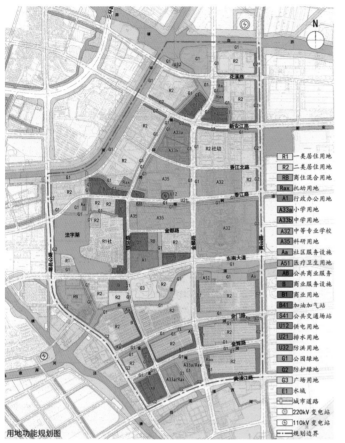

R1	一类居住用地
R2	二类居住用地
RB	商住混合用地
Rax	托幼用地
A1	行政办公用地
A33a	小学用地
A33b	中学用地
A32	中等专业学校
A35	科研用地
Aa	社区服务设施
A51	医疗卫生用地
AB	公共商业服务
B	商业服务设施
B1	商业用地
B41	加油加气站
S41	公共交通场站
U12	供电用地
U21	排水用地
U32	防洪用地
G1	公园绿地
G2	防护绿地
G3	广场用地
E1	水域
	城市道路
	220kV 变电站
	110kV 变电站
	规划边界

用地功能规划图

规划支撑体系

居住用地规划

规划居住用地（含商住混合用地）面积约为 135.0hm²，约占城市建设用地的 36.8%。规划居住人口约 5.1 万人。规划以香江路、金门路、金麟路、苏家漊等为界，划分为 4 个居住社区。

公共管理与公共服务设施规划

主要包括以下三类：行政办公、教育科研、居住区级综合公共服务设施。规划用地面积约为 69.6hm²，约占城市建设用地的 19.0%。

商业服务业规划

规划商业服务业设施用地面积约为 24.8hm²，约占城市建设用地的 6.8%。

交通系统规划

加强交通供应及组织方式与用地开发的互适应分析，根据交通影响对用地功能、开发强度、相关设施布局等进行校核、反馈，有效发挥交通引导作用；大力发展公共交通和慢行交通。

绿地系统规划

规划绿地系统由三部分组成：街头绿地（公园）、道路及水系两侧绿地、大型城市公园，形成"点、线、面"结合的绿地布局模式。

市政基础设施规划及综合防灾规划

严格依据国家级地方相关标准、规范进行。

生态与环境保护规划

以生态和谐为总体目标，结合本区生态水网特色，加强水生态的修复和沿水系生态绿带建设，从海绵城市与低碳生态规划、环境保护规划、建筑节能和新能源利用规划相关标准规范着手，分别控制开发建设指标，创造资源节约利用、环境友好、社会和谐的绿色生态城区。

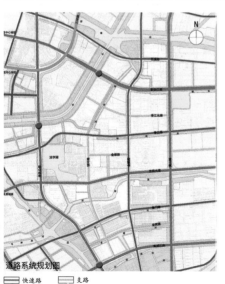

道路系统规划图

	快速路		支路
	主干路		立交桥
	次干路		河道水域

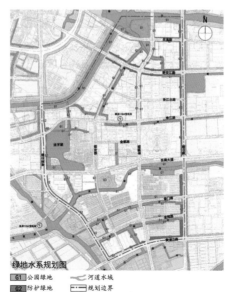

绿地水系规划图

G1	公园绿地		河道水域
G2	防护绿地		规划边界
G3	广场用地		

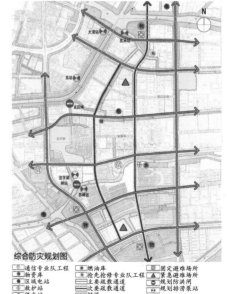

综合防灾规划图

	通信专业队工程		燃油库		固定避难场所
	物资库		抢先抢修专业队工程		紧急避难场所
	区域电站		主要疏散通道		规划防洪闸
	救护站		次要疏散通道		规划排涝泵站
	供水站		圩堤		

03 北京市门头沟永定镇综合开发项目城市设计与控制性详细规划

项目简介

1. 项目区位：北京市门头沟永定镇。

2. 项目规模：251hm²。

3. 编制时间：2011 年。

4. 项目概况：门头沟永定镇综合开发项目是中国建筑首个"四位一体"城市综合建设项目，涵盖土地一二级开发、规划与建筑设计、房屋施工建设等中建系统内全产业链业务。规划提供了"项目策划选址—概念规划与城市设计—街区控规深化调整—分地块控制性详细规划—修建性详细规划"等全程设计咨询服务。

为深化落实《门头沟新城规划（2005—2020年）》和《门头沟新城控制性详细规划（街区层面）》，促进和保障街区的协调可持续发展，编制本规划，统筹安排两街区的整体功能布局、建设规模控制、三大设施配置（公共服务设施、交通市政基础设施、城市安全设施）等规划内容。

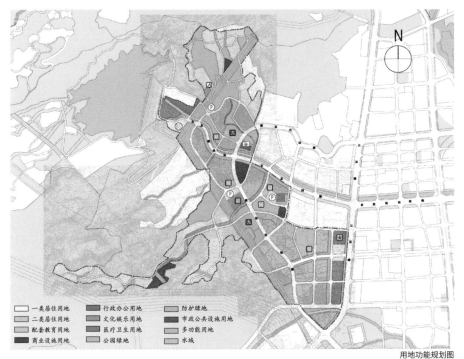

用地功能规划图

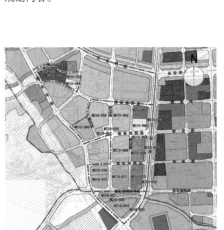

门头沟新城 15、18 街区控制性详细规划图

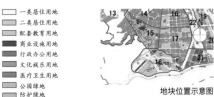

地块位置示意图

地块控制指标表

地块编号	类别	用地代码	用地性质	用地规模（hm²）	建筑高度（m）	容积率	绿地率（%）	空地率（%）
MC 15-034	[A]	G1	公共绿地	0.14				
MC 15-036	[A]	E1	水域	0.14				
MC 15-037	[A]	G1	公共绿地	0.15				
MC 15-038	[A]	R53	托幼用地	0.62	12	0.8	30	70
MC 15-043	[B]	C2	商业服务用地	2.09	60	3	25	55
MC 15-046	[A]	S3	社会停车场库用地	0.67				
MC 15-054	[A]	S2	广场用地	0.43				
MC 15-056	[A]	S3	社会停车场库用地	0.31				
MC 15-057	[A]	C1	行政办公用地	1.39	45	2.5	30	70
MC 15-059	[B]	R2	二类居住用地	3.38	60	2..5	30	70
MC 15-060	[A]	R51	中学用地	2.23	30	1	30	70
MC 15-061	[A]	G1	公共绿地	0.36				
MC 15-062	[B]	R2	二类居住用地	3.57	60	2.5	30	70
MC 15-063	[A]	S2	广场用地	1.28				
MC 15-067	[A]	R53	托幼用地	0.44	12	0.8	30	70
MC 15-068	[B]	R2	二类居住用地	3.42	60	2.5	30	70
MC 15-069	[A]	C3	文化娱乐用地	2.17	24	1.5	30	70
MC 15-070	[A]	G1	公共绿地	0.43				
MC 15-072	[A]	G1	公共绿地	1.62				
MC 15-075	[A]	C3	文化娱乐用地	2.1	24	1.5	30	70
MC 15-076	[A]	R52	小学用地	1.26	18	0.8	30	70
MC 15-077	[B]	R2	二类居住用地	2.9	60	2.5	30	70
MC 15-078	[A]	G1	公共绿地	0.4				
MC 18-001	[A]	G1	公共绿地	1.01				
MC 18-002	[A]	E1	水域	0.82				
MC 18-003	[A]	G1	公共绿地	0.73				
MC 18-004	[B]	F2	公建混合住宅用地	2.47	80	3.2	30	65

03 北京市门头沟永定镇综合开发项目城市设计与控制性详细规划
Urban Design and Regulatory Planning for The Comprehensive Development Projects of Yongding Town in Mentougou

245

街区控制导则

门头沟新城14、15街区控规深化方案图

| 规划幼儿园 |
| 规划居住区级体育中心 |
| 规划福利设施 |
| 规划新城行政中心 |
| 规划社会停车场 |

街区位置示意图

控制指标		控制导则
性质与规模	主导功能	居住与商贸
	人口规模	规划 3.8 万人
	用地规模	规划范围 150.94hm²，建设用地 149.69hm²，其中居住用地 40hm²
	建设规模	规划总建筑面积约为 213m²
	开放强度控制	街区主导容积率为 1.5～3.0
三大设施	公共设施	教育：规划新增幼儿园 4 处，占地约 1.64hm²；新增九年制学校 1 处，占地约 2.11hm²。体育：规划新增居住区级体育场 1 处，占地约 2.40hm²。医疗：保留现状永定卫生院作为社区医疗服务中心，占地约 0.26hm²。邮政：规划新增邮政所 2 处，不单独占地，结合建筑首层设置，每处建筑面积不小于 200m²。绿地：截取公共绿地总面积约 20.89hm²
	交控设施	规划新增社会公共停车场 3 处，总占地约 1.08hm²，或结合土地的综合利用开发达到相应的社会公共停车场位数
	市政设施	有线电视：规划新增有线电视二级站所 1 处，不单独占地，可安排在公共建筑首层，或与电信所合建，所需建筑面积 200～300m²/座
	城市安全设施	避难：规划紧急避难场所 2 处，分布位于体育用地上和市民广场上
城市设计框架	城市设计控制要素	本街区北临冯村沟及长安街西延线，西临浅山山体，而街区内地势平坦，建设条件好。应重点塑造街区北部西长安街延长线（石龙西路）与三石路城市景观带。三石路与石龙西路交叉点构成了冯村地区的重要城市门户节点。街区的建设必须和环境建设有机结合起来，充分挖掘和利用现有的环境要素，突出特色
	高度控制	主导建筑高度为 30～80m
	开放空间与景观特色控制	重点整治街区内有多条排洪沟，与北部冯村沟构成景观特色开放空间系统。以营造高品质的环境为目标，精心塑造生动和谐的居住建筑群体与开放空间，构筑优美、舒适的绿化和滨水环境，安排情切宜人的市民驻留活动场所，强化城市文化气氛
	重要风貌区	街区东北部重要门户节点；长安街西延线景观风貌区；三石路景观风貌区
规划实施		西北环线、石龙西路等重要城市道路已开工建设，将带动周边地区的城市建设
需要进一步落实的问题		在实施过程中需要解决好与街区内多处现状工业企业的关系，并注意长安街与三石路重要城市景观界面的塑造

多功能都市区鸟瞰图

三石路街景效果图

总体城市设计效果图

04 湖北省武汉市中法生态城启动区详细城市设计

项目简介

1. 项目区位：中法生态城位于武汉市西部，是武汉市重点项目中法生态城的核心起步区，距中心城区 8km，是主城与蔡甸的联络区域，南北紧邻两大国家级经济开发区，吴家山经济技术开发区和沌口经济技术开发区，区位交通便利。

2. 规模：规划范围为起步区 6.34km²。

3. 编制时间：2017 年。

4. 项目概况：项目所处区位战略地位突出。该项目由我院与中建三局联合承接，在规划设计过程中利用中建平台优势，全面贯彻"全专业设计 + 全过程参与"的规划思路，保证建设开发质量。

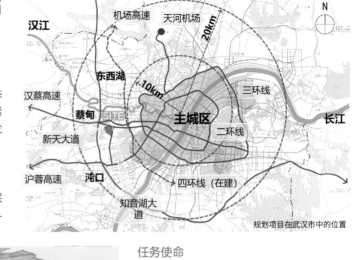

规划项目在武汉市中的位置

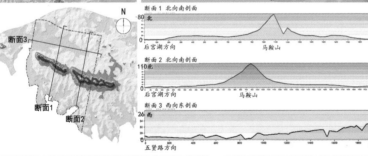

地形地貌分析图

地形地貌分析图

任务使命

动力引擎：带动地区发展，振兴蔡甸；

文化传承：继承发扬地域传统文化；

绿色生态：保护水绿生态环境。

现状认识

现状建设以村庄、工厂为主，建设用地 112hm²，占总用地的 17%；场地内部整体地势平缓，北部建设条件较好；文化底蕴深厚，被誉为"知音故里"，"伯牙子期结知音"的故事即发生于此。

规划主题

给予基地知音文化传承与现代中法友谊见证的历史使命，规划以"知音"为主题，以古喻今，建设中法友谊城。

现状生态环境分析图

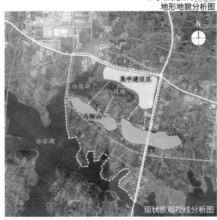

现状景观视线分析图

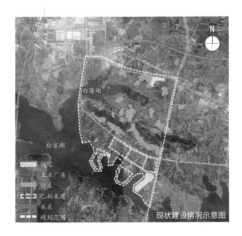

现状建设情况示意图

核心策略

地域文化阐释与延伸

对"知音"文化全面阐释与延伸，形成"知趣、知交、知情、知亲、知野"五大文化类型，并策划相应项目作为承载载体，推动"知音"主题与地域文化复兴。

高端时尚产业策划

依托现状资源，策划婚恋妻子产业、创意文化产业、娱乐康体产业、高端服务业四大产业集群，精确定位产业发展方向。

复合多元的开发模式

规划结合"小街区、密路网"的设计理念，规划多个混合单元，开发规划控制在 5 ～ 10hm²，功能包括：办公、商业、公寓、住宅等。

生态可持续的海绵体

规划区内中部地势低洼，易汇水，在此布置生态功能，构筑一个具备涵养水源、防灾减灾功能的"海绵体"。

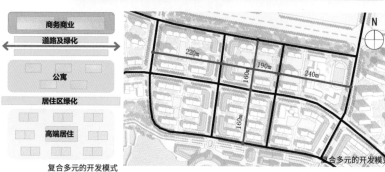

构建生态可持续的海绵体

地域文化阐释与延伸

	知趣	知交	知情	知亲	知野
释义	情投意合 志趣相投	金兰之交 君子相交	执子之手 与子偕老	其乐融融 天伦之乐	天人合一 道法自然
文化类型	中法文明 艺术文学	竞技文化 体育文化	浪漫文化 时尚文化	体验文化 地域文化	生态文化 体育文化
文化载体（项目）	法国小镇 中法艺术中心 艺术家小镇	体育公园 极限运动 骑行赛道	婚恋主题公园 浪漫婚礼堂 中西婚礼	亲子乐园 生态农庄 民俗体验	生态农庄 马鞍山 玉带溪 丛林漫步

商务商业
道路及绿化
公寓
居住区绿化
高端居住

复合多元的开发模式

复合多元的开发模式

中法生态城启动区全景鸟瞰图

城市设计

设计构思

通过用地功能划分、道路系统组织和建筑空间梳理，生成本次规划方案，落位建设项目，为地区发展提供方向。

空间结构

规划打造"一核·一带·三区"的空间结构。一核：马鞍山生态核心；一带：生态休闲活力带；三区：都市生活休闲区、生态运动活力区、婚恋亲子交往区。

功能分区规划

在"三区"基础上，形成 12 个功能分区。都市生活休闲区：水街金廊、高尚住宅；生态运动活力区：市民健身、极限运动、海绵生态景观、五音乐园、马鞍山生态保护区；婚恋亲子交往区：婚恋乐园、亲子乐园、休闲农庄。

景观结构

规划区以马鞍山为核心景观节点，打通集中建设区域景观视廊，并与水系环绕形成活力绿环，形成"一环·一带·两轴·多点"的景观结构。

用地布局

规划核心起步区总用地 634hm²，规划建设 78hm²，占总用地 12%，生态用地 556hm²，占总用地的 88%，保障区内生态本底条件和建设品质。

道路交通

区内路网采用"小街区、窄马路、密路网"的布局模式，形成便捷、高效的交通网络。

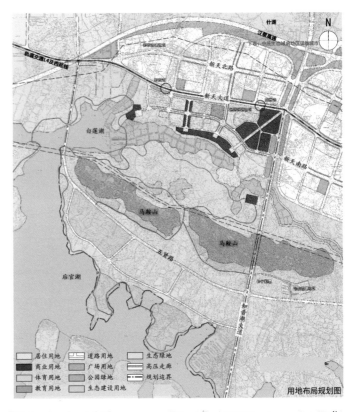

用地布局规划图

道路交通分析图

产业布局规划图

功能分区图

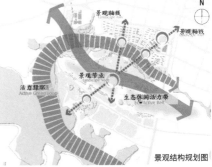

景观结构规划图

空间结构规划图

重点片区详细设计

水街金廊片区是起步区内最具活力片区，在北部入口节点处植入知音文化，以"古琴"为原型，建设鸣琴大厦，作为区内地标建筑，高度80m，寓意中法友谊万古长青。

通过一条步行街串联各个组团，与马鞍山许愿塔形成对景。片区主要功能包括中法文化交流中心、滨水商街、酒吧餐饮、小型酒店等，旨在打造一个多元功能混合交融的滨水休闲区域，促进区域活力提升，提升土地价值。

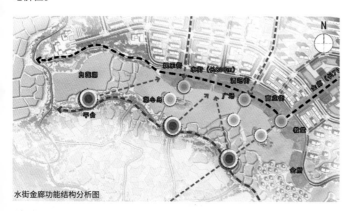

水街金廊功能结构分析图

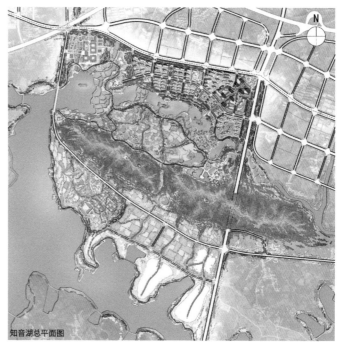

知音湖总平面图

水街金廊片区示意图

05 湖北省襄阳市连山湖国际社区综合建设项目

项目简介

1. 项目区位：本项目是襄阳市高新区、"一心三园"的产业格局的重要组成部分，向南与城市副中心、东津新城对接发展，向北联系云湖科技城、襄阳机场，与高新工业园、汽车产业园、深圳工业园协调互补发展。

2. 项目规模：总用地面积约 471.06hm²。

3. 编制时间：2012 年。

4. 项目概况：襄阳市连山湖区域位于高新区东部，是高新区未来发展的重点区域，也是襄阳市高新区"一心三园"产业格局的重要组成部分。连山湖区域在交通和生态资源等方面具有相对竞争优势，以四个襄阳建设为契机，此区域城市建设将呈现跨越式发展。

规划思路

1. 指导思想

以上位规划为蓝本，围绕连山湖水系、市级生态公园，落实完善多项技术措施，塑造生活便利、环境友好的新型城市，创造基于生态基底发展的活力城市示范区。落实城市副中心职能。结合城市副中心职能定位，进行合理的功能分区和产城有机融合，确保连山湖区域在襄阳市北拓发展过程中起到先期良好的带动作用。

2. 功能定位

以城市建设促进产业发展升级，利用区域内良好的生态基底，打造优美的城市居住环境，聚集人气，带动城市活力，形成协调的产、城、生活良性互动发展。

规划落实襄阳市城市总体规划提出的"城市副中心"功能定位，明确立足高新区、面向襄阳市的服务职能，打造连山湖畔以高端居住、生态体验为主，复合商业服务、商务贸易、休闲娱乐等功能的生态新区。

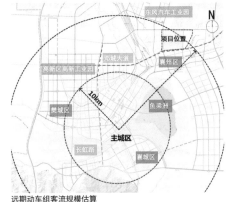

远期动车组客流规模估算

鸟瞰图

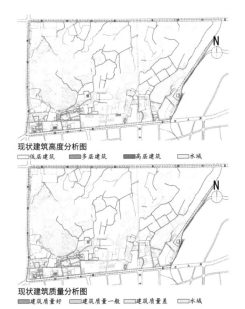

现状建筑高度分析图
□低层建筑　■多层建筑　■高层建筑　□水域

现状建筑质量分析图
■建筑质量好　■建筑质量一般　■建筑质量差　□水域

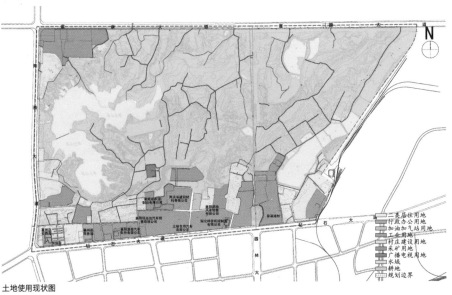

土地使用现状图

二类居住用地
行政办公用地
加油加气站用地
工业用地
村庄建设用地
采矿用地
广播电视用地
水域
耕地
规划边界

05 湖北省襄阳市连山湖国际社区综合建设项目
Comprehensive Planning of International Community Construction Projects in Lianshan Lake of Xiangyang City

251

规划研究

1. 规划结构

规划形成"一轴、二区、一带、一环"的空间结构。

"一轴"指沿园林大道南北向绿化景观轴。

"二区"指园林大道东侧国际居住片区及园林大道西侧连山湖公园片区。

"一带"指沿钻石大道东西向商业、商务与居住混合功能带。

"一环"指通过景观廊道将连山湖与小张湾水库连接而成的生态绿环。

2. 功能分区

规划区划分为"城市商业服务配套区、商务综合区、文化体育公园、儿童游乐园、科技主题公园、康体休闲中心区、生态休闲公园、高尚国际社区、创智国际社区、国际花园社区"十个功能区。

用地布局

尊重山脊、水系等自然地形进行公园和城市建设用地布局，贯通水环；沿邓城大道布局大型商业等公共服务设施；在景观公园营造面向城市的开场广场轴线；在国际社区营造 D6 路景观轴线和商业水街。

生态设计指引

强调低碳技术运用，促进生态环境效益的最大化。

城市开放绿地系统以自然地形和水面为主体，硬质地面采用渗水铺地，强化地区地表对雨水在建筑表面和中间的开敞空间中进行绿化；创造通风条件加强室内空气对流，降低由日晒引起的升温；鼓励建设屋顶花园；充分利用外遮阳系统、外墙保温隔热等；景观设计注重理水、绿化、遮阳等设计；场地设计采用过滤措施，保持自然的地面雨水。

邻里绿地设计指引

绿地的效益是通过使用频率体现出来的，而不应仅满足城市视觉景观的要求。大尺度的孤立绿地只能供少数的人群使用，既浪费土地资源又缺乏活力。鼓励在城市中创造一系列尺度适宜，并结合社区功能的邻里绿地，形成城市公共绿地系统。

空间结构规划图
☐公园片区 ☐居住片区 ☐生态绿环 ☐绿化景观轴 ☐商住混合功能带

商业服务业设施用地布局规划图
☐商业用地 ☐旅馆用地 ☐商务用地 ☐绿地 ☐加油加气站用地

用地功能规划图
☐快速路 ☐主干路 ☐次干路 ☐支路 ☐步行路 ☐立交

良好可达性模式图

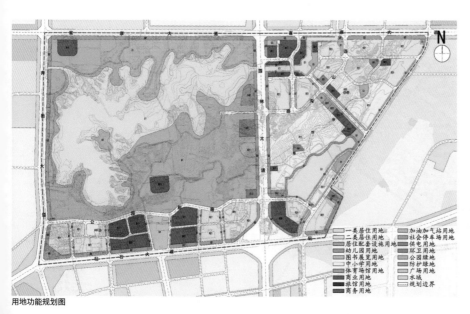

用地功能规划图

☐一类居住用地 　☐加油加气站用地
☐二类居住用地 　☐社会停车场用地
☐居住配套设施用地 ☐供电用地
☐幼儿园用地 　　☐环卫用地
☐图书展览用地 　☐公园绿地
☐中小学用地 　　☐防护绿地
☐体育用地 　　　☐广场用地
☐商业用地 　　　☐水域
☐旅馆用地 　　　☐规划边界
☐商务用地

适宜尺度邻里绿地模式图

06 四川省宜昌滨江生态商务中心控制性详细规划研究

项目区位图

项目简介

1. 项目区位：项目位于宜昌市伍家岗组团，紧邻高铁，与机场距离适中，滨江临水，对岸山色葱葱。

2. 项目规模：面积约 54.62hm²。

3. 编制时间：2014 年。

4. 项目概况：伍家岗滨江商务区项目是宜昌市以加快伍家岗组团市级商业中心的建设步伐为契机，推动旧城区改造，打造城市新的发展引擎为目标，顺势而为的全市重点开发建设项目。项目将致力于打造一流的滨江综合商圈、现代化的城市金融办公服务机构、高品质的城市现代宜居小区、功能完善的文化交流展示中心、极具个性的超高层城市地标形象以及独具浓厚滨江亲水特色的游憩空间。

规模控制

1. 用地规模：规划总用地面积约为 54.62hm²。

2. 建筑规模：规划总建筑面积约为 182.44hm²。

3. 人口规模：本次规划依据总体用地规模以及居住用地的建设规模，结合规划区环境承载力以及功能定位进行综合考虑，确定规划居住人口约为 2.2 万人。

用地功能布局规划

规划用地以商业服务业设施用地和二类居住用地为主，规划地块总建筑面积约 192.38hm²。

空间结构

"一轴一带两片"，打造宜业、宜旅、宜居的 24 小时生态滨江商务中心。

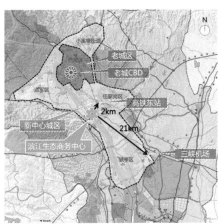

项目优势分析图

方案生成过程示意图

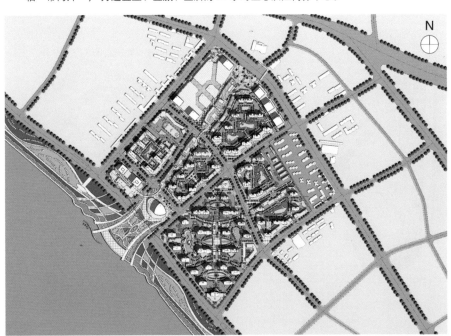

总平面图

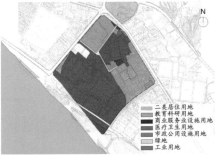

土地使用现状图

06 四川省宜昌滨江生态商务中心控制性详细规划研究
Research on Regulatory Planning of Yichang Binjiang Ecological Business Center in Sichuan Province

253

建筑高度控制

规划地块主导建筑高度控制在 100～160m。为了打造地标建筑，最高建筑高度控制不超过350m。

容积率控制

规划二类居住用地容积率为 3.2～3.8；规划商业服务业设施用地容积率为 4.5 左右。

沿江大道下穿方案

为了凸显滨江商务中心的亲水临水，顺应公共活动的安全和无障碍需求，沿江大道在基地一段，拟采用下穿方式，使原内部地块与江边能够直接衔接。江天一色小区外完成沿江大道下穿，对现有道路要进行改造。

绿地景观系统

规划区绿地景观系统格局为"一廊、一带、多中心"。

道路交通系统规划

沿江大道采用常规的平面通过方式，增加东西向、南北向的次干道各一条，根据地段外部道路接口，梳理内部支路网体系，局部细分，提供商务密集开发的基础。地块路网密度13。规划道路分次干路、支路两个等级，次干路布局为"一横一纵"，深化完善城市支路网系统，形成功能明晰、级配相对完善的道路交通网络。慢行交通以功能导向、以人为本为基本原则，提升慢行交通出行比例，构建类型多样的慢行交通体系，包括滨水步行系统、商业步行街、基本慢行系统。

交通决策方案及路网规划图
■■■ 高速公路　　■■■ 次干路　　■■■ 城市支路

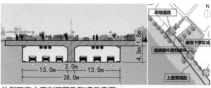

外侧下穿方案剖面图及联通示意图

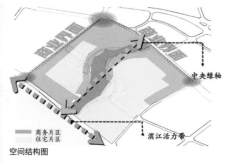

空间结构图
■ 商务片区　　■ 住宅片区

鸟瞰图

集中商业效果图

土地使用规划图
■ 商业服务业用地
■ 二类居住用地
■ 公园绿地
■ 水域
▦ 规划范围

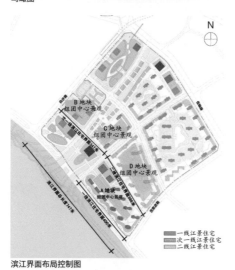

滨江界面布局控制图
■■ 一线江景住宅
■■ 次一线江景住宅
■■ 二线江景住宅

建筑布局图
■ 商务塔楼
■ 多层办公
■ 酒店
■ 商业服务
■ 幼儿园
■ 住宅

主题 08
共同缔造与乡村振兴
JOINT CREATION AND RURAL REVITALIZATION

共同缔造模式下的乡村振兴实践探索

引言

近年来，乡村发展问题日益突出，乡村发展的探索与实践显得尤为重要。近年来，在乡村领域出现了以共同缔造的理念探索新型乡村发展模式的实践，其理念是以综合性地提升社区居民的自组织能力为核心，带动居民主动治理乡村环境、发展集体经济和完善社会治理，以期实现乡村产业、组织、人才、生态和文化的全面振兴[1]。本文对乡村振兴领域的共同缔造理论及实践进行文献综述，以期对乡村振兴中的具体实践产生参考和借鉴价值。

一、共同缔造模式在乡村振兴领域运用的背景

共同缔造的思想与日本及韩国的社区营造如出一辙，而社区营造的理论及思潮最初起源于西方国家的社区参与，并通过联合国在世界上许多落后地区得以推广，其基本理念都是提倡以自组织为手段，提升社区人居环境和经济社会的综合发展[2]。因此，在介绍共同缔造理念之前，应该补充和介绍社区参与的概念及其在国内的发展演变。

1. 社区参与概念[3]

1947年，英国出台的《城乡规划法》首次提出，允许公众发表对城市规划的意见和建议，这标志着公众参与思想在城市规划领域初现端倪；随后的1962年，保罗·大维多夫（P. Davidoff）认为城市规划实际上是一种对社会资源进行分配的公共政策，为了使得社会利益能被公平分配，应当由代表不同利益的相关方的人员来一起商讨城市问题的解决方案，从而提出了"倡导性规划"理论；在1969年，谢莉·安斯汀（Sherry Arnstein）提出了将公民参与城市规划的程度分为"无参与""象征性参与"到"市民控制"三个参与层次和8种参与形式，从而建立了明确的公众参与城市规划的理论模型，她还将公众参与规划的不同阶段用梯子从低到高的台阶做比喻，这就是著名的"市民参与的阶梯"理论。之后的参与式规划（Participatory Planning）最早起源于英国，亦被称作为城市规划的公众参与过程，在过去60多年从无到有发展得如火如荼。社区参与是指社区居民自觉自愿地参加社区各种活动或事务的过程。社区参与是一种公众的参与，意味着社区居民对社区责任的分担和成果的共享，它使每一个居民都有机会为谋取社区共同利益而施展和贡献自己的才能。社区参与是对各种决策及其贯彻执行的参与，是对社区的民主管理，它使每一个居民都有机会向地方政府表达意见，以维护自己的利益。

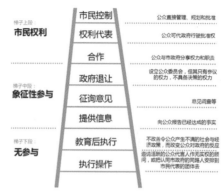

图1 "市民参与的梯子"图解

现代社区生活中，社区居民及其组织参与社区事务和活动已变得越来越重要，它是社区组织和社区发展工作的基本原则和方法，是社区规划赖以形成和实现的重要前提和基础。为居民提供参与机会是社区的重要功能之一，社区参与本身又被视为一种新的价值和目的。社区参与的根本原因，是社区居民及其组织与社区的利益相关；参与的具体动机，则直接出于各种各样的考虑，如为了对社区未来发展的计划施加某种影响，为了与社区中某些重要组织保持联系或协调一致。

社区参与概念广泛运用于西方社会的社区发展规划及社区治理等公共事务中，实践证明，在西方的政治经济社会环境下，社区参与方法实现了有效的社区治理。

2. 社区参与在国内的发展[4]

我国从国外引入社区参与式方法较晚，在经历了大规模拆迁的教训后，于20世纪90年代开始引入参与式整治方法。1999年的泉州市青龙巷历史地段规划是在政府的主动推动下进行的，规划师与当地社区居民初步建立起合作关系，社区开展了多次整治公共环境的研讨会，并最终形成了改造老屋的建造导则（焦怡雪，2003）。2006年的广州恩宁路整治规划就是在居民自发保护的背景下发生的一次参与式规划尝试，规划方案由最初政府提出的全部拆除到过程中的居民抵制拆迁再到最终达成的部分拆迁、局部重建，可以看出不同社会力量的博弈过程（谢涤湘、朱雪梅，2014）。2008年汶川地震后都江堰市老城西北侧的西街历史街区的建筑均存在着不同程度的受损，为了保护这些历史建筑，当地政府联合规划部门组织了参与式改造规划编制行动，但是由于没有协调好公众利益和私人利益的关系，最终没

有形成多方和谐共建的局面（钟晓华，2015）。可见，社区参与方法在国内的社区治理方面体现出了"水土不服"特点，主要原因是社区自组织体系没有得到完全的发挥，居民的参与仍然是被动式的。

3. 共同缔造模式的提出

社区参与在国家层面的推行可以追溯到民政部 20 世纪 90 年代的"社区建设"行动中，但是其理论范式和方法在当时的政治经济背景下，收效不高。"共同缔造"理念最初提出是在王蒙徽和李珣合著的《城乡规划变革——美好环境与和谐社会共同缔造》一书中，但是其实践最早要追溯到"美丽厦门共同缔造"实践中，与以政府、规划师为主导的传统规划不同，美好环境共同缔造以群众参与为核心，强调充分发挥群众在社区规划与建设方面的潜能与作用。"美丽厦门共同缔造"的基本原则，就是按照"核心是共同、基础在社区、群众为主体"的思路，树立美好环境与和谐社会共同缔造的理念。坚持从社区做起，从房前屋后环境改善的小事实事入手，广泛发动群众参与，发挥群众的主动性，凝聚广大群众的力量，共同建设美好厦门[5]。

因为使群众参与落到实处，美好环境共同缔造在"美丽厦门共同缔造"实践过程中，探索出"共谋、共建、共管、共评、共享"的工作路径。其应用对象主要是城市里的老旧社区微改造领域，但是作为一个完整的社区，乡村社区同样也适用"共同缔造"理念。

4. 共同缔造理念和乡村社会特征结合

基于乡村规划建设依赖于广泛共识达成这一经验，立足乡村特有的熟人社会基础问题，共同缔造乡村规划新模式目前正在全国推广。共同缔造乡村治理新模式是以公众参与为核心，搭建

政府、群众与规划师三方互动平台，在规划师等专业人士指导下，基于具体社区建设问题，从空间改造与机制体制创新入手，引导多元主体共同参与规划调研、讨论、编制与实施多个环节的规划实践[6]。共同缔造的规划方法的核心是开辟群众反馈诉求、参与规划的有效渠道，同时将传统组织、热心群众等民间力量纳入城乡建设与社会治理领域，因而具有深远的社会活动的意味。

"共同缔造"理念与乡村振兴相结合的原因，一方面是因为过去的城乡二元结构发展模式造成很大的发展惯性，优质的资金、政策都在向城市倾斜，而我们的乡村长时间得不到发展，所以，统筹政府各部门资金、政策也是弥补乡村发展欠账的一个重要途径；另一方面，乡村振兴需要初始资金的投入，单纯依靠村民自己的力量难以实现，而汇集各个方面的资金，形成资金池，用于解决村集体亟待解决的问题或者是用于实施重要措施，"共同缔造"不是不花钱，而是要省钱。但是改变村民"等靠要"的思想要靠一个共同行动来凝聚共同意识，让他们无偿地为集体做贡献，或者短时间内就培养出良好的维护公共环境的意识，几无可能，通过"以奖代补"的方式，利用资金池内的有限资金，让村民为集体出力的同时得到部分补偿，在这个过程中逐渐使村民参与公共事务的意识和信心转变，乡村的外在物质环境也就变了[7]。

二、乡村振兴的共同缔造策略

王蒙徽和李郁的著书中提出了共同缔造的"五共"方法，既为"决策共谋""发展共建""建设共管""效果共评"和"成果共享"。[8]

1. 共谋村庄发展[9]

是开展村庄规划建设工作的基础性环节。在通过开展交流讨论会、群众访谈、问卷调查、

问题地图的绘制等方式进行前期调研的基础上，发现乡村存在的问题，了解居民生活、生产中的真实需求，结合上位规划中对村庄的定位，融合村干部对村庄发展的整体意愿；充分考虑村庄的社会经济发展势态、自然资源优势和人文景观资源等条件，统筹提出规划引导需求，对乡村的发展愿景达成共识。

2. 共建美好家园

是开展村庄规划建设工作的重要环节。人与人的情感连接与维系是基于共同的活动或目的，通过一定的时间输入而产生的稳定的情感联系。美好人居共同缔造导向下的乡村规划，是基于多方共同的村庄发展愿景，动员社会力量，通过对房前屋后、公共服务设施和基础设施等物质空间建设，使村庄事务"资本化"，继而在情感上产生对之维系和呵护。

3. 共管建设成果

是开展村庄规划建设工作的关键环节。传统、强制和社会制度保证了社会秩序和稳定性。对村庄的物质环境的谋划和建设是为了人们能够更好地享有规划建设带来的红利，为使共谋共建事物长期有效地为居民、为大众服务，就需有"契约精神"为其提供有效的支撑，即共管——在协商共治的理念引导下，通过相关组织建设、管理制度建立、志愿精神、行动计划等内容等物质空间建设、居民的行为认知等方面实施有效管理，进而从自我认知上实现对村庄的"资产化"。

4. 共评建设效果

是开展村庄规划建设工作的重要一环。共评包含评级标准的制定，对评比结果好坏优劣的奖励机制的设定等内容，共评是对前期工作的回顾、总结，可总结经验与不足，及时调整下一阶段的行动计划和工作重点；并通过评比标准的制定，调动人们的竞争合作意识，更好地为开展村庄的建设工作提供便利，引入奖励机制，可充分激发居民的参与热情，增强对村庄事务的参与度。

5. 共享建设成果

是开展村庄规划建设工作的目的。美好人居共同缔造导向下的乡村规划是在通过一系列的营建活动，改善乡村的物质空间环境的同时，促进乡村社会经济的发展，居民共同享有物质环境改善带来的红利，通过有效可行的乡村自治组织等，充分调动居民参与村庄事务的积极性，增强居民彼此的交流、沟通和协作，进而重塑社会结构，营造和睦的邻里关系、融洽的社会氛围。

三、乡村振兴的共同缔造实践方法

1. 青海省湟中县黑城村

黑城村的村民们实现了从乡村建设的"观众"到"配角"，再到"主角"的质的变化；黑城村村民主体意识和社会凝聚力明显提升，农村人居环境得到极大改善、村庄持续发展的内生动

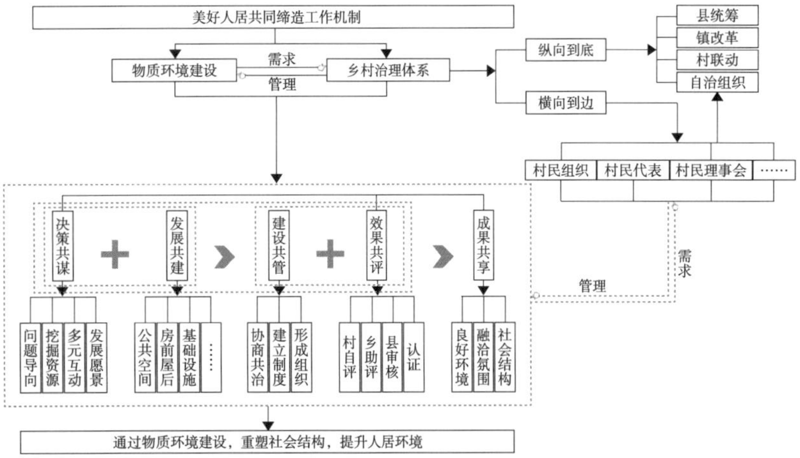

图 2　共同缔造机制图

力被全面激活，"一会（振兴理事会）、两委（党支部、村民自治委员会）、三部（建设管理部、文化建设部、产业发展部和黑城村《振兴理事会章程》《建设管理规定》《文化建设章程》《产业发展运行规则》"等各项"村规民约"构成的村庄自组织管理机制已实现常态化运行，共建、共治、共享的乡村社会治理格局初步显现，充分展现了"共同缔造"工作模式的巨大潜能[10]。

2. 青海省大通县土关村

为解决土关村地处高原寒冷缺水，始终找不到合适的农村污水处理技术，规划团队和村干部多方考察寻找，找到重庆一家军工企业，利用垃圾裂变与污水处理结合的技术，不仅解决了污水处理问题，还实现了垃圾减量。通过北京建筑大学的非遗培训，联合地方非遗企业"素隆姑"公司培训村民手工艺品制作，利用"公司＋农户"的模式，村内的部分留守妇女已经能够制作土族盘绣手工艺品并开始对外销售，使得妇女在家里就能够有所收入来补贴家用。目前，村内经过培训后的熟练妇女平均每年可以增收 80100 元。

独行快，众行远。干部从"指挥员"到"辅导员"，规划师从"专家"到"参谋"，村民从"要我干"到"我要干"，政府项目就不再是"政绩工程"，而成为"民心工程"。不忘初心，久久为功。土关村将以习近平新时代中国特色社会主义思想为指引，以脱贫攻坚和乡村振兴为目标，顺应广大农民对美好生活的向往，以共同缔造为手段，在实现乡村的有效治理的道路上不断探索前行。

3. 湖北省红安县柏林寺村[10]

"五共"是共同缔造的灵魂，结合柏林寺特点，中规院的"五共"推动工作有四项心得：一是搭建信息平台＋表态"慢一点"，引导村民共谋。由于村民多外出打工，要开一次村民代表大会颇为不易。为此，工作组设立了"柏林寺之声"微信公众号和微信群，发布村内信息，引导村民讨论发展意愿，协商问题解决方法，村民们直夸这个办法好。为了让村民具有更多的主人翁意识，工作组内部强调要"采取慢一点表达意见"的工作方法。村民要求建筑风格不能太"土气"，工作团队并不急于否定，而是带大家去郝塘村、苍葭冲村等村落参观。村民要改善村落环境，规划师并不立即抛出方案，而是等理事会先带领村民自行商讨。二是分类施策推动村民共建。针对村庄不同建设改造需求，分为四种模式家庭自建农房院落，设计师给予引导和技术培训，为了鼓励村民自建，村两委、理事会会同相关部门共同制定了《柏林寺村公共性工程项目资金使用和监管办法》。连户合建化粪池，应对村内用地紧张问题。

"能人"组织共建，村内组织了施工队，由施工经验丰富的村民领头，完成技术难度不大的工程。

集体共建，难度大的工程由村委会作为甲方对接施工队，同时邀请村民投工投劳。柏林寺村人口严重老龄化，因此，尊老助老，探索村庄适老化设计是工作重点之一。在村委、理事会商议下，村内成立了公共设施管理与关爱老人小组，驻村工作队协助村民改造了村史馆并在功能上向老年人倾斜。村史馆增加专人管理的老年活动室和亲人见面角。村内老年人多使用老年手机，亲人见面角提供免费视频服务，便于老人和子女在网上联系。此外，村内还建设了老年共享食堂，计划面向全村所有 65 岁以上的空巢老人提供敬老餐。村理事会设立公共账户，村两委及理事会号召村内年轻人定期捐赠资金、村内留守年轻人赠送各类食材，支持老年共享食堂运营，让村里的老人老有所养、老有所依。从思想到行动，紧紧围绕共同缔造的核心；从小事到大事，贯彻共同缔造的理念和方法，中规院团队致力于打造示范村的示范效应，以期能在全国其他村庄推而广之，形成乡村振兴的时代浪潮。

4. 湖北麻城市石桥垸村

中建设计集团在共同缔造工作过程中探索实践了"三二四"模式。完成"设计认知、村民思想、政府角色"的三个思想转变。

中建设计团队改变设计主导一切的传统观念，由唱主角变为技术支撑角色；村民由"等、靠、要"思想转变为主人翁角色；政府由等待观望、行政命令转变为政策支持角；探索实现"横向到边、纵向到底"两个工作机制。横向到边，中建党支部与石桥垸村联合成立共同缔造项目联合党支部，强化党在共同缔造项目中的全面领导作用，形成"联合党支部＋监事会＋综合治理委员会＋N（N 指理事会、协会合作社等）"的村庄治理体系。纵向到底，由麻城市市委、市政府牵头，相关职能部门、阎家河镇党委、镇政府、石桥垸村两委、中建设计集团共同参与成立专项指挥部，专门负责共同缔造示范工作的监督和政策资金的落实。实现四项村庄民生工程即农村垃圾分类、农村池塘净化、农村污水净化处理、农村燃气供给四项工程。

5. 福建厦门院前社[11]

意识到整合各类组织力量以有效发挥其效力的重要性，院前社在海沧区政府的指导下，基于熟人社会网络，凝聚自治组织力量，构筑共建共治合力。

通过传统组织激活与新兴组织融入，大刀阔斧地展开完善基层自治制度的工作。院前社的传统议事组织包括村两委、村民小组、老人会、党小组等，经治理体系架构调整为村民小组、自治理事会（含老人会）、济生缘合作社和群团组织等四大组织，其中，济生缘合作社作为新设立的主要由年轻人组成的新社区组织，与其他三者

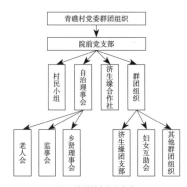

图 3 院前社自组织架构

在职责上互有分工同时相互配合。应群众要求，组织长期以来积极参与村庄建设，与具有参与意愿和热情的村民，组成自治理事会下设的乡贤理事会。同时，为保证项目的正常推进，成立监督会，负责审查自治理事会工作进程与程序规范性。

同时，为保障村庄日后各类建设项目的有效推进，各组织商定抽调各组织成员成立临时性的工作自治小组，协助村委会协调村庄环境整治与美化等事务，村委会予以适度资金补助，构建更为完善而有效的自治组织架构，形成乡村建设的强大合力。

参考文献：

[1] 中共中央国务院关于实施乡村振兴战略的意见 [N]. 新华社北京 2 月 4 日电.

[2] 王一绱. 北京历史街区人居环境整治中社区参与影响因素研究 [D]. 北京：北京建筑大学，2017.

[3][美] 丹尼斯·C 缪勒. 公共选择理论 [M]. 杨春学，李绍荣等译. 北京：中国社会科学出版社，2010：303-335.

[4] 夏晓丽. 城市社区治理中的公民参与问题研究 [D]. 济南：山东大学，2011.

[5] 洪国城，何子张."共同缔造"理念下的村庄空间治理探索——厦门东坪山社工作坊的实践与思考 [J]. 城市规划学刊，2018（S1）：23-27.

[6] 刘敏. 乡村规划新模式探索——以厦门院前共同缔造为例 [C]// 共享与品质——2018 中国城市规划年会论文集（18 乡村规划）. 中国城市规划学会、杭州市人民政府：中国城市规划学会，2018：1171-1178.

[7] 薛杨. 社区营造理念下的乡村振兴策略探索——以唐涂新村美丽乡村规划为例 [C]// 共享与品质——2018 中国城市规划年会论文集（18 乡村规划）. 中国城市规划学会、杭州市人民政府：中国城市规划学会，2018：1692-1709.

[8] 王蒙徽，李郇. 城乡规划变革：美好环境与和谐社会共同缔造 [M]. 北京：中国建筑工业出版社，2016.

[9] 杨延涛. "美好人居共同缔造"导向下乡村规划新模式探索——以青海省土关村为例 [C]// 活力城乡 美好人居——2019 中国城市规划年会论文集（18 乡村规划）. 中国城市规划学会、重庆市人民政府：中国城市规划学会，2019：473-485.

[10] 周莹. 创新下乡助力脱贫攻坚 共同缔造美丽宜居乡村 [J]. 城市建设，2019（03）：52-56.

[11] 李郇，刘敏，黄耀福. 社区参与的新模式——以厦门曾厝垵共同缔造工作坊为例 [J]. 城市规划，2018，42（9）：39-44.

01 住房和城乡建设部湖北省麻城市石桥垸村美好环境与幸福生活共同缔造示范

项目简介

1. 项目区位：石桥垸村距麻城市 7km，距武汉市 100km，属于城郊融合类村庄。

2. 项目规模：0.47km²。

3. 编制时间：2018 年。

4. 项目概况：2018 年 1 月，丁家寨垮被住房和城乡建设部选为探索乡村治理新模式的示范村，其核心目标是在有限时间、有限投入的条件下，激发村民自我建设家园的内生动力。提出通过示范探索形成可复制可推广的共同缔造乡村治理模式。强调要形成村民为主、问题导向的，共同谋划、共同建设、共同管理、共同评估、共同享受成果的乡村治理机制。

工作目标

1. 建立乡村自治组织，在村两委领导下，参与村庄的管理、建设、维护等活动。全体村民共同参与，形成长效治理。

2. 建设基础设施和公共服务设施，使村内水电路气房等基础设施得以完善，使村庄人居环境大幅改善，村容村貌显著提升。

3. 培育特色产业实现村集体和村民收入可持续增长，推动贫困户脱贫。

丁家寨湾环境区位图

现状问题

问题一：空心化、老龄化严重，人口结构弱势化现象严重；

问题二：公共服务设施水平难以满足长期发展；

问题三：生态本底良好，但是污水处理设施能力较低；

问题四：村民等靠要思想严重，自力更生意愿淡薄。

人口结构分析

工作方法

1. 共谋

探索了"党建引领，多方协作，村民为行动主体"的共谋协作机制。在公共服务设施配置、产业发展方向、环境整治重点项目方面与村民进行了广泛的协商。

2. 共建

推动村民主动参加村庄的建设项目。一是四清工作，坚持"拆除不补""占地不补""用工不补"三不补原则；二是绿化工程、小广场建设以及公共厕所、民宅建设等项目；三是池塘和污水治理。

3. 共管

建立了公共环境长效维护机制、垃圾分类长效机制以及公共账户监管机制三种机制。

4. 共评

对各村民小组卫生情况进行评比，实行流动红旗制。

5. 共享

和谐的组织制度由村民共同构成，美好的村庄环境由村民共享。

01 住房和城乡建设部湖北省麻城市石桥垸村美好环境与幸福生活共同缔造示范
MOHURD Joint Creation Demonstration of Good Environment and Happy Life of Shiqiaohuan Village in Macheng

259

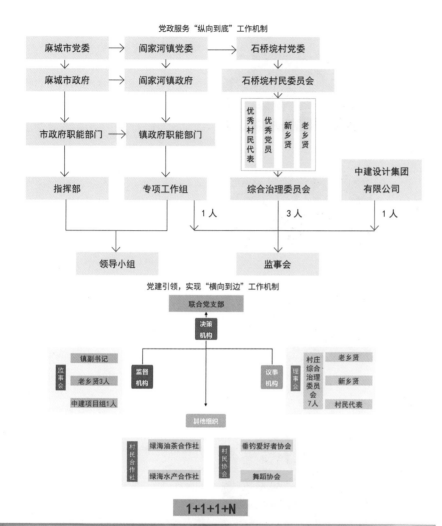

党政服务"纵向到底"工作机制

党建引领，实现"横向到边"工作机制

1+1+1+N

选举综治委

建立"纵向到底"的领导机制

麻城市政府、阎家河镇政府成立共同缔造领导小组，负责共同缔造示范工作的领导和政策资金的落实。

经过中建设计同麻城市委、市政府长时间的沟通和磨合，麻城市市委、市政府牵头，相关职能部门及阎家河镇党委、镇政府共同参与成立领导小组，专门负责共同缔造示范工作的监督和政策资金的落实，实现了上下联动、集中力量办大事的良好态势。

镇政府委派副镇长胡安波与中建设计规划团队一起长驻在村里，为规划团队与政府提供便捷的沟通渠道。

建立"横向到边"的组织机制

为了强化共同缔造工作中党建引领的特色，石桥垸村党支部与中建工作组成立了联合党支部，强化了联合党支部的领导作用。

在村两委和联合党支部的领导下，以村民投票的形式选出了村内德高望重的七位老人，成立了丁家寨垮综合治理委员会，综合治理委员会在宣传、发动和协调群众的过程中起到了重要作用，是议事机构。

完善村内现有的监事会（增加市政府纪检工作人员一名，中建工作组人员一名），监督和管理本次示范的资金使用和工程推进情况，是监督机构。

建立"协商共治"的协调机制

由村民投票选出七位老人，成立了丁家寨垮综合治理委员会，综合治理委员会带头组织开展"四清"工作，本着"拆除不补，占地不补，用工不补"的原则，在较短的时间内，累计拆除危房3处、残垣断壁4处、旱厕60余处、圈舍15处；拆除工作涉及村户60余户。

宅前屋后，村民动手——村民还自发整理可利用建筑材料，并自发建造5处房前菜园；村内环卫队及村民共同清扫拆除场地垃圾，共清运生活垃圾和不可利用建筑垃圾70余车，目前村庄环境改善明显。

一、中建认识的转变

从规划设计到发动群众

完成"三个转变"

中建认识的转变

示范项目初始，中建设计集团迅速组织了9个专业、35人的工作团队入村调研，以精英式的规划理念做规划、绘理想化蓝图，也造成了投资预算过高、忽视群众发动和群众意愿的问题。后来规划师主动转变思路，将村民改进村庄面貌的意愿作为首位，规划师转变为协调、辅助建议的角色。这个过程中，中建设计集团认识到示范工作的真正内涵是关于乡村治理体系的探索，而非传统的先规划、后施工的单纯工程项目。

二、村民思想的转变

从等靠要到主人翁

村民思想的转变

工作伊始，村民"等靠要"思想严重，村民自我改善家园的意识淡薄，中建设计集团先后组织村民前往信阳郝堂村、罗田苍葭冲村、麻城林家下垸等美丽乡村参观，并开展产业技能、垃圾分类、建筑识图等多方面的培训。村民的思想也逐渐发生了很大变化，从以前的"全村等靠要"，慢慢转变成"我是主人翁"，村民自我意识觉醒，自我管理、行动、建设、共享的精神逐步深入群众内心。

三、政府行为的转变

从政府主导到共商共谋

政府工作的转变

麻城市政府在示范项目过程中，也是从开始的等待观望，逐步转变为积极主动。目前，市委市政府成立"共同缔造工作项目指挥部"。按照"县统筹、镇改革、村联动、协商体"的机制，统筹相关专项资金和项目，形成"以奖代补资金池"，通过污水、道路硬化等工程，让村民投工投劳，亲自参与家园建设，实现内力作用和外力作用相结合，同心协力推进各项工作。

统筹涉农资金

1. 政府层面

政府加强政策资金整合，积极筹措资金：政府方面通过整合各项扶贫政策、产业扶持政策等建立专项资金池。

2. 社会投入资金

污水处理设备由湖南凯清环保科技有限公司捐赠；燃气工程由中国燃气承担完成；村庄池塘治理由北京爱尔斯生态环境工程有限公司承担完成。

3. 村民层面

所有的建设项目秉承自愿出资建设原则，将村民出资与村民受益相绑定。在与村民商讨后，有两项工程村民出资参与建设。

统筹涉农资金及社会辅助资金情况

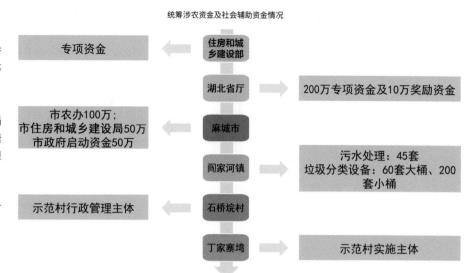

各项工程建设投资估算及投工投劳情况

湖北省麻城市石桥垸村丁家寨垸乡村美好环境与和谐社会共同缔造项目投资估算表(单位：万元)

实施项目				资金组成								备注
		常规费用	村民投工及就地取材节约	实需费用			部资金 (220万元)	省及以下资金 (562万元)				
实施时间	项目名称				合计	村民自筹 (43万元)	部扶贫专项资金 (220万元)	省级资金 (10万元)	市级政府资金 (10万元)	县级政府资金 (292万元)	企业捐助 (250万元)	
	给水管网	28	0	28	28	28	0	0	0	0	0	——
	污水处理设备	120	0	120	120	0	36	0	0	20	64	部扶贫专项资金、麻城市交通局、湖南凯清
	污水管网及工程	263	52	211	211	0	71	0	0	140	0	部扶贫专项资金、麻城市政府、农办、住房和城乡建设局
	燃气工程	182	0	182	182	15	41	0	0	36	90	部扶贫专项资金、麻城市住房和城乡建设局、中国燃气
	村庄道路修整	125	45	80	80	0	15	0	5	60	0	部扶贫专项资金、黄冈市支持资金、麻城市交通局
	池塘治理	85	10	75	75	0	15	0	0	10	50	部扶贫专项资金、麻城市农办、北京爱尔斯
2018 年	垃圾分类奖励基金	5	0	5	5	0	0	0	5	0	0	黄冈市支持资金
	垃圾分类点建设	4	1	3	3	0	0	3	0	0	0	省厅奖励资金
	住房风貌改造	21	9	12	12	0	0	0	0	0	12	中建设计集团捐赠
	垃圾、杂物、残垣断壁、庭院	12	3	9	9	0	0	0	0	9	0	麻城市农办
	房前屋后美化、绿化	16	4	12	12	0	0	0	0	6	6	中建设计集团捐赠、麻城市其他委办局
	新建景观节点	22	6	16	16	0	0	0	0	4	12	中建设计集团捐赠、麻城市农办
	百姓大舞台环境提升	12	3	9	9	0	0	0	0	1	8	中建设计集团捐赠、麻城市农办
	公厕建设	8	2	6	6	0	0	0	0	6	0	麻城市其他委办局
	宣传栏、标语	3	1	2	2	0	2	0	0	0	0	部扶贫专项资金
	路灯	21	6	15	15	0	0	7	0	0	8	中建设计集团捐赠、省厅奖励资金
	产业引入	60	20	40	40	0	40	0	0	0	0	部扶贫专项资金、课题经费
小计		987	162	825	825	43	220	10	10	292	250	
	太阳能路灯	20	2	18	18	0	0	0	0	18	0	东网科技
	童趣园幼小中心	60	5	55	55	0	0	0	0	0	55	西部阳光基金会
2019年计划 项目资金	技能知识培训	——	0	0	0	0	0	0	0	0	0	清华、文都教育
	大病医保	500	0	500	500	0	0	0	0	0	500	乡村儿童公益基金会
	农村金融合作社	10	0	10	10	0	0	0	0	0	10	蜜蜂普惠
	"巨型稻"立体农业	150	0	150	150	0	0	0	0	0	150	袁隆平团队
总计		1727	169	1558	1558	43	220	10	10	292	983	

环境整治规划图

环境整治运动

以改善农村生活环境、提高农民生活质量和打造幸福乡村为目标，以农村环境综合整治为突破口，以"四清四化五改"（即清垃圾、清杂物、清残垣断壁和路障、清庭院，绿化、美化、亮化、净化，改路、改水、改厕、改圈、改垃圾处理）为主要内容，到 2018 年年底石桥垸丁家寨垸，农村面貌发生根本性变化。

"四清"运动是本次示范活动进行的最富有成效的行动之一，其主要任务围绕：

1. 清垃圾。实现村庄内外无暴露垃圾、无卫生死角，公路两侧无生活和建筑垃圾。6 月 30 日前完成生活垃圾、建筑垃圾全部清理及清运任务。

2. 清杂物。道路两侧无乱堆、乱放，无杂草、杂物。

3. 清残垣断壁和路障。公路用地范围内无私自摆摊设点、挖坑取土、乱停乱放，房前屋后无残垣断壁。

4. 清庭院。农户家庭干净、卫生，无人畜粪便、无污水、无污迹、无渣土，厕所清洁，物品摆放有序。

民生工程一：村庄环境提升 1

民生工程一："村庄环境提升 2

民生工程一：村庄环境提升 3

民生工程一：村庄环境提升 5

民生工程一：村庄环境提升 6

环境维护机制

中建与村两委、综治委共同研究制定了四清计划，确定了拆除村民私搭乱建的具体建筑和构筑物，并制定了"拆除不补，占地不补，用工不补"的"三不补"原则，以综合治理委七位村民带头拆除自家厕所和厨房为先导，引导说服村民累计拆除危房3处，残垣断壁4处，旱厕60余处，圈舍 15 处；拆除工作涉及村户 60 余户。村容村貌发生根本转变，"四清"工作取得显著成效。

村内一个重要的丁字路口边早已废弃闲置的小厨房是村民多年前修建，周围环境糟糕，影响交通，但是主人不愿拆除，为了村民利益，综治委七位大爷连着半个月轮流去做工作，终于说服其将小厨房拆除，中建的设计师结合现状条件，设计了一个小的村内公园，供儿童娱乐、玩耍，取名"半亩园"。

进行美好环境建设的同时，也建立了公共环境长效维护机制、垃圾分类长效机制及公共账户监管机制三种机制，由综合治理委员会和监事会负责。

民生工程二：建筑风貌引导1

民生工程二：建筑风貌引导2

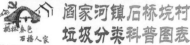

民生工程三：垃圾分类评比1

民生工程三：垃圾分类评比2

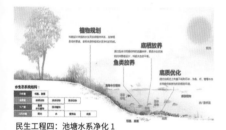
民生工程四：池塘水系净化1

民生工程四：池塘水系净化2

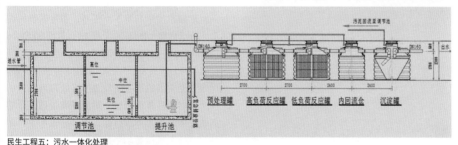
民生工程五：污水一体化处理

① 小型丙烷储罐 ② 燃料电池 ③ 供气 ④ 供电
⑤ 热水 ⑥ 供暖 ⑦ 燃气炉灶 ⑧ 燃气红外取暖器
民生工程六：村庄燃气供给1

民生工程六：村庄燃气供给2

五项民生工程

农房建设示范

公厕的建造由村内施工队施工完成，所用木材和瓦片也是废弃的建筑材料的二次利用，符合乡土建筑经济实用的要求。整体色调采用白色搭配木色，明快而温馨。

垃圾分类维护工程

垃圾分类方面由共青团麻城市团委志愿者和共同缔造团队对村民进行上门培训，并建立"三张卡"积分制的长效机制，综治委定期对各户垃圾分类进行检查，检查合格后发给相应的积分卡，村民集齐积分卡可换取相应的商品。监事会负责公共账户的监督。

池塘净化工程

采用水域生态构建技术，通过水下植物、水生动物、水体微生物构建水下生态系统。在治理过程中，实现了"两低一高"（成本低、能耗低、品质高）的目标，治理成本为传统的1/5～1/3，维护成本为传统的1/5～1/2。水质由原来的劣V类水净化为Ⅲ类水。

污水处理工程

采用一体化污水处理设施，运用"生化处理+人工湿地"工艺。通过微生物的硝化反硝化作用，降解污水中的有机物和无机物，使污水得以高度净化，并同步实现脱氮除磷。达到效益：日处理能力60t，处理后出水水质达到《城镇污水处理厂污染物排放标准》GB 18918规定的一级A排放标准。

分布式能源供应工程

为改变村民使用柴木做饭的方式，减少砍伐树木，保护村庄环境，帮扶团队与综合治理委员会共同商定，引入小型丙烷储罐供气技术，在村庄集中设置小型燃气储气罐，通过管道通入各家。该技术安全性强，建造方便、使用方便、运营便宜、消费便宜。

02 山西省大阳泉古村及其周边地区详细规划

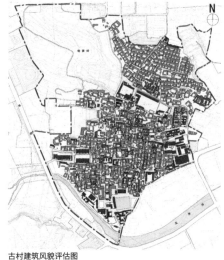

项目简介

1. 项目区位：山西省阳泉市郊区义井镇大阳泉村，距区政府驻地13km。大阳泉地处小阳泉南侧。

2. 项目规模：本次规划的范围包括大阳泉古村落及其周边城市地区，北至新华西街和北岭小区北侧，南至交通职业学校南侧和规划市政道路，东至南山南路和市纺织厂东侧，西至规划村民安置用地，用地面积104.44hm²；其中，古村保护区用地39.13hm²。

3. 编制时间：2009年。

4. 项目概况：为具体落实《阳泉市总体规划》《大阳泉古村保护与发展规划》等上位规划要求，进一步深入研究大阳泉古村的保护与发展工作，特制定本规划。通过对人文历史遗存的保护、发掘与整合，进一步提升古村历史文化价值与知名度，成为阳泉市城市形象的标志性地区。深入挖掘、系统展示阳泉市最具特色的非物质文化遗产，打造山西省文化展示基地。通过多元功能的适度引入，使大阳泉村成为阳泉市第三产业发展的带动区域。

用地及建设现状

规划用地坡度较大、地形多变，各类用地混杂，古村被城市建设所包围，北侧朝阳岭、杨垴坡山体、南侧义井河等原古村周边重要自然环境受到城市建设侵蚀。

古村建筑风貌评估图

土地使用规划

本次规划借助功能调整推动本地区以古村落为核心的合理用地布局的形成，使工业用地逐步搬迁置换，同时开辟城市公园，完善各项公共服务，改善居住环境，注重基础设施和配套设施的建设，为城市提供高质量、充满活力的空间环境。

建设风貌控制

通过对古村建筑风貌和建筑质量进行详细评估，将规划地块的建设风貌分为原貌保护区、传统风貌区、生态景观区、风貌协调区、风貌控制区五个分区。

建设风貌控制图

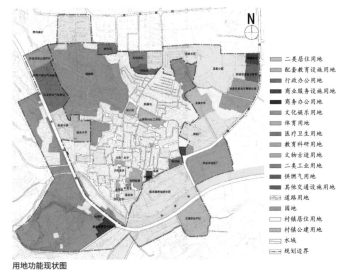

用地功能现状图

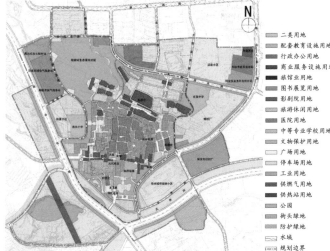

用地功能规划图

古村保护区规划空间结构

规划空间结构为："一山一水一古村，两轴三环十片区"。

1. 一山一水一古村：规划首先突出对一山（杨家岭）、一水（义井河）、一古村（大阳泉古村）构成的山水格局的保护。

2. 两轴：保护、恢复东西向古街的历史原真面貌，突出大阳泉古街的空间主轴定位；打造南北向的文化轴线。

3. 三环：包括生态绿环、蓝色水环和步行环线。

4. 十片区：从古村落空间特征和现状用地条件出发，结合古村落文物保护、传统院落保护和古树名木保护等各项保护要求及第三产业发展的要求，将村落划分十个片区。

历史文化保护规划

历史文化保护规划则从空间格局、街巷肌理、节点与标志、水系与绿化、院落与建筑五个方面进行系统保护。在进行所有的修缮工作时，必须对原有建筑遗迹做深入的研究，最大限度地接近历史原貌。修缮、复建时，要尽量保留原有构件。

1. 道路系统与街巷系统规划

规划区内道路系统由主干路、次干路和支路三级构成。延续原有"五街十八巷"的街巷格局和肌理，进一步完善主街、支街、巷道三级街巷系统。

2. 绿地景观系统规划

规划形成"一山一水、两轴三环、多节点"的绿地景观系统。保护古村原真性的山水格局，营造区域内良好的自然生态环境。

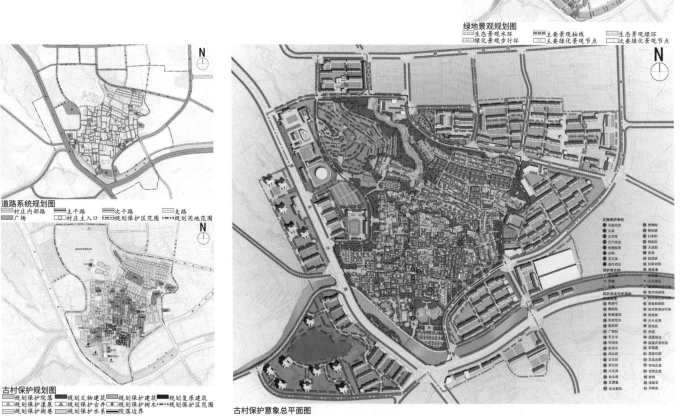

规划结构分析图

绿地景观规划图

道路系统规划图

古村保护规划图

古村保护意象总平面图

03 山西省阳泉市平定县县域乡村建设规划

项目简介

1. 项目区位：平定县地处太行山山脉西麓，位于山西省东部，阳泉市南部，是太原市和石家庄市地理位置的中间区域，向东紧邻着河北省，是石家庄市进入山西省的东大门。

2. 项目规模：规划范围为平定县县域，即平定县行政管辖范围，包括冠山镇、冶西镇、锁簧镇、张庄镇、东回镇、柏井镇、娘子关镇、巨城镇 8 个镇，石门口乡、岔口乡 2 个乡，总面积 1390.94km²。

3. 编制时间：2016 年。

4. 项目概况：中国经济进入新常态，工业化、信息化、城镇化、农业现代化已经成为发展趋势，三农问题的解决是立国之本。以十八大对三农问题的重要论述为依托，根据住房和城乡建设部提出《关于改革创新、全面有效推进乡村规划工作的指导意见》（建村〔2015〕187 号）。山西省住房与城乡建设厅制定了《山西省 2016—2020 年乡村规划工作方案》，全面推进县域乡村建设规划，同时平定县被选定为山西省第一批县域乡村建设规划试点县。本次规划对包括自然村在内的所有乡村聚落进行深入研究，确定乡村建设发展方向与发展规模，构建乡村建设发展体系。

规划目标和主要内容

本次规划为县域的乡村建设规划，就是在县域范围内，以城镇为带动牵引，通过发展特色农业、开发文化旅游、强化文化塑造等特色产业发展措施来促进乡村自我提升循环发展，并通过改善乡村基础设施、乡村公共服务设施，乡村生产环境、乡村生活环境等主要人居环境，最终实现城乡一体化发展，打造生态宜居示范县。

本次规划根据阳泉市政府相关文件，将上述乡村建设总目标分解为基础设施建设、农民安居工程、环境整治和宜居示范工程四个方面。并结合平定县实际情况，将每个方面的目标都细分为若干评价指标项目，如下表所示。

特色产业发展指引

农业发展指引

■ 服务业中心	■ 服务业节点	服务业发展带	□ 建制乡（镇）
高速公路	国道	省道	县道（一级）
铁路	轨道交通	高速公路出入口	县道（二级）
省域边界	市域边界	县域边界	镇域边界

工业发展指引

■ 服务业中心	■ 服务业节点	服务业发展带	□ 建制乡（镇）
高速公路	国道	省道	县道（一级）
铁路	轨道交通	高速公路出入口	县道（二级）
省域边界	市域边界	县域边界	镇域边界

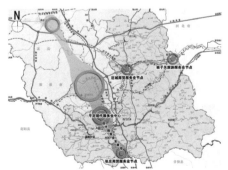

现代服务业发展指引

■ 服务业中心	■ 服务业节点	服务业发展带	□ 建制乡（镇）
高速公路	国道	省道	县道（一级）
铁路	轨道交通	高速公路出入口	县道（二级）
省域边界	市域边界	县域边界	镇域边界

平定县乡村建设目标分解表

目标分类	目标名称	远期目标	近期目标
基础设施建设	饮用水达标率	100%	98%
	道路通自然村率	100%	100%
	道路硬化率	100%	100%
	街道亮化率	80%	80%
	乡村卫生室覆盖率	100%	100%
	学前教育毛入学率	100%	90%
农民安居工程	农村地质灾害治理	85%	75%
	农村危房改造	100%	85%
	异地移民搬迁	100%	30%
环境整治	生活污水处理率	85%	75%
	生活垃圾处理率	85%	75%
	农村厕所改造	85%	60%
	森林覆盖率	40%	38%
宜居示范工程	三级联创	—	创建 3 个省级、6 个市级、19 个县级美丽宜居示范村
	传统古村落保护	100%	100%

乡村体系规划的建立

本次规划从协调乡村生产、生活、生态空间入手，综合运用分区、分级、分类空间方法，统筹建立县域城镇体系 + 风貌分区体系 + 村镇体系的 1+1+1 的乡村体系规划模式。

县域城镇体系

规划加强岔口乡与巨城镇之间、东回镇与柏井镇之间的交通联系，通过巨城镇和柏井镇带动岔口乡和东回镇的发展。县域城镇等级结构由县域中心城市—重点镇——般镇 3 个级别构成。

风貌分区体系

为加强县域分片区空间治理，本次规划按照地形和产业特点对平定县县域进行分区，分为 5 个区：生态旅游区、半山生态农业畜牧区、山区生态林业畜牧区、近城产业综合区、县城建设发展区。

村镇体系

以是否为村委会所在地、现状基础设施、人口结构、农业发展（耕地、林地）、旅游业发展等 14 项要素作为评价标准建立村庄评价指标体系，根据评价体系的评分状况对每个村庄提出不同的整治要求。对评分结果为大于 60 分的村庄保留，小于 60 分的撤并，从而进一步对行政村进行建设模式分类，分为严格保护型村庄、保留扩建型村庄、保留控制型村庄、集中迁并型村庄四种类型。

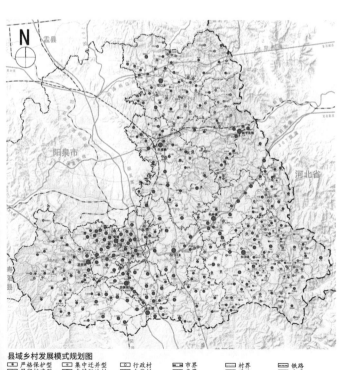

县域村镇体系规划图

县域乡村发展模式规划图

县域乡村发展潜力分析图

04 山东省菏泽市巨野县核桃园镇前王庄村村庄发展提升规划及湖畔天寨旅游区概念性总体规划

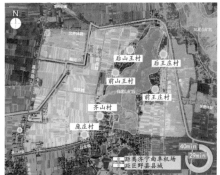

现状道路系统分析图

现状农田分布图

现状农田分布图

现状矿坑

规划项目落位图

现状照片

项目简介

1. 项目区位：范围共6个村，包括2处传统村落，是鲁西南石寨建筑典型代表；一般村落共4处，均依山而建。其中前王庄村是国家级传统村落、历史文化名村。

2. 项目规模：规划范围6.26km²。

3. 编制时间：2019年。

4. 项目概况：现状生态系统脆弱，环境有待提升；道路服务水平较低。山体破坏严重，但景观效果突出。域广田平，但未形成规模效益，同时大量基本农田对开发活动造成制约。面对一系列发展困境，如何挖掘资源优势，形成核心王牌，有效提升竞争力，成为本次规划的基本出发点。

核心竞争力

两个核心王牌：山巅天坑（工业型遗址人文景观），瑰宝石寨（国家级文化历史活地图）；三个配套支撑：平谷晴川（田园水系原野景观），千年驿站（市肆古驿村落景观），有机田园（山林果蔬创意型景观）。

定位与目标

乡村振兴时代背景下，建设山东省乡村振兴的鲁西南样板，山东省矿山生态修复示范区，菏泽市田园文旅休闲游的首选目的地；打造诗意田园、功能多元的乡村度假生活社区。

04 山东省菏泽市巨野县核桃园镇前王庄村村庄发展提升规划及湖畔天寨旅游区概念性总体规划
Village Promotion Planning of Qian Wang Zhuang and Conceptual Master Plan of Lakeside Tian Zhai Tourism Area

269

发展路径

1. 先软后硬，基础先行，第次成长。一期建设目的：建立开发基础，引流人气，培养投资平台。

低成本快速启动，以轻资本塑造焦点，培育旅游产业发展的市场环境。

借助窗口期，完善基础设施，培育旅游产业发展的投资环境。

结合实际发展条件，适时安排小投资、大投资项目建设时序。

2. 引入资本，强化意象，塑造闭环。二期目的：基本建立区域旅游和产业发展格局，旅游市场已逐步成熟。

合理控制规划冲动，聚焦湖畔天寨的旅游目的地品牌，引入重资本进行整体开发；围绕王牌资源，以地标场景重构目的地景观意向，强化天坑、石寨的形象感知。

以有限的大项目培育旅游极核，打造高标准、高品质、优生态的核心项目。

3. 制定标准，精细开发。三期目的：形成运营规范、管理有效、口碑优良、服务齐全、建设精致的旅居社区和旅游目的地，可随时启动 4A、5A 级景区申报。

设立合作社，制定准入标准，规范村民自营服务。

有效引导村民，分级开发精细化产品，丰富游客体验。

延伸服务链条，进一步补足业态。

客流量预测

高铁开通后（2021年），将极大带动湖畔天寨旅游区及周边景区发展，促进城镇建设，为湖畔天寨旅游区带来大量人流，预计湖畔天寨年接待游客人数：近期（2020年）62万人次，中期（2025年）272万人次，远期（2030年）448万人次。

旅游产品体系

构建山水田村的三次结构产业旅游产品体系。

空间结构

构建一核、三带、五节点、多片区的整体空间结构。

道路与市政设施规划

完善路网，优化断面，提升道路服务水平，完善市政基础设施，实现水、气、网全覆盖。

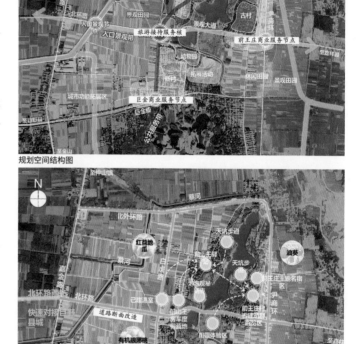

规划空间结构图

道路与市政设施规划分析图

一期建设意向图

二期建设意向图

三期建设意向图

05 山东省菏泽市后彭庄村村庄发展提升规划

项目简介

1. 项目区位：后彭庄位于郓城县县城以东 12km，张营镇东南 5km 处。
2. 项目规模：村域规划范围 212.1hm²，村居设计范围 19.9hm²。
3. 编制时间：2019 年。
4. 项目概况：后彭庄村交通便利，村庄文化遗存丰富，村落格局独特、水资源丰富、基础设施较完善。但产业发展弱、建设需求强；风貌品质逐渐消失。

发展背景

1. 国家层面：乡村振兴战略，是十九大作出的重大决策部署。
2. 山东省层面：形成了"1+1+5"政策规划体系，形成美丽村居建设"四一三"行动方案；即集中打造 4 大风貌区，布局建设 10 条风貌带，培育 300 个美丽村居建设省级试点，重点着力彰显"鲁派民居"新范式。

功能定位

依托淳朴的乡风和独特的自然格局，与澎湖音乐风情区合体经营、优势互补、空间融合共建；构成澎湖音乐风情小镇的双心之一；重点发展有机农业、音乐教育研学和慢生活体验旅游服务等产业；建设美丽村居典范·音乐风情名村。

产业策划

以传承乡村记忆为前提，构建"区域协同、撤二进三、内外分区"的产业发展路径。区域协同路径：依托村庄特色，承接地区需求，积极加入地区产业分工，全面对接区域产业发展；撤二进三路径：淘汰落后产能，培育新动能，突出村庄文化与生态优势，促进产业结构升级；内外分区路径：合理引导产业分区发展，延续村庄内部风貌，协调村庄外部景观，留住一份乡愁；以生态为底、文化为魂，打造集休闲、娱乐、观光、种植、文教等功能于一体的新时代音乐古村；各类型项目业态布局严格遵循"内外分区"战略，保障村庄风貌得到延续。

村庄区位分析图

村居现状分析图

后彭庄村现状产业结构

后彭庄村产业结构引导

■一产　■二产　■三产

村庄文化遗存分布图

道路交通系统规划

增加对外出入口，增加停车设施，限制内部车行比例。

景观风貌规划

规划构建"一带·两轴·三区·五园"的景观风貌结构。

村庄风貌分区

2035 年将后彭建成鲁西南"富春山居图"的典型代表。

环河旅游带

以滨水景观带串联特色建筑群和景观聚落空间，形成连续观光游线。

旅游流线规划

1. 流线多样：以大舞台为游客集散点，有三条游览路线，游客可选择性较多；

2. 内外分区：以村庄外围河道为游客游览的游线，串联起村庄内部的主要文化项目，丰富游线上的旅游内容；

3. 互不干扰：游客游线和村民日常出行的路线尽量错开，不打扰村民的日常生活。

实施性公共空间设计分析图

现状照片

旅游线路规划分析图

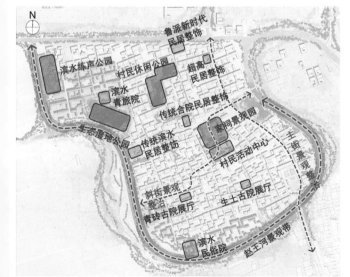

近期建设项目示意图

道路交通系统规划分析图

土地利用规划

增加山东音乐学院教学科研用地；将现状新园路南侧生产用地整合到一处，形成全村的生产仓储用地，发展高效农业；完善道路系统及停车设施；完善公共服务体系，增强对外服务质量和规模；腾退微量宅院，打通绿化景观廊道，形成舒展开阔，有机协调的人居环境。

空间结构

规划构建一带一街的空间结构。进行村庄全域微更新，重点打造滨水景观带与特色音乐文化街。

土地利用规划分析图

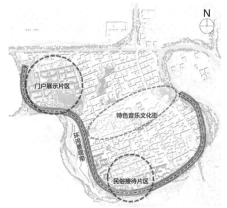

空间结构分析图

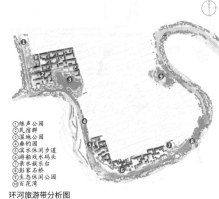

环河旅游带分析图

对传统青砖、生土建筑进行保护性修缮，加强保护利用，延续地区传统风貌

有新的非居住功能诉求，需要对现有建筑进行较大改造，以满足新使用需求的院落

当下没有新建、改建需求的院落，占绝大多数，参照旧民居整治引导进行整治

现有破败建筑或有较大的新建需求的院落，参照新民居引导进行建设

村庄现状

村庄建设引导图

旧民居整治引导

根据后彭村建筑现状，制定保护修缮、外观整治、适时更新、建议腾退四类保护整治措施。

实施性公共空间设计

依托外围河道、田园景观和现状池塘、空闲地等打造以外围景观带串联起各个节点片区的"一带连群星"的公共开放空间布局。

共同缔造机制

建设共管的组织机制——纵向到底、横向到边的组织机制构建；成果共享的运营机制——美丽环境共同维护共同受益体制建设；效果共评的监督机制——全员参与的村庄评价指标体；动态整治的实施机制——灵活多阶段实施的民居整治途径。

近期建设规划

近期建设"一河、两街、四园、九院"以带动整个村居品质提升。

拆除翻建的新建民居设计——二层户型 A 效果图

拆除翻建的新建民居设计——二层户型 B 效果图

拆除翻建的新建民居形成的街巷空间效果图

屋顶设计方案

立面设计方案

院门设计方案

院墙设计方案

景观风貌规划分析图

风貌分区图

总平面图

06 山西省阳泉市西岭村村庄发展规划

项目简介

1. 项目区位：西岭村位于巨城镇西南，距离政府8km，东与本镇西小麻、莲花两村相接壤，西与阳泉郊区庙岭村相邻，大连公路穿村而过，交通极为便利。

2. 项目规模：本次规划的范围包括西岭村村域范围及中心村集中建设区两个范围，其中村域面积1.4km²，村庄建设面积约10hm²。

3. 编制时间：2019年。

4. 项目概况：西岭村拥有独特的"石头偷磴双拱靠山窑"传统建筑的文化遗产，辽阔壮美的梯田风光，以及国家级非平定砂器、省级非遗阳泉剪纸（盘合）、省级非遗平定婚俗、省级非遗阳泉评说、省级非遗平定三八席、县级非遗手工制作彩灯制作等丰富的文化资源。

项目策划

以西岭"和"文化和非物质文化遗产为基础，延伸组织多种项目活动，打造文化研习基地、非遗传承基地，举办文化活动，开发文创产品。以窑洞住宿体验、乡村美食餐厅开发为主，乡村旅舍、现代民宿、特色餐吧为辅，综合提升西岭的旅游接待能力，服务游客，留住游客，创造更多消费。重点打造和堂、六情广场、窑洞民宿、砂窑体验中心，并在村庄西入口建停车场一处，将村庄东侧道路改线形成的空地改造成公园。

村庄规划平面图

① 窑洞民宿　④ 和文化馆　⑦ 木栈道　⑩ 祠堂　⑬ 新建民居　⑯ 入口牌坊
② 和堂　　　⑤ 戏曲广场　⑧ 垂钓平台　⑪ 平定砂器传承基地　⑭ 灯笼艺坊　⑰ 生态停车场
③ 六情广场　⑥ 传统院落　⑨ 文化长廊　⑫ 梨花栈道　⑮ 入口公园　⑱ 梯田栈道

用地规划

规划将原有村庄建设用地进行充分利用，适当增加设施用地，将空闲土地进行整治，作为村庄的公共场地。规划后村庄公共服务设施用地增加1.70%，村庄基础设施用地增加0.51%。建设用地共增加1.18%。

西岭村村域范围用地规划统计表

用地分类			用地名称	现状		规划		对比
				面积(hm²)	占总用地(%)	面积(hm²)	占总用地(%)	面积(hm²)
V			村庄建设用地	9.9	6.82	10.91	7.52	0.88
N			非村庄建设用地	2.93	2.02	2.9	2	-0.03
	N1		对外交通设施用地	0.83	0.57	0.8	0.55	-0.03
	N2		国有建设用地	2.1	1.45	2.1	1.45	0
E			非建设用地	132.37	91.16	131.39	90.49	-0.85
	E1		水域	0.69	0.48	0.69	0.48	0
		E13	坑塘沟渠	0.69	0.48	0.69	0.48	0
	E2		农林用地	122.08	84.08	130.7	90.01	8.75
		E21	农用设施用地	1.08	0.74	1.08	0.74	0
		E22	农用道路	0.84	0.58	1.28	0.88	0.44
		E23	其他农林用地	120.16	82.75	128.34	88.39	8.31
	E9		其他非建设用地	9.6	6.61	0	0	-9.6
			总用地	145.2	100	145.2	100	0

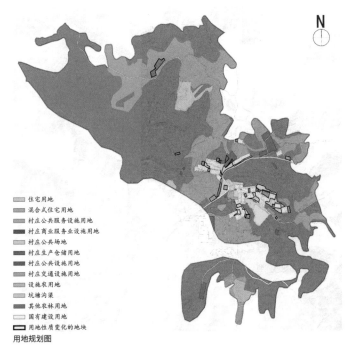

■ 住宅用地
■ 混合式住宅用地
■ 村庄公共服务设施用地
■ 村庄商业服务业设施用地
■ 村庄公共场地
■ 村庄生产仓储用地
■ 村庄公共设施用地
■ 村庄交通设施用地
■ 设施农用地
■ 坑塘沟渠
■ 其他农林用地
□ 国有建设用地
▭ 用地性质变化的地块

用地规划图

院落整治策略

针对现状村落建筑使用率不高和风貌不美的问题，提出整治现状杂物棚或旱厕简陋、杂乱的院落空间，形成典型的三合院形制；统一门楼样式，统一影壁样式，修整铺装、增加绿化等综合提升策略，并分别提出了对应的整治标准。同时，设计符合现代家庭生活的两种建筑形式，第一种为三眼窑，适合一家三口居住，年轻人（2人）＋小孩（1～2人），4人及以下。另一种为五眼窑，院落面积328m²，四卧、两厅、一厨、两卫。适合三代同堂，6～8人居住。

乡村景观营造

为西岭村量身定制符合其文化气质和精神寄托的景观实施方案——六情广场。以表现西岭人生的六大人生感情话题为设计出发点，即师生情、友情、爱情、亲情、乡情、博爱情，设计一系列景观小品，让游客及村民在这里休息停留，观赏体验，同时传递了相信人间有真情的西岭文化。

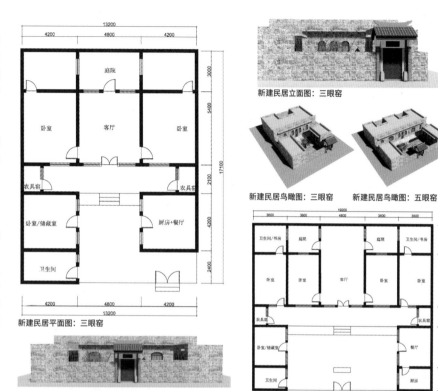

新建民居立面图：三眼窑

新建民居鸟瞰图：三眼窑　新建民居鸟瞰图：五眼窑

新建民居平面图：三眼窑

新建民居立面图：五眼窑

新建民居平面图：五眼窑

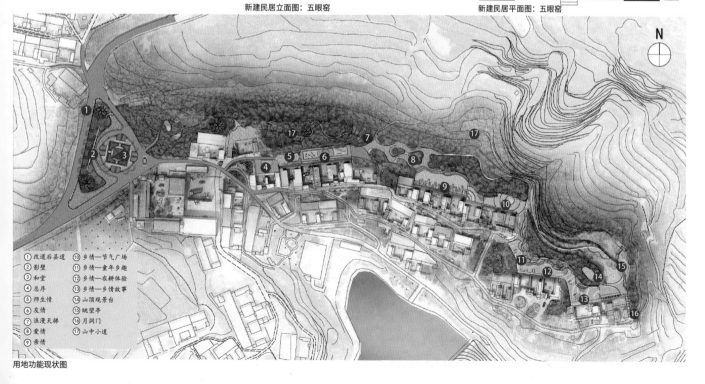

① 改道后县道　⑩ 乡情—节气广场
② 影壁　⑪ 乡情—童年乡趣
③ 和堂　⑫ 乡情—农耕体验
④ 总序　⑬ 乡情—乡情故事
⑤ 师生情　⑭ 山顶观景台
⑥ 友情　⑮ 眺望亭
⑦ 浪漫天梯　⑯ 月洞门
⑧ 爱情　⑰ 山中小道
⑨ 亲情

用地功能现状图

07 吉林省辉南县金川镇国家特色小镇总体建设发展规划

项目简介

1. 项目区位：金川镇位于吉林省南部，距省会长春市约215km，交通区位良好。

2. 项目规模：本次规划分为研究范围和规划范围两个层面，研究范围为金川镇镇域全境，总面积317.5km²；核心区为金川镇镇区，面积1.3km²。

3. 编制时间：2017年。

4. 项目概况：金川镇是住房和城乡建设部2016年10月11日公布的全国首批特色小镇之一，镇内山地起伏，且具有玛珥湖群特殊地形的地貌特点，其中多处为火山喷发遗留，以大小金龙顶为代表，且形成七处火山湖，称为龙湾，形如"北斗七星"，是龙湾国家森林公园核心景区。

目标定位

赏·玛珥湖奇美风光，养·大龙湾福泽之气。

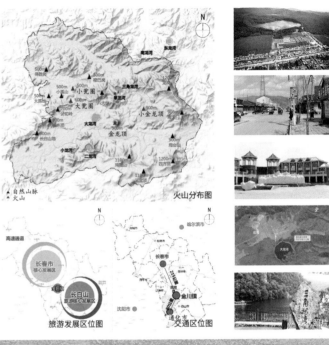

火山分布图

旅游发展区位图　　交通区位图

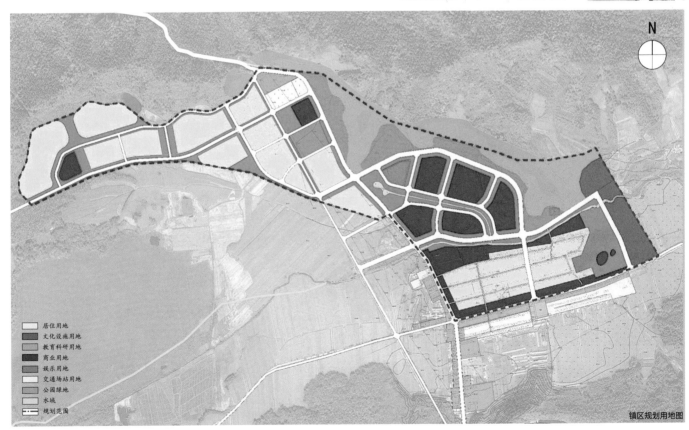

居住用地
文化设施用地
教育科研用地
商业用地
娱乐用地
交通场站用地
公园绿地
水域
规划范围

镇区规划用地图

07 吉林省辉南县金川镇国家特色小镇总体建设发展规划
Construction and Development Master Plan of Jinchuan Town with National Characteristics in Huinan County in Jilin

277

发展路径

区域融合

借力长白山大旅游圈错位发展金川镇的核心特色资源为火山与温泉，与长白山旅游区重合度较高，未来应借力长白山大品牌效应，补足功能，注重展示灵动秀美的田园风光。

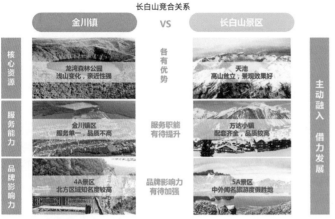

品牌营造

打造"火山"特色文化的康养体系。以"火山"为核心，突出"火山"特色，结合健康、有机食品产业，逐步形成自己的"火山康养"的特色产业品牌。

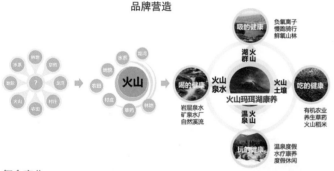

复合产业

构建一、二、三产复合发展平台。升级现有产业功能，构建以旅游为支柱产业，康养、绿色食品、商务服务等产业为特色的复合产业体系。

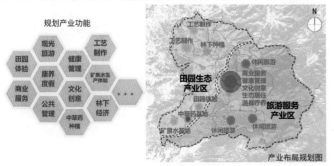

产业布局规划图

发展策略

聚人气：把握机遇，发展旅游，实现跨越；借助交通区位，便于客群快速到达；精准定位中国庞大的市场需求识别、定位主力客群，并预测游客量——规划近期到2020年末，年游客量80万~120万人次；中期到2025年末，年游客量约150万人次；远期到2030年末，年游客量量200万~250万人次。

树品牌：打造"火山玛珥湖"特色文化的康养体系，梳理关东文化、矿泉文化、红色文化。针对不同人群，打造专属旅游产品，塑造不同凡响的火山玛珥湖旅游盛宴；多样化旅游产品，打造"四季全时游"。

兴业态：规划确认龙湾自然保护区的生态地位，对之提出了更高的保护要求；并结合总体规划镇区范围与保护区边界及当地地形地貌条件，提出规划建议范围。

发展策略

镇区规划设计

规划范围：城镇总用地面积1.6km²，城镇建设用地1.3km²。

规划理念：特色引领，生态优先，产镇融合。围绕火山文化打造特色镇区；依托森林公园强调自然体验；发展镇区产业，打造宜人住区。

设计手法：突出火山特色，积极拥河发展，明确分区功能，完善服务设施。

空间结构：一核一带六片区。

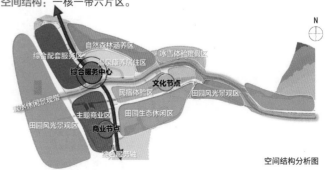

空间结构分析图

08 吉林省长春市莲花山东方文化养生谷概念规划

概况区位图
▬ 高速路　▬ 市区主干路　▬ 区域次干路　▬▬ 铁路
▬ 省道　▬ 区域主干路

现状照片1　　现状照片2

现状土地使用情况
开发利用　　　　　　　　保留改造
耕地　　　　　　　　　村庄
＋　　　　　　　　　　＋
牧草地　　　　　　　　林地
＋　　　　　　　　　　＋
其他用地　　　　　　　水域

项目简介

1. 项目区位：本项目地处长春市东部、莲花山生态旅游度假区内，属大城市近郊区域。

2. 项目规模：规划范围 17.47km²。

3. 编制时间：2016 年。

4. 项目概况：基地内生态本底良好，自然环境优越，"山、水、林、田"错落有致。现状用地主要包括三大类：村庄建设用地、农田和林地。本次规划考虑保留并适当增加林地、水域，结合各村屯建筑风貌及质量，保留并改造部分民居，适当开发其他用地。

发展思路

规划通过研判市场发展趋势，认识到当前"老龄化市场缺口巨大，城市居民亚健康问题带来井喷式休闲养生需求以及大旅游时代的到来"三个产业发展方向，同时结合国家政策，提出"特色小镇 + 健康产业"的总体发展路径，确定建设"国家级健康小镇"的总体发展思路，打造长春市明星级休闲度假产品。

理念定位

规划以"山居·水善"为理念，打造"山居水镇·养生乐谷"，针对既有城市生活在"衣、食、住、行、育、乐、医、养"等生活方面的问题，提出不同的解决方案与对比方式，创建"东方文化养生"新理念，引领都市健康品质新生活。

用地规划

规划总用地 17.47km²，其中建设用地约 3km²，占总用地的 17.14%，农林用地及水域 13.83km²，占总用地的 79.15%，体现生态优先原则。

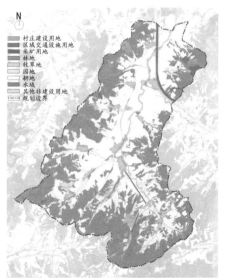

土地利用现状图

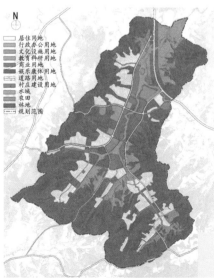

现状用地分析图

总平面图

08 吉林省长春市莲花山东方文化养生谷概念规划
Conceptual Planning of Oriental Culture Health Valley in Lianhua Mountain of Changchun City in Jilin Province

279

规划结构

规划以"山—水—谷"关系为基地，形成三大体系结构
以山为脉——田园生态体系
以水为魂——文化旅游体系
山水之间——健康颐养体系

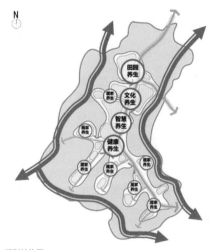

规划结构图

景观系统

以生态为底，自然先行为原则，水系引领，绿带衍生为策略，打造点轴布局、系统有序的景观系统，形成多元景观、和谐共生的景观风貌。

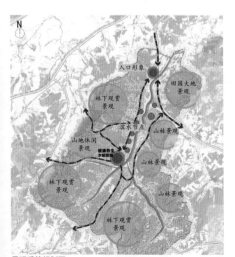

景观系统规划图

功能分区

规划响应传统文化复兴政策，并以康养产业作为主导切入，植入传统东方文化内核，将传统文化中的"农耕田园、民俗历史、诗书礼乐、养生医药、人居环境"与养生产业衍生出的"养趣、养智、养心、养身、养居"相融合，形成田园养生、文化养生、智慧养生、健康养生、居家养生五大板块。

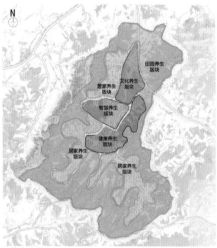

功能分区图

规划意象

打造"水绕坡田林绕篱，身居舍畔锦花溪，山居水镇桃源处，养生乐谷上善地"的环境氛围，实现全产业融合，全域化联动及互联网渗透，充分融入"旅游+"大时代背景。

规划意象图

交通规划

交通规划注重梳理对外交通与基地交通的联系，同时考虑内部道路景观和慢行系统的布置，对不同道路进行不同的断面设计，构建"外部联通，内部宜人"的交通网络。

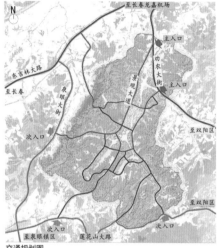

交通规划图

实施保障

规划采用"企业+合作社+农民"的合作模式，保证农民生活品质；对基地进行雨洪管理，建设海绵城市；并提供市政基础设施保障。

集水屋顶意向图

雨水花园意向图

09 江西省萍乡市芦溪县上埠镇电瓷特色小镇概念规划设计

项目简介

1. 项目区位：上埠镇位于萍乡市东南部，距市区 30km，距县城 8km，东连芦溪镇，南邻新泉乡和张佳坊乡，西靠南坑镇，北接高坑镇。

2. 项目规模：研究范围面积约 11.51km²，可建设用地 2km²；城市设计范围即核心区，约 1km²，旧厂区范围约 14hm²。

3. 编制时间：2017 年。

4. 项目概况：上埠是具有悠久的制瓷历史，史称"先有窑下，后有饶州"，与景德镇齐名。作为中国电瓷之乡、全国电瓷知名品牌创建示范区、全省百强中心镇，上埠电瓷实现了从制造到智造，从适应标准到制定标准的跨越，是全国唯一一个涵盖玻璃、复合、瓷绝缘子的产业集群。

产业发展路径

上埠电瓷目前以中低压为主，应加大高压与特高压电瓷投入力度，做大做强电瓷产业；上埠目前处于产业链中游，可向上游研发设计与下游市场营销发展，进行产业补链；补充电瓷产业上游产业链，重点发展产品研发、标准制定与原材料加工；延伸电瓷产业下游产业链，重点发展物流、贸易、电子商务，适当发展避雷器、电容器等产业；拓展电瓷产业链，适当发展民用陶瓷中的卫生洁具陶瓷。

规划定位

打造产业、交通、旅游、文化，四位一体构建上埠电瓷传奇小镇。

规划布局

规划形成"一核三轴·四区三节点"的空间结构。一核：高铁综合服务核；一轴：城镇综合发展主轴；两廊：城镇发展廊道；多点：武功山旅游服务节点、产业服务节点、社区服务节点。

道路交通规划

原芦南公路从镇区中部穿过，对镇区交通组织产生较大干扰，规划将其向东南偏移，引导过境交通由镇区外部通行。规划构建"两横两纵"的道路系统，内部主干路形成两横两纵的方格网布局形式。

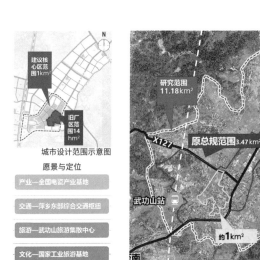

城市设计范围示意图

愿景与定位

产业—全国电瓷产业基地

交通—萍乡东部综合交通枢纽

旅游—武功山旅游集散中心

文化—国家工业旅游基地

规划范围图

用地布局分析图

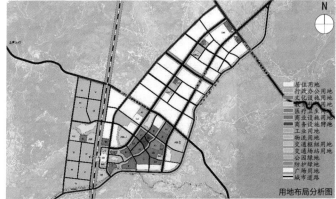

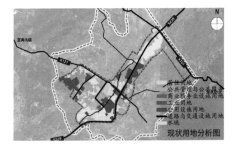

现状用地分析图

规划布局分析图

交通规划分析图

功能业态

产业功能：国际会议中心、产品交易中心、企业展示平台、商会会址；交通功能：高铁运输、仓储服务、客流集散、物流服务；旅游功能：旅游接待、特色民宿与餐饮、高端酒店、休闲度假；文化功能：工业遗址公园、电瓷博物馆、瓷工艺体验、本土文化展示。

发展规模预测

旅游人次预测：武功山现处于起步阶段；随着旅游配套设施完善和武功山高铁站建设，武功山即将实现跨越式发展。预计上埠镇镇区游客人数：近期（2020 年）4.8 万人次，中期（2025年）34 万人次，远期（2030 年）112 万人次。

人口规模预测：通过对 2010 ~ 2016 年的人口数据进行观察发现，现有人口变化趋势较为稳定，因此在未来发展条件不变的情况下适合采用回归性分析预测城市人口，计算表指数和多项式的模型拟合效果较好，两种模型的预测结果取均数得出：2020 年，镇域人口 41500 人；2030 年，镇域人口 48000 人；预测年平均增长率 1.42%。

旧厂区分区道路交通规划

实行交通分时管制：日间如图进行人车分行管制；夜间全区域内允许机动车通行；机动车在区域内实行即停即走，禁止路边停车。

建筑改造

对建筑色彩、建筑材料、建筑屋顶、建筑立面、建筑细部进行改造。

功能分区图

道路交通规划

功能落位

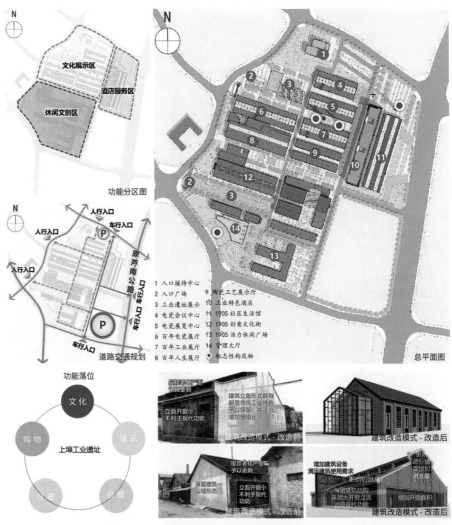

1 入口接待中心 9 陶瓷工艺展示厅
2 入口广场 10 工业特色酒店
3 工业遗址展示 11 1905 社区生活馆
4 电瓷会议中心 12 1905 创意文化街
5 电瓷展览中心 13 1905 活力休闲广场
6 百年电瓷展厅 14 管理大厅
7 百年工业展厅 ● 标志性构筑物
8 百年人生展厅

总平面图

建筑改造模式 - 改造前
建筑改造模式 - 改造后
建筑改造模式 - 改造前
建筑改造模式 - 改造后

服务中心效果图

整体鸟瞰图

主题 09
市政交通与专项规划
MUNICIPAL TRANSPORTATION AND SPECIAL PLANNING

大数据时代的交通规划理论浅析

现代城市交通规划是在第二次世界大战后出现的。美国芝加哥大都市区交通规划在居民出行调查的基础上，建立交通四阶段数学模型，标志着交通规划成为一门学科。随着社会经济的发展，交通运输业也从一个相对独立的子系统逐渐演变为复杂的大系统，不仅需要和整体社会的经济发展速度相匹配，还需要兼顾内外环境的协调。

回顾交通规划的演变历程，主要包括两个重要阶段[2]。

一、孕育在城市规划中

19世纪末霍华德的田园城市中，规划了6条主干道，将城市分成6个区；1909年勃南 (Burnham) 编制的芝加哥总体规划 (The Chicago Plan) 中采用"街 (Street)"和"道 (Avenue)"对芝加哥城区的公共空间进行划分，同时确定了东西向的麦迪逊大街 (Fadison Street) 和南北向的州道 (State Avelme) 为中心的城市方格状道路网系统；20世纪的中期，艾伯克龙比 (P.Abercrombie) 主持制订的大伦敦地区规划方案中强调了道路系统在城市规划中发挥的作用，提出疏散伦敦中心地区工业和人口的建议，并将伦敦地区划分为由内到外的四个地域圈。与之相匹配的是单中心同心圆的封闭式环路，并采用放射线路与环路相交构成畅通的道路系统。20年后，新的大伦敦发展规划试图改变这种同心圆式的布局结构，让城市沿着三条主要快速交通干线向外扩展，形成三条长廊地带，在长廊终端设了三座具有"反磁力吸引中心"作用的城市，通过道路系统的设计达到分散工业和人口的城市规划目标。

二、形成相对独立的交通规划研究

最早的交通规划多是为出行提供服务，而不是行程的安排和运输方式的选择。随着新交通运输方式的涌现，开始关注机动性方面的规划。比如1837年爱尔兰工程局主席约翰·伯格尼 (John Burgoyne) 进行的一次运量调查，正确预测到铁路出现将对公路造成巨大冲击；1857年亨利·凯里 (Henry Carey) 根据不同的土地利用情况预测出行数量等，这些研究主要是为了满足资金和运营成本的需要[3]。其后形成了关于交通的专项研究方法与技术。包括线路和枢纽的设计规范、布局和选址以及网络布局等工程技术和一系列预测技术[2]。

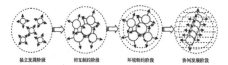

图4 交通运输业发展阶段[2]

关于交通规划的相关理论与实践案例，国内外有许多探索。本文主要分析雷德朋体系的基础理论，以及新加坡与深圳的交通规划新型路径探索，通过解读和提炼其相关经验，以期指导交通专项规划的工作。

1. 雷德朋体系 (Radburn Idea)。

位于美国新泽西州的雷德朋新镇，是由著名城市规划师和建筑师克拉伦斯·斯坦 (Clarence Stein) 与亨利·赖特 (Henry Wright) 于1928完成规划并开始建设的。雷德朋自建成以来就称之为"汽车时代第一城"。它充分考虑了私人汽车对现代城市生活的影响，开创了一种全新的居住区和街道布局模式，首次将居住区道路按功能划分为若干等级，提出了树状的道路系统以及尽端路结构，在保障机动车流畅通的同时减少了过境交通对居住区的干扰，采用了人车分离的道路系统以创造积极的邻里交往空间[4]，这在当时被认为是解决人车冲突的理想方式。斯坦后来将这一整套的居住区规划思想称之为雷德朋体系

图1 田园城市示意图

图2 芝加哥规划铁路货运系统规划图

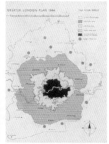

图3 大伦敦规划示意图

门头沟新城地景规划设计

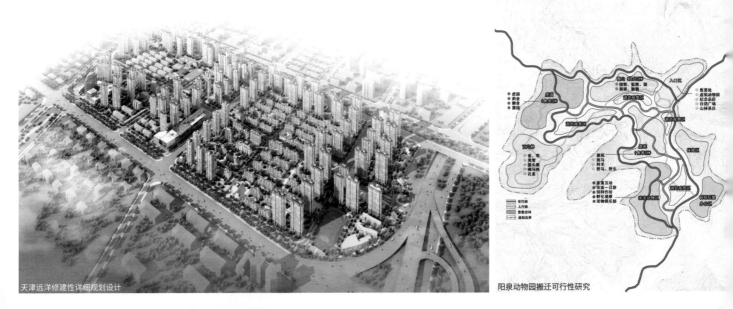

天津远洋修建性详细规划设计

阳泉动物园搬迁可行性研究

(Radburn Idea)[5]。

雷德朋体系的道路交通规划主要有五个方面的特点，即：大街坊、分级道路系统、人车分流体系、尽端路和"反转前后"的住宅设计(Reverse-front House)。雷德朋的人车分流体系有以下三个特点[6]：①保证步行道与机动车道的彻底分离；②大街坊内步行道的设计巧妙地将私人花园、内部公园等景观和社区服务设施连接起来，形成一个相对完整和封闭的步行空间；③独特的"反转前后"房屋设计理念，即赖特所谓的"房屋有两个朝向，一个朝向便利的服务，另一个朝向宁静的生活"[7]。这种设计风格与当时美国郊区流行的房屋正面临街的设计风格完全不同，目的是避免临街交通对居民生活的干扰，使住宅同时享受机动化与慢行两种交通模式提供的服务[8]。

雷德朋道路分级体系与功能 [6] 表1

等级	名称	服务区域	交通功能	布局功能
1	对外道路	居住区	承担整个居住区的对外交通	
2	地区干道	邻里单元	提供不同邻里之间的交通联系	划定邻里单元边界
3	集散道路	大街坊	集散进出尽端路的机动车流	划定大街
4	尽端路	街区	满足车辆出入住宅的要求	组织建筑群落布局
5	专用行步道	住宅	提供住宅与公园等的联系	划定街区边界

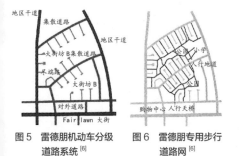

图5 雷德朋机动车分级道路系统[6]　图6 雷德朋专用步行道路网[6]

2. 新加坡交通规划[9]。

①新加坡交通管理制度的制定：以规划为纲领，彼此互补协助，如提升慢行系统服务品质、提升公共交通运载能力和提高私人拥有成本是统一思想的多种体现，共同发挥效力改变公共交通和私人交通的比例关系。②出行方式调整策略：控制小汽车总量；提升私人交通成本，包括提升拥堵成本、用车收费［收取道路拥堵收费、路税（因汽车尺寸和使用时间而异）、停车费、燃料税、年检费、保险费和维修保养费等］，新加坡道路收费费率每3个月评估一次，依据观测到的通过限制区路段的车流速度以及每半小时的平均

速度，因车、因地、因时进行调整，保证道路资源的最优化利用；完善公交，定量规划增加公交运能，设计上落实公交优先，提供完善的公交信息服务，优化公交出行体验便捷慢行交通；便捷慢行交通，对于短程出行，新加坡则鼓励绿色、健康的慢行方式，推行多个计划以促进慢行交通的发展。③对外宣传策略：新加坡重视政府的理念与民众互通，通过精简的体制制定有效的管理规则，强调规划成果在民众中的推广，解决政府内部矛盾以及常见的民众外部矛盾，形成合力共同解决交通问题，促进交通政策的有力贯彻和交通设施的有效使用。

3. 深圳市大数据交通规划技术应用。

荣朝和提出，规划的本质是"有别于市场的一种资源配置方式"，交通规划也不例外[2]。深圳市长期坚持数据和模型驱动的交通规划理念，先后于1995年、2000年、2005年和2010年完成四轮居民出行调查；并在2004年、2009年开展了两轮交通仿真系统建设[10, 11]，将出租汽车浮动车数据（FCD）、定点采集数据等纳入规划决策支持体系，建立了面向规划决策支持的综合交通大数据应用体系，在多元数据融合与大数据挖掘应用方面进行探索[1]。

深圳市长期坚持数据和模型驱动的交通规划理念，经过20年的积累，建立了面向规划决策支持的综合交通大数据应用体系，在多元数据融合与大数据挖掘应用方面进行了探索。深圳市交通大数据平台包含三类数据：偏静态的城市空间数据、传统调查数据、偏动态的交通多元数据。基于大数据对交通模型和运行仿真的影响，深圳市积极推动交通规划技术创新，建立区域 - 宏观 - 中观 - 微观一体化的交通仿真模型体系、融合实时数据的交通运行和评价系统，也使得绿色交通优先等规划理念更易实施。并与新技术理念如：车联网、智慧交叉口、交通主动控制、个性化信息交互等保持信息迭代与同步更新[1]。

2015年中央城市工作会议之后，《中共中央国务院关于进一步加强城市规划建设管理工作的若干意见》（中发〔2016〕6号）文件提出"窄马路、密路网"城市道路布局理念，到2020年城市建成区平均路网密度提高到8km/km²，道路的面积率达到15%，并积极采用单行道路方式组织交通。目前，我国已全面推行"小街区、密路网"的居住交通策略。密路网的好处主要体现在：可以提高道路网承受交通压力的弹性；有利于单行交通组织；有利于组织街道空间、丰富城市活力，实现由道路向街道转变（赵一新，2019）。目前我国南方和北方的路网密度差异很大，呈现"南密北疏"的态势[12]。面对道路交通规划中的交通经济问题；区域重点分配有效性较低；交通配套设施不完善；道路承载能力和

交通建设不符等现状问题[13]，如何应用新技术提高交通规划的准确性与人性化设计，如何在规划中运用交通经济理论解决城市交通问题，有待我们继续深度探究。

参考文献

[1] 林涛. 基于大数据的交通规划技术创新应用实践——以深圳市为例 [J]. 城市交通，2017，15（1）.
[2] 程楠. 制度对交通规划资源配置效率的影响 [D]. 北京：北京交通大学，2009.
[3] 程楠，荣朝和. 美国多式联运规划的制度安排及启示. 物流技术，2008.
[4] 张京祥. 西方城市规划史纲 [M]. 南京：东南大学出版社，2005.
[5]Clarence Stein. Toward New Towns for America[M]. New York：Reinhold Publishing Corp，1957.
[6] 叶彭姚，陈小鸿. 雷德朋体系的道路交通规划思想评述 [J]. 国际城市规划，2009，24（4）.
[7]Michael Southworth, Eran Ben-Joseph. Streets and the Shaping of Towns and Cities[M]. McGraw-Hill, 1996.
[8]Chang-Moo Lee, Kun-Hyuck Aim. Is Kantlands Better than Radbum?The American Garden City and New Urbanist Paradigms[J]. Journal of the American Planning Association, 2003, 69(1): 50-71.
[9] 李君美，沈宙彪. 新加坡交通规划与管理策略分析 [J]. 交通科技与经济，2017，19（4）.
[10] 林群，李锋，关志超. 深圳市城市交通仿真系统建设实践[J]. 城市交通，2008，5(5)：22-27.
[11] 深圳市城市交通规划研究中心. 深圳市城市交通仿真系统 [R]. 深圳：深圳市城市交通规划设计研究中心，2006.
[12] 彭宏勤，张国伍. 新型城镇化背景下新区交通规划理论方法探讨——"交通 7+1 论坛"第五十四次会议 [J]. 交通运输系统工程与信息，2019，19（3）.
[13] 段敏. 交通规划中的交通经济问题 [J]. 时代金融，2018（01）.

01 山西省阳泉市城市综合交通规划

项目简介

1. 项目区位：位于山西省中东部，北与忻州市毗邻，东隔太行山与石家庄市相望，西接太原市，南邻晋中市。

2. 项目规模：重点规划研究范围 106km²。

3. 编制时间：2011 年。

4. 项目概况：伴随近年来阳泉市社会经济的快速发展，北部新城的规划建设、老城区崛起发展面临着新的交通出行需求，在低碳绿色的城市发展潮流下，阳泉市交通面临着城市化和机动化进程加快带来的交通压力和矛盾。为此，2011 年阳泉市政府决定编制阳泉市城市综合交通规划。

对外交通现状问题

对外交通与城市交通混行，货运交通污染城市环境，干扰城市生活。阳泉市无论是市中心区还是下属区县，都存在过境货运交通穿城而过的问题。

公路网整体建设标准偏低，对外交通主通道能力不足。道路建设标准不统一，通行能力发挥受阻。阳泉市一些国道、省道由于其建设时间不一致，建设标准不统一，导致同一条国、省道出现了许多不同技术等级的公路区段。公路货运通道局部存在严重瓶颈，影响运输效率。

市域交通现状图

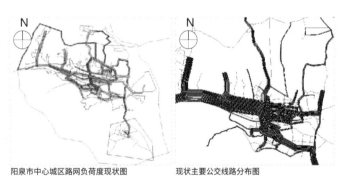

阳泉市中心城区路网负荷度现状图   现状主要公交线路分布图

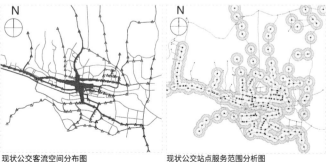

现状公交客流空间分布图   现状公交站点服务范围分析图

城市交通现状问题

通过对现状路网的交通流量特征分析，道路网现状问题主要包括：道路总量不足，路网密度偏低，路网结构不合理，比例失调，贯通南北的交通通道不足，联系不畅，路网形态破碎，系统性差，过境交通与城市交通相互干扰。城市公共交通方面，城市主干路上公交客流压力大，道路负荷度高。线路重复系数较大，线路密度不够等问题。阳泉市中心城区公交站点覆盖率按 300m 半径计算为 55.6%，按 500m 半径计算为 96.0%。现状公交站点覆盖率满足规范要求。

公路线网规划图

公路线网规划

阳泉市公路干线网的功能按照其承担的主要任务分为三个层次,共同构成阳泉市公路网体系。

1. 跨省、市公路干线

由国道和省道组成,是华北地区国家公路干线的重要组成部分,是联系太原经济圈东部地区的重要交通走廊,也是联系山西腹地与华北平原地区的交通通道,是中国北部地区煤炭资源外运的货运走廊,可以满足阳泉市跨省市的长距离快速直达交通运输需要,同时构成阳泉市及山西省公路干线网主骨架。

2. 地方性公路干线(县、乡级公路)

阳泉市辖三区两县,以阳泉市为中心的城镇体系分布格局已形成,这些城镇体系与阳泉市,以及城镇体系之间的人流、物流、信息流的交换,需要通过地方性公路干线系统加以沟通,满足阳泉市中心城区与周边县市及县市之间的交通需求。

3. 专用公路及联络线

在阳泉市域内分布着铁路枢纽、旅游景点、大型厂矿等设施,为了加强这些地区和地点与市中心区及城镇体系之间的联系,应修建一些专门为这些设施服务的公路系统,如旅游专用路等。此外,为了加强公路干线之间的联系,均衡干线公路交通流量,减少过境交通与市区交通之间的相互干扰,在主要公路干线之间设置联络线。

铁路系统规划图

公路客运场站规划图

公路货运规划图

停车设施需求分析

根据规划年各交通小区机动车出行总需求可预测规划年各交通小区停车需求总量。参考停车管理区域，根据各管理区对停车需求的引导原则，对各交通小区停车需求进行调整，得到最终的各交通小区停车需求总量。

截至 2010 年底，阳泉市机动车保有量为 14.18 万辆。其中，中心城区机动车保有量约 8 万辆，应有机动车停车泊位约 9.6 万个。目前阳泉市共有停车场 69 处，包括路外公共停车场 42 处，泊位约 8300 个；路内停车场 27 处，泊位约 1670 个。路外和路上公共停车泊位缺口约 6000 个。阳泉市现行建筑物停车配建指标偏低，建筑物分类简单，并且缺少必要的法规规范保障配建指标的落实，导致建筑物配建停车设施明显不足。根据机动车发展趋势预测，2030 年阳泉市中心城区机动车保有量将达到 30 万辆，基本停车需求总量约 32 万个，即需要各类停车泊位共 32 万个。

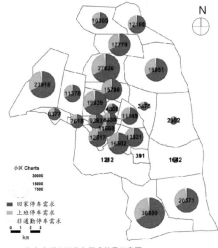

2030 年各交通小区停车需求总量示意图

中心城区公交干线规划图

中心城区公交干线规划

新增公交干线服务组团内和主要组团之间的客流联系，形成主要客流通道。在此基础上建立区域内的公交快速联络，作为组团间公交快线在区域内的延伸和覆盖。阳泉市公交干线总长度 123.95km。

根据土地利用现状和规划方案，结合公交线路网布局情况、公交场站用地规模预测结果，确定公交场站布局规划方案，包括公交枢纽站、公交首末站、公交停车保养场、公交中途站。根据人口和公交车辆发展预测，结合《城市道路交通规划设计规范》的推荐指标，估算公交场站设施用地的总体规模。规划公交首末站与公交枢纽站用地指标为 90 ~ 100m²/标台，停车保养场用地指标为 150m²/标台。

中心城区慢行交通规划图

步行交通系统规划

规划方案满足以下原则：

城市道路规划时按规范设置人行道，保障行人路权；完善行人过街设施，在车流和人流密集的交叉口应布设行人立体过街设施，一般交叉口采用平面过街方式，布设合理的交通标线标志，结合交叉口渠化设置行人安全岛，必要时应设置人行过街信号灯；中央隔离的主次干路路段交叉口间距较长时，应每隔 300 ~ 500m 设置过街设施，过街设施形式根据车流、人流强度而定，但平面过街应设置斑马横道线、行人过街信号及必要的中央安全岛，快速路应依据周边用地情况、人流多少，原则上每隔 1 ~ 2km 要增设立体行人过街设施；人流特别集中的商业区，沿河、沿湖等道路规划辟设步行街，为休闲、购物提供方便和安全；主要换乘枢纽应辟设步行通道，方便换乘；主要人行道应建设方便残疾人通行的设施。

中心城区道路系统规划

快速路：

根据土地使用规划布局和现状道路建设特点，阳泉市快速路系统形态为不规则的棋盘形式，由"三横三纵"6条快速路组成，总长度为101.6km，路网密度0.97km/km²。

"三横"：由北向南依次为 G307 复线、漾泉大道（含矿区规划快速路）、规划南外环。

"三纵"：三条路由西向东依次为西环路、广阳路、规划东外环。

主干路：

根据阳泉市城市区位和环境特点，其与对外交通联系的主要道路有38条，共计202.90km，路网密度1.91km/km²，呈"十二横八纵"方格网状格局。

次干路：

各组团内部建立疏密得当、布局合理的次干路系统，作为组团内部交通的集散通道，并作为与主干路系统之间的联络线。规划次干路114条，共计283.21km，占市区道路总长度的24.7%，路网密度2.67km/km²，设计车速30～40km/h。

支路：

各居住区、工业区内部建立以支路为主的联系道路，担负干道交通的集散任务，设计车速为25～30km/h。支路系统长度控制指标建议按照次干路的1.5～2.0倍进行设置，本次规划支路约566.42km，占道路总长度的49.4%，路网密度5.34km/km²。

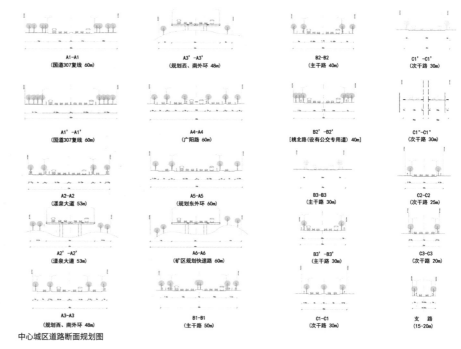

中心城区道路断面规划图

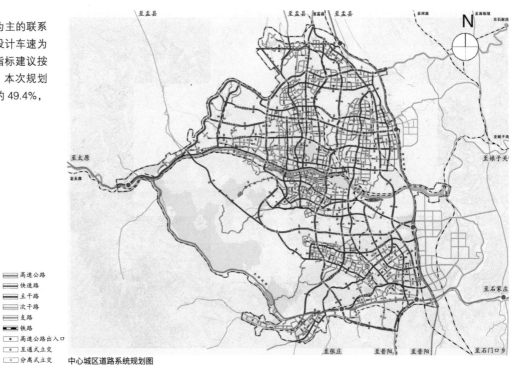

中心城区道路系统规划图

02 天津远洋城修建性详细规划设计

项目简介

1. 项目区位：项目位于天津市中心城区与滨海新区之间，紧邻滨海新区蓝色旅游走廊，具有独特便利的交通条件。

2. 规模：本项目规划总用地 90.52hm^2。

3. 编制时间：2010 年。

4. 项目概况：项目由远洋地产开发，通过高低容积率分区，全面树立项目规模宏大、配套齐全、产品丰富的高端市场形象。该项目将成为代表滨海新区西部形象的大型标志性楼盘。

项目定位

本项目定位为：滨海新区高档社区、远洋旗舰、标杆项目。

规划理念

拒绝睡城，自在生活岛（"慢"生活），城市芭蕾（高档休闲设施，营造复合化、人性化居住城）。

规划设计手法

1. 公建配套的配置：大型商业集中布置，建筑规模总量大，精心安排公建位置；

2. 街景形象的塑造：规划上充分结合自然环境（绿地防护带、河水等），建筑风格上清新、大气，建筑高度上错落有致，街道空间上有收有放，层次丰富，整体从形式、风格、色彩上统一协调；

3. 人性化的组团空间：设计人车分流，步行空间大，与绿化结合，自然、亲密、半私密性强的半公共空间；

4. 人文自然资源的充分利用：尊重自然，尊重文脉，保护生态，争创可持续发展的居住社区。

平面布局

建设生态居住区，外围绿色公园环绕，内部建筑掩映在绿丛中。

规划结构

四种组团 + 四个公园 + 两条轴线 + 一座岛城。

公建配套图

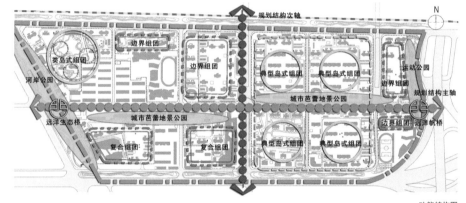

功能结构图

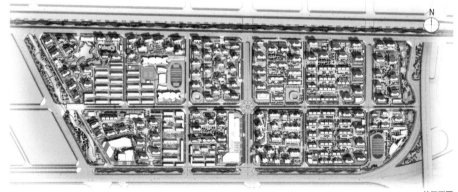

总平面图

绿化景观系统

本社区的景观系统主要分为四个级别：城市景观带、大社区公共开放地景园、各小区公共开放绿化空间、居住组团绿化院落。各级绿化空间相互渗透，为城市的绿化生态体系建立作出贡献。

道路交通组织

分两级道路交通，以地下停车为主。

城市空间形态与建筑形态

1. 高层区与多层区相互之间有机合理地穿插咬合，形成了收放有序的空间态势，并且为城市塑造了富有节奏的天际线。

2. 时尚的公建造型与典雅的住宅形象相互衬托，在统一的建筑手法中求得变化。重要节点的标志性建筑采用特殊处理方式，形成丰富的城市表皮肌理，大大改善了社区对外形象。

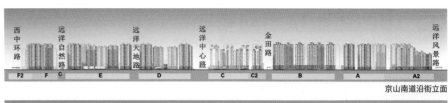

京山南道沿街立面

津塘公路沿街立面

西中环路沿街立面

用地平衡表

- 681664.5m²
- 370959.3m²
- 92837.2m²
- 84871.7m²
- 69649.9m²
- 63346.5m²

规划可用地 / 住宅可用地 / 公建用地 / 道路用地 / 公共绿地 / 其他用地

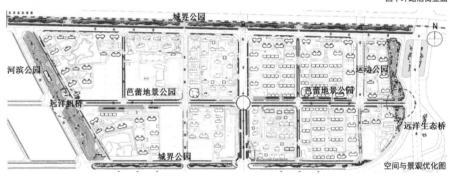

空间与景观优化图

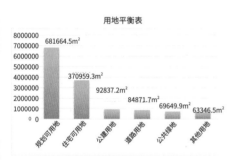

遥瀚河形象效果图

西中环路形象效果图

整体效果图

03 山西省阳泉市动物园搬迁可行性研究报告及概念规划

项目简介

1. 项目区位：阳泉市现有动物园位于南山公园内，动物园拟迁新址位于阳泉市狮脑山风景区内。

2. 项目规模：规划范围用地面积 53.9hm²。

3. 编制时间：2009 年。

4. 项目概况：现状展区空间狭小，场馆基础设施落后，经营状况不佳。新的项目选址易与周边城市动物园形成集聚优势，构建医疗科研互助系统。同时，结合周边正在开发的"百团大战"红色旅游核心景区，增加潜在的客源市场，成为阳泉旅游轴线的重要组成部分。

案例借鉴

采用网状步行路 + 环状电瓶车路的结构组织游线；经营避免"大而全"式的开发，寻求多种融资渠道，使动物园得以长期稳定发展；营造人与动物安全、和谐相处的参观环境场地现状。

规划目标

打造华北地区具有特色的中型动物园，将珍稀动物展出与保护、科普与园林观光相结合。

设计理念

特色物种极品展示区：强化本地物种、珍稀动物、奇特动物；多角度观赏区：从地面、空中、地下、水下多角度观察动物；自然山林观景走廊：沿景观轴线铺设栈道，使游客从多种角度观察动物群落与栖息地。

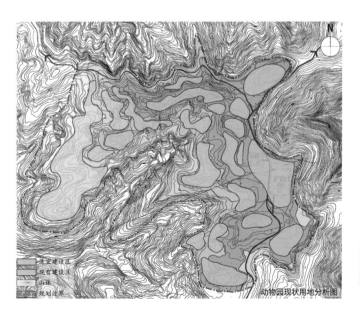

动物园现状用地分析图

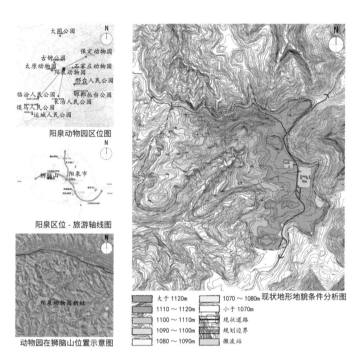

阳泉动物园区位图

阳泉区位 - 旅游轴线图

动物园在狮脑山位置示意图

现状地形地貌条件分析图

大于1120m | 1070～1080m
1110～1120m | 小于1070m
1100～1110m | 现状道路
1090～1100m | 规划边界
1080～1090m | 微波站

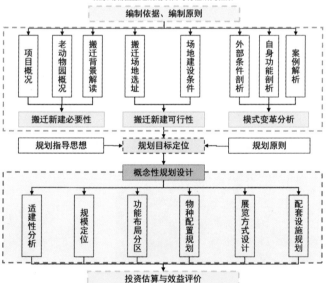

阳泉动物园搬迁规划项目可行性研究框架

动物园规模确定

动物园分类	面积	动物种类
综合性大型动物园	大于60hm²	2000种（鸟类350种、兽类250种）
地区性动物园	小于60hm²	200～400种（鸟、兽类各100～200种）
特色型动物园	小于20hm²	100～200种
小型动物园（附属动物园、动物角）	10～15hm²	<100种

出处：世界及我国动物园数据统计结论。

03 山西省阳泉市动物园搬迁可行性研究报告及概念规划
Feasibility and Conceptual Planning of Relocation of Yangquan City Zoo in Shanxi Province

293

规划具体项目分布图

功能分区

总体功能分为"入口服务区""动物展区""游览观赏区""管理综合区""保留区"等五大功能区域。

动物馆舍规划设计

猛兽类：包括狮虎山、豹园、熊池。食草区：包括热带稀树园和鹿苑。飞禽类：包括猛禽类馆和一般鸟类馆。两栖爬行区：蛇蛙类、蜥蜴类展馆。家禽类：包括家禽展示区和小动物表演场。特色动物区：高架栈道参观。

景观结构

形成"一带七点"的景观结构，并设计"动物风景视线"和"自然风景视线"。

道路交通规划

构建"一环一轴多点"的道路系统结构，设置集散空间。

公共服务设施规划

规划商服设施、公用设施和管理设施。

项目效益评价

阳泉动物园搬迁新建项目是直接经济效益高、乘数效应较大、间接经济社会效益可观的项目，并且生态环境效益巨大，可行性强。包括直接经济效益、间接经济效益和生态环境效益。

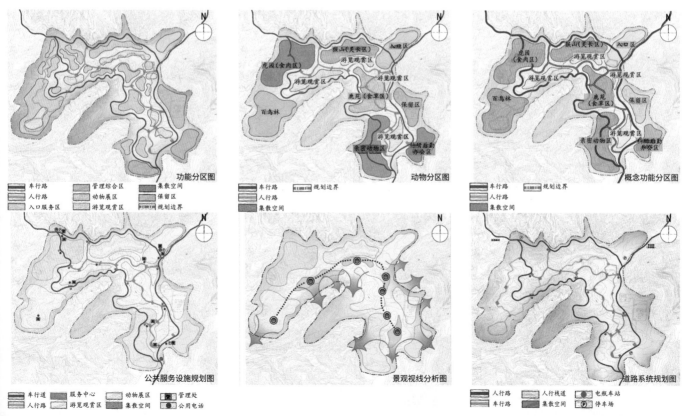

功能分区图

动物分区图

概念功能分区图

公共服务设施规划图

景观视线分析图

道路系统规划图

04 江苏省常熟南部新城生态专项规划

项目简介

1. 项目区位：常熟南部新城位于江苏省常熟市正南方向，是江苏常熟市高新技术产业园区的主要部分。

2. 项目规模：南部新城规划面积77.48km²，西拥18km²昆承湖，沼泽湿地、水网纵横，具有良好的生态基础、产业基础和区位优势。

3. 编制时间：2013年。

4. 项目概况：为在新城建设过程中继续保持昆承湖及周边地区优良的生态条件，使经济发展与生态文明建设齐头并进，常熟市昆承湖开发建设有限公司委托中国中建设计集团有限公司，在对原有法定规划及其他相关规划进行整合的基础上，编制《南部新城生态专项规划》。

规划战略

以生态和谐为目标，以绿色产业发展为主导、以城市复合生态系统构建为模式，以水系水网生态基底为特色，充分利用生态技术，创造资源节约利用、环境友好和社会和谐的生态文明示范新区。

研究内容

本次规划成果主要包括：①生态现状评价；②生态发展战略；③生态指标体系；④生态指标实施导则；⑤基于EI技术的生态基础设施规划（包含雨洪管理和慢行系统规划）；⑥基于生态保护目标的总体规划调整建议（根据生态模拟结果）；⑦控制性详细规划引导；⑧生态启动与示范项目库。

技术突破

本次规划实现了三个突破：

1. 建构城市生态指标体系总表，以突破城市空间与自然生态关系的紊乱困局；

2. 建立城市生态三级管控体系，以突破城市空间管理与生态建构的脱节困局；

3. 列举城市生态示范项目库，以突破城市建设运营与生态示范的感知困局。

常熟南部新城控制性详细规划生态指标一览表

控制指标	居住用地R、含有住宅的混合用地BR 指标	公共设施用地A+B 指标	绿地G 指标	道路广场用地S 指标
地表水质量	● 不低于Ⅲ类水质	● 不低于Ⅲ类水质		
土壤环境质量	● 满足二级标准	● 满足二级标准	● 满足二级标准	
人均公共绿地	● ≥16m²/人	● ≥16m²/人		
本地木本植物指数	○ ≥0.9	○ ≥0.9	○ ≥0.9	
物种多样性	○ ≥15种	○ ≥15种	○ ≥40种	
绿化用地植林率	○ ≥45%（核心区70%）	○ ≥45%（核心区70%）	○ ≥45%（核心区70%）	
单位面积建筑年能耗	● ≤40kW/(m²·a)	● ≤100kW/(m²·a)		
建筑设计节能率	● ≥35%	● ≥65%		
可再生能源占总能耗的比例	● ≥7%	● ≥7%		
供水管网漏损率	○ ≤5%	○ ≤5%		
节水器具普及率	● 100%	● 100%		
非传统水源利用率	○ ≥30%	○ ≥40%	○ ≥80%	≥80%
雨水收集和利用	● 开发前后雨水下渗零影响	● 开发前后雨水下渗零影响	● 开发前后雨水下渗零影响	● 开发前后雨水下渗零影响
再生水利用率	● ≥20%	● ≥20%	● ≥20%	≥20%
生活垃圾分类收集率	● 100%	● 100%		
公共交通使用清洁能源的比例				≥30%
达到绿色建筑二星级以上标准的建筑比例	● ≥30%	● ≥50%		

注：●为控制指标，○为引导性指标。

水循环利用模式图

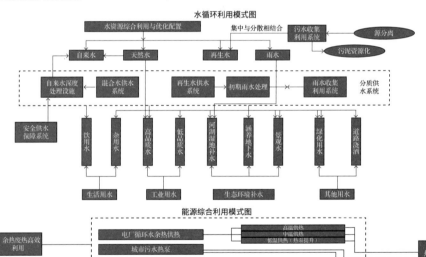

能源综合利用模式图

规划内容

土地利用集约高效布局、公共设施可达；绿色
建筑认证、建材设备就地取材、绿色施工；推
行绿色交通、绿色出行，构建便捷的公共交通
与慢行交通体系；从空气质量、水域环境、土
壤环境、噪声环境、垃圾减排、回收及利用、
热岛效应等六方面控制环境质量；从自然地貌、
绿地布局、绿化效率、生态技术、生物多样性
等五方面建设生态空间；从区域能源系统、建
筑节能两方面合理利用能源；从节约用水、非
传统水源利用、污水处理三方面构建水循环利
用体系；从绿色经济、宜居生活、社会保障、
公众满意四方面建设和谐社会。

城市生态基础设施规划

常熟南部新城基于 EI 技术的城市生态基础设施
规划由水涝过程与城市水系统；生物过程与城
市栖息地系统；游憩过程与城市游憩绿地系统
这三大系统的规划成果叠加而成。

1. 水安全格局

基于地形数据进行径流模拟分析，找出潜在的
径流廊道，构建雨洪安全格局和水质安全格局，
解决洪涝灾害和水质污染两大问题，维护并强
化区域水系格局的连续性和完整性。并对高、中、
低三种安全水平标准下的水系统安全格局加以
控制。

2. 生物安全格局

根据常熟本地生态基础条件，选择青蛙和白鹭
两种乡土生物作为指示物种，筛选其适宜的栖
息地，并与城市建设用地耦合，构建生物安全
格局，保护乡土物种栖息地和连续的栖息地网
络。并对高、中、低三种安全水平标准下的生
物安全格局加以控制。

3. 城市游憩安全格局

针对目前公园可达性覆盖不全的现状，补充现
状游憩资源系统，确定关键性游憩资源作为
"源"；保存现有特色果园、苗圃等具有游憩
价值的生产性景观；在社区绿地可达性受影响
的区域筛选部分防护绿地作为绿道，从而构建
游憩安全格局，建立联系的区域绿色游憩网络。
并对高、中、低三种安全水平标准下的游憩安
全格局加以控制。

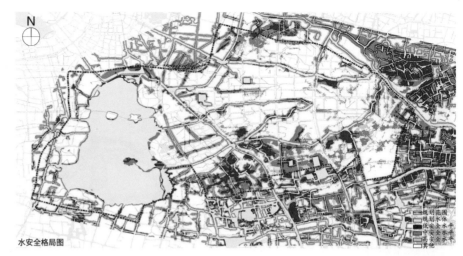

水安全格局图

生物综合安全格局图

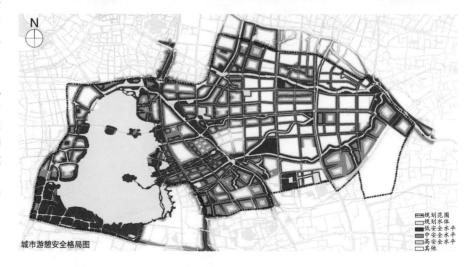

城市游憩安全格局图

综合安全格局

综合自然过程、生物过程和人文过程的安全格局而建立的综合安全格局，为区域生态服务功能的健康和安全提供保障。

生态安全格局控制导则

在城市用地规划层面划定南部新城生态基础设施规划，作为在城市空间上落实生态基础设施的基础。并对生态基础设施进行控制，控制导则重点对研究范围内区域层面的重要生态基础设施元素（斑块、廊道和基质）进行规定、控制和指导。典型廊道对河流廊道、道路廊道、防护绿地和径流廊道分别进行生态规划控制，典型斑块对公园绿地、城市广场和坑塘湿地分别进行生态规划控制，典型基质对湖泊湿地和生态农田分别进行生态规划控制。

综合生态安全格局图

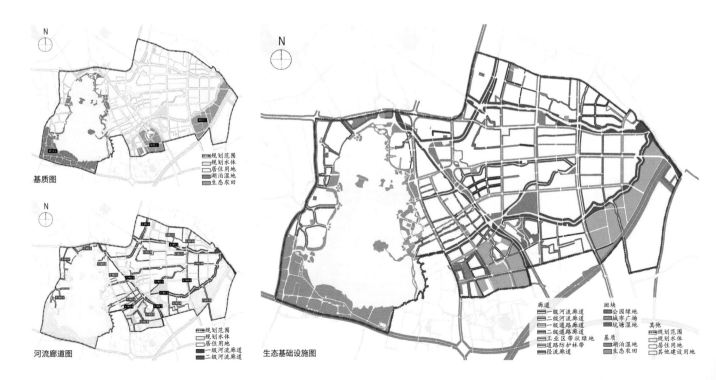

基质图

河流廊道图

生态基础设施图

雨水管理系统

基于 EI 构建雨水管理系统：从生态基础设施中提取连续大面积的绿地作为雨水管理绿色基础设施。主要构成有水系廊道、生态湿地与风景区。水系廊道可作为消纳雨水的受体。

依照自然地形集水分区、道路规划、排水工程专项规划等自然条件与上位规划要求，划分雨水管理分区。

慢行网络

根据网络的功能模式可以分为混合慢行道、独立慢行道两大主导类型，混合慢行道分为通勤主导、休闲主导一级和休闲主导二级；独立慢行道可以分为游憩主导一级、游憩主导二级和郊区风景道。

用地规划调整

通过将综合生态安全格局图与土地使用规划图相叠加，除去与生态功能相适应的耕地、城市绿地、坑塘水面等用地类型，识别与 EI 相冲突的工矿仓储用地、居住用地等用地区域。

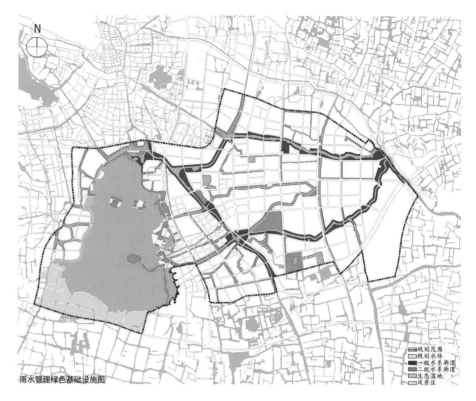

雨水管理绿色基础设施图

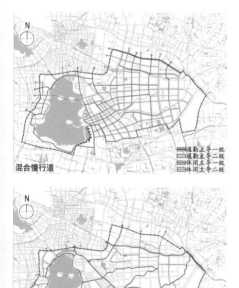

混合慢行道

独立慢行道

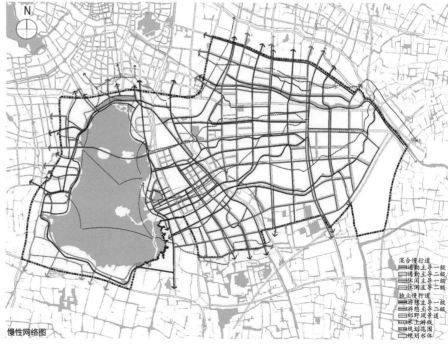

慢性网络图

05 北京市门头沟新城地景规划设计

项目简介

1. 项目区位：门头沟新城位于北京市西部山区、永定河畔。

2. 项目规模：该项目的总面积为 1455km²。

3. 编制时间：2011 年。

4. 项目概况：规划以提升区域大地景观形象、彰显区域生态环境为目标，挖掘地方的历史与自然人文特色，运用景观生态学理论、城市意向五要素理论、大地艺术理论，分区域地景、新城地景、重点区域地景三个层次展开，建设"山—水—城"相融相合的绿色生态景观系统。

规划目标

依据总体规划，将规划区域打造为以"活力、魅力、开放、健康"为主题形象的城市特色景观区。

"活力"——以体育活动产业为主导，体现城市活力和时尚休闲的氛围；

"魅力"——以旅游体验产业为先导，形成富有吸引力的魅力新城形象；

"开放"——以文化创意产业为支柱，形成外向型的文化区和服务区；

"健康"——以健康休闲产业为依托，塑造绿色、健康的生态宜居城市，提升城市品位。

区域大地景观空间结构

根据门头沟大地景观格局的总体定位，规划形成以山、水、城为基底，以沟域经济林、城镇、保护区等为斑块，通过交通廊道进行联结的区域大地景观空间结构。区域大地景观由永定河水系、国道等组成的东西向主脉要素，众多支流、沟谷、次级区域道路组成的枝状要素，因此空间结构可概括为"叶脉"结构。

区位图

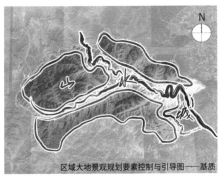

区域大地景观规划要素控制与引导图——基质

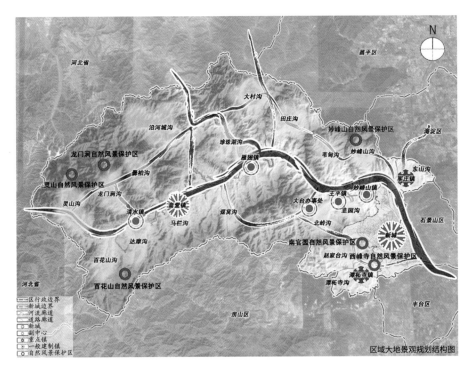

区域大地景观规划结构图

区域大地景观规划要素控制与引导图——廊道

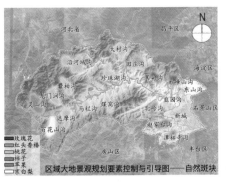

区域大地景观规划要素控制与引导图——自然斑块

新城大地景观规划设计

基于凯文·林奇的城市意象五要素理论（边界、道路、区域、节点、标志物），梳理大地景观系统的景观要素，规划门头沟新城大地景观。

1. 边界
即是界定城市景观的边缘，是除道路以外的线性要素，是从外界认识城市的重要景观"界面"。门头沟新城的城市边界由九龙山和永定河构成。门头沟新城大地景观的边界，全部由自然的界线组成，有助于形成一种城市靠山、面水的印象，强化山水生态新城意象，突出"城在山中，水在城中，山、城、水指状相嵌"的大地景观格局。

2. 道路
是城市意象感知的主体要素。通过道路要素的规划设计，营造城市景观的秩序感和方向感。从道路走向来看，大致可以分为南北向和东西向两个方向，形成网格状的道路景观格局。以此为骨架构建城市景观的网状空间体系，加强各个景观资源之间的联系。

3. 区域
是相对较广的城市范围，是具有一些普遍特征的功能分区，是对城市景观进行感知的依据之一。规划将门头沟新城分为4个区域：琉璃渠历史文化保护区、三家店历史文化保护区、门头沟

北部老城区和门头沟新城南部区域。根据区域的功能定位和土地利用特点，对4个区域的大地景观进行控制性引导，合理规划"第五立面"。同时采用屋顶绿化的形式，它的价值不仅在于能为城市增添绿色的屋顶景观，而且能减少建筑材料屋顶的辐射热，减弱城市的热岛效应，形成城市的空中绿化系统。

4. 城市节点
是城市结构空间及主要要素的联结点，是城市特征的集中点，涵盖从广场到城市中心区等大小不同的空间范围。城市节点是人们可以进入的城市景观焦点。
规划选取除了居住、工业职能以外的代表性功能节点，作为大地景观节点加以突出打造。包括永定河娱乐文化区、琉璃渠历史文化区、三家店历史文化区、门头沟历史综合服务区、旅游·休闲·度假区、规划新城中心和新城服务区共7个节点。根据不同功能分区，遵循"顺路铺绿、沿轴点景、以需设园"的原则，规划不同类型主题公园绿地，组织绿地系统。

5. 城市标志物
是点状的参照物，城市标志物的特点是"在某些方面具有唯一性"，是在整个城市环境中令人难忘的标志性景观。

新城大地景观规划结构图——节点

新城大地景观规划结构图——标志物

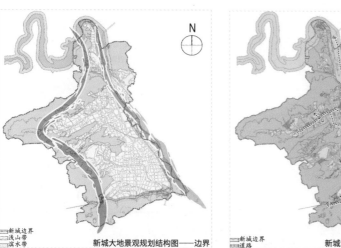
新城大地景观规划结构图——边界

新城大地景观规划结构图——道路

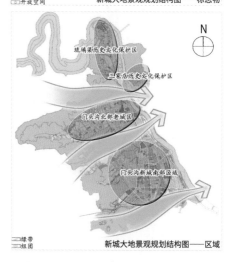
新城大地景观规划结构图——区域

重点区域大地景观规划结构

规划地块的功能布局结构为："一环、两轴、多节点"。

一环——打造"翡翠花环"，即滨河翠谷生态环。

两轴——长安街发展轴、西苑路景观轴。

多节点——打造体育活动、文化创意、旅游体验、健康休闲、生态纪念、运动休闲、城市生活、生态防护等8个城市主题节点。

详细节点设计

1. 体育活动节点

位于规划区域的西北端。结合沙石坑的景观资源，打造成为生态运动休闲节点。设置自行车赛道，引入自行车运动项目。利用地形高差设置攀岩等运动拓展项目。

2. 文化创意节点

位于长安街发展轴与沙石坑的交会处。引入现代设计、多媒体、手工艺为代表的文化创意产业集群。设置艺术画廊、手工艺展示区，引入设计集团总部、艺术家工作室，带动产业升级。

3. 旅游体验节点

位于规划区域西南端。结合翠谷公园，利用沙石坑及人工林地的景观资源，开展摄影、花卉观赏等旅游休闲项目。

健康疗养节点——位于规划区域南端，西苑景观轴南部。结合翠谷公园，依托优质的环境与良好的景观资源，设置健身步道、天然氧吧、疗养俱乐部、养老公寓、医疗服务区等健康休闲项目，形成康体、休闲、医疗于一体的健康之城。

4. 生态纪念节点

位于规划区域东南端。此处现状植被良好，栽有一片义务植树林，具有较强的纪念意义。西侧新城规划用地以居住为主。对原有景观进行改造提升，结合永定河森林公园，突出大地景观的主题性、纪念性。创造特色的纪念性景观和宜人的林下空间，为居民提供休闲游憩的空间。

5. 运动休闲节点

位于长安街发展轴与永定河相互交汇的区域，是体现城市形象的重要节点。西侧用地以商业办公为主，场地较为开阔。在长安街西延线跨

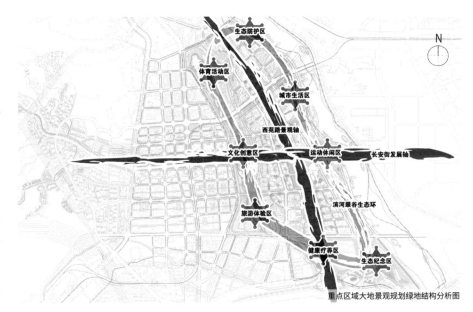

重点区域大地景观规划绿地结构分析图

重点区域大地景观规划设计图

长安街西延端点效果图

长安街西延入城门户节点效果图

永定河西岸城市界面效果图

河大桥两侧，规划设计有震撼力的门户型大地
景观。在桥远端结合特色植物设置一些服务周
边居民的运动休闲场地。

6. 城市生活节点

位于门头沟新城龙眼地区，阜石路西延以南，
阜石路西延长线和磁悬浮 S1 线从场地中部穿
过。在场地西侧规划有滨水商务区。景观设计
充分与城市结合，解决一定的城市功能，为市
民提供大量的滨水公共空间。

7. 生态防护节点

位于规划地块的东北端，阜石路西延和西六环
路立交分别在场地北侧和西侧穿过，对公园和
游人活动产生影响。结合公园绿地，规划设计
以密林为主形成生态绿化区，强化生态防护功
能，将活动场地与噪声和烟尘隔离。

8. 道路景观设计

道路是展示城市形象的重要线性空间。依据道
路的功能和等级，对道路类型的断面进行设计
引导。针对交通性道路，道路绿化隔离带应种
植高大的乔木，有效起到噪声和烟尘隔离的作
用。树木的栽种应使不同树种相互交错，有效
避免视觉疲劳。在交叉口、机动车开口等地段，
应避免密集种植高大树木，以免遮挡视线。针
对生活性道路，应注重人行空间的绿化景观设
计，树种配置要做到乔、灌结合，适当设置花
池等装饰性元素，提升景观品质。

9. 滨水空间与堤岸设计

根据不同地区的功能特点和景观要求，对滨水
空间进行重点设计，采用自然驳岸和人工驳岸
相结合的方式，打造生态、优美的驳岸空间。

自然驳岸

在规划区域内的湿地公园处采用自然驳岸形式，
形成具有良好亲水性的滨水公共空间。在岸线
设计中采用生态护堤形式，形成自然多变的亲
水岸线，突出自然野趣特征。

人工驳岸

在城市沟渠采用人工渠化河道，做到坡岸景观
与城区景观协调。注重沿河景观观赏性设计和
游憩空间的设计，在有条件的河段实施景观化
改造，形成多层次的河堤休闲空间。

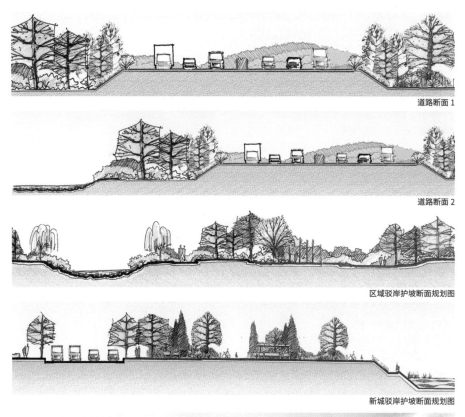

道路断面 1

道路断面 2

区域驳岸护坡断面规划图

新城驳岸护坡断面规划图

翠谷休闲带效果图

06 北京市顺义奥林匹克水上公园赛后可持续利用规划研究

项目简介

1. 项目区位：顺义奥林匹克水上公园位于北京市东北部、顺义区北小营镇、潮白河东岸，距奥运村36km。水上公园距顺义区政府所在地3.5km。西临潮白河、南邻白马路、东侧左堤路，北侧与怡生园国际会议中心相望。

2. 项目规模：奥林匹克水上公园总用地面积162.6hm²，建设用地面积140.5hm²。场地东西宽400~1000m、南北长2900m。现状建筑面积32192m²（永久建筑面积18390m²）。公园水面积63.3hm²（39%）。

3. 编制时间：2008年。

4. 项目概况：随着北京2008年奥运体育场馆相继建设，中国在承办奥运会的同时，更面临着大量场馆赛后利用问题的挑战。顺义奥林匹克水上公园是第29届奥运会新建场馆之一，是奥运会赛艇、皮划艇、马拉松游泳比赛以及残奥会赛艇比赛场地。比赛道和训练道为人工开挖形成，净水区与动水区连通、建有地下式水循环处理站。项目总投资4.5亿元。赛后如何使本项目继续发挥作用、避免资源浪费，创造新的水上体育文化中心和经济增长点，就成为亟须探讨的问题。受顺义区奥林匹克管理委员会委托，我院进行顺义奥林匹克水上公园赛后利用详细规划编制工作。

项目发展策略

奥运会为顺义发展带来了巨大的机遇。

近年来，重点发展以首都机场为核心的南部地区，北部地区发展较缓慢。

借奥运之机，振兴顺义新城北部地区，达到南北发展平衡，建设成为北京东北郊核心城市。

奥运效应研究

奥运低谷效应是指奥运会结束后，受需求不足制约，举办地出现的经济不景气现象，主要表现就是经济增长速度放缓或负增长等。根据近几届奥运会后主办城市的经济状况显示，均不同程度受到奥运低谷效应的影响。

区域位置分析图

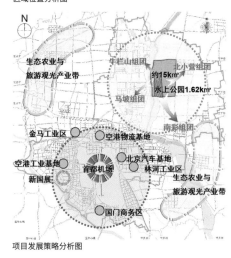

项目发展策略分析图

历届奥运会对举办城市宏观经济影响横向对比

届别	举办国 GDP			举办奥运后的影响
	奥运前	奥运年	奥运后	
1988年第24届 汉城奥运会	26746.43亿元 （1987年）	29543.99亿元 （1988年）	31341.23亿元 （1989年）	使韩国完成了从发展中国家向新兴工业国家的转变，成为亚洲四小龙之一
1992年第25届 巴塞罗那奥运会	55589.84亿元 （1991年）	56106.39亿元 （1992年）	55527.66亿元 （1993年）	巴塞罗那从一个西班牙普通的中等城市一跃为欧洲第7大城市，会后GDP增长出现小幅回落
2000年第27届 悉尼奥运会	73384亿元 （1995年）	75438亿元 （1996年）	81595亿元 （1997年）	巩固了亚特兰大在美国的第三、第四大城市的地位
2000年第27届 悉尼奥运会	44304.4亿元 （1999年）	45160.47亿元 （2000年）	46921.73亿元 （2001年）	GDP增速略有加大，提升了悉尼在世界上的知名度
2004年第28届 雅典奥运会	2456.4亿元 （2003年）	2603亿元 （2004年）	2097.12亿元 （2005年）	GDP增速降低到9年来最低值，但总体经济发展较平稳

主题公园水景利用研究

顺义水上公园定位：北京地区规模最大、最全面的市民水上游乐中心、奥林匹克遗产、国家体育总局水上运动管理中心、北京市体育局的训练基地、市民体验和了解赛艇、皮划艇运动。

功能建议：规划中要充分考虑这些公益性作用活动；适当增加娱乐休闲设施，部分可考虑设置临时设施，增加一些盈利项目，如游乐性设施。

空间结构

"一轴、三带、一核心"。

一轴——形成以主入口为起点的景观轴，轴线位于正中，两侧景色尽收眼底。三带——形成以展现不同内容和主题的大众休闲带、奥运文化带和创意产业带，分别体现文化、休闲、产业功能。一核心——中心轴线的主看台为核心点。通过核心处的标志性景观形成全园的焦点。

项目发展理念

"以赛艇、皮划艇、马拉松游泳赛事赛训为核心；以相关水上娱乐项目为龙头；以奥运体育文化宣传展示为精髓；以特色创意产业与配套设施为亮点；以可持续发展管理模式为根本"。创意主题：畅想节拍——以音乐、动漫为主的创意乐园。形成以创意产业为核心，形成集举办体育赛事、展示奥运文化、提供大众休闲表演于一体的创意乐园，并结合周边发展成为旅游、会议、度假的多功能公园。

案例主题公园与本项目面积比较

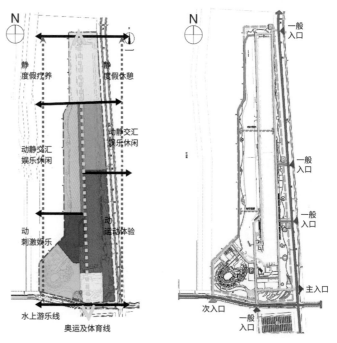

方案一：高端体育运动乐园

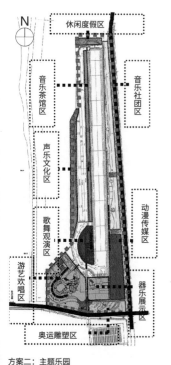

方案二：主题乐园

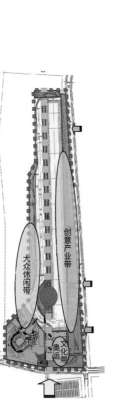

方案三：创意乐园1

方案三：创意乐园2

方案三：创意乐园3

07 山西省阳泉市平定县县域绿地系统专项规划

项目简介

1. 项目区位：位于山西省中部东侧，太行山中段西麓，阳泉市东南部。县城距阳泉市区 9km。
2. 项目规模：规划范围分为县域和中心城区两个层次。县域即平定县行政管辖范围，总面积 1394km²。中心城区规划范围包括冠山镇 31 个行政村及冶西镇区 3 个行政村，北到阳泉市规划南外环，东至阳五高速公路。
3. 编制时间：2013 年。
4. 项目概况：《阳泉市城市总体规划（2011–2030）》把平定县城及冶西镇纳入阳泉中心城区，对平定县城及冶西镇的城市绿地布局提出了更高的要求。同时，为贯彻落实住房和城乡建设部与山西省住房和城乡建设厅颁布的相关文件，强化城市绿地防灾避险的功能，编制本规划。

规划原则

依法治绿，生态优先，系统整合，地方特色，近远期结合，前瞻性原则。

县域绿地系统规划结构

本次县域绿地系统规划提出"三区、多斑块"的规划结构。"三区"即：水源涵养与森林保育功能基质区、农业与水土保持功能基质区和城镇建设功能基质区。自然斑块主要是自然保护区、森林公园、风景名胜保护区、水源地保护区等。

绿地指标

截至 2030 年，平定县中心城区绿地总用地面积为 799.44hm²，包括公园绿地 233.31hm²、防护绿地 75.27hm²、附属绿地 490.86hm²，人均绿地面积为 36.34m²，其中人均公园绿地面积为 10.60m²。

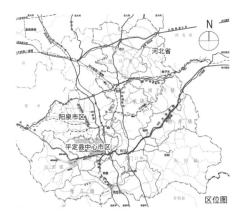

区位图

绿地系统规划结构图

附属绿地绿地率控制图

县域绿地系统生态结构图

绿地规划总图

县域绿地系统分类发展规划

规划将平定县域划分为生态基质区、生态廊道区和生态斑块区，并提出了相应的保护内容和保护措施。

生态基质区保护规划

规划将平定县域划分为三大生态功能基质区，即：水源涵养与森林保育功能基质区；农业与水土保持功能基质区和城镇建设功能基质区。

1. 水源涵养区保护措施

封山育林，提高植被覆盖率、森林水源涵养力；保护自然景观与文物古迹，发展生态旅游业；保护、恢复草地资源，整治和改造退化草场，发展畜牧业；开展生物多样性资源调查，保护多种植物以及珍稀、特有动物资源；区内禁止建设污染型企业，禁止进行采矿等开发活动。

2. 森林保育功能区保护措施

加强自然保护区建设，保护生物多样性；大力营造水土保持林和用材林，低山丘陵地种植栓皮栎、侧柏等，中山地段营造油松林和桦栎混交林，提高森林水源涵养能力；发展生态旅游产业，区内禁止建设污染型企业，禁止进行采矿等开发活动。

3. 农业与水土功能区保护措施

加强防护林和水土保持林建设，做好水土保持工作，营造良好的生态系统。调整农业产业结构，发展生态农业，提升农产品质量，促进农业增效，加速农田防护林网的建设。

4. 城镇建设功能区的保护措施与发展方向

发挥煤电能源优势，走循环经济之路；严格控制"三废"排放，加强城镇环境污染综合治理；科学规划，引导人口合理集聚；积极发展新型工业与现代服务业；采矿业要节能和清洁化生产并举，实行严格的生态恢复和治理措施；防止超采地下水，实施保水、节水、蓄水工程。

生态廊道培育规划

县域的生态廊道分为河流水土涵养生态廊道和交通走廊生态廊道。

1. 河流水土涵养生态廊道

该种廊道结合河道的综合整治及河段沿岸的用地性质建设防护林带，在满足防护功能的前提下，保证河岸开敞景观的连续性。交通走廊生态廊道位于县域非城镇建设区段时，规划建议阳大铁路、石太铁路、太旧高速公路、阳五高速公路两侧各控制 50 ~ 100m 宽防护绿带。

2. 交通走廊生态廊道

该种廊道位于城镇建设区段时，规划建议快速路两侧建设不小于 30m 的景观绿带；城市主、次干路两侧建设不小于 10m 宽绿带；支路和村道两侧建设不小于 5m 宽绿带。

生态斑块保护规划

规划以现状各类生态斑块为基础，建立以保护为主要目标的各类生态区，并建立和保护各生态栖息地之间的生态廊道，将孤立的栖息斑块与大型的种源栖息地相连接。

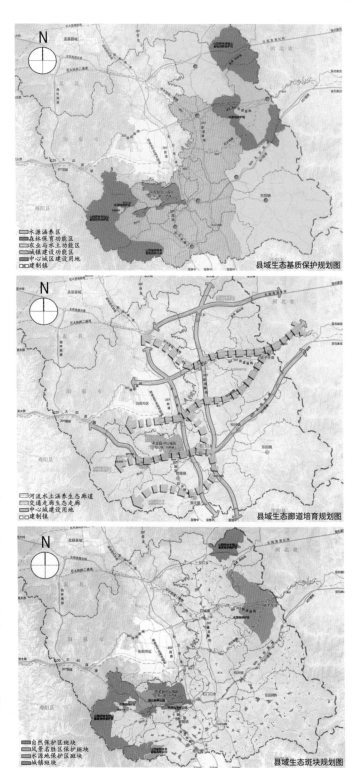

县域生态基质保护规划图

县域生态廊道培育规划图

县域生态斑块规划图

08 内蒙古鄂尔多斯核心区高层区地下空间规划

项目简介

1. 项目区位：鄂尔多斯市核心区高层区位于鄂尔多斯市康阿片区。

2. 规模：总用地面积约 6.2km²。

3. 编制时间：2010 年。

4. 项目概况：目前规划区用地基本为未建设用地，除部分主要道路和地下市政管线之外尚无其他城市建设。鄂尔多斯核心区高层区地下空间规划是国内首个在修建性详细规划引入地下空间专项规划的大规模实施性规划案例。

空间结构

规划核心区高层区的空间结构为"两区、两心、两轴、两带"。

道路系统规划

交通发展总体策略：在小汽车需求总量上限控制的前提下，充分保障道路系统的服务水平。道路网络规划：规划市政道路分四个等级。快速路和主干路构成干路系统，总体呈"三横五纵"结构。

道路现状图

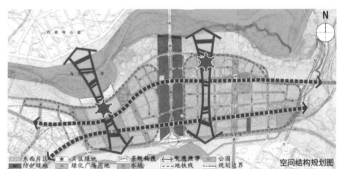

空间结构规划图

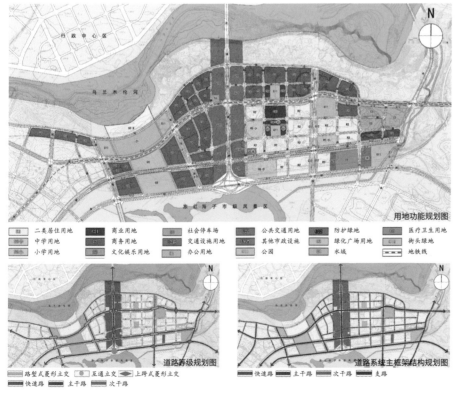

用地功能规划图

道路等级规划图

道路系统主框架结构规划图

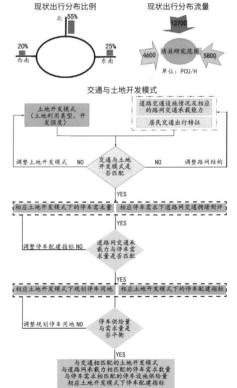

景观及开放空间规划

合理布局，均衡发展，沟通乌兰木伦湖北岸区域与南岸区域的景观联系，形成"点、线、面"相互穿插的绿地景观系统。构建"两横、三纵、两片、四廊"的景观及开放空间系统。

地下空间规划定位与策略

①依托规划地铁车站地区的商业与公共服务中心及大型吸引点，形成地上、地下一体化的公共空间中心。②围绕地下公共空间中心，建立地下步行系统。③建立包括地下空间在内的道路立体交通系统和地下停车系统。④鼓励高层建筑公共服务功能向地下空间发展。⑤结合新城建设，实现地下空间开发和城市建设的跨越式发展。

适建性分区

根据用地使用性质、生态与环境保护、施工与城市安全等因素，把地下空间用地按照适宜开发建设程度分为可充分开发、可有限开发和限制开发三类进行规划控制。

总体规划布局

根据用地性质，与规划地铁车站、商业中心的区位关系，把高层区地下空间开发利用的总体功能需求分为三类，并按三类总体组合特点进行规划布局。

竖向与深度总体布局

1. 竖向布局：供人员使用的空间布置在浅层，物流、交通、市政设施布置在深层。

2. 开发控制深度：地块地下空间的具体控制深度分为 -6m、-10m、-15m、-20m、-25m 和 -30m 共六个级别。

3. 地下步行系统布局：规划设置地下过街设施及地下步行系统连通，要求在地块和街边绿地内余留地下过街通道设施位置。在地铁车站周围，形成 4 个规模不同、形态各异的局部地下步行系统。

地下人防工程规划布局

结合地块地下空间开发，进行平战结合一体化的工程设计和配建。

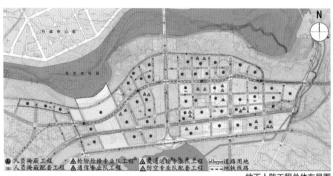

地下人防工程总体布局图

地下空间开发控制深度总体布局图

地下空间开发功能总体规划图

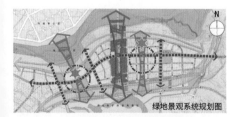

绿地景观系统规划图

地下步行系统总体布局图

地下空间资源适建性分区图

09 贵州省六盘水中心城区人行地下过街通道详细规划

项目概况

1. 项目区位：六盘水市处于贵州西部。

2. 项目规模：分为两个层次，核心规划范围和规划范围。其中核心规划范围与《六盘水市中心城区地下空间开发利用规划人行地下过街通道规划专篇（2014—2030年）》规划范围一致。

3. 编制时间：2016年。

4. 项目概况：六盘水是典型的山地城市，中心城区呈狭长带状分布，城市建设用地紧缺。随着城市交通需求的不断上升及城市用地日益紧缺矛盾的加剧，对城市交通组织提出了新的要求。本规划在核心规划范围内主要确定人行地下过街通道的平面布局和弹性控制引导原则；规划范围内重点研究人行地下通道的布点位置。

重点问题

1. 对已有规划确定的地下通道进行建设条件评估分析，使六盘水市人行地下过街通道布点更具可操作性；

2. 提出地下过街通道的平面布局、剖面布局意向及弹性控制指标体系，为指导人行地下过街通道下一步修建性详细规划及施工设计提供规划设计条件；

3. 对人行地下通道入口顶盖、广告位、通道内装饰材料、配套设施建设等提出指导性建议。

现状分析

六盘水市中心城区立体过街设施主要为人行天桥及人行地下过街通道。其中天桥6座，人行地下过街通道11处，数量及设置要求不能满足城市发展要求，考虑人行天桥对城市天际线的影响，规划增加人行地下过街通道的数量，满足居民生活需求。

建设评估

针对已有规划确定的人行地下过街通道进行现场调研和详细分析，针对周边用地性质、道路交叉口道路等级、现状是否具备人行地下通道建设条件进行评估，经评估，其中15处人行地下通道布点现状不满足规划建设条件，本次规划建议予以取消。

核心规划布局

本次核心规划范围内共规划人行地下过街通道88处（含现状），其中钟山片区55处、红桥片区10处、双水片区4处、德坞片区13处、大坪子片区6处，分近期、中期、远期建设，其中近期19处、中期25处、远期44处。

规划范围示意图

核心规划范围人行地下过街通道布点规划表节选

片区	序号	编号	原编号	人行地下过街通道所处交叉口或路段位置	备注
钟山片区	1	ZS-JQ-08	ZS-JQ-27	大连路与钟山大道交叉口	与地下商业同步建设实施
	2	ZS-JQ-09	ZS-JQ-11	明湖路与人民路	与综合管廊同步建设实施
红桥片区	3	HQ-JQ-01	HQ-YQ-2	经五路与红桥大道	与综合管廊同步建设实施
	4	HQ-ZQ-01	HQ-JQ-3	凤祥路与凉都大道（市七中门口）	
双水片区	5	SC-ZQ-01	SC-YQ-5	以朵大道与规划双水次五路	与综合管廊同步建设实施
	6	SC-ZQ-02	SC-YQ-6	以朵大道与规划双水次四路	
德坞片区	7	DW-JQ-01	DW-JQ-1	城西客运站东出口与人民路交叉口	
	8	DW-ZQ-01	DW-JQ-2	人民路与育德路	与地下商业同步建设实施
大坪子片区	9	DP-ZQ-01	DP-JQ-2	天湖南路	与道路、综合管廊同步建设实施
		DP-ZQ-03	DP-JQ-5	天湖南路	与道路、综合管廊同步建设实施
		DP-YQ-01	DP-YQ-1	落飞戛路与天湖西四路交叉口	与道路同步建设实施
		DP-YQ-02	DP-JQ-1	天湖南路与天湖经一路	与道路、综合管廊同步建设实施
	10	DP-ZQ-02	DP-JQ-4	天湖南路与人民路西沿线	与道路、地下商业及综合管廊同步建设实施

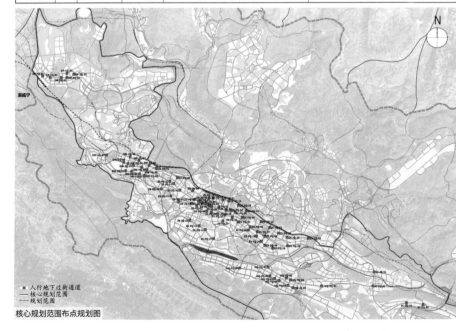

■ 人行地下过街通道
— 核心规划范围
— 规划范围

核心规划范围布点规划图

09　贵州省六盘水中心城区人行地下过街通道详细规划
Detailed Planning of Pedestrian Underpass in the Central City of Liupanshui in Guizhou Province

309

通道布局形式

1. 平面形式

"工"字形：主要布局形式，适应于大多数道路交叉口；"井"字形：公共服务设施较为集中的主干路与主干路相交路口、需要结合地下商业空间开发的道路交叉口；"一"字形：人流量较小且一侧用地较为单一的道路交叉口。

2. 剖面形式

根据市政管线及综合管廊位于城市道路下方的垂直布局，本次规划人行地下过街通道共分为5种剖面形式。

建设控制引导

根据城市不同区域，对入口顶盖、广告位、通道装饰材料等其他内部附属设施进行建设控制引导，旨在达到体现城市特色文化、展示城市形象的目的。

规划范围布点规划

对规划范围内进行多要素分析，包括道路交通要素、轨道交通要素、用地性质要素和建设需求要素。综合考虑不同要素设置条件，以满足2个及2个以上要素为基准，并与已有规划结合，建议规划范围区内人行地下过街通道布点150处，最终确定六盘水市中心城区内共布置238处人行地下过街通道。

1. 城市道路交通要素分析

本次规划建议位于快速路、主干路与其他城市道路交叉口设置人行地下街通道，共需设置195处。

2. 城市轨道交通要素分析

本次规划依托规划的轨道交通车站站点周边及站点，同时应考虑站点与城市道路交叉口相衔接进行布置。经过城市轨道交通要素分析规划六盘水市中心城区轨道交通站点周边道路交叉口需设置16处。

3. 城市用地性质要素分析

根据各片区控制性详细规划确定的，本次规划人行地下通道集中规划位于重要公共管理与公共服务设施用地、集中商业服务业设施用地、居住用地、交通枢纽用地、绿地与广场用地等进行规划设计布点。

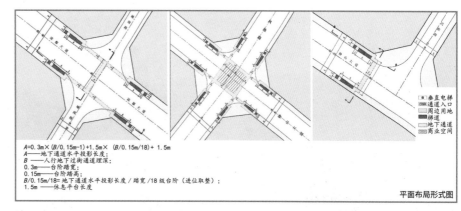

A=0.3m×（B/0.15m-1）+1.5m×（B/0.15m/18）+ 1.5m
A——地下通道水平投影长度；
B——人行地下街通道埋深；
0.3m——台阶踏宽；
0.15m——台阶踏高；
B/0.15m/18=地下通道水平投影长度／踏宽／18级台阶（进位取整）
1.5m——休息平台长度

平面布局形式图

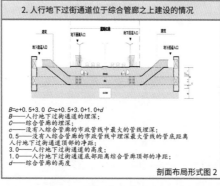

1. 所有市政管线全部入综合管廊，且综合管廊位于人行地下过街通道之上建设的情况

B=e+d+1.0+3.0 C=e+d
B——人行地下街通道的埋深；
C——综合管廊的埋深；
e——综合管廊的覆土深度；
d——综合管廊的高度；
1.0——综合管廊底部距离人行地下过街通道顶部的净距；
3.0——人行地下过街通道的高度

剖面布局形式图 1

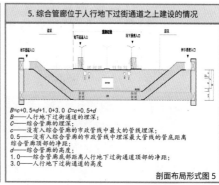

4. 所有市政管线全部入综合管廊，且综合管廊位于人行地下过街通道之下建设的情况

B=f+3.0 C=f+3.0+1.0+d
B——人行地下街通道的埋深；
C——综合管廊的埋深；
f——人行地下过街通道的覆土深度；
3.0——人行地下过街通道的高度；
1.0——人行地下过街通道底部距离综合管廊顶部的净距；
d——综合管廊的高度

剖面布局形式图 4

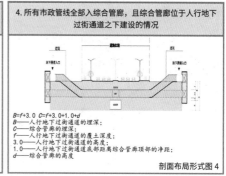

2. 人行地下过街通道位于综合管廊之上建设的情况

B=c+0.5+3.0 C=c+0.5+3.0+1.0+d
B——人行地下街通道的埋深；
C——综合管廊的埋深；
c——没有入综合管廊的市政管线中最大的管线埋深；
0.5——没有入综合管廊的市政管线中埋深最大管线的管底距离人行地下过街通道顶部的净距；
3.0——人行地下过街通道的高度；
1.0——人行地下过街通道底部距离综合管廊顶部的净距；
d——综合管廊的高度

剖面布局形式图 2

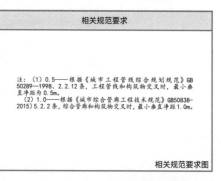

5. 综合管廊位于人行地下过街通道之上建设的情况

B=c+0.5+d+1.0+3.0 C=c+0.5+d
B——人行地下街通道的埋深；
C——综合管廊的埋深；
c——没有入综合管廊的市政管线中最大的管线埋深；
0.5——没有入综合管廊的市政管线中埋深最大管线的管底距离综合管廊顶部的净距；
d——综合管廊的高度；
1.0——综合管廊底部距离人行地下过街通道顶部的净距；
3.0——人行地下过街通道的高度

剖面布局形式图 5

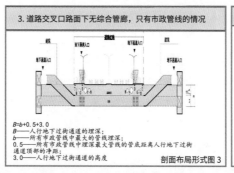

3. 道路交叉口路面下无综合管廊，只有市政管线的情况

B=b+0.5+3.0
B——人行地下过街通道的埋深；
b——所有市政管线中最大的管线埋深；
0.5——所有市政管线中埋深最大管线的管底距离人行地下街通道顶部的净距；
3.0——人行地下过街通道的高度

剖面布局形式图 3

相关规范要求

注：（1）0.5——根据《城市工程管线综合规划规范》GB 50289—1998，2.2.12条，工程管线和构筑物交叉时，最小垂直净距为0.5m。
（2）1.0——根据《城市综合管廊工程技术规范》GB50838-2015）5.2.2条，综合管廊和构筑物交叉时，最小垂直净距1.0m。

相关规范要求图

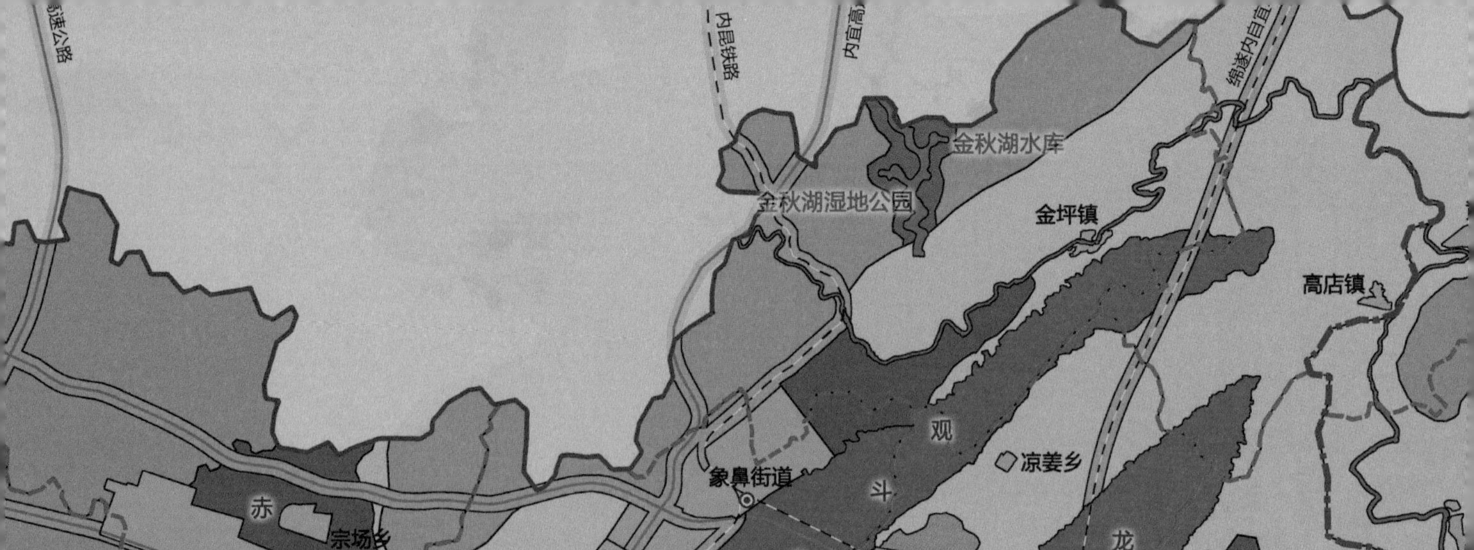

内昆铁路

金秋湖水库

金秋湖湿地公园

金坪镇

高店镇

观

象鼻街道

斗

凉姜乡

山

龙

赤

宗场乡

头

山

山

双龙湖湿地公园

岩

山

岷

江

思坡乡

催

长

江

菜坝湿地公园

科

李庄镇

坝镇

安阜街道

山

沙坪街道

西

街

白沙湾街道

主题 10
专题研究与海外实践
MONOGRAPHIC RESEARCH AND OVERSEAS PRACTICE

"多规合一"实施层面工作研究——以北京市门头沟区为例

一、引言

长期以来,我国城乡规划中存在着"纵向"部门垂直管理和"横向"多规并行、复杂交错等问题[1]。规划难以发挥对城市发展的引领作用,规划管理体制部门分治,国民经济和社会发展规划、城乡规划、土地利用规划、生态环境保护规划及其他各类基础设施规划之间存在许多不一致、不协调的现象,大大影响了规划的实施和管控。

二、工作背景

在京津冀协同发展的大背景下,北京在市级层面做出了很多有益尝试,规划、国土机构整合,新一轮总体规划思路的重大转变等,为《门头沟区"多规合一"实施层面工作研究》提供了坚实的基础和良好契机[2]。门头沟区是唯一经市国土局、市规划委两部门联合正式红头文件确定的全市"多规合一"试点区。

作为"多规合一"试点区,区委区政府对本项工作高度重视,区规划、国土、发改等各部门工作基础较扎实,各项规划编制较完善,被市有关部门认为具有较好"多规合一"工作基础。

结合中央及北京市减量提质、城乡一体化、提高办事效率、更好为民服务、促进区域经济社会有效发展等新形势新要求,摸索一条适合门头沟区发展的"多规合一"实施层面工作路径,对强化全域空间管控,合理调控城乡建设规模,科学优化区域功能,具有非常现实的重要意义。

三、工作特点

1. 突出政府治理职能

"多规合一"工作不是单一空间规划的整合,不是新编制一项规划,而是规划体制改革的重要实践和创新,要突出实现政府调控城乡空间资源,促进城乡统筹发展和管理的重要职能。

2. 着眼实施操作层面

本次工作旨在通过解决工作目标、功能要求、空间范畴、技术标准、运作机制等方面存在交叉和矛盾,重点着眼推动实施层面的政府职能转型和治理能力提升,实现国土资源集约高效,促进经济社会与生态环境协调发展。

3. 创新工作体系工作机制

本次工作是"多规合一"实施层面建立科学工作体系的方法探索,是在借鉴各地"多规合一"方法基础上,以中央"放管服"的思想统领,贯彻京津冀发展要求,坚持门头沟产业转型下"减量提质增效"发展,按照"宜居宜业宜游"标准建设,重在找准现状问题,突破现有体制机制,大胆提出改革方法的工作创新。

四、主要问题

产业转型中区域生态保护与城乡发展矛盾;管理部门存在各成体系、缺乏统筹协调机制;各部门主导的空间规划标准不一、相互交叉;缺乏城乡管理公共平台、资源信息缺乏共享、行政审批流程复杂、项目落地周期长[3]。

五、工作目标

1. 努力破解全区产业转型发展制约难题

该项工作重在解决门头沟发展面临的从资源型产业到旅游休闲、高新技术产业、生产性服务业的转型,按照"减量提质""增减挂钩"的原则,对资源进行再整合及合理配置,将有限的建设用地用于转型产业,助推旅游文化休闲等新型主导产业的培育与发展。

2. 努力构建全区部门新型协作管理机制

该项工作通过先行先试,大胆探索,重在有效解决各部门各类规划管理体制分治、多规分行、内容交叉、空间交错、标准及管理不交圈等问题。积极对接市级机构调整,做好相关配套改革,建构新型审批模式,从政府管理层面推动建立新型多部门统筹协调联动机制。为门头沟产业转型奠定坚实基础,争取各项政策及多方位支持,为推进全市"多规合一"改革提供有益经验。

3. 努力实现全区土地使用空间统筹配置

该项工作重在深刻把握门头沟区发展的阶段特征,整合协调多部门空间规划,突出"生态立区,转型发展"主题,加强对全区城乡建设的管控约束和生态安全格局的保护,重在对生产空间、生活空间和生态空间的有机融合,在"一张蓝图"上呈现合理明确的土地资源配置。

4. 努力推进全区政务改革,提高行政效率

该项工作重在通过信息化平台建设,实现基础数据统筹管理,各部门业务协同管理。按照"突破现有体制机制、大胆提出改革方法",进一步优化项目审批流程,创造新的务实管理方式,提高各类建设项目行政审批效率,有效推动项目落地。

六、实施层面总体思路

针对门头沟区城乡发展的现状问题,借鉴全国各地开展"多规合一"的经验教训,梳理导致问题的规划、管理及制度等方面的深层次原因,研究制定"新战略、新机制、新平台、新蓝图、新流程"等"五个新"实施总体战略,构建具有门头沟特色的"多规合一"综合性协调管理决策

搭建"新平台"——智慧城市综合管理平台

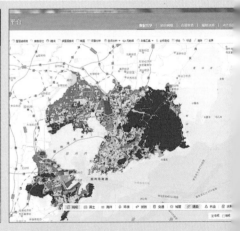

整合"新蓝图"——武汉市规划一张图、青岛市多规合一信息平台

优化"新流程"——2019年新版建设项目用地预审与选址意见书、建设用地规划许可证《自然资源部关于以"多规合一"为基础推进规划用地"多审合一、多证合一"改革的通知》

机制。

本次工作遵循生态优先、底线控制的原则；协调差异、集约用地原则；规划统筹、引导开发原则；管理优化、信息支撑原则。

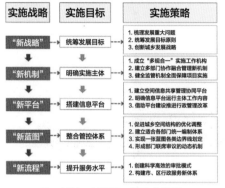

图1 多规合一实施层面工作研究总体思路

1. 构建"新战略"

（1）梳理发展重大问题

由区政府牵头，就"多规合一"工作进行总体部署，认真梳理门头沟区经济社会发展中遇到的产业转型、生态保护、城乡统筹、人口调控、旅游发展、文化传承、环境提升、基础设施改善、重大项目落地等若干问题。

（2）统筹发展目标原则

针对上述重大问题，统筹各部门工作目标、要求及发展需求，围绕"大统筹、大协调"工作主线，避免各自为战，提出共同遵守的统一目标原则。

（3）创新城乡实施战略

从实施层面创立统筹城乡发展的顶层设计，建立多方位多门类的"多规合一"。通过多部门统筹、人大立法，建立全区"顶级专家库"及"顶级设计库"，推行"综合责任师"制度、建立"试点中的试点"等多种方式，在全区建立更加新型的城乡实施战略。

2. 创立"新机制"

（1）成立"多规合一"实施工作机构

由门头沟区政府牵头成立区级层面"多规合一"实施工作专门机构，负责全区"多规合一"工作组织领导及具体实施，统筹全区涉及发展改革、国土、规划、住建、园林、环保、水务、市政、旅游、交通、文物等各部门多规融合实施工作。

加快建立并细化全区"多规合一"整体改革与实施方案，明确近远期工作计划及工作目标，并严格执行。近期重点结合涉及多部门管控相互制约、问题矛盾突出复杂的具有典型性的区域，作为"试点中的试点"加快实施。

（2）建立多部门协作融合管理新机制

由新成立的区级"多规合一"实施工作机构，围绕"发改定目标、国土定指标、规划定坐标、部门联审会商、政府作出决策"的原则，加快研究创建多部门协调决策的新机制，在一张蓝图的管控下，从审批模式与流程、管理权限与决策等多层面，改革多部门现行管理体系与执行依据，形成依大法、显重点、简化便捷、科学高效的新型综合统筹的管理审批机制。

（3）健全监管机制，全面保障项目实施

健全监督监管机制，建立以门头沟区政府为监管主体，对"多规合一"实施工作机构运行实施全过程监管，重在监督新型机制实施后的政府治理效率，将监管结果纳入部门年度考核。

结合"多规合一"实施，全力推进门头沟区在全市率先开展的"综合责任师"制度，弥补现有体制的管理漏洞，采取全方位的责任师制度建设，跨越不同门类及过程，保证各门类规划统筹综合落实，保障项目建设的延续性及可控性。

3. 搭建"新平台"

（1）建立空间信息共享管理协同平台

由"多规合一"实施工作机构组织建设空间信息共享平台。该平台收集、处理各部门海量信息数据，指导各类规划成果数字化入库，对比梳理各类规划矛盾问题，提供多部门空间信息展示查询、动态更新及实时共享，促进各部门互联互通业务协同，实现行政机构改革。

（2）明确信息平台运行主体工作内容

由"多规合一"实施工作机构落实确定信息平台的日常运行、维护、监管的实施主体，制定平台工作流程及管理办法，保障日常数据传输发布，实现动态更新、数据共享、审批流程电子系统建设及监督管控等工作的高效运行。

（3）借助平台建设推进行政管理改革

"多规合一"实施工作机构作为总牵头，统筹多部门多单位，从多角度大系统整合资源，借助信息平台建设，推进各类建设项目从前期策划、生成办理、相关审批、后期建设等多环节的综合联动[4]，实现对现行行政管理的有效改革。

4. 整合"新蓝图"

（1）促进城乡空间结构的优化调整

在收集整理包括发展改革、国土、规划、环保、市政、园林、交通等多部门的基础数据情况下，按照"总量控制、提质增效、减量发展、增减挂钩"的原则，充分研究分析各类规划中涉及的功能要求、用地重叠、空间冲突、管理重复区域等问题的矛盾差异，并提出处理建议。同时摸清用地底数、存量及资源所在，以提质瘦身，促进城乡空间结构优化调整。

（2）建立适合各部门统一编制体系

各部门梳理各自政策法规、管理程序及管理办法，结合"多规合一"及新形势新要求，必要时对原有各自部门规章、技术标准、管理办法等进行修订，各职能部门在编制专项规划时，在同一张底图上作业，逐步建立适合"多规合一"的统一编制体系。

（3）实现一张蓝图各类边界线划定

在消除差异后最终形成的一张蓝图上，确定各级各类边界线体系，明确生态保护和建设空间。落实耕地和永久基本农田保护红线、生态保护红线、城市增长边界线、建设用地控制线、产业发展控制线等划定工作，实现各类规划协同[5]。确保建设用地指标区域内总体平衡，刚性与弹性结合，且不突破"十三五"期间总量限制。

（4）形成部门联席审议的动态机制

同步建立部门联席论证审议制度，以保证在一张蓝图实施过程中，针对出现的新情况新问题，结合"多规合一"实施工作机构中各部门职责分工，就项目生成、审批与调整、管理与实施建设等过程，实现校核、审议、修订的动态工作机制。

5. 优化"新流程"

（1）创建科学高效的审批新模式

由"多规合一"实施工作机构牵头负责，结合各职能部门进一步细化梳理工作中的主要问题，横向纵向加快研究调整各类审批环节，将不符或阻碍城市发展建设的部分审批事项、审批类别、审批流程予以合并或取消，建立符合"多规合一"工作的协作机制[6]。结合信息平台建设，加快建立综合体系下的审批新模式，优化新流程。

（2）构建市、区行政服务新体系

优化门头沟现有政务体系，结合"多规合一"、多规融合的行政管理新机制，按照中央及北京市最新"放管服"要求，在符合全市大盘对各区总体要求与控制的前提下，重新优化整合市、区两级管理权责，首先统筹好市级层面管理权限，之后统筹下放权力于各区及区属相关职能部门，构建市、区行政服务新体系，以促进各区经济社会协调有序高效发展。

参考文献：

[1] 胡鞍钢. "蓝图"绘得好 方能干到底 [N]. 经济日报, 2016-07-15（013）.

[2] 曹娜. "减量"背景下特大城市"两规合一"空间协调策略探索 [C]// 持续发展 理性规划——2017中国城市规划年会论文集（11城市总体规划）. 中国城市规划学会、东莞市人民政府：中国城市规划学会, 2017：220-228.

[3] 钦国华. 近十年来国内"多规合一"问题研究进展 [J]. 现代城市研究, 2016（9）：2-8.

[4] 戴铜, 吕飞. 存量规划管控技术体系中的情景分析框架研究 [J]. 城市发展研究, 2016, 23（9）：34-39+53.

[5] 谢英挺, 王伟. 从"多规合一"到空间规划体系重构 [J]. 城市规划学刊, 2015（3）：15-21.

[6] 张克. 市县"多规合一"演进：自规划体系与治理能力观察 [J]. 改革, 2017（2）：68-76.

01 四川省宜宾市中心城区非建设用地规划

项目简介

1. 项目区位：宜宾市位于四川省南部，处于川、滇、黔三省结合部，金沙江、岷江、长江汇流地带。市境东邻泸州市，南接云南昭通地区，西界凉山彝族自治州和乐山市，北靠自贡市。

2. 项目规模：规划总面积约为 1112km²，本次规划简称为 1112 规划。

3. 编制时间：2015 年。

4. 项目概况：宜宾山水格局特色突出，人居环境得天独厚，但随着城市急剧扩张，产业迅猛发展，城市非建设用地管控处于失控状态，城市发展面临着巨大的生态环境压力。

本规划以宜宾中心城区非建设用地为研究对象，创新研究出适用于宜宾非建设用地的规划管控体系，使其有明确的空间边界、用途、指标体系，从而为国土空间规划科学管控非建设用地提供依据。也是宜宾应对城市转型发展、落实"绿色宜宾"行动纲领、深化总规对城市重要生态载体控制的必然选择，具有现实迫切性和战略前瞻性。

研究范围

1. 规划研究范围

依据总体规划确定的中心城区规划范围，包括宜宾县、翠屏区、南溪区三个区县主要乡镇，共 15 个乡镇，9 个街道。规划总面积约 1128km²。

2. 主要研究用地类型

从现实情况出发，为统筹城乡建设与发展，关注与非建设用地密不可分的村庄建设用地，将本次规划研究的用地范围界定为：非建设用地（E 类）与村庄建设用地（H14 类）。

规划重点问题

1. 生态环境破坏

总体生态本底条件优良，高生态敏感性区域占比大，但随着城市发展，呈现出土壤流失与退化；森林数量减少；水污染加剧；工业污染严重等问题。

2. 用地数量减少

城市不断发展，建设用地不断扩张；具有良好景观生态环境的非建设用地区域，如城市周边山体，往往也成为开发商眼中的热土。

3. 用途功能异化

传统的农业种养功能和林业功能相对弱化，而生态效用和旅游休闲功能则日益凸现与强化，经济效益的关注度逐渐加强，停留在保护层面的观念需要转变。

4. 规划实施保障不足

同时在规划管理实施阶段具有上位规划无法落实、管理主体多元、违法建设存在、农民权益缺失等多重问题。

七星山森林公园——宜宾市重要的生态屏障、森林涵养地

规划范围图

开山采石现状照片

长江水体污染现状照片

乡镇砖厂企业现状照片

宗场农业科技示范园现状照片

规划构思

"绿色宜宾·山水文化田园区"。

城市非建设用地规划不能仅仅从城市或区域生态角度出发保护城市非建设用地，而要将城市非建设用地保护与发展相结合，在保护城市非建设用地的同时，寻找经济发展的空间，寻求二者的平衡。

因此，城市非建设用地规划应以"生态优先"和"精明增长"为理念，以"生态优先"保护城市非建设用地，以"精明增长"平衡城市非建设用地的保护与发展。

本次规划以"生态、生产、生活"为抓手，对非建设用地进行全面管控。

生态方面：构建区域生态安全格局，控制重要生态通廊和斑块，划定生态红线，对不同生态区域提出管控要求和生态指标。

生产方面：对于非建设用地中可适当发展的区域，引导与功能、保护要求相适宜的绿色产业，提出功能准入要求和建设指标，促进循环经济发展。

生活方面：统筹城乡发展，配合生态、生产空间，调整村庄生活空间紧凑低碳布局，为村民提供便利的基础设施和良好的生活环境。

构建一个"生态敏感性本底分区"

规划采用多因子叠加分析法，全面分析生态本底条件。建立四级生态敏感性指标体系，划定生态敏感性本底分区，作为规划的重要依据。

高敏感区域：三江流域、水库、河流、天然林聚集地、历史遗迹周边区域；

较高敏感度区域：经济林、灌木、草本植物聚集地、基本农田集中区等区域；

中敏感度区域：耕地、园地、苗木等区域；

低敏感度区域：城镇、乡村、道路等建设用地。

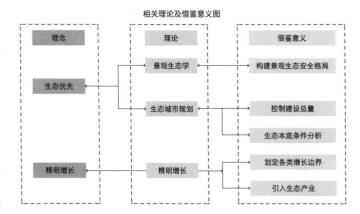

相关理论及借鉴意义图

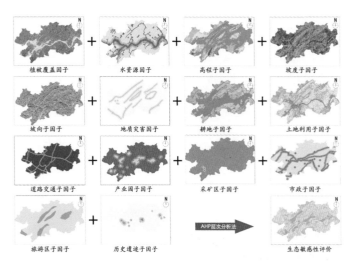

生态敏感因子叠加过程图

生态敏感性因子权重表

序号	因子		权重
1	植物覆盖率		16.10%
2	水资源	干流	8.33%
		支流	5.29%
		水库池塘	2.25%
3	地形地貌	高程	4.56%
		坡度	14.87%
		坡向	7.21%
4	地质灾害		8.01%
5	旅游价值	旅游区	8.08%
		文保单位	2.02%
6	人类活动	基本农田	5.69%
		土地利用	7.38%
		道路交通	4.60%
		产业园	1.87%
		采矿区	1.65%
		市政管线	2.09%

各级生态敏感度区域面积统计表

分类	面积（km²）	比例
高敏感区域	372.2	28.35%
较高敏感区域	580.21	42.76%
中敏感区域	202.52	15.97%
低敏感区域	153.22	12.88%

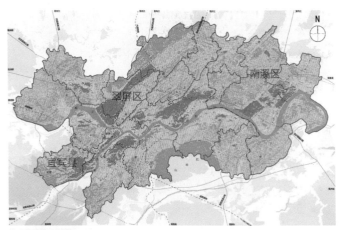

生态敏感度分析图

高敏感区域　　较高敏感区域　　中敏感区域　　低敏感区域

三大策略

1. 统筹协调相关规划

以"多规合一"为引领，梳理上位规划冲突重叠、缺乏衔接的空间，细化、升级或调整相关政策区保护要求，为规划管控提供前提依据。

规划对《宜宾市城市总体规划（2013-2020）》《宜宾市城市绿地系统规划（2014-2020）》《宜宾市中心城区土地利用规划》《宜宾历史文化名城保护规划（2013-2020）》《宜宾市中心城区交通专项规划（2014-2030）》各乡镇总体规划等进行梳理归纳，总结出共14个已明确的政策分区。

落位《宜宾市城市总体规划（2013-2020）》提出的刚性保护内容；落位城市开发边界282km² 范围；对不同区域村庄划定不同功能。

细化《宜宾市城市绿地系统规划》中对河流绿廊的宽度要求，根据主要河流流域面积分为100m、50m、20m 三个等级。

调整《宜宾市城市绿地系统规划》中对交通走廊防护绿带的要求，调整铁路的防护绿带宽度要求，使高速公路、铁路共同达到50m 防护绿带宽度要求。调整主要公路的防护绿带宽度要求，将主要公路、城市组团联系的快速路共同达到30m 防护绿带的宽度要求。

严格保护《宜宾市土地利用总体规划（2006-2020）》中划定的 400.32km² 基本农田，其规模及范围不得调整。

梳理《宜宾市中心城区综合交通规划（2014-2030）》中确定的城市重要交通廊道，以2030 交通路网为依据划定交通防护绿带体系。形成由重要对外交通（高速公路、铁路、主要公路、一般公路）及城市快速路共同构成交通廊道。

统筹《宜宾市生态城市建设规划（2014-2030）》中，以自然资源禀赋地区差异、主要生态环境问题和重点保护的生态功能划分的生态功能区。

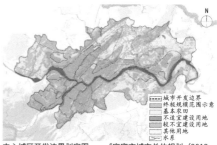

中心城区开发边界划定图——《宜宾市城市总体规划（2013-2020）》

生态城市建设分区图——《宜宾市生态城市建设规划（2014-2030）》

上位规划政策分区表

总体规划

1. 生态保育区：赤岩山（金秋湖）生态保育区
3. 自然保护区：长江上游鱼类保护区核心区
4. 水源保护区：长江、金沙江、岷江
5. 中型以上水库：金秋湖水库、龙滚滩水库
6. 河流：黄沙河、南广河、沧溪河、龙滩河等
14. 2020年建设用地
2030年建设用地

土地利用规划

9. 基本农田保护区

名城保护规划

7. 历史文化名镇名村：南广镇、永胜村
8. 文保单位：国家级1处—旋螺殿；省级4处—中本研究院旧址、镇南塔、映南塔、七星山黑塔；市级2处—"丹山碧水"摩崖造像、榨子坳码头遗址

绿地系统规划

2. 湿地公园：桂溪湖湿地公园、菜坝湿地公园
10. 郊野公园：七星山、少峨山、观斗山—催科山、水口山、龙头山
11. 交通走廊防护绿带：高速公路、铁路两侧各50m防护绿带；主要公路、城市快速路两侧各30m防护绿带
12. 河流绿廊：长江、金沙江、岷江两侧各100m防护绿带；南广河、黄沙河两侧各50m防护绿带；沧溪河、龙滩河两侧各20m防护绿带

乡镇总体规划

13. 乡镇用地：各乡镇规划用地

综合交通规划

14. 交通走廊：高速公路、铁路、主要公路、一般公路、城市快速路

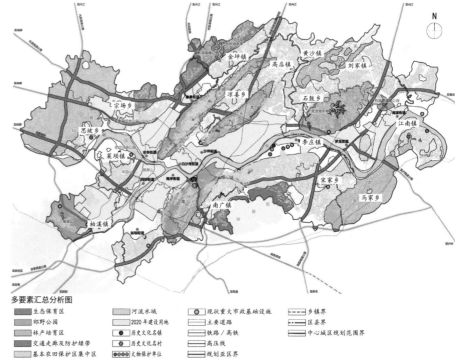

多要素汇总分析图

生态保育区　　河流水域　　现状重大市政基础设施　　乡镇界
郊野公园　　　2020年建设用地　　主要道路　　区县界
林产培育区　　历史文化名镇　　铁路/高铁　　中心城区规划范围界
交通走廊及防护绿带　　历史文化名村　　高压线　　规划亚界
基本农田保护区集中区　　文物保护单位　　规划亚界

2. 优化景观生态格局

现状景观格局评价

规划区内整体景观生态格局尚不完善，现状山体斑块相对独立，生态廊道系统薄弱，仅有的交通廊道呈不均匀线状分布且数量较少，缺乏生态连通性。

现状景观格局特点

形成"山、江、城相融"的景观格局雏形。

"大山为屏"——中心城区范围内共有低山10座，为东北向西南延伸的单向斜山，形成天然生态屏障；

"大江为脉"——长江、金沙江、岷江三江交汇，贯穿整个中心城区；以长江为主脉，金沙江、岷江、长江三江交汇形成主要水系；

"田城相依"——中心城区范围内城市建设用地与非建设用地紧紧相依。城市建设用地主要集中在三江两侧，非建设用地向四周扩展。

景观生态格局规划

优化现状景观格局，打通生态廊道，构建区域生态格局，强调宜宾大山大水重要景观要素，形成"一带、五山、三区、多廊"的景观生态格局。

一带——环长江旅游景观带。宜宾是万里长江第一城，长江是宜宾市的饮用水水源地，也是宜宾重要的城市景观廊道，肩负着生态和景观多重职能。规划应通过建构长江沿岸水体绿化景观带，保护长江的水体和长江两岸重要的城市景观形象。

五山——观斗山—催科山郊野公园、龙头山郊野公园、水口山郊野公园、七星山郊野公园、少峨山郊野公园。这五座山是与宜宾城市组团紧密联系的山体，在城市空间形态上起着重要的组团分隔作用和自然生态系统服务功能，是规划需要保护的重要绿色斑块。

三区——北部生态屏障区、中部沿江生态田园区、南部生态农业与特色旅游区。依据相关规划《宜宾市生态城市建设规划》，以宜宾市自然地理条件为基础，结合生态环境现状，宜宾市经济社会发展现状，以宜宾市区县及乡镇行政区划以分隔，划分为北部、中部、南部三个功能区。

多廊——生态廊道、交通廊道、通风廊道。生态廊道：构建各绿色斑块之间的生态绿色廊道，为动植物提供迁徙的通道。鸟类、野生动物需要的宽度不同，对于大型哺乳动物而言，正常迁徙的通道宽度为几公里到几十公里不等。对于阻隔生态廊道内的对外交通道路，需要在对外交通上高架动物通道。

交通廊道：在交通廊道两侧建立防护林带，强调交通的防护功能建设，能有效阻隔噪声污染、尾气污染，有效降低行车带来的环境污染，以维护对外交通周边良好的生态环境，保护耕地、保护粮食安全和人民身心健康。

通风廊道：顺应城市主导风向形成贯穿的通风廊道。通风廊应以大型空旷地带连成，例如主要道路、相连的休憩用地、美化市容地带、非建筑用地、建筑线后移地带及低矮楼宇群。通风廊应沿盛行风的方向伸展；在可行的情况下，应保持或引导其他天然气流，包括江河、陆地和山谷的风，吹向已发展地区。

宜宾市山水格局

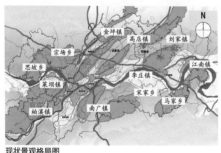

现状景观格局图

山体	主要道路		
农田	乡镇界		
河流水域	区县界		
城镇建设用地	乡镇/街道		
绿廊	中心城区规划范围界		

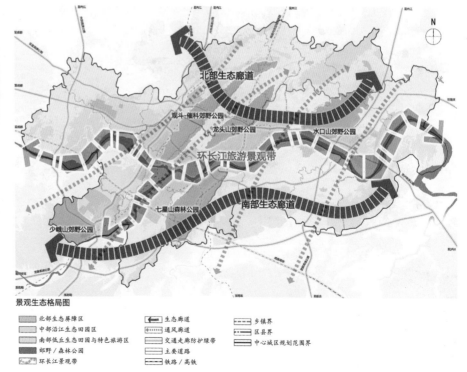

景观生态格局图

北部生态屏障区	生态廊道	乡镇界
中部沿江生态田园区	通风廊道	区县界
南部低丘生态田园与特色旅游区	交通走廊防护绿带	中心城区规划范围界
郊野/森林公园	主要道路	
环长江景观带	铁路/高铁	

3.建构规划管控体系

"双控体系"：建立"分类管、分级控"的双控体系，明确用途分类与保护等级，划定六大类（二十小类）政策分区，建立四级保护分区。

政策分类

根据宜宾市特有的自然生态资源及需要保护对象的性质和发展目的，建立6大类的政策分类。

① 生态安全类：对维护城市自然生态系统至关重要的区域。

② 农田保护类：根据区域和城市发展的要求，保障国家粮食安全，保持社会稳定的区域。

③ 文物保护类：传承民族文化、维护文化多样性的区域。

④ 景观休闲类：为广大市民提供绿色生态游憩空间的区域。

⑤ 都市农林类：优化农业产业结构，促进农业发展的区域。

⑥ 村庄发展类：加快构建城乡一体化发展新格局的区域。

并以生态敏感性评价结果为依据，结合上位规划已明确的政策分类，统筹考虑规划对不同用地给予适合的用途，将6大政策分类中的用途进行细分，划定20个政策小类的具体分区，以在规划管控中对每种用途建立更具针对性的管控措施和管控目标。

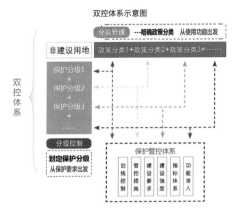

双控体系示意图

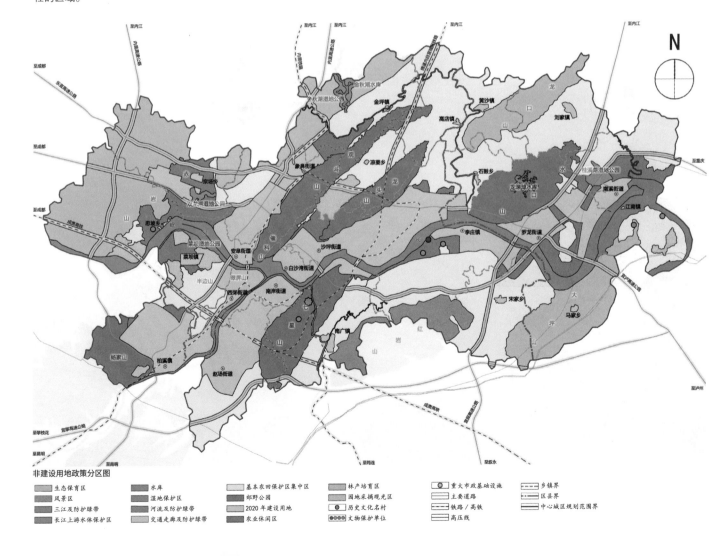

非建设用地政策分区图

保护分级

以生态敏感性评价结果为依据,结合上位规划,对政策分类建立分级保护体系。

一级控制区:实施强制性保护,禁止建设,区域内的村庄居民实施逐渐搬迁,不符合生态功能保护要求的建筑物逐步腾退。

二级控制区:实施重点保护为基础,严格控制开发强度。基本农田保护区集中区仅允许直接为基本农田服务的农村道路、农田水利、农田防护林及其他农业设施的建设。风景区、郊野公园及林产培育区仅允许必要的农业设施及低强度非经营类旅游服务设施建设,如管理处、游客中心、公厕。

三级控制区:允许在不危及生态安全的基础上,适度开发。此区域是城市潜在蔓延的区域,也是生态安全的薄弱区域,应严格控制其开发类型,只允许作为乡村休闲旅游的集体经营性用地类型,建设量不超过 0.5%,不允许其改变用途成为城市房地产的开发类型。

四级控制区:为历史文化名村及村庄建设用地,此区域内的建设用地需遵循《历史文化名城名镇名村保护条例》及村庄规划的用地规模,不得超出其规模。

"指标控制":

整合各政策分类和保护分级,构建全覆盖的生态指标体系和建设指标体系,明确生态修复目

分级保护体系表

控制区	面积（km²）
一级控制区	01 生态保育区；03 三江及防护绿带；04 长江上游水体保护区；05 水库；06 湿地保护区 07 河流及防护绿带；08 交通走廊、防护绿带；17 国家级文物保护单位保护范围；18 省级文物保护单位保护范围；19 市级文物保护单位保护范围；20 防灾隔离缓冲带
二级控制区	02 风景区；09 基本农田保护区集中区；10 郊野公园；13 林产培育区
三级控制区	12 农业休闲区；14 园地采摘观光区
四级控制区	11 村庄建设用地；16 历史文化名村保护范围

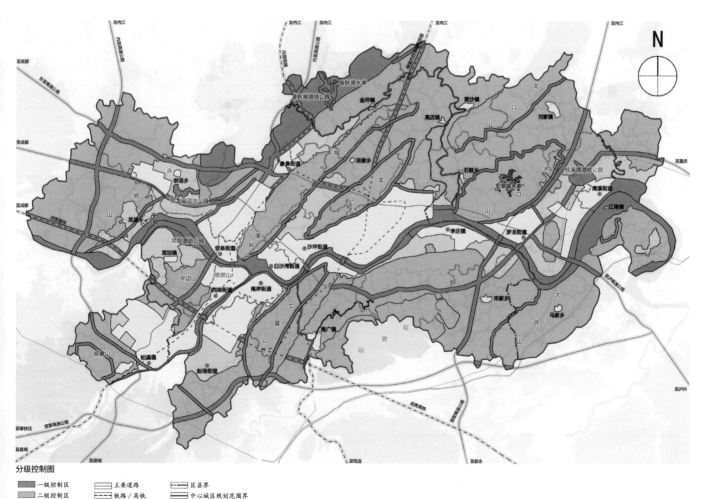

分级控制图

标与建设控制的详细要求。

非建设用地的管理，必须有适宜的指标控制体系落实保护控制内容，本次规划指标体系的构建主要体现在必须平衡非建设用地保护和发展的关系。针对不同类型和保护级别的政策分类，分为生态指标体系和建设指标体系。对一级、二级保护控制区的政策分类主要以生态指标体系进行控制，对于三级、四级包括控制区的政策分类主要以建设指标体系进行控制，其中，生态指标体系适用于区域的生态保护管控，分为指标通则和指标细则。指标通则包括乡土树种数量占比、森林自然度、苗木自给率、古树名木保护率等指标。指标细则包括不同政策分类所依据标准不同的生物多样性、森林覆盖率及林木覆盖率指标等。生态指标综合参考了《国家森林城市评价指标》《生物多样性分级标准》《土壤侵蚀分类分级标准》等指标。

建设指标体系则针对可适当发展的三级控制区内的政策分类，原则上，不得突破建设强度为0.5%的控制指标，也就是说经营性集体用地的总面积不得超过三类控制区总面积的0.5%，其只允许发展乡村休闲旅游的集体用地功能，其地块内的容积率不得超过1.0。

宜宾市中心城区非建设用地指标控制体系总表

政策大类	政策小类	生物多样性等级	生物多样性指数（BI）	森林覆盖率（%）	绿化率（%）	生态指标体系通则	服务设施用地比例（%）	管理用地	教育科研用地	零售商业用地	餐饮用地	旅馆用地	娱乐用地	康体用地	建筑高度（m）	公共设施引导
生态安全类	01 生态保育区	高	BI≥60	≥50	≥90	(1) 乡土树种数量占树种数量总量的80%	—	—	—	—	—	—	—	—		供水、供电
	03 三江及防护绿带	中	60>BI≥30	≥50	≥80		—	—	—	—	—	—	—	—		供水、供电
	04 长江上游水体保护区及防护绿带	高	BI≥60	≥50	≥90	(2) 单一树种数量不超过总树种数量的20%	—	—	—	—	—	—	—	—		供水、供电
	05 水库及防护绿带	中	60>BI≥30	≥80	≥90		—	—	—	—	—	—	—	—		供水、供电
	06 湿地保护区	高	BI≥60	≥80	≥90	(3) 森林自然度不低于0.5	—	●	○	—	—	—	—	—	≤4	停车场、供水、供电
	07 河流及防护绿带	中	60>BI≥30	≥50	≥80		—	—	—	—	—	—	—	—		供水、供电
	08 交通走廊防护绿带	一般	30>BI≥20	≥50	≥80	(4) 苗木自给率为80%以上	—	—	—	—	—	—	—	—		供水、供电
	20 防灾隔离缓冲带	一般	30>BI≥20	≥50	≥90		—	—	—	—	—	—	—	—		供水、供电
文物保护类	17 文物保护单位—国家级	一般	30>BI≥20	≥40	≥80	(5) 古树名木保护率为100%	—	—	—	—	—	—	—	—		—
	18 文物保护单位—省级					(6) 容许土壤流失量为500t/（km²·a）	—	—	—	—	—	—	—	—		—
	19 文物保护单位—市级						—	—	—	—	—	—	—	—		—
农田保护类	09 基本农田保护区集中区	一般	30>BI≥20	≥20	≥90	(7)02、06、10等游览区需进行游客规模预测、环境容量测算										供水
景观休闲类	02 风景区	中	60>BI≥30	≥80	≥90		—	●	○	○	○	○	○	—	≤4	停车场、供水、供电
	10 郊野公园	中	60>BI≥30	≥80	≥90		—	●	○	○	○	○	○	—	≤4	停车场、供水、供电
	13 林产培育区	中	60>BI≥30	≥80	≥90	(8) 生态村比例90%	—	●	○	○	○	○	○	—	≤4	停车场、供水、供电
都市农林类	12 农业休闲区	一般	30>BI≥20	≥20	≥80		≤0.5	●	○	○	○	○	○	○	≤6	停车场、供水、供电
	14 园地采摘观光区	一般	30>BI≥20	≥20	≥80		≤0.5	●	○	○	○	○	○	○	≤6	停车场、供水、供电
村庄发展类	16 历史文化名村	一般	30>BI≥20	≥40	≥30		依据村庄规划	●	○	○	○	○	○	○	≤6	停车场、供水、供电
	11 村庄建设用地（集中式）	一般	30>BI≥20	≥20	≥30		依据村庄规划，建筑密度≥40								≤24	停车场、供水、供电、排水、供气
	11 村庄建设用地（分散式）	一般	30>BI≥20	≥20	≥40		依据村庄规划，建筑密度≥35								≤6	

"产业准入"：

将政策分区与产业准入相关联，构建具有川南特色的四大产业，细分产业类型，对不同政策分区实施项目引导。

宜宾市现有非建设用地上的功能主要为传统的农业种养殖业、附加值较低的食品加工业、乡办企业和商贸服务业、物流业等。这些既有功能，不仅自身损耗巨大，也降低了环境的品质。并直接导致其他依赖生态环境的产业萎缩与崩溃。因此恰当的功能准入，才能促进生态环境的进一步优化，激发生态环境的经济价值，使得与非建设用地息息相关的农业农村生产生活得到有效改善。

本次规划基于对区域的深入认识和分析，认为该区域应该构成一个以旅游为纽带的综合性的大旅游区。以本土绿色食品、高品质环境和秀美自然、人文景观为特色，成为充满川南村庄生活气息的大旅游区，提供适合各年龄段的活动设施及迎合所有旅游需求的住宿设施，建立环境、游客和当地居民之间的和谐关系，实现地区的绿色可持续发展。

明确功能准入思路，形成以体现宜宾地方自身特色为出发点，将旅游业结合一、二、三产发展，促进功能的转型、优化和提升，形成以生态休闲农业、绿色产品加工、文化创意旅游、优质高效服务为功能的四大主导产业。

① 生态休闲农业：将休闲观光、亲子度假、科普体验等功能融入农业生产，促进农业生产的高效、转型，变传统农业为观光农业、休闲农业，为农民提高经济效益的同时，使市民、游客更加亲近田园生活。

② 绿色产品加工：结合良好的农业基础和丰富的历史文化资源，鼓励发展小型特色蔬菜瓜果、酒、茶等精品农副产品生产作坊，以特色竹制品为主的民间手工艺厂等特色产品加工。

③ 文化创意旅游：提升川南民居为代表的特色村庄旅游，大力发展美丽乡村，提高居民的文化生活水平，形成以民俗旅游、古镇观光、节庆活动等为主题的创意产业。

④ 现代高效服务：提高各乡镇及村庄的旅游服务水平，并提高区域的交通可达性和基础设施水平，形成全区域覆盖、具有宜宾特色的现代服务业。

三产联动示意

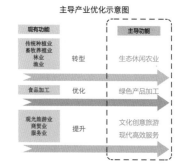

主导产业优化示意图

项目准入体系表

分类	面积（km²）	比例
生态安全类	01 生态保育区 03 三江及防护绿带 04 长江上游水体保护区 05 水库 06 湿地保护区 07 河流及防护绿带 08 交通走廊防护绿带 20 防灾隔离缓冲带	01 生态休闲农业——农业示范观光园 03 现代高效服务——滨江公园 04 现代高效服务——滨江公园 05 现代高效服务——水库休闲观光园 06 现代高效服务——湿地公园 07 现代高效服务——滨河带状公园 08 无 20 无
文物保护类	17 文物保护单位—国家级 18 文物保护单位—省级 19 文物保护单位—市级	17、18、19 现代高效服务——历史文化博览
农田保护类	09 基本农田保护区集中区	09 无
景观休闲类	02 风景区 10 郊野公园 13 林产培育区	02 现代高效服务——风景旅游区 10 现代高效服务——郊野植物园、郊野农业公园、郊野体育公园等 13 现代农业——苗木花卉观光园、中草药栽培与观光园、林下种养殖观光园等
都市农林类	12 农业休闲区 14 园地采摘观光区	12、14 现代高效服务——休闲农庄、亲子乐园、农家乐等 生态休闲农业——农业种养殖业、农业科技园、农业示范观光园等
镇乡发展类	11 村庄建设用地 16 历史文化名村	11、16 绿色产品加工——白酒、茶叶、森林食品、竹制品、林业生物医药产业等 文化创意旅游——茶、竹、酒创意园

已有重点项目分布图

生态保育区准入项目意向——宜宾国家农业科技园

园地采摘观光区准入项目意向——茶文化体验园

制定实施管控方法

1. 划定生态控制线

划定两级生态控制线，将位于一级控制区、二级控制区的内容划定为生态控制区，维护生态安全，制定分区域的管控措施与要求，增强约束力。

一级生态控制线

包括赤岩山（金秋湖）生态保育区、长江、金沙江、岷江水源保护地、长江上游水体保护区、金秋湖水库、龙滚滩水库、桂溪湖湿地公园、莱坝湿地公园、高速公路、铁路两侧各50m防护绿带；主要公路、一般公路、城市快速路两侧各30m防护绿带、长江、金沙江、岷江两侧各100m防护绿带；南广河、黄沙河两侧各50m防护绿带；涪溪河、龙滩河两侧各20m防护绿带、国家级文保单位1处–旋螺殿；省级文保单位4处–中央研究院旧址、镇南塔、映南塔、七星山黑塔；市级文保单位2处–"丹山碧水"摩崖造像、榨子母码头遗址；市政基础设施外围隔离绿带、25°山体外侧及地震断裂带、有污染的工厂区外围、市政高压走廊、地下管线隔离绿带等。

除重大道路交通设施、市政公用设施、必备的配套设施外，禁止在基本生态控制线范围内进行建设。并且上述所列建设项目应作为环境影响重大项目依法进行可行性研究、环境影响评价及规划选址论证。一级生态控制线内已建合法建筑物、构筑物，不得擅自改建和扩建。

一级生态控制线范围内的原农村居民点应依据有关规划制定搬迁方案，逐步实施。并逐步腾退不符合生态保护要求用地及建筑物、构筑物。

二级生态控制线

包括基本农田保护区集中区、红岩山风景区、七星山郊野公园、少峨山郊野公园、观斗山–催科山郊野公园、水口山郊野公园、龙头山郊野公园、林产培育区。

除重大道路交通设施、市政公用设施、低强度非经营类旅游服务设施、公园、必要的农业设施外，禁止在基本生态控制线范围内进行建设。前款所列建设项目应作为环境影响重大项目依法进行可行性研究、环境影响评价及规划选址论证。已批建设项目，要优先考虑环境保护，加强各项配套环保及绿化工程建设，严格控制

开发强度。

二级生态控制线范围内不符合生态保护要求的用地及建筑物、构筑物等应依据有关规划制定搬迁方案，逐步实施。

2. 实行分图则控制

为加强对非建设用地地区规划管理，探索切实可行的规划管理途径，借鉴成都市、深圳市等地非建设用地管理经验，本次规划采用单元图则的管理方式，以乡镇为管控单元，采用"一镇一导则"的管控方式，明确乡镇政策类型、保护等级、管控措施、指标体系、功能准入等内容的详细规定。

将规划范围共划分为24个管控单元，管控重要内容全体现在图则中，实现中心城区全覆盖。图则管控强化了规划的法制效力，对指导规划实施具有透明、高效的指导意义。

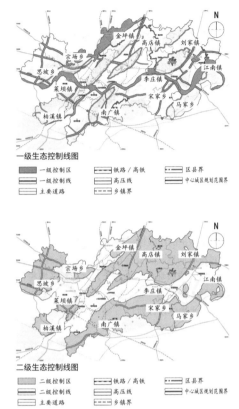

一级生态控制线图

二级生态控制线图

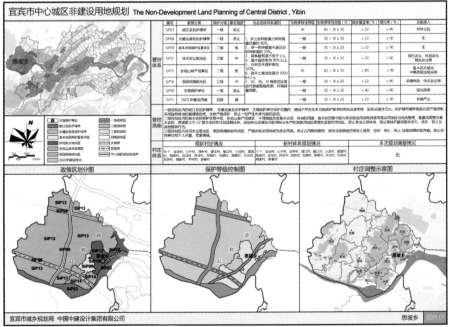

思坡乡规划图则

规划支撑保障

非建设用地规划的顺利实施，主要依靠政府的引导作用和市场配置资源的基础性作用。强化政策保障措施、加强管理制度建设、健全监督检查制度，从规划支撑保障方面落实非建设用地规划，才能确保规划达到预期的各项目标。

1. 政策保障措施

建立生态补偿机制：

在流域、矿产、森林、自然保护区、耕地等领域，逐步建立健全生态环境补偿机制，探索建立下游地区对上游地区、开发地区对保护地区、生态受益地区对生态保护地区的政府生态补偿机制。对相关主体进行生态补偿，激发对非建设用地保护的积极性，疏导其发展要求。

针对税收制度，建立异地间税收补偿；向对生态环境造成破坏的企业和个人，征收环境税；在国际积极参与"全球碳汇贸易"，针对耕地实施"土地休耕计划"。

完善集体土地流转方式：

完善集体土地流转方式，对保障非建设用地规划的实施，保护非建设用地免遭侵蚀，提升农民收益有重大意义，完善农村集体土地流转制度可以分为完善宅基地流转方式、经营性建设用地流转方式、农用地及未利用地流转方式三方面。

创新土地征收收益分配制度：

创新土地征收收益分配制度对促进土地顺利征收，维护农民土地权益有重大意义。本次规划创新土地征收收益分配制度主要包含三个方面：
①建立以农民集体为受益主体的分配格局；
②明确土地收益分配的内容；
③建立公正的土地征收听证制度和土地专业银行。

2. 管理制度建设

出台管理规定：

为更好地落实规划，进行生态保护，防止处于高生态敏感区的非建设用地被开发，参照已经颁布的《深圳市基本生态控制线管理规定》和《武汉市基本生态控制线管理规定》等，出台《宜宾市基本生态控制线管理规定》。

纳入城市管理体系：

建立统一规划主体。在现有机构职能设置的前提下，推动宜宾市规划部门和国土部门进行协调，加强其技术衔接，统一管理，形成以规划局为牵头单位，各个部门协调统一的管理体系或更进一步成立市级层面的"非建设用地管理办公室"。

3. 监督检查制度

出台管理规定：

构建城市非建设用地规划实施的监督检查制度，依据城市非建设用地规划和相关政策，对城市非建设用地中的规划编制、项目设立、项目实施进行事前和事中的监督，及时发现、制止和查处违法违规行为，保证城市非建设用地规划项目的有效实施。

建立规划实施评估制度：

由宜宾市规划局组织成立评估小组，定期对规划工作进行规划评估，评估工作包括遥感监测、评估调研、评估报告、公众参与和评估反馈等内容。

宜宾市重点领域的生态补偿机制表

分类	流域	矿产	森林	自然保护区	耕地
补偿主体	政府部门；对河流造成污染的单位和个人	废弃矿区和老矿区已由国家治理；新矿区造成的破坏由企业负担	林业部门；从事森林生产经营活动的企业和个人；破坏森林资源的企业和个人	政府部门；由生产经营的单位或个人	政府部门；造成耕地破坏的企业
补偿方式	政府行政区域内部协商，采用公共支付、政策补偿	政府修复治理和企业现金补偿	重大工程的转移支付、减免税收、移民补贴	国家财政支付转移、政策优惠、税收减免、发放补贴、设立自然保护区生态补偿专项基金	国家财政支付转移、专项资金补偿、政策优惠、生态移民
补偿资金来源	征收流域生态补偿税、建立流域生态补偿基金	政府财政拨款、开矿企业征收的生态环境补偿费、生态环境修复保证金	政府森林生态工程专项资金	保护区性质属公益事业，需要财政投入为主，同时积极开拓社会筹资渠道	公共财政预算资金；生态建设补偿基金
补偿标准确定	以上游地区的直接投入、上游地区丧失的发展机会的损失、上游地区新建流域水环境设施以及受惠地区所接受的水量与水质等为依据	矿区生态环境资源破坏的价值及生态环境修复的成本为依据确定	补偿标准应考虑造林和营林的直接投入、为了保护森林生态功能而放弃经济发展的机会成本和森林生态系统服务功能的效益	基于生态系统服务价值评估确定；基于保护成本确定；基于因保护而造成的损失确定	虑区域自然条件、区域价格和成本的高低尤其考虑耕地长期价值
依据宜宾市已有补偿方式	宜宾市流域生态检测补偿	宜宾市矿产资源补偿	天保工程集体公益林生态效益补偿、水土流失工程、向家坝库区生态治理	金沙江定期的"增殖放流"	退耕还林工程
建议宜宾市补偿措施	异地发展	征收环境税	全球碳汇贸易	碳汇贸易	土地休耕计划

宜宾市集体土地流转方式表

用地类型		传统流转方式	新型方式
集体土地	农村建设用地 — 宅基地	村民内部转换	宅基地换房、迁村并点
	农村建设用地 — 公益性公共设施	—	—
	农村建设用地 — 乡镇企业	—	允许集体经营性建设用地入市流转可出让、租赁、入股
	农用地 — 耕地、园地林地、牧草地其他农用地	转包、出租、互换、转让、股份合作	新合作化 股份加合作 土地承包经营权抵押贷款
	未利用地 — 荒山、荒沟荒丘、荒滩等	招标、拍卖、公开协商	

宜宾市土地征收收益分配制度表

	受益主体	收益内容	监督体系
现有	乡镇政府、村委会	现状土地价值	缺乏有效监督
创新	农民集体	现状土地价值及土地增值价值	公正的土地征收听证制度、土地专业银行

02 北京市门头沟新城居住及商服用地调查研究

研究简介

1. 项目区位：门头沟新城位于北京市西部山区、永定河畔。

2. 项目规模：该项目的总面积为 1455km²。研究范围包含龙泉、永定两个镇，及城子街道、东辛房街道、大峪街道等 3 个街道办事处。

3. 编制时间：2017 年。

4. 项目概况：随着《门头沟新城规划（2005—2020）》即将进入规划实施末期，新城内的居住、商业及公共服务设施用地建设情况及其与人口变化情况的关系，需要通过本次研究进行摸底梳理，并对未来发展提出建议。

政策研究

为准确把控研究方向，研究从城市发展政策角度出发，对国家层面的京津冀协同发展相关规划、生态修复与城市修补相关政策、"稳定住房市场"相关政策，市级"减量提质"相关政策、"职住平衡"发展需求、商业用地供应新形式、《北京市 2017—2021 年及 2017 年度住宅用地供应计划》，以及区级相关政策进行研究，对门头沟区居住与产业用地进行详细分析。

现状用地情况

在土地利用三类用地（已利用土地、土储项目未来可实现供地、剩余发展空间）基础上，研究将门头沟新城用地使用情况分为现状已利用地与未来可利用地两大类。其中，已利用地包含已建成区、在建及待建区两类；未来可利用地包含实施储备中用地与剩余可利用地两类。门头沟区居住用地、商业服务业设施用地发展情况与现行城市总体规划基本保持一致，但为了顺应新时期新形式的发展，用地功能与结构也需要不断调整完善。

研究范围图

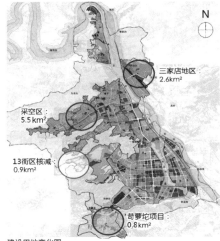

建设用地变化图

居住用地规划使用情况测算表

类别	用地面积（hm²）	比例（%）	建筑规模（hm²）	比例（%）
现状已利用地	658.7	65.3	1159.1	67.4
未来可利用地	349.3	34.7	561.9	32.6
合计	1008	100	1721	100

商业服务业用地规划使用情况统计表

类别	用地面积（hm²）	比例（%）	建筑规模（hm²）	比例（%）
现状已利用地	82	27.4	206	33.9
未来可利用地	217	72.6	402	66.1
合计	299	100	608	100

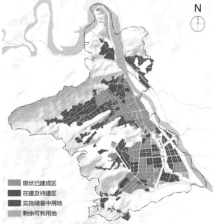

门头沟新城四类用地使用情况图

部分棚改安置房位置示意图

未来可利用地位置示意图

02 北京市门头沟新城居住及商服用地调查研究
Investigation and Research on Residential and Commercial Areas in Mentougou New Town in Beijing

325

1. **现状居住用地**：为吸引高端产业、提升整体素质，迫切需要建设改善性高品质住宅小区。而未来可利用居住用地多分布于浅山地带，土地平整存在难度，不能满足土地快速供应需求。

居住现状已利用地：综合考虑户型面积、人均居住面积、住房主要面向人群、经营开发模式等因素，将居住现状已利用地按照棚改安置房、三定三限安置房与保障房（公租房、经适房、两限房等）、近期开发类住宅与老旧小区（2010年前已建小区）四类进行分析，包括用地面积、建筑规模、实际容纳人口、人均居住面积等。

居住未来可利用地：居住未来可利用地主要集中分布在新城北部与西部的龙泉务、琉璃渠、中门寺、苇萝坨与部分棚改腾退地块等地区，其多为浅山用地，生态资源良好，环境优美；但相对位置距离新城核心区较远，交通联系较弱，配套设施相对缺乏。居住建筑可容纳人口约为16万。

2. **现状商业服务业设施用地**：需充分考虑人口密度分布、商业设施密度分布、辐射半径等多种因素，选择迎合市场的商业业态，明确业态结构、商业定位并争取最佳的区位，尽快实施建设，完善社区商业配套，同时加速新城南部商业建设，补足商业分布不均衡问题。

商业现状已利用地：商业服务业设施用地主要包含商业、商务、娱乐康体等；结合我区商业发展现状，本次研究主要包括的商业业态有：规模以上超市、购物商场、商品交易市场、星级酒店、商务办公、社区商业等。**商业未来可利用地**：用地主要集中分布在长安街西沿线及S1线区域；受建设条件制约，新城北部地区的未来可利用商业服务业设施用地较少，且分布较为零散。

优化调整建议

1. **居住用地**：优先开发成熟地块、完善配套服务设施、生态修复体质增绿。在保证居住用地总量不增加的前提下，优先将用地条件成熟、区位环境良好、配套设施完善的用地调整为居住用地，远期结合《门头沟新城减量提质研究》内容，将部分用地条件较差或位于生态敏感区域的居住用地调整为三大设施用地，优化新城整体居住环境、提升居住品质。

2. **商业服务业设施用地**：发展大型多功能购物中心，避免同质化，各档次商品分层配置，引导区域内现有商业设施扩容提质；商业综合体优化整合，全方位升级消费体验；打造更满足居民生活需求的商业模式和布局。增——增加旅游配套服务类商业用地；定——确定高端酒店、大型商业综合体与高端写字楼的选址建议。

商业现状位置示意图

主要大型商场位置示意图

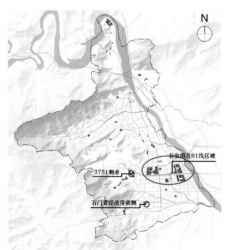
商业服务业未来可利用地位置示意图

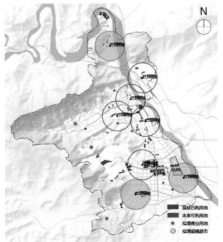
拟建规模商业位置示意图

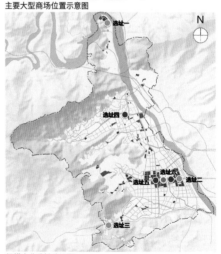
规模商业选址建议图

03 北京市崇文区社区公共服务设施配套建设情况调查研究

项目简介

1. 项目区位：崇文区（现为东城区）东部与朝阳区为界，南部与丰台区相接，西部与宣武区（现为西城区）毗邻，北部与东城区接壤。

2. 项目规模：全区面积约 16.46km²，研究范围涉及 1455km²。

3. 编制时间：2008 年。

4. 项目概况：我院受北京市规划委员会崇文分局委托，开展《北京市崇文区社区公共服务设施配套建设情况调查研究》工作。本次调研工作旨在了解崇文区社区公共服务设施配套建设现状，盘点现有资源，掌握配套建设基本数据，分析并找出公共服务设施配套建设中存在的问题，提出对崇文区现有老旧社区公共服务设施的更新改造意见。现状全区危改区面积约 2.64km²，占全区总面积的 16.0%。这些地区将是调配、平衡公共服务设施的重点区域。

研究内容

本次调查研究，我们在 "06 指标" 中规定的八大类、36 个小类的公共服务设施建设项目中，挑选了 13 项与民生问题密切相关的建设项目作为本次研究的重点，项目涉及教育、医疗卫生、文化体育、商业服务、社区管理服务、社会福利以及市政公用，共计七大类，具体内容如下表所示。

用地现状图

崇文区（现为东城区）建设项目位置示意图

安乐幼儿园

永东幼儿园

园所分布比例

体育馆路小学

花市小学

学校分布比例

北京市第十一中学东校区

北京市崇文门中学

学校分布比例

调查研究项目分类表

设施类别	序号	项目名称	
教育	1	幼儿园	
	2	小学	
	3	中学	独立初中
	4		完全中学
医疗卫生	5	社区卫生服务站	
	6	社区卫生服务中心	
文化体育	7	室内文体活动中心	
	8	室外文体活动场地	
商业服务	9	综合超市、社区菜市场	
社区管理服务	10	社区办公设施	
	11	派出所及巡察	
社会福利	12	养老院	
市政公用	13	公厕	

现状各街道派出所及巡察情况统计

街道名称	派出所数量、部门类别	现状情况	
		建筑面积（m²）	用地面积（m²）
崇文门外街道	1 所基层派出所	3800	—
东花市街道	1 所基层派出所	1500	356
天坛街道	2 所基层派出所	1130	1125
体育馆路街道	1 所基层派出所	822	985
龙潭街道	1 所基层派出所	1750	430
永定门外街道	1 所基层派出所	2600	349

现状各街道社区卫生服务中心情况统计

街道名称	卫生中心数量、床位数	现状情况	
		建筑面积（m²）	用地面积（m²）
崇文门街道	1 处	5871	—
东花市街道			
天坛街道	1 处	3206.4	950
体育馆路街道	1 处	4459	0
龙潭街道	1 处	2097	0
永定门外街道	1 处	2552.4	0

现状各街道养老院情况统计

街道名称	托养老所数量、最大接待数	现状情况	
		建筑面积（m²）	用地面积（m²）
崇文门外街道	0	0	0
东花市街道	0	0	0
天坛街道	0	0	0
体育馆路街道	0	0	0
龙潭街道	1 处、294 人	2650	2650
永定门外街道	2 处、131 人	1716.5	1272

03 北京市崇文区社区公共服务设施配套建设情况调查研究
Investigation and Research on Supporting Construction of Public Service Facilities for Communities of Chongwen District

327

调查及分析

1. 按设施分类：数据调查及分析（横向分析）。从教育、医疗卫生、文化体育、商业服务、社区管理服务、社会福利、市政公用共七个方面对调研数据进行统计分析，依据"06指标"的要求，从千人指标、一般规模、配置规定入手，对比数据选择分析。

幼儿园：分布位置不均衡，部分街道幼儿园位置较偏僻，崇外街道没有幼儿园；天坛、体育馆路、永外3个街道幼儿园数量严重不足。现状没有幼儿园各项指标全部达标，但各幼儿园基本能够满足现状使用需求。

小学：学校位置分布较为均衡，但重点小学数量较少，生源分布不均衡。

中学：学校整体位置分布较为均衡，中学集中在区北部地区，永外地区中学数量较少。仅有1所中学（汇文中学）各项指标均达标。

医疗卫生设施：现状各卫生站分布较为均衡，硬件设施建设方面，各卫生站建设水平有一定差距。卫生服务中心建设尚未完成，已有的站点基本能够满足各街道自身需求。新建的卫生站要尽量按照高标准来建设，修缮的卫生站有条件的要向指标靠拢。

文化体育设施：大部分区级文体设施全部集中在区北部地区，区南部较少。街道级室内文体设施建设较完善，社区级室内文体设施建设尚未达到指标要求；室外文体设施建设取得较大进步，但个别地区仍有不足。

商业服务设施：综合超市、社区菜市场的现有营业网点基本能够满足居民日常需要，个别地区由小规模商业设施填补空白。

社区管理服务设施：现状区内行政办公体制完整，各街道办事处、街道服务中心运行良好。各街道办事处、社区服务中心所处位置合理、交通便利。所有派出所均达到了四类派出所的标准。

养老院：崇文区（现为东城区）现有各类养老机构仅3处，养老设施严重缺乏。

公厕：平房区的公厕整体质量较差，但数量较多；建成区的公厕整体质量较好，但数量较少，均未达到每处建筑面积50m^{2}的指标要求。

2. 按七个街道：数据调查及分析（纵向分析）。以街道为单位，建立一套完整的评价体系，通过设置30个评分项，分别对街道内的13项公共设施进行量化打分，满分110分，并对得分结果进行排序，从而得出各街道现状公共服务设施建设水平。

综合评价

现状崇文区（现为东城区）公共服务设施发展处于稳步发展阶段，整体仍处于中等、个别设施处于初级发展水平，还需要加大建设力度，完善各项设施建设，提高设施建设水平。

发展策略

1. 历史文化保护区（本报告指前门地区）：总体采用"化整为零"的规划布局思路。以保护历史街区的街巷肌理、建筑的传统风貌、规模形制为首要出发点，将大型配套设施分散成多个小型设施，以相对较大密度的网点布局。

2. 危改区：重点解决公共服务设施缺少的问题。

3. 建成区：以提升现有设施整体水平，整合集约利用土地资源为主，强调公共服务功能的完整化。

现状崇文区（现为东城区）室内文体活动中心分布图

■ 市（区）级室内文体设施 ■ 街道级室内文体设施 ■ 社区级室内文体设施

现状崇文区（现为东城区）室外文体活动场地分布图

■ 大型运动场 ■ 区级文化广场 ■ 室外健身路径 ■ 街道级文化广场

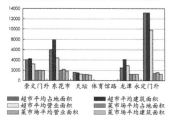

各街道社区级室内文体设施与指标差距对比

■ 超市平均占地面积 ■ 菜市场平均占地面积
■ 超市平均营业面积 ■ 菜市场平均建筑面积
■ 菜市场平均营业面积

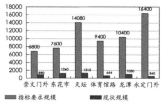

各街道社区级室内文体设施与指标差距对比

■ 指标要求规模 ■ 现状规模

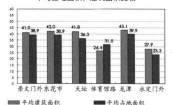

平均占地面积、建筑面积比较

■ 平均建筑面积 ■ 平均占地面积

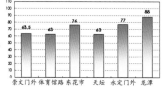

各街道评分综合排位

各街道公共服务设施评分体系及项目

设施类别	序号	设施名称	满分	评价项目
教育	1	幼儿园	10	建筑面积、用地面积、有无活动场地、园所等级
	2	小学	10	建筑面积、用地面积、有无活动场地、园所等级、学校等级、学生数与最大接收数量比
	3	初中	10	
	4	高中	10	
医疗卫生	5	社区卫生服务站	10	建筑面积、最大容量、医疗设备配备情况
	6	社区卫生服务中心	10	
文化体育	7	室内文体活动中心	10	有无室内文体活动中心、有无其他设施、千人指标、运行情况
	8	室外文体活动场地	10	有无室外文体活动场地、用地面积、器械数量
商业服务	9	综合超市、社区菜市场	10	建筑面积、平均营业面积、运行情况
社区管理服务	10	社区办公设施	5	建筑面积、用地面积
	11	派出所及巡察	5	
社会福利	12	养老院	10	有无养老院、千人指标
市政公用	13	公厕	10	公厕覆盖率、单个建筑面积、卫生情况

04 河北省廊坊市文化设施专项规划

项目简介

1. 项目区位：位于河北省中部偏东，北临首都北京，东交天津，南接沧州，西连保定，地处京津冀城市群核心地带、环渤海腹地。

2. 项目规模：廊坊市中心城区，总面积220km²。

3. 编制时间：2010年。

4. 项目概况：廊坊市文化设施规划是解决市区公共文化设施缺乏，丰富市民文化活动场所，打造文化名城的重要专项规划。规划涵盖公共文化设施场馆规划、公共文化场所规划、非物质文化遗产的利用与展示规划、文化产业规划及书报亭、宣传栏及广告栏规划等内容，完善廊坊市城市文化功能。

总体目标

文化事业全面繁荣，文化产业形成规模，文化市场开放有序，文化设施布局合理，文化区域特色明显，文化发展环境改善，至2030年，基本建成以"梦廊坊"为代表的一批有规模、有品牌、效益突出的文化休闲服务区和文化创意产业园区，并形成引领和支撑全市文化产业发展的主力引擎。

发展战略

文化经济战略、龙头带动战略、品牌特色战略、科技创新战略、人才聚集战略。

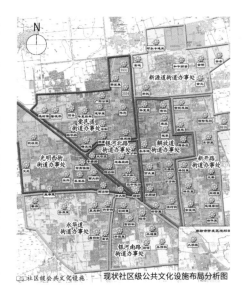

区域位置分析图

现状社区级公共文化设施布局分析图

现状市、区级公共文化场馆设施一览表

级别	序号	名称	用地面积（m²）	建筑面积（m²）	人均用地面积（m²）	场馆设施位置	质量状况
市级	1	廊坊市博物馆	10000	7600	0.015	北风路以北，和平路以西	较好
	2	廊坊市图书馆	7649	4200	0.012	北风路以北，和平路以西，廊坊市博物馆北侧	较好
	3	廊坊市群众艺术馆	已拆除	已拆除	已拆除	原址位于永丰道北侧，新华道以东，现已拆除	已拆除
	4	廊坊市文化综合楼	600	2225	0.001	广阳道以南，新华路以西	很差
	5	廊坊市妇女儿童活动中心	1000	6000	0.002	新世纪步行街以南，建设路以西，市青少年宫西侧	中等
	6	廊坊市青少年宫	1000	4000	0.002	新世纪步行街以南，建设路以西	中等
	7	明珠影剧院	10500	5600	0.016	金光道以南，新华路以东，明珠大厦北侧	中等
	8	中国管道影剧院	10000	4600	0.015	金光道以北，新开路以南	较好
	9	廊坊国际会展览中心	32000	32000	0.049	廊坊市开发区，祥云道以南，玉泉路以东	较好
区级	10	广阳区群众艺术馆	650	3113	0.001	文明路以西，解放道以北	中等
	11	广阳区科技馆	6300	5400	0.01	永丰道以南，新开路以东，儿童公园西北部	中等
	12	廊坊华日国际展览中心	48000	48000	0.074	廊坊开发区，祥云道以南，友谊道以西	较好

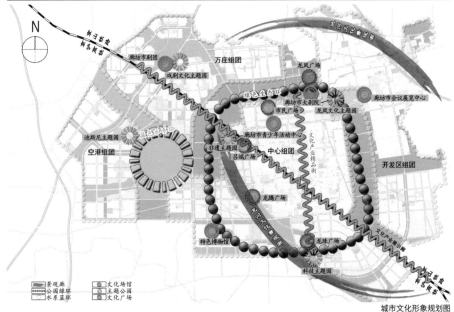

规划结构分析图

城市文化形象规划图

文化形象建设

规划打造三"双"——城市整体形象；精心打造五大"主题园"——人文生态形象；新建五大主题广场——空间形象标识；新建五大标志建筑——建筑形象标识。

功能定位

以差异化、互补性打造吸引京津高端文化产业、时尚文化活动的"强磁场"会展城；以假日休闲旅游、专业特色会展为重点的利用京津、服务京津、融入京津的生态智能新城。

规划等级

廊坊市城市公共文化设施体系可分为公共文化场馆设施、公共文化场所设施。其中公共文化场馆设施包括市级文化场馆、区级文化场馆、社区文化场馆三个级别；公共文化场所设施包括市级文化场所、区级文化场所。

规划结构

城市公共文化设施空间结构和整体布局为"一核、两环、两园、四廊、多点"的结构格局。一核为艺术核，即文化艺术休闲中心；两环为蓝色水环和生态绿环；两园是两个文化产业园；四廊是四个景观廊。

主要公共文化设施规划

对博物馆、图书馆、文化馆（艺术馆、文化中心）、科技馆、展览馆（展览中心）、活动中心、演出场所、公共文化场所等进行分等级规划。

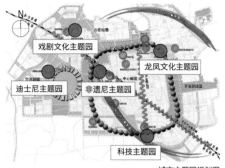

城市主题园规划图

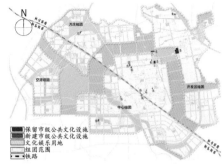

市级公共文化场馆设施布局规划图

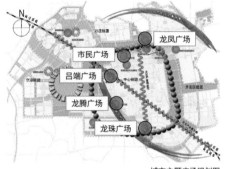

城市主题广场规划图

区级公共文化场馆设施布局规划图

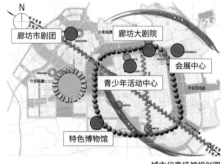

城市代表场馆规划图

社区级公共文化场馆设施布局规划图

文化产业布局规划图

市、区级公共文化场所设施布局规划图

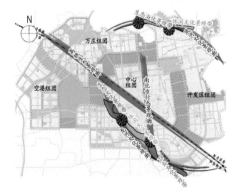

景观廊分区示意图

05 海绵城市规划技术体系研究

调研报告

1. 研究背景

在国家层面出台鼓励支持海绵城市建设政策之后，各部门及地方开始积极开展试点工作。在海绵城市不断推进的同时，也出现了海绵城市的规划与城市规划不协调、专项规划与施工建设的不衔接等问题。本课题在梳理国内外海绵城市建设的规划和经验的基础上，通过现行海绵城市规划和海绵城市具体建设调研分析，找出当前海绵城市建设中规划技术体系面临的主要问题，为编制适合中建企业自身的、具有实践性的海绵城市规划导则奠定基础。

2. 国外案例

美国纽约的绿色基础设施

纽约市环保局在 2010 年制定《绿色基础设施规划》，旨在从源头上解决合流制溢流污染问题。其核心措施是绿色基础设施建设、建设低成本－高效益的灰色基础设施和优化现有排水系统。规划目标为：①每年额外减少 1438 万 m³ 合流制溢流流量（CSOs）；②控制合流制地区 10% 不透水地表的雨水径流量就地消纳；③提供可观的、可计量的可持续效益：减少能源消耗、提高空气质量、降低城市热岛效应等。

绿色基础设施不仅在控制合流制溢流污染上降低了成本，在减少能源消耗、提升土地价值、美化城市环境方面还具有附加效益。根据纽约市环保局的测算，到 2030 年，附加的经济效益可达 5.57 亿美元。

3. 国内案例

在国家政策文件出台支持海绵城市建设的背景下，在住房和城乡建设部出台《海绵城市建设技术指南——低影响开发雨水系统构建（试行）》后，各省市、特别是各试点城市先后出台海绵城市规划设计导则。导则作为指导性文件是对国家政策和当地实际城镇状况的初步规划和总体要求，以科学、合理地指导所属区域海绵城市规划设计。

4. 问题与对策

工程建设的主要问题：①设计规划与实践工程联系性不强，导致规划对实际工程的建设指导作用不强，没有考虑系统性和宜居生态的环境效应；②个别海绵城市建设没有结合新城区建设、旧城区改造进行，没有注意整体规划设计，单纯追求海绵城市设施建设；③规划强调整体设计，但对于实际工程建设没有考虑整体性问题，而规划这一部分的表述也较为模糊，缺乏具体指导和考核指标。

5. 案例经验借鉴

①强调城市发展和场地开发对城市水文系统的影响最小化，保护、利用自然或采用近自然、生态、低成本的景观生态措施与技术对城市自然水文过程进行维护与提升；②强调从城市土地规划到场地设计的多尺度、多等级、系统性的流域雨洪管理综合体系；③强调从水循环、水安全、水环境、水资源等角度的综合考虑；④颁布与雨水管理相关的国家与地方法律法规，对径流总量、峰值流量、雨水排放、径流污染物总量与水质保护等提出严格的量化规定，并制定相应的经济激励政策；⑤强调生态、环境、景观、规划、水利、市政、农林、建筑、社会与城市管理等多学科、多专业、多部门的学者、工程技术、管理人员以及非政府组织（NGO）和社区公众的广泛参与与配合，尤其强调规划部门的核心作用。

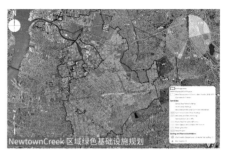

NewtownCreek 区域绿色基础设施规划

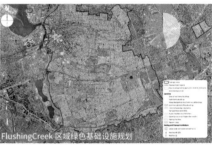

FlushingCreek 区域绿色基础设施规划

AlleyCreek 区域绿色基础设施规划

海绵城市规划体系

海绵城市总体规划编制技术指引

1. 调研指引

对城市现状进行综合评价，分析研究海绵城市建设条件。通过对核心资料进行基础分析与研究，达到以下要求和深度，夯实海绵城市建设基础研究的深度：①明确城市现状硬化覆盖程度、生态保育水平、不良地质的分布、地方传统特色做法；②明确设计雨型、暴雨强度公式、典型场降雨；③明确土壤渗透性、地下水位；④明确基础设施水平、明确现状区域存在的问题和成因；⑤明确目前产流特征与径流控制水平；⑥梳理出法定规划中海绵相关内容；⑦提炼土地利用、竖向、绿地等相关专项规划中海绵相关安排；⑧明确地方经济承受能力和未来发展规划方向等。

2. 空间管制

科学划定城市禁建区和限建区。在城市用地选择中，要切实落实保护优先的原则，科学分析城市规划区内的山、水、林、田、湖等生态资源，尤其是要注意识别河流、湖泊、湿地、坑塘、沟渠等水生态敏感区，并纳入城市非建设用地（禁建区、限建区）范围。分析识别城市局部低洼地区、潜在湿地建设区、内涝高风险地区，并尽可能划定为城市限制建设区。划定城市蓝线，并与低影响开发雨水系统、城市雨水管渠系统及超标雨水径流排放系统相衔接。划定中心区四区、四线和四类，纳入法律保护，适量扩大禁建区、限建区范围。

3. 指标体系

将和海绵城市相关的指标，尤其是城市透水面积比例、绿地率、水域面积率、天然水面保持率、多年平均径流总量控制率、城市内河水体水质

目标等相关指标纳入城市规划的指标体系中，并根据城市发展目标，分别提出各类指标近、中、远期的目标值。径流污染控制率、径流峰值流量控制率可以通过年径流总量控制来实现，因此一般以年径流总量控制作为首要的规划控制目标。各地在选择控制目标时，应根据当地降雨特征、水文地质条件、径流污染状况、内涝风险控制要求选择控制指标。

4. 分区划定

划定海绵分区，分解指标，制定流域海绵城市系统规划方案，提出规划措施及管控要求。在指标分解过程中应结合各流域的本底条件及存在的问题，按水体水质、建成区比例、合流制管网比例、内涝比例等影响因素对指标进行适当调整。

5. 蓝线绿线划定

对于城市规划区内的河湖、坑塘、沟渠、湿地等需要划定蓝线的对象进行分析，提出蓝线控制的宽度，划定城市蓝线，以保护城市河湖水系。城市蓝线划定时应考虑与雨水的源头径流控制、雨水管渠系统及超标雨水径流排放系统相衔接。海绵城市五线协调可以以蓝线为中心进行协调。

6. 绿地规划

①提出不同类型绿地的低影响开发控制目标和指标；②合理确定城市绿地系统低影响开发设施的规模和布局；③城市绿地应与周边汇水区域有效衔接；④应符合园林植物种植及园林绿化养护管理技术要求；⑤合理设置预处理设施。径流污染较为严重的地区，可采用初期雨水弃流、沉淀、截污等预处理措施，在径流雨水进入绿地前将部分污染物进行截流净化。

7. 竖向规划

城市竖向规划衔接应结合地形、地质、水文条件、年均降雨量及地面排水方式等因素合理确定，并与防洪、排涝规划相协调。

①明确排水分区；②识别出城市的低洼区、潜在湿地区域；③通过竖向分析确定各个排水分区主要控制点高程、场地高程、坡向和坡度范围，并明确地面排水方式和路径；④提出竖向规划优化设计策略；以减少土方量和保护生态环境为原则，宜优先划定为水生态敏感区，列入禁建区或限建区进行管控；⑤识别出易涝节点，对道路控制点高程进行优化设计，衔接超标雨水通道系统的规划设计；⑥统筹城市涉水设施的竖向等。

8. 年径流总量控制率

在确定年径流总量控制率时，需要综合考虑多方面因素。一方面，开发建设前的径流排放量与地表类型、土壤性质、地形地貌、植被覆盖率等因素有关，应通过分析综合确定开发前的径流排放量，并据此确定适宜的年径流总量控制率。另一方面，要考虑当地水资源禀赋情况、降雨规律、开发强度、低影响开发设施的利用效率以及经济发展水平等因素。

控制率计算办法

选取设计降雨量A

↓

累加小于A的降雨量总值B

↓

大于A的降雨次数C

↓

控制量D=B+A×C

↓

得出对应年径流总量控制率=D/L

根据此办法计算出设计降雨量对应的控制率，再根据全国分区大致范围以及当地实际情况，因地制宜地确定合适的控制率。

流域、排水分区年径流总量控制率影响因素调整幅度表

影响因素	调整幅度				
水体水质	IV类		V类		劣V类
	−3%		0%		3%
建成区面积比例	0～20%	20%～40%	40%～60%	60%～80%	≥80%
	10%	5%	0%	−5%	−10%
合流制管网比例	0～10%		10%～30%		≥30%
	−3%		0%		3%
城市内涝面积比例	0～5%		5%～10%		≥10%
	−3%		0%		3%

海绵城市专项规划编制技术指引

1. 调研工作

城市调研资料，包含城市规划文件及海绵城市政策文件、海绵城市建设自然地理资料及相关数据。通过对城市现状进行调研，收集和梳理水文气象、地形地势、社会经济、工程地质、气象条件、水文条件、植被条件等相关资料。重点包括：①城市下垫面典型类型调研；②城市设计雨型、暴雨强度公式、典型场降雨；③城市管网及排口调研；④典型土壤渗透系数勘测、地下水位；⑤海绵建设相关部门座谈及居民问卷调研；⑥城市外围"山、水"生态空间调研等。

2. 区域规划

总体规划：该部分完成海绵城市规划的整体设计思路和设计流程，突出城市亟待解决的问题，综合考虑水环境、水资源、水生态、水安全等方面的现状问题和建设需求，提出有重点、有系统的本地海绵城市建设规划格局。

控制指标：构建海绵城市建设指标体系，因考虑本地城市水系统存在的问题，按照科学性、典型性和体现本地自然特征的原则，依据《海绵城市建设绩效评价与考核办法（试行）》等国家相关政策要求，结合本地综合条件确定海绵城市建设指标的近、远期目标值，右图为海绵城市建设绩效评价与考核指标（试行），可依据参考设定。

3. 海绵城市分区

（1）排水分区

要以排水分区为基础，考虑水系、地形、行政划分等因素，结合控制性、详细规划的编制单元，将中心城区划分为若干海绵城市建设分区。对各分区的下垫面、径流特性、用地潜力、建设密度（建筑、道路、铺装等不透水地面所占面积比例）进行分析，明确各分区水安全、水环境、水资源、水生态方面存在的问题，提出各分区海绵城市建设的功能需求。

（2）控制指标分解

分区管控指标以城市规划指标为基础，增加峰值流量径流系数、透水铺装率等指标。分区管控指标值的确定应以城市规划指标值为基础，结合各分区建设需求分析，综合考虑分区的水系问题、用地潜力、建设密度等主要因素，对年径流总量控制率、面源污染削减率、峰值流量径流系数、水面率、透水铺装率、雨水利用替代城市供水比例等指标进行分解。

（3）管控分区

根据城市总体海绵城市控制指标与要求，应针对每个管控单元提出相应的强制性指标和引导性指标，并提出管控策略，规划建立区域雨水管理排放制度，实现各分区之间指标衔接平衡。管控单元划分应综合考虑城市排水分区和城市控规的规划用地管理单元等要素划分，应以便于管理、便于考核、便于指导下位规划编制为划分原则。各管控单元的平均面积宜在 $2 \sim 3km^2$，规划面积超过 $100km^2$ 的城市可采取两个层次的管控单元划分方式（一级管控单元与总规对接、二级管控单元与分规或区域规划对接），以更好与现有规划体系对接。

4. 分期规划与近期建设

（1）分期规划目标

根据海绵城市专项规划编制暂行规定，分期提出海绵城市建设的目标，明确近期海绵城市建设重点区域。近期建设重点，分析和识别近期建设重点区域，确定近期海绵城市建设主要目标，梳理近期主要海绵城市设施建设和天然海绵保护与治理任务。中远期建设规划，区分中期和远期海绵城市建设的主要区域、主要设施规模，描述分阶段的海绵城市空间格局演变，提出中期和远期海绵系统建设建议。

（2）近期规划重点

结合近期老城改造和新区建设计划，确定海绵城市近期建设重点区域。针对水安全、水环境、水资源、水生态方面需重点解决的问题，确定近期实施的重点项目。对近期海绵城市重点项目分年度或分批次制订实施计划。

5. 保障机制与监测评估

（1）资金保障

在专项规划编制的过程中，要明确资金来源，保障海绵城市建设的资金的持续性和可投入性。要明确政府的主体地位，有清晰合理的建设资金预算管理办法。在引入社会资本的过程中，要建立明确的政府和企业之间的合作保障机制和制度，明确各方责任。

（2）规划指标落实保障

在将海绵城市专项规划中的雨水年径流总量控制率等指标嵌入法定图则等关键管理层次中后，进而将海绵城市建设要求依法纳入土地出让和"一书两证"的审查审批过程中。

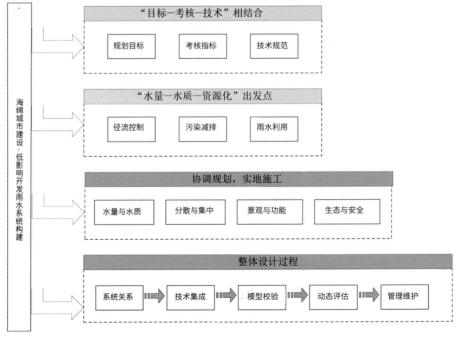

海绵城市建设绩效评价与考核指标（试行）

（3）评估与监测方法

明确海绵城市建设考核的总体目标，体现目标导向性，即是否解决实际问题，同时需要突出"看得见、看得清、看得全"的总体原则。海绵城市建设需要按照"一套评估指标体系、一套标准化软件、一套硬件支撑体系和一套规范的规划管控制度"的要求，明确监测评估考核的体系。

6. 规划图集编制

（1）城市现状图；

（2）自然空间格局规划图；

（3）城市公共海绵空间和设施布局图；

（4）建设分区管控图；

（5）分区规划建设目标分解图；

（6）海绵城市基础设施规划布局图；

（7）近期建设规划图；

（8）海绵城市相关基础设施规划图；

（9）海绵城市分期建设规划图。

海绵城市控制性详细规划导则

1. 编制流程

在控制性详细规划层面，应根据地块的地质地貌、用地性质、竖向条件及给水排水管网等划分汇水分区。通过对地块的开发强度评估，确定地块低影响开发策略、原则等，优化布局，细分用地性质，为地块配置市政、公共设施等。然后以汇水分区为单元确定地块的雨水控制目标和具体指标，确定地块的单位面积控制容积率、下沉式绿地率等。根据雨水控制要求确定地块的建设控制指标，如地块的容积率、绿地率、建筑密度以及低影响开发设施的规模和总体布局。最终提出地块的城市设计引导，对地块内的建筑体量、建筑围合空间及其附属硬化面积等做出相关规定，将其落实到规划中。

2. 现状问题分析

对规划地区的整个基础资料、用地现状、公共服务设施现状、道路交通、绿地景观、市政公共设施现状等全方面细致研究分析。具体的收集内容可以包括：规划区相关规划、区域环境、历史环境、自然环境、社会环境、经济环境；踏勘内容：土地（土地的基本属性、现状功能布局、地籍权属）、建筑（质量、密度、高度、容积率、产权、风貌）、空间（空间结构、空间环境、动线流向、视觉通廊、开敞空间）、历史遗迹（识别基地内的历史遗迹、特殊意义构筑物、人文价值的建筑）、基础设施（道路系统、交通设施及各项市政设施要素）这五个方面。

3. 细化分区

根据河流的位置、流向，结合地形分区、竖向规划、规划排水管网、水系流向、地表高程、规划排水管渠系统将分区进一步细化城市排水分区，城市排水分区是海绵城市建设重点关注的排水分区，主要以雨水出水口为终点提取雨水管网系统，并结合地形坡度进行划分，对应不同雨水管渠设计标准。

4. 控制指标

（1）控制指标体系构建

对于海绵城市控制性详细规划，应在原有基础上，明确并侧重各地块的低影响开发控制指标，根据用地分类的比例及特点确定指标体系。

（2）指标分解

控制性详细规划的指标体系是地块出让的主要依据，对海绵城市的各设施落实具有重要作用，控制性详细规划指标体系要做到与总体规划指标体系对接，严格将总规中确定的控制目标分解到各地块各项控制指标中，使海绵城市建设从城市目标层面具体到地块指标，使海绵城市建设的落实更具控制性与操作性。

（3）指标校核

确定各宗地或项目的年径流总量控制率后，须复核宗地、项目所在片区的年径流总量控制目标，根据《海绵城市建设技术指南——低影响开发雨水系统构建（试行）》，各片区年径流总量控制率可通过宗地、项目的控制目标经用地面积加权平均得到片区年径流总量控制率。

在实际操作中，考虑到项目建设的可行性，海绵城市地块建设目标分解还应考虑物业权属、资金补助情况等因素综合确定。

5. 各类规划协调

（1）道路交通协调

城市道路是雨水径流产生的主要场所，城市道路网络可作为地块超标雨水排放的重要路径，道路规划根据规划区的路网结构、布局、道路等级及现状条件，确定各条道路的径流控制目标。

（2）水系统规划

在给水规划中应该明确规划区范围内的分布式雨水资源回用设施的回用量、回用方式及回用的主要用途，将其分解至控规的单元地块，确定地块与水资源利用率指标；综合确定采用分支供水模式的区域，并规划设计再生水管网，确定地块污水再生利用量指标，落实污水再生利用设施。

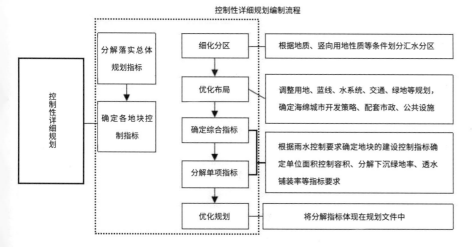

控制性详细规划编制流程

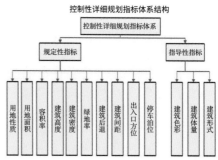

控制性详细规划指标体系结构

（3）防洪规划

明确规划区域内城市防洪工程的等级和设计防洪标准、设计洪水、涝水和潮水位，细化并确定规划区域内堤防河道及护岸等设施工程。明确管渠、泵站、滞蓄设施、超标雨水径流通道等综合性基础设施的控制界限，明确用地规模、位置、相关控制要求。

（4）蓝线绿线划定

结合城市总体规划和蓝线规划、绿地规划所确定的规划区水域及面积，细化并落实天然水面率、水系保护、水系利用等要求，深化总体规划确定的蓝线保护范围，细化落实总体规划确定的规划区水系的生态岸线、滨水缓冲带等相关规划要素，确定地块生态岸线要求。统筹协调蓝线内部的水系、岸线、湿地与给水排水以及雨水设施的关系。

（5）绿地规划

蓝绿线划定应结合总体规划蓝线所确定的规划水域及面积，在控制性详细规划中需要划定各类生态要素边界，明确保护措施，限制保护区范围内城市开发建设活动。细化并落实天然水面率、水系保护、水系利用等要求，深化总体规划确定的蓝线保护范围。

（6）用地布局

进一步明确低洼易涝高风险范围，调整优化该区域地块的用地性质、开发强度、竖向等；对主要地表径流通道及周边的用地进行统筹，合理布局公共绿地开发空间和道路设施等用地交叉布置产汇流较好和较低的地块，避免雨水径流过于集中。

（7）竖向规划

在控制性详细规划中竖向规划应依据总体规划的内容，进一步明确规划地区的主要坡向、坡度、汇水路径、低洼区等内容，尽可能尊重区域原有的地貌和自然排水方向，减少对现状场地的大规模人工化处理。统筹协调开发场地、城市道路、绿地和水系等的布局和竖向，提出地块控制性标高或不同重现期淹没深度范围，对于低洼区、滨水区提出相应的规划优化设计策略。

（8）统筹措施

统筹落实和衔接各类海绵城市设施，根据各地块海绵城市控制指标，合理确定地块内的低影响开发设施类型及其规模，做好不同地块之间低影响开发设施之间的衔接，合理布局规划区内占地面积较大的设施。

海绵城市修建性详细规划编制技术指引

1. 现状问题

根据上位规划对规划区域的分析和情况，明确修建性详细规划区域的地理位置、项目占地和建筑面积、区域所在汇水分区、所在流域、所在流域的气候和降水情况、土壤特性和渗透性。规划区域所在的已建排水系统管网及存在的积水点或规划的排水系统管网及竖向设计。

2. 规划方案

完成对所规划区域的基础条件和问题后应该从海绵城市设施选型、布局规划和初步设计方案的编制工作，依据控制性详细规划层面海绵城市控制指标，系统性的规划区域进行统筹安排。

3. 用地规划

根据上位规划对该场地用地性质的规划与要求，对商业、居住、工业、办公、交通设施、公共绿地和城市公园用地等进行海绵城市设施的建设规划。在建设规划过程中，应依据不同的用地性质，做到因地制宜规划布局。

4. 道路交通规划

（1）现有道路绿化带多为封闭式，道路路面雨水难以进入绿化带内；（2）中间有较宽的绿化车带的道路绿地可以改造为下沉式绿地，使道路两侧高中间低，雨水汇入中间绿化带，初期雨水和超量雨水流入雨水排水管；（3）城区内下穿式立交桥、低洼地等积水严重内涝点改造，应充分利用周边现有绿化空间，建设分散式源头调蓄设施，减少汇入低洼区域的"客水"；（4）自行车道、人行道以及其他非重型车辆通过路段改造，应优先采用渗透性铺装材料；（5）当道路红线外绿地空间有限或毗邻建筑与小区时，可结合红线内外的绿地，采用植草沟、生物滞留设施等雨水滞蓄设施净化、下渗雨水，减少雨水排放；（6）当道路红线外绿地空间规模较大时，可结合周边地块条件设置雨水湿地、雨水塘等雨水调节设施，集中消纳道路及部分周边地块雨水径流，控制径流污染。

5. 绿地与开敞空间规划

绿化面积一般较大，集中绿地改造除了要消纳绿地内部产流以外，还需考虑与周边场地相衔接，将周边汇水面（如广场、停车场、建筑与小区等）的雨水径流通过合理竖向设计引入集中绿地，结合排涝规划要求，建设雨水控制利用设施。

6. 市政规划

合理规划饮用水管网、非饮用水管网，充分利用雨水、再生水资源作为绿化浇洒、洗车、水景等非饮用和非接触的低品质用水。落实雨

城市水系海绵城市雨水系统典型流程

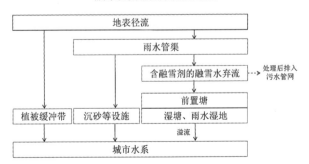

城市绿地海绵城市雨水系统典型流程

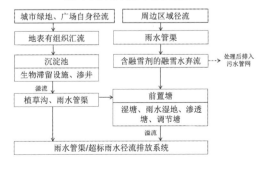

资源回用所需的雨水桶、回用池等回用设施，并与地下给水排水管网对接，确定设施位置、容量及其主要用途。结合场地竖向和道路断面，布局植草沟、渗排水沟等自然排水设施，将其与地下雨水管网统一布置，有机衔接为一个整体。

7. 建筑与小区

（1）已建建筑小区改造

雨水流程组织一示例

降落在屋面的雨水进入高位花坛和雨水桶，并溢流进入低势绿地，雨水桶中雨水就近作为绿化用水。降落在小区道路等其他硬化地面的雨水，应利用渗透铺装、下沉式绿地、渗透管沟、雨水花园等设施对径流进行净化、消纳，超标准雨水可就近排入雨水管道。在雨水口可设置截污挂篮、旋流沉沙等设施截留污染物。经处理后的雨水一部分可下渗或排入雨水管，进行间接利用，另一部分可进入雨水池和景观水体进行调蓄、储存，经过滤消毒后集中配水，用于绿化灌溉、景观水体补水和道路浇洒等。

（2）新建小区建设

新建区可增加小区内下沉式绿地面积，有条件设计水景的小区应优先利用水景收集调蓄区域内雨水，兼顾雨水渗蓄利用。将屋面及道路雨水收集汇入景观水体，并根据月平均降雨量、蒸发量、下渗量以及浇洒道路和绿化用水量来确定水体的体积。

8. 指标控制要求

修建性详细规划是实现海绵城市指标规划的最终阶段，以年径流总量控制率为例说明，在各规划层次进行指标的分解与核算。海绵城市建设是由小及大逐级实现的。即先将规划区划分为若干个子汇水区，对每一个子汇水区内的下垫面采用海绵城市设施进行雨洪的源头控制，进而可以控制子汇水区的外排径流总量和峰值流量，最终达到径流总量控制目标。

9. 设施选择

本技术导则中海绵城市建设中的设施以海绵城市技术进行指导选择。海

绵城市设施根据主要功能可以分为渗透、储存、调节、转输、截污净化等技术类型。

海绵城市设施往往具有补充地下水、集蓄利用、削减峰值流量及净化雨水等多个功能，可实现径流总量、径流峰值和径流污染等多个控制目标，根据不同的海绵城市设施列其主要的功能以及可以实现的雨水控制目标。海绵城市设施组合系统中各设施的适用性应结合场地土壤渗透性、地下水位、地形等特点进行分析，并综合考虑社会、经济、景观等要素。

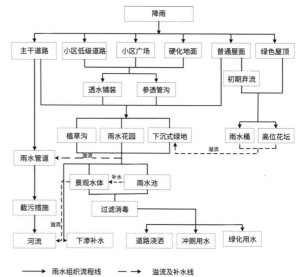

新建小区海绵城市雨水流向组织

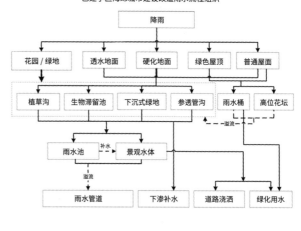

道路雨水控制雨水流向组织图

已建小区海绵城市建设改造雨水流程组织

06 中建控规集成技术研究

项目背景

从 2008—2011 年底，规划院共签署控规项目合同 30 个。在课题《城市规划集成技术研究——控制性详细规划编制技术支撑研究》的撰写过程中，中建规划院通过对控制性详细规划（以下简称"控规"）的源起、发展过程、法律依据、编制方法、存在问题等的探讨，总结出控规在编制过程中的技术难点，包括与其他规划环节的衔接；基地条件带来的特殊要求；规划协调等。与城市总体规划把握城市的总体发展目标不同，控规是一个落实性的规划，因此会直接面对城市土地出让经济需求、开发方实际需要、市民公共利益保证等多方面的矛盾。城市规划工作，是一个服务型工作，协调工作是规划技术人员需要做好的一个重要方面，在某些时候甚至超越了技术要求；一个合格的项目负责人，一定是一个协调能力比较强的技术人员。

在控规技术总结中共选取了 15 篇录入附件，案例选取同时注重了项目的规模、层次和建设类型，并注重与项目选址的结合，与建设项目的指标反馈等，这些都是我们在实际工作中需要协调的重要问题。

研究背景

1. 德国区划制

德国所创造的区划方法，使用定性、定量和定位的手段来控制城市空间，既规定了城市主要道路的用地范围和走向，又规定了各个地块上建筑物的建造要求，在刚性的规划框架内保持了建造活动的弹性范围。同时，区划立法和公众参与的方法，更好地体现了规划的法制化和民主化，代表了社会发展的大趋势。

地方规划有两个层次，即土地利用规划和建设规划，这与我国现行城市规划体系中的控制性详细规划相类似，采用一系列法定指标加以规范，如各地块的用地性质、容积率等规划控制指标等。这两个规划都是建立在地方行政管辖范围内的，其中土地利用规划根据城市发展的战略目标和各种土地需求，通过调研预测，确定土地利用类型、规模以及市政公共设施的规划，为土地资源的利用提供了一个基本的意见。

制定建设规划将依照土地利用规划。

2. 美国城市规划体系及区划法

美国的区划法经过近百年的发展已经较为成熟，各项指标是由区划法规定好的，而非规划师估算。我国的控制性详细规划借鉴和吸取了美国区划体系中的很多内容，目前已成为我国城市规划管理最重要和最直接的工具。我国的控规需经由城镇人民政府批准后，报本级人民代表大会常务委员会和上一级人民政府备案，而控规在内容上更多地体现为一种技术文件，与"规章"还相距甚远。

当前，我国控规中的焦点问题，也正是美国区划中长期存在且一直试图更好地解决的问题，例如，用地控制指标中的经济、社会、环境成本与效益如何平衡，用地控制对城市经济和社会发展如何发挥作用，在保护某些群体利益的同时如何减少对另外一些群体利益的损害等。

另一方面，美国经过了城市高速发展步入城市稳定期，建设速度明显放缓，而更加注重社会公平。我国仍处于高速发展建设阶段，注重效率的同时兼顾公平，以及土地的二元性质决定了控规管理的"中国特色"。

3. 日本土地使用分区制度

土地使用分区的法定依据是城市规划法和建筑标准法。城市规划法规定土地用途、地块面积、基地覆盖率和容积率，建筑标准法则涉及建筑物的具体规定（如斜面限制和阴影限制）。尽管如此，土地使用分区制度作为对于私人产权的有限控制，只是确保城市环境质量的最低限度，不能达到城市发展的理想状态。除了土地使用分区作为基本区划以外，还有各种特别区划。这些补充性的特别区划是以有关的专项法而不是城市规划法为依据的。特别区划并不覆盖整个城市化促进地域，只是根据特定目的而选择其中的部分地区，包括高度控制区、火灾设防区和历史保护区等。

为谋求一个地区的经济活力化，只在该地区放宽条件，集中投资即可。通过土地利用规划和土地利用基本规划对土地资源进行宏观调控，以法律和行政手段实现土地利用的微观调控，

着重于宏观的直接调控，间接实行微观调控。我国的土地所有制和城市规划的体制与日本不同，城市现状和存在问题，以及城市的开发方法与日本也有所不同。但是，土地区划整理作为城市开发的技术手法对我们来说还是很具有参考意义的。尤其是在改革开放的今天，城市土地的有偿使用，城市开发的多样化，更需要借鉴、引进国外的一些技术和方法。当然这样的引进还需要多方面的比较、论证，在引进的同时还需做出符合我国实际情况的修改，使之成为我国的有效开发方式。

概念界定

我国控规是在国有土地有偿使用制度实施后，借鉴以美国"区划条例 (Zoning Ordinance)"为代表的国外开发管理制度而建立起来的。在充分考虑中国城市的现实情况下，对城市中的建设项目进行必要的引导和控制，包括对项目的性质、位置、规模及周边环境等的控制和引导。

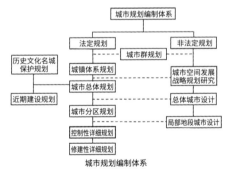

城市规划编制体系

根据《城市规划术语》GB/T 50280 中的解释，控制性详细规划是以城市总体规划或分区规划为依据，确定建设地区的土地使用性质和使用强度的控制指标、道路和工程管线控制性位置以及空间环境控制的规划要求。《城市规划编制办法》第二十二条至第二十四条规定，根据城市规划的深化和管理的需要，一般应当编制控制性详细规划，以控制建设用地性质、使用强度和空间环境，作为城市规划管理的依据，并指导修建性详细规划的编制。

发展历程

分为四个阶段：探索阶段（1980—1990 年）、

发展阶段（1991—2000年）、完善阶段（2001—2007年）、变革阶段（2008年以来）。

控制性详细规划产生背景示意图

编制与修订

1. 编制主体

《中华人民共和国城乡规划法》第六十条规定：镇人民政府或者县级以上人民政府城乡规划主管部门未依法组织编制城市的控制性详细规划、县人民政府所在地镇的控制性详细规划的，由本级人民政府、上级人民政府城乡规划主管部门或者监察机关依据职权责令改正，通报批评；对直接负责的主管人员和其他直接责任人员依法给予处分。

2. 编制内容

（1）土地使用控制

土地使用控制是对建设用地的建设内容、位置、面积和边界范围等方面做出的规定。其具体控制内容包括用地性质、用地使用兼容、用地边界和用地面积等。

（2）使用强度控制

使用强度控制是为了保证良好的城市环境质量，对建设用地能够容纳的建设量和人口聚集量做出的规定。其控制指标一般包括容积率、建筑密度、人口密度、绿地率等。

（3）建筑建造控制

建筑建造控制是为了满足生产、生活的良好环境条件，对建设用地上的建筑物布置和建筑物之间的群体关系做出必要的技术规定。其主要内容有建筑高度、建筑后退、建筑间距等。

（4）城市设计引导

城市设计引导内容一般包括对建筑体量、形式、色彩、空间组合、建筑小品和其他环境控制要求等内容。在实施规划控制时应综合考虑地块区位、开发强度、地方建设特色、历史人文环境、历史保护需要、城市景观风貌要求等因素，在

规划控制指标体系表

大类	中类	指标
土地使用	土地使用控制	用地性质
		用地边界
		用地面积
		土地使用兼容性
	使用强度控制	容积率
		建筑密度
		居住密度
		绿地率
建筑建造	建筑建造控制	建筑高度
		建筑后退
		建筑间距
	城市设计引导	建筑体量
		建筑色彩
		建筑形式
建筑建造	城市设计引导	景观风貌要求
		建筑空间组合
		建筑小品设置
设施配套	市政设施配套	给水设施
		排水设施
		供电设施
		其他设施
	公共设施配套	教育设施
		医疗卫生设施
		商业服务设施
		行政办公设施
		文娱体育设施
		附属设施
行为活动	交通活动控制	车行交通组织
		步行交通组织
		公共交通组织
		配建停车位
		其他交通设施
	环境保护规定	噪声震动等允许标准值
		水污染允许排放浓度
行为活动	环境保护规定	水污染允许排放浓度
		废气污染允许排放量
		固体废弃物控制
其他控制要求		历史保护
		五线控制
		竖向设计
		地下空间利用
		奖励与补偿

进行具有针对性的较为深入的城市设计研究基础上提出。对于有特殊要求的地段，许多引导内容可以作为规定性内容，如在历史街区地带，建筑的体量、形式、色彩等内容可以作为规定性指标提出，以提高其控制力度。

（5）设施配套控制

配套设施控制是对居住、商业、工业、仓储、交通等用地上的公共设施和市政配套设施提出的定量、定位的配置要求，是城市生产、生活正常进行的基础，是对公共利益的有效维护与保障。一般包括市政公用设施配套和公共设施配套两部分内容。

市政设施一般都为公益性设施，包括给水、污水、雨水、电力、电信、供热、燃气、环保、环卫、防灾等多项内容。市政设施配套控制应根据城市总体规划、市政设施系统规划综合考虑建筑容量、人口容量等因素确定。规划控制一般应包括各级市政源点位置、路由和走廊控制等，提出相关建设规模、标准和服务半径，并进行管网综合。无法落位的应标明需要落实的街区或地块的具体要求。市政设施配套应落实到用地小类，并可根据实际情况增加用地类型。市政设施配套控制应符合国家和地方的相关规范与标准。

公共设施配套指城市中各类公共服务设施配建要求，主要包括需要政府提供配套建设的公益性设施。公共配套设施一般包括文化、教育、体育、公共卫生等公用设施和商业、服务业等生活服务设施。公共服务设施配套要求应综合考虑区位条件、功能结构布局、居住区布局、人口容量等因素，按国家相关规范与标准进行配置。公共服务设施应划分至小类，可根据实际情况增加用地类型。规划中应标明位置、规模、配套标准和建设要求。公共服务配套设施的落位应考虑服务半径的合理性，无法落位的应标明需要落实的街区或地块的具体要求。公共设施配套的要求应符合国家、地方以及相关专业部门的规范与标准的要求。

（6）交通活动控制

交通活动的控制在于维护正常的交通秩序，保证交通组织的空间，主要内容包括车行交通组织、步行交通组织、公共交通组织、配建停车位和其他交通设施控制（如社会停车场、加油站）等内容。

（7）环境保护控制

环境保护控制是通过限定污染物的排放标准，防治在生产建设或其他活动中产生的废气、废水、废渣、粉尘、有毒（害）气体、放射性物质，以及噪声、震动、电磁辐射等对环境的污染和侵害，达到环境保护的目的。环境保护规定主要依据总体规划、环境保护规划、环境区划或相关专项规划，结合地方环保部门的具体要求制定。这方面的控制具有实际意义，但在国内的相关规划实践中还需要给予关注和技术性探索。

（8）其他控制要求

根据相关规划（历史保护规划、风景名胜区规划）

落实相关规划控制要求。根据国家与地方的相关规范与标准落实"五线"（道路红线、绿地绿线、保护紫线、河流蓝线、设施黄线）控制范围与控制要求。竖向设计应包括道路竖向和场地竖向两部分内容，道路竖向应明确道路控制点坐标标高以及道路交通设施的空间关系等。场地竖向应提出建议性的地块基准标高与平均标高，对于地形复杂区域可采取建议等高线的形式提出竖向控制要求。根据城市安全、综合防灾、地下空间综合利用规划提出地下空间开发建设建议和开发控制要求。相关奖励与补偿的引导控制要求。根据实际规划管理与控制需要，对于老城区、附加控制与引导条件的城市地段，为公共资源的有效供给所采用的引导性措施。任何奖励均可能带来对建筑环境的影响，因此控制性详细规划中应慎重对待奖励。

3. 规划方案

控制性详细规划方案阶段一般要经过构思、协调、修改、反馈的过程，这个过程根据项目的不同反复的次数也不同，一般要经过 2 ~ 3 次。在此阶段应初步确定地块细划与规划控制指标。包括方案比较、方案交流、方案修改和意见反馈。

4. 成果编制

《城市规划编制办法》第四十四条、《城市、镇控制性详细规划编制审批办法》第十四条规定控制性详细规划的编制成果包括：控制性详细规划编制成果由文本、图表、说明书以及各种必要的技术研究资料构成，图表由图纸和图

效力，任何单位和个人不得随意修改；确需修改的，应当按照下列程序进行：

①控制性详细规划组织编制机关应当组织对控制性详细规划修改的必要性进行专题论证；②控制性详细规划组织编制机关应当采用多种方式征求规划地段内利害关系人的意见，必要时应当组织听证；③控制性详细规划组织编制机关提出修改控制性详细规划的建议，并向原审批机关提出专题报告，经原审批机关同意后，方可组织编制修改方案；④修改后应当按法定程序审查报批。报批材料中应当附具规划地段内利害关系人意见及处理结果。控制性详细规划修改涉及城市总体规划、镇总体规划强制性内容的，应当先修改总体规划。

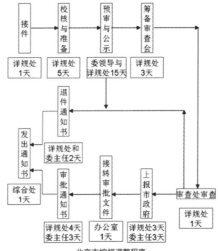

北京市控规调整程序

则两部分组成，规划说明、基础资料和研究报告收入附件，文本和图表的内容应当一致，并作为规划管理的法定依据。城市的控制性详细规划成果应当采用纸质及电子文档形式备案。

5. 修改调整

《中华人民共和国城乡规划法》第四十八条《城市、镇控制性详细规划编制审批办法》第二十条规定，经批准后的控制性详细规划具有法定

实施管理

1. 实施

控制性详细规划的实施，即通过依法行政和有效的管理手段把制定的规划变为现实。控制性详细规划的实施是一项综合性很强的工作，既是政府的职能，也涉及公民、法人和社会团体的行为。

（1）政府实施控制性详细规划

城市人民政府授权城市规划管理部门负责组织编制和实施控制性详细规划。政府在实施控制性详细规划方面居主导地位，体现为政府的直接行为和控制、引导行为。

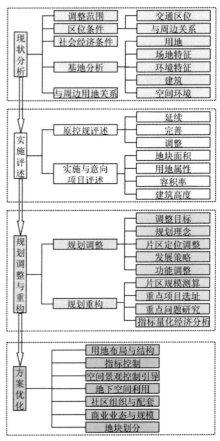

控规调整技术路线

（2）公民、企事业单位和社会团体对控制性详细规划的实施

经批准的控制性详细规划是建设和管理城市的依据。控制性详细规划的实施关系到城市的长远发展和整体利益，也关系到公民、企事业单位和社会团体方方面面的根本利益。所以，实施控制性详细规划既是政府的职责，也是全社会的事。城市的建设和发展要靠政府的公共投资，更要靠商业性的投资，所以，控制性详细规划的实施离不开非公共部门的作用。

地块规划控制指标表（示例）

地块编号	土地使用性质代码	土地使用性质	土地使用兼容性	用地面积(m²)	地面以上总建筑面积(m²)	绿地控制		公共服务设施用地		市政服务设施用地		备注
						绿地率	公共绿地面积	种类	规模	种类	规模	
1-01												
1-02												
1-03												
1-04												
1-05												
1-06												

2. 管理

（1）审批主体

《中华人民共和国城乡规划法》第十九条、《城市、镇控制性详细规划编制审批办法》第十五条规定：

城市控制性详细规划，经本级人民政府批准后，报本级人民代表大会常务委员会和上一级人民政府备案；

镇控制性详细规划，县人民政府所在地镇的控制性详细规划，经县人民政府批准后，报本级人民代表大会常务委员会和上一级人民政府备案。其他镇的控制性详细规划由镇人民政府报上一级人民政府审批。

（2）审批方式

《城市、镇控制性详细规划编制审批办法》第十六条、第十七条规定：

控制性详细规划组织编制机关（城市、县人民政府城乡规划主管部门、镇人民政府）应当组织召开由有关部门和专家参加的审查会。审查通过后，组织编制机关应当将控制性详细规划草案、审查意见、公众意见及处理结果报审批机关。

控制性详细规划应当自批准之日起20个工作日内，通过政府信息网站以及当地主要新闻媒体等便于公众知晓的方式公布。

（3）项目审批的法定程序

控制性详细规划在审批前，其规划图纸和文本不直接决定开发的许可性，建设方必须申请用地许可和建设许可。《中华人民共和国城乡规划法》规定了城市总体规划和详细规划的编制程序、内容和法定地位，同时也规定了："在城市、镇规划区内以划拨方式提供国有土地使用权的建设项目，经有关部门批准、核准、备案后，建设单位应当向城市、县人民政府城乡规划主管部门提出建设用地规划许可申请，由城市、县人民政府城乡规划主管部门依据控制性详细规划核定建设用地的位置、面积、允许建设的范围，核发建设用地规划许可证。"（第三十七条）。"在城市、镇规划区内进行建筑物、构筑物、道路、管线和其他工程建设的，建设单位或者个人应当向城市、县人民政府城乡规划主管部门或者省、自治区、直辖市人民政府确定的镇人民政府申请办理建设工程规划许可

证"（第四十条）。

（4）听证制度

任何规划实施管理中出现的问题都可能使控制性详细规划的设计意图不能得到较好的体现，要做好规划的宣传工作，动员全社会的力量来关心、支持和监督规划的实施工作。发达国家在规划审批中很多都实行了听证制度，其中一项重要内容就是要公众来监督，看项目的审批是否符合规划，我们也要逐步推广建设项目规划审批听证制度。要充分发挥城市规划对城市土地利用的管制作用，促进城市建设健康协调的发展。

（5）规划审批管理的弹性

在市场经济的作用下，用地建设具有一定的不可预见性。因此，即使制定了用地控制法规，变更土地的使用性质和开发强度仍是无法避免的。经常变更是用地控制规划最为鲜明的特点，任何其他的市政法规都不具备如此强的弹性。因此，用地控制法制在控制内容和管理机制上必须适应和体现这种弹性，它应当既是一部静态的法规，又是一个动态的法制管理过程。对开发管制的弹性体现在两个方面：①每一种区划的分类以最高限或最高限的形式，统一规定了开发强度的控制指标。只要不超出限制范围，开发者可以自由定量，审批者无权干涉。②如果开发者认为目前的区划分类不适应自己的拟建项目，可以通过法定程序，根据自己的需要选择适用的分类，提出变更分类的申请，如获批准，则按照所批准分类的法定控制标准进行建设。这样的弹性机制既保证了建设开发在指标上的连续性和可变性，又保证了立法执法过程的统一性和严肃性，以及审批管理程序的可操作性。

现状问题

1. 编制问题：控规的前瞻性和预见性不足；不能满足新的土地管理政策为控规提出的新要求；规划指标体系较为机械；对城市公共空间形态关注不够。

2. 管理问题：管理角色的多重叠合是控规管理存在的最大问题，须对控规指标调整的决策机制加以改进，以形成市场利益的制衡和监督机制。控规指标调整管理决策人员的构成，应当在一定程度上区别于控规编制审批管理人员的构成。应当吸收一定数量的专家及公众参与决策，改变过去那种既编制规划又组织实施规划和调整规划的管理机制，对规划决策权和执行权进行合理调配。例如，可结合城市规划委员会制度建设，成立专门的决策机构，专门负责控规调整的审查及决策，提高控规指标调整管理决策的质量和效率。

3. 实施问题：实施方式制约目标实现。然而，各类公益设施的实现，与其建设实施的方式有直接关系。在城市建设中，体现公众利益的内容包括公共配套设施、道路交通、公共绿地等。目前，一般城市对公共设施的建设实施方式有两种，一种是政府建设，包括道路、交通和大型基础设施等；另一种方式是由开发建设单位代建或者是配建，主要是中小学、邮局等居住区配套设施和较低等级的代征道路。对于第二种代建配建方式，经常是，土地使用权所有者因为其用地内有公共设施落位而做出各种变更申请，以逃避公共设施的建设责任。若实在不

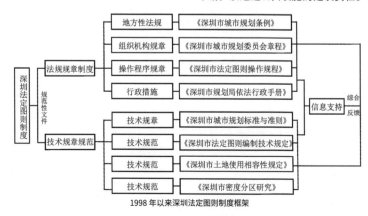

1998 年以来深圳法定图则制度框架

能变更而必须配建，建设方往往也没有积极性，想方设法躲避拖延甚至不建，造成地区配套设施的漏配，而使正常的城市功能得不到保障，同时也制约了城市地区的发展和规划目标的实现。

4. 法规问题：控规配套法规不完善；控规调整存在法制约束的盲点。

5. 公民问题：公众参与消极被动。

6. 市场问题：市场信息反馈机制不完善。

发展趋势

1. 引入实施评价

（1）类型和内容

目前，国内外对控制性详细规划实施评价方面的研究相对较少。本课题在借鉴孙施文在《城市规划实施评价的理论与方法》研究成果的基础上，将控制性详细规划实施评价主要分为规划实施前的评价（前评价）、规划实施后的评价（后评价）两种类型。

控制性详细规划实施评价主要包括三个方面的内容：①程序性评价内容，包括规划编制及审批程序；②目标性评价内容，包括规划实施一致性效果评价（土地使用控制、环境容量控制、配套设施控制等目标要求与规划结果间的一致性比较），以及规划实施有效效果、监督效果评价；③社会性评价内容，包括政府部门（包括市区和社区政府部门）、专家、建设部门、社区居民等各社会层面对规划实施的认知评价内容。其中，第①项为前评价内容，第②③项为后评价内容。

由于控制性详细规划属于操作层面的实施性规划，规划评价将更多地关注对规划实施结果的评价研究，即主要是对已付诸实施的规划，在实施了一段时间之后所形成的结果与原规划编制成果是否得到真正的实施进行评价，而且社会对控制性规划的认知主要是基于对规划结果的判断，因此第②③项内容应作为评价的主要内容。

（2）方法和步骤

控制性详细规划实施评价的方法和步骤主要为：建立一套可操作的指标体系（找出问题）；进行分类分析和综合分析（分析问题）；提出规划对策和调整意见（解决问题）。

（3）建立指标体系

我们把评价指标体系主要分为三大类和三层级。

三大类包括程序性评价内容指标（前评价）、目标性评价内容指标（后评价）及社会性评价内容指标（后评价）；三层级主要根据不同的内容深度和影响，细分为一级指标6个，二级指标18个，三级指标18个。

（4）确立指标权重

按上述指标体系评价时，各层级指标对于规划实施影响程度是不相同的，即各层级指标应有不同的权重。这些权重的选择，对于评价结果至关重要，应当通过科学的方法进行筛选确定。根据实际操作，我们对规划实施评价指标体系权重提出如下建议：程序性评价内容约占10%，目标性评价内容约占50%，社会性评价内容约占40%，一、二、三级指标权重按其在所属类别中的影响程度再分别细分。

（5）评价分析

在应用指标体系进行评价时，首先应对不同的指标进行无量纲处理，这是由于各指标有定量指标和定性指标之分，一般处理方法包括：均值化变换、极差化变换、效果测度变换。指标分值计算采用加权和法对规划实施结果进行综合计算评价。

对评价结果进行分类分析和综合分析，找出存在的问题，分析产生的原因。程序性评价所采用的方法主要为因子影响分析法（外因与内因，主因与次因）；目标性评价所采用的方法主要为效益评价法（效益成本比较）、要素比较法（方案和结果比较），社会性评价采用的方法主要为会议访谈法、问卷调查法。

（6）对策和建议

在系统分析问题的基础上，评价应提出合理的

规划管理对策和规划调整意见，对于重要的地区，应从城市空间和建筑形态角度提出概念性规划设计意向，以指导下一步城市设计或修建性详细规划。同时，以文本形式把评价结果和建议上报、反馈给规划管理部门。

2. 发展建议

（1）控规的法制化发展趋势

加强法制严肃性，管理规范性，加强监督与反馈。

（2）控规编制技术的发展方向

编制体系，编制规范与标准的规范化。

（3）控制方法与指标体系创新研究

完善用地适建的分级要求

《城市规划编制办法》中对用地性质兼容性的适建要求，主要是针对地块建设的复合性提出的，最常见的做法是提出兼容性质的具体要求和兼容建筑量的一般比例。而实际中，更多的是用地性质本身的变更要求，控规中并没有提出相应的应对办法。为适应开发建设的不确定性，提出规划用地性质的4个适建级别。即规划建议用地性质、替代用地性质、待批用地性质与禁止用地性质。同时在规划管理中，通过审批办法的易繁区分来实现。建议增加用地性质方面的弹性措施，引入规划建议用地性质、替代用地性质、待批用地性质、禁止用地性质概念。

引入分区平衡控制方法

城市的组织运作是以街坊为基本单元的，而控规是以地块为基本单元的。某一特定地区内，在用地主导性质、建设总量确定的情况下，是不必要强行固定具体地块的建设性质与建设强度的（有特殊功能和景观要求的除外）。因此，

控制性详细规划实施评价指标体

	一级	二级	三级	数据来源
程序性评价内容指标 （前评价）	规划编制科学性	专家评审度，社会参与度	—	规划编制档案
	规划审批公正性	项目选址规划审批公正性、建设用地规划审批公正性、建设项目规划审批公正性	—	土地出让合同，项目建设档案
目标性评价内容指标 （后评价）	规划实施一致效果	土地使用控制一致率	用地面积与边界一致率，土地使用性质一致率	地形地貌资料，现状踏勘调研，项目施工图
		环境容量一致率	地块容积率，建筑密度一致率，建筑间距一致率	
		建筑一致率	建筑限高一致率，建筑后退一致率，建筑间距一致率	
		配套设施一致率	公共配套设施一致率，市政配套设施一致率	
		其他引导性指标一致率	生态、环境一致率，空间、景观一致率	
	规划实施有效效果	政府直接行为有效性	基础设施同步建设，公益性设施同步建设，社区主要公园同步建设	
		政府引导行为有效性	社区公共中心同步建设，社区必配商业同步建设	
	规划实施监督效果		透明案件查处，临时建设管理	—
社会性评价内容指标 （后评价）	社会综合评价	政府部门评价，规划专家评价，开发商评价，社区居民评价	—	会议访谈，问卷调查

以具体的特定地区为一个分区，引入分区平衡法，通过分析论证，在某一控规区域内划分为若干分区，进行主导性质用地总量、辅助性质用地总量以及相应建筑量的规定。

在规划图则制订中，也相应进行分解，即以一个分区为基本图则单元。针对每个分区，提出建议用地性质布局以及一系列的指标规定与建议。规定某一个或几个主导性质用地总量不得低于建议值，以保证该分区建设目标的实现。

规划案例在工作中，提出了 2 ~ 4 个街坊，15 ~ 40 公顷面积的分区单元划分标准，基本相当于一个城市居住小区和工业小区的规模。

这样的规定，结合前述用地性质的 4 个适建级别，既能有效地满足规划目标的实现，又能满足实际建设中的灵活性要求。对有特殊功能和景观要求的地块，通过禁止性质的设定，可以保证其建设的唯一性。

几个重要指标的引入

征地范围、权属范围、得地率、集中绿地率与开敞度、建筑限高与限低概念的引入。

积极控制与主动引导的指标构成

在控规编制办法中，一般按照控制强度分为规定性和指导性两类指标，并没有明确从建设内容上进行指标划分。也有研究提出了土地使用性质控制和综合环境质量控制两方面的内容体系。我们在工作中，对城市建设的指标进行了归纳、整合，形成 4 大指标内容体系，并相应形成控制性指标（包括控制性辅助指标）和引导性指标两个控制类别，尽量避免指标内容与指标控制类别间的穿插。

结语

本次课题经过近 4 年的研究、归纳、总结和思考，对于控制性详细规划进行了技术集成，包括控制性详细规划的法律法规、编制要求、具体做法、操作步骤等等。本次研究不但集成了控制性详细规划的普通做法与步骤，同时跟随时代发展及业务需求，对于应如果编制控制性详细规划调整也进行了集成。

参考文献

[1] 王玮华 . 控制性详细规划讲座 . 1997.
[2] 唐历敏 . 走向有效的规划控制和引导之路 . 城市规划 , 2006 (1).
[3] 周进 . 控制性详细规划的控制功能探讨 . 规划师 , 2002 (2).
[4] 蔡振 . 我国控制性详细规划的发展趋势与方向 . 北京 : 清华大学 , 2004.
[5] 汪坚强 , 于立 . 我国控制性详细规划研究现状与展望 . 城市规划学刊 , 2010 (3).
[6] 孙施文 . 城市规划实施评价的理论与方法 . 城市规划学刊 , 2003 (2).
[7] 陈卫杰 , 濮卫民 . 控制性详细规划实施评价方法探讨——以上海市浦东新区金桥集镇为例 . 规划师 , 2008 (3).
[8] 于一丁 , 胡跃平 . 控制性详细规划控制方法与指标体系研究 . 城市规划 , 2006 (5).
[9] 徐会夫 , 王大博 , 吕晓明 . 新《城乡规划法》背景下控制性详细规划编制模式探讨 . 规划师 , 2011 (1).
[10] 薛峰 , 周劲 . 城市规划体制改革探讨——深圳市法定图则规划体制的建立 . 城市规划汇刊 , 1999 (5).
[11] 彭珂 . 从新城规划编制框架指导性意见到新城街区层面控规 . 北京规划建设 , 2009 (s1).
[12] 盛况 , 刚柔并济—对北京街区层面控规的认识与思考 . 中国城市规划年会论文集 , 2008.
[13] 何强为 , 苏则民 , 周岚 . 关于我国城市规划编制体系的思考与建议 . 城市规划学刊 , 2005 (4).
[14] 吴青苗 . 控制性详细规划编制若干问题的理性思考 . 中外建筑 , 2010 (5).
[15] 郭素君 , 徐红 . 深圳法定图则的发展历程、现状与趋势 . 规划师 , 2007 (6).
[16] 李浩 . 控制性详细规划指标调整工作的问题与对策 . 城市规划 , 2008 (2).
[17] 段进 . 控制性详细规划 : 问题和应对 . 城市规划 , 2008 (12).
[18] 苏腾 . "控规调整"的再认识——北京"控规调整"的解析和建议 . 北京规划建设 , 2007 (6).
[19] 李江云 . 对北京中心区控规指标调整程序的一些思考 . 城市规划 , 2003 (12).
[20] 唐鹏 . 浅议控制性详细规划的局部调整 . 城市规划 , 2010 (7).
[21] 杨浚 . 控规调整管理工作中存在的问题与对策——对控规调整工作的思考和建议 . 北京规划建设 , 2003 (5).
[22] 涂新飞 . 关于控制性详细规划编制过程中若干问题的思考 . 中国新技术新产品 , 2009 (11).
[23] 高大伟 . 编制控制性详细规划要重视的若干问题 . 城乡建设 , 2010 (7).
[24] 周焱 . 从规划的适应性谈控制性详细规划调整——以诸暨城西商务区控规调整为例 . 浙江建筑 , 2011 (1).
[25] 林红梅 , 韩杰 . 关于控制性详细规划编制过程中存在的一些问题 . 中国科技信息 , 2005 (5).
[26] 袁军 . 贵阳市控制性详细规划编制与实施中的问题分析及其对策研究 . 天津 : 天津大学 , 2007.
[27] 傅征 , 朱忠东 . 控制性详细规划的调整与公众参与机制 . 山西建筑 , 2008 (3).
[28] 段宁 . 控制性详细规划调整论证方法及制度改革研究 . 长沙 : 中南大学 , 2007.
[29] 吴庭 . 控制性详细规划指标调整的制度建设与市场协调机制研究 . 昆明 : 昆明理工大学 , 2009.

控制性详细规划指标构成体系

控制类别 指标内容	控制性指标			引导性指标
	控制性指标	控制性辅助指标		
土地利用与使用属性	用地性质	地块划分用地规模	征地线与征地面积权属线与权属面积 得地率 用地连建要求	
环境容量与土地使用强度	建筑密度 容积率 绿地率与集中绿地率	建筑面积 人口容量 分区主要用地规模控制		
建筑形态与城市设计	建筑限高与限低 机动禁止出入口地段	后退道路红线 交通出入口方位		建筑体型、体量、建筑风格、形式、色彩、建筑间距 广告、标识 公共空间要求
设施配备		停车位数量		产业服务设施 生活服务设施 交通设施 市政基础设施
	控制性指标图则	引导性指标图则		设施配置图则

07 乌兹别克斯坦撒马尔罕城市总体规划及 2022 年上合峰会建设项目

项目简介

1. 项目区位：乌兹别克斯坦地处中亚地区的中心区，是中亚地区的"十字路口"，也是新亚欧大陆桥中的重要连接点，也是"丝绸之路"上重要的驿站古国之一，战略区位尤为重要。本项目位于乌兹别克斯坦第二大城市——撒马尔罕。撒马尔罕作为"一带一路"的节点城市，是"一带一路"不可缺少的一环；同时撒马尔罕中亚地理中心城市，是中亚地区的心脏，还是东西方文明交流的桥梁。2001 年，联合国教科文组织将撒马尔罕列入世界文化遗产名录。撒马尔罕被誉为"文化的十字路口"。

2. 项目规模：108km^2。

3. 编制时间：2018 年。

4. 项目概况：2018 年，在青岛上合峰会举行期间，乌兹别克斯坦总统对于青岛成功举办上合峰会的效果以及上合峰会的举办对于青岛城市建设的积极影响具有深刻的印象，并确定 2022 年撒马尔罕上合峰会聘请中国优秀的城市规划专家来指导上合峰会项目建设和撒马尔罕城市发展建设。撒马尔罕历来就是多个王朝的古都，是国家重要的政治、经济、文化的中心，在乌兹别克斯坦乃至整个中亚地区都占据重要地位，是中亚地区的一颗明珠。经过中国外交部、乌驻中国大使馆和中国建筑集团多方的几次商谈，最后达成本项目的合作进程，选派中国专家开始为期一年的国际咨询工作。

项目意义

1. 这是乌兹别克斯坦共和国历史上第一次聘请规划建筑行业的国外专家，也是第一次聘请中国专家来乌指导工作。

2. 这是"一带一路"国际合作的一次有意义的尝试，是中国城市规划技术和建设经验与乌兹别克斯坦的一次全面交流和融合。

3. 国际咨询工作，大大促进了撒马尔罕城市发展战略的正确选择，提高了各项工作的效率和质量，减少了不必要的弯路。

4. 高层次的国际咨询服务，为加深中乌双方友好合作和相互了解起到积极促进作用，让中国建筑走进乌兹别克，让乌兹别克了解中国建筑。

07 乌兹别克斯坦撒马尔罕城市总体规划及 2022 年上合峰会建设项目
Master Plan of Samarkand in Uzbekistan and Construction Projects of the 2022 SCO Summit

343

城市总体规划重要战略研究

1. 城市定位

本项目以国际的发展视角，着眼于撒马尔罕在"一带一路"发展倡议和中亚地区特殊的发展条件，并结合乌兹别克斯坦当地国情，明确提出将撒马尔罕打造成乌兹别克斯坦的"国家中心城市"，带动周边区域整体发展，确立撒马尔罕将发展成为乌兹别克斯坦"双塔尖"的城市之一，与塔什干相辅相成，共同提高国家在国际上的竞争力。同时确立撒马尔罕城市发展为州的政治中心、国家文化中心、科技创新中心和旅游交往中心 4 个核心职能。

2. 城市规模

撒马尔罕作为千年古都，需要整体保护，但也需要发展。根据国家中心城市的城市发展定位要求，城市规模按照到 2035 ~ 2050 年，城市人口按 100 万人计算预留发展空间，城市占地约 290 ~ 300km²。

3. 城市发展方向

禁止向东发展，保护泽拉夫尚河流域及上游水源地，东部地区肥沃农田和优美的自然环境；

有限向北向南发展，对于泽拉夫尚河和达拉贡河两侧地区以保护滨水景观和生态环境为主，控制开发建设；

鼓励向西、西北、西南发展，西部区域主要为产业发展创造条件；

鼓励主城区挖潜改造，开展城市修补、生态修复，疏解人口。

4. 构建"一廊、两轴、两带、三心、多节点"的城市空间结构

一廊：构建东北至西南走向的城市文化廊道。

两轴：南北向城市文化发展轴、东西向城市生活发展轴。

两带：泽拉夫尚河流域生态保护带、达拉贡河流域生态休闲带。

三心：以世界文化遗产为核心的城市行政文化旅游中心、以丘巴那达山为主题的城市休闲生态中心。

多节点：地区级综合服务中心和社区级综合服务中心。

区域城市发展关系图

城市发展定位

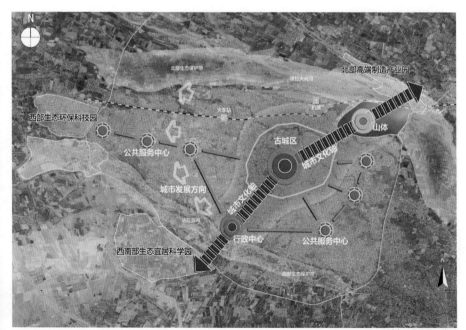

城市开发边界示意图

城市发展方向示意图

注：现有机场将被城市包围，严重制约机场使用和城市发展，近期暂时保留，远期进行搬迁。

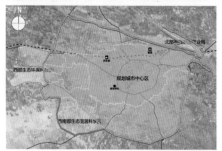

城市开发边界示意图

Afrasiyab 古城遗址风貌

帖木尔古城风貌

租后建成区风貌

━━━ Afrasiyab 高地
┈┈┈ Afrasiyab 遗址区
━━━ 帖木尔时期城墙
╍╍╍ 保护区范围
╍╍╍ 缓冲区范围
╍╍╍ 生态保护区范围

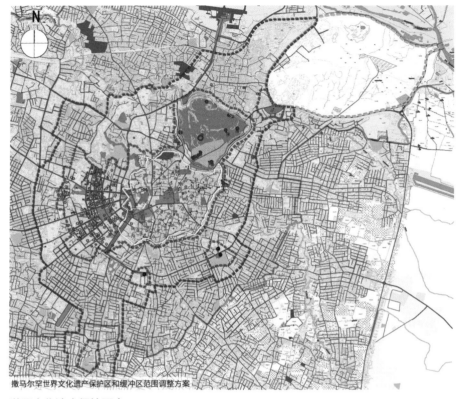

撒马尔罕世界文化遗产保护区和缓冲区范围调整方案

重要古迹   小型古迹

生活社区   社区中心

传统民居   街巷   生活方式

世界文化遗产保护控制要点

世界文化遗产保护研究

1. 保护区和缓冲区范围调整

由于原有世界文化遗产保护区划有 2001 版（UNESCO 公布版）和 2004 版（文化部批准版）两个版本，但是它们所绘的保护区划边界不一致，需要进行校对统一。两版图纸都为手绘图纸，原有的边界范围信息模糊，无法在地理信息系统上准确定位，需要进行明确的地理信息定位。两版图纸绘制的保护区划范围不能满足现阶段文物保护和城市开发建设的双重需求，需要对新的文物保护范围进行统一划定。

基于以上几点原因，本次项目对保护区和缓冲区的范围进行调整，提出将 Afrasiyab 古城遗址、帖木尔古城、欧洲区三者统一为一个整体保护区，并且形成封闭的保护区边界；为了更好地对文物本体进行保护，对几个重要的历史遗迹的保护范围进行了微调，保护文物本体和文物所在的历史环境；将未划入控制区的几个重要历史遗迹重新纳入缓冲区范围，并重新划定其保护范围；尊重历史城市的选址意义，将丘巴那达山体整体划入生态保护区范围，保护"山城"的整体历史环境格局；局部扩大缓冲区范围，将文物周边的传统社区纳入控制范围内，从而保护文物周边的历史环境，维护历史文物周边的城市肌理。

城市地形剖面位置示意图

1:10000
1:800

达拉贡河   苏联时期社区   Samarkand City

南部产业组团   西南部科教创新区

城市地形剖面示意图

07 乌兹别克斯坦撒马尔罕城市总体规划及 2022 年上合峰会建设项目
Master Plan of Samarkand in Uzbekistan and Construction Projects of the 2022 SCO Summit

345

2. 世界文化遗产保护控制要点

重视世界文化遗产本体和周边历史环境的保护；重视古代城市格局的保护；重视传统社区和居民生活环境的保护；重视城市历史水系的保护；重视高低起伏自然地形地貌和城市平缓开阔天际线的保护；严格控制城市建筑高度；重视传统建筑风貌的延续；重视历史区内所有传统街巷的保护；加强地下埋藏区的保护等。

3. 历史区重点区域设计

从城市的"区域—路径—节点—高度"四个维度考虑历史区城市设计的要点。针对"丘巴那达山—Afrasiyab—帖木尔古城—欧洲区"四个区域作为城市设计的重点控制区域，进行详细规划设计；规划一条核心步行景观大道、两条门户景观大道和多条绿色廊道；选择历史区重要的古迹景观点、视廊视点、交通交叉口、开放空间等位置作为城市节点，予以重点规划设计；对历史区进行建筑高度控制，保护自然地形地貌，保护优美天际线。

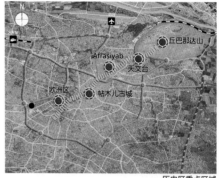

历史区重点区域

上合峰会建设项目研究

上合峰会建设项目主要是以上合峰会会议成功举办为目标，对举办会议涉及会议中心的建设、会议线路的选取、总统酒店的改造、考察线路的安排以及相关配套设施进行统一的规划，保障上合峰会顺利、安全地举行。

1. 会议中心

针对会议中心的选址，需要满足上合峰会开会的相关需求并符合城市的发展规划以及满足世界文化遗产保护的相关规定。研究会议中心的建设方案和可持续利用方案，对会议中心场地提出详细的规划建设控制指标，并确定建筑风貌的设计要求。针对会议中心主体建筑，提出详细的室内设计要求。

2. 会议交通线

策划多条连接会议中心与总统酒店、考察区域、重大交通设施之间的交通联系线，满足峰会交通出行、安全保障的需求，并且对于交通沿线区域的街道、建筑、相关设施进行整体的景观改造和环境提升，注入文化内涵，重点突出当地风貌特色。

3. 总统酒店

确定用于上合峰会的总统酒店个数与分布情况，满足每个总统各自居住酒店的要求，并且针对酒店的建筑、室内装修进行重新设计改造，满足各个国家不同文化和国情的要求。

4. 参观线路

突出撒马尔罕的历史文化和城市特色，有效利用世界文化遗产的魅力，策划上合峰会期间的总统考察线路，并且对于整个考察区域的建筑、街道、景观、空间环境提出详细的改造提升要求，同时带动这个片区的景观环境提升。

5. 设施配套

梳理现状相关的基础设施和服务设施条件，重新规划服务于上合峰会的相关设施，确保设施的齐全和便利。

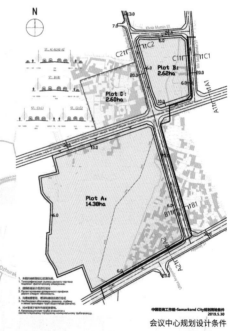

会议中心规划设计条件

城市局部地形示意

08　安哥拉共和国马兰热市、卡宾达市新城概念规划及社会住宅项目详细规划

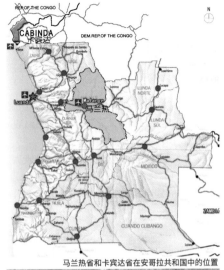

马兰热省和卡宾达省在安哥拉共和国中的位置

项目简介

1. 项目区位：安哥拉位于非洲大陆西海岸，非洲西南部，总面积 124.7 万 km²，北邻刚果共和国，东与赞比亚接壤，南邻纳米比亚，东北部与刚果民主共和国毗连，西临大西洋。

2. 项目规模：马兰热市新城规划总用地面积 57.69km²。卡宾达新城规划面积约 41km²，新城启动区社会住宅项目详细规划区用地规模约为 2.8km²。

3. 编制时间：2008 年。

4. 项目概况：多年战乱后，安哥拉实现初步和平，经济重建和社会复兴任务十分繁重。为此，安哥拉共和国在马兰热、卡宾达等地选址建设新城，以安置难民，改善人民生活，保障社会安定。

第一部分　马兰热市新城概念规划

新城选址

马兰热市现状主要建成区位于马兰热省中部平原地带，从卫星图上判断，老城北部和西部地形较为复杂，远期城市发展受地形影响较大，南部以及东部地势较平坦，自然条件良好，因此，本次规划确定马兰热新城选址位于老城西南方向。

新城定位

马兰热新城是马兰热市未来 20 年的建设重点，规划确定新城的发展定位为：马兰热新城是安哥拉中北部地区的中心城市，重要的交通枢纽和农产品物流贸易中心，是由老城自然发展形成的生态型宜居城市。

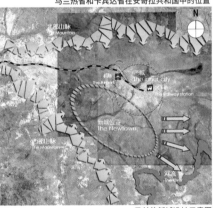

马兰热新城选址示意图

规划人口与用地规模

到 2020 年，马兰热新城地区规划人口为 60 万人，同时预留达到 150 万人规模的发展空间。用地规模约 54km²。

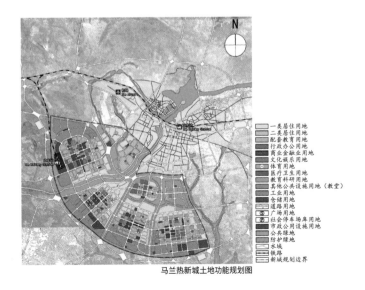

马兰热新城土地功能规划图

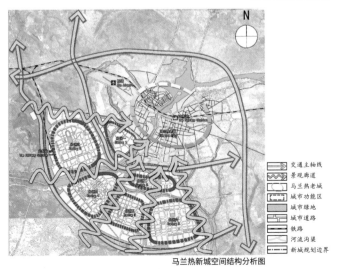

马兰热新城空间结构分析图

08 安哥拉共和国马兰热市、卡宾达市新城概念规划及社会住宅项目详细规划
Conceptual Planning of Malange, Cabinda Newtown, and Preliminary Planning of Social Housing Projects in Angola

347

产业发展规划

大力发展第一产业；适度发展第二产业；逐步发展第三产业。规划产业用地面积超过 1200hm²，其中工业用地 807.4hm²，其他产业用地，包括商业金融、文化娱乐等约 400hm²，产业用地人均综合面积约 20m²，能够提供充足的就业机会，为居民的生产生活提供了有力的保障。

空间布局规划

规划马兰热新城构建"两环·五带·多中心"的城市空间布局结构。"两环"即两条城市主要交通环线；"五带"即由老城向外发散的五条主要联络线及其绿化隔离带所组成的城市绿色走廊；"多中心"即新城的五个主要发展组团。

构建"生长型"城市，保留城市原有的绿色走廊，道路和绿化带将城市自然分割，新城共分六个组团。近期城市用地发展方向主要是向西南方向发展，远期考虑向东发展，对老城形成半包围的城市发展形态。并逐步使城市向多中心、分散集团式布局方向发展，完善各组团功能。

综合交通体系规划

1. 新城市区道路系统规划：马兰热新城快速路系统主要考虑以下功能：疏导城市主要交通和引导过境交通；与主次干道衔接合理，以快捷性为主，兼顾可达性，便于集散和疏导，发挥路网整体作用；区分城市土地功能；兼顾环境和城市景观。

2. 道路网规划平面布局：全市公路干线网以马兰热市中心城区为中心，由 1 条环路、4 条主要放射线、13 条次要放射线及若干条联络线组成；马兰热新城公路主枢纽总体布局方案由一个信息服务中心和两个系统（货运枢纽系统和客运枢纽系统）组成。马兰热市新城快速路系统由一横、一环和 5 条放射线构成；主干路系统为方格网状布局，由三横七纵构成；建立方格网状的次干路系统，并作为主干路系统之间的联络线。未来公共汽车场站系统应当由保养场、运营场、枢纽站、中心站、首末站以及出租汽车站组成；规划轨道交通网由"一环两线"组成。

绿地景观系统规划

新城绿地系统空间格局是由两条绿色走廊、五条景观走廊、多个城市公园、多个居住区组团绿地、多条绿色轴线共同构筑的绿色生态网络。规划马兰热新城人均绿地面积 25.2m²，其中公共绿地 13.0m²，新城建设区绿地率将达到 21.9%。马兰热新城绿地系统由三级构成，包括：市级公园、组团级公园、居住区级公园。

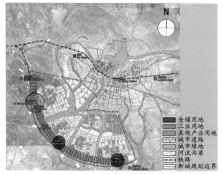

马兰热新城产业布局示意图

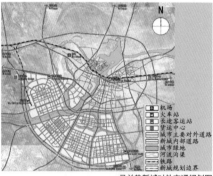

马兰热新城对外交通规划图

马兰热新城道路交通系统规划图

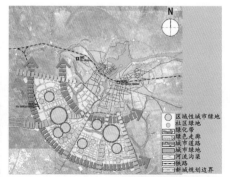

马兰热新城绿地系统规划图

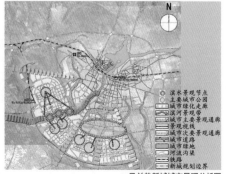

马兰热新城城市景观分析图

马兰热新城公共交通系统规划图

第二部分 卡宾达市新城概念规划

新城定位

卡宾达新城功能定位为以旅游业、服务业为主导，以石油加工业为辅助的新兴的滨海花园城市。

产业发展与布局引导

稳步发展第二产业，加快发展第三产业。重点发展现代制造业、食品加工业、旅游、餐饮服务业，提高其在经济中的地位。

新城规模

预计规划期末，新城人口达到 46 万人，规划总用地为 41.44km^2。

空间结构

卡宾达市地区地势平坦，通过道路骨架系统的分隔，将新城土地分成不同功能区域，因此形成"两带、三轴、三片、多中心"的结构模式。

卡宾达市区位分析图

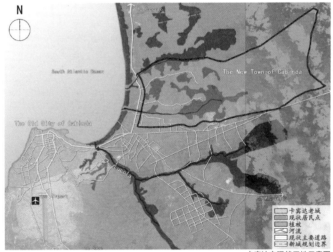

卡宾达市现状用地示意图

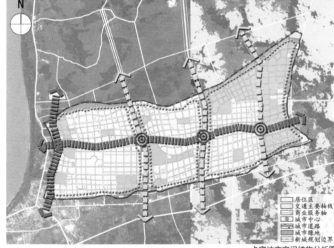

卡宾达市空间结构分析图

卡宾达市道路交通系统规划图

卡宾达市绿地系统分析图

08 安哥拉共和国马兰热市、卡宾达市新城概念规划及社会住宅项目详细规划
Conceptual Planning of Malange, Cabinda Newtown, and Preliminary Planning of Social Housing Projects in Angola

349

综合交通体系规划

在新城基本建立以快速疏港道路、区域主干路、快速公共交通为骨干的现代化交通网络。形成以现代航空交通和港口运输为主的对外交通系统，使卡宾达市新城成为安哥拉北方地区重要进出口物流中心。

1. 全市公路干线网以卡宾达市中心城区为中心，由3条南北通道和两条东西方向通道组成；卡宾达市新城公路主枢纽总体布局方案由一个信息服务中心、两个客运枢纽站和一处货运枢纽组成。

2. 卡宾达市新城快速路系统由一横两纵组成；主干路系统为方格网状布局，由四横七纵构成；建立方格网状的次干路系统；各居住区、工业区内部建立以支路为主的联系道路。

3. 公共汽车场站系统应当由保养场、运营场、枢纽站、中心站、首末站以及出租汽车站组成；快速公交线网主要由两条环线、一条横线组成，基本覆盖新城的主要客流集中地区。

绿地景观系统规划

加强绿化隔离带的建设，使其与自然环境相结合，构建新城的绿化体系；尽可能多地保留规划范围内的原生植物和丘陵，使其成为新城内的开敞绿地；分层次规划新城的公共绿地，建立以市级、组团级、居住区级为主的绿地系统。

卡宾达新城的景观系统布局为"一轴，三廊，多中心"的结构模式，构筑出一个层次丰富的城市生态网络。并通过快速路、主干路两侧较宽的绿化隔离带，把城市景观带和绿色空间向城市纵深引进。

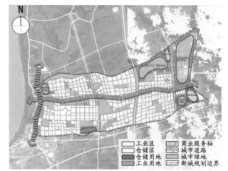
卡宾达市产业布局分析图

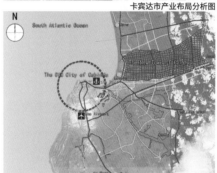
卡宾达市对外交通规划图

卡宾达市公共交通系统图

卡宾达市城市景观分析图

卡宾达市土地功能规划图

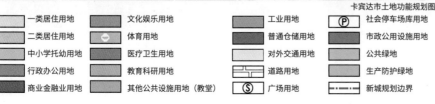

第三部分 马兰热市社会住宅项目详细规划

项目简述

本项目选址位于马兰热旧城与规划中的新城交接处,地理位置优越,是连接新城与老城的城市节点。本次设计的内容主要包括多层的社会住宅和独栋的独立住宅两部分。5000套社会住宅需求紧迫,是详细设计的重点内容。其建设用地约1.05km²。1667套独立住宅邻近5000套社会住宅,并与其形成良好的社区联系,其用地面积约1.66km²。

总体布局

本次规划在满足各项基本设计需求的同时,注意形成以各项配套服务设施、公共绿地、开放空间为核心,各居住组团相互联系、整体而有机的布局形式。

规划构思

宜人的居住空间,生态的居住空间,文化的居住空间,国际化的居住空间。

功能分区

分为独立住宅区域、社会住宅区域、建筑单体布局等功能片区。

道路交通系统规划

规划构建环状小区道路。社区内部停车以地面停车形式解决,同时在社区中结合各公共建筑设置访客停车位。

马兰热市社会住宅项目区位示意图

马兰热市社会住宅项目功能分区图

马兰热市社会住宅项目规划总平面图

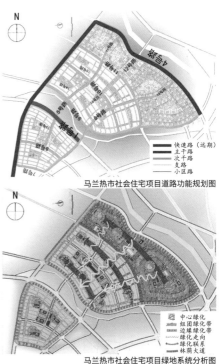

马兰热市社会住宅项目道路功能规划图

马兰热市社会住宅项目绿地系统分析图

08 安哥拉共和国马兰热市、卡宾达市新城概念规划及社会住宅项目详细规划
Conceptual Planning of Malange,Cabinda Newtown, and Preliminary Planning of Social Housing Projects in Angola

351

绿地和景观系统规划

规划集中绿地、组团绿地和边缘绿地三个层次。景观体系包括建筑空间景观和环境空间景观两个部分。

第四部分 卡宾达市社会住宅项目详细规划

项目简述

安哥拉社会住宅项目是安哥拉政府解决"战后难民安置、重建美好家园"的重要举措,是具有重大社会意义和整治意义的国家工程。本次设计的 5000 套社会住宅是卡宾达新城的重要组成部分,也是新城的启动区。未来的邻里社区项目将包括整个社区的总体规划和详细设计,以及各项配套设施的综合配套设计。

规划设计理念

宜人的理念:宜人的尺度、宜人的规模、宜人的环境;生态的理念;宜居的理念;有机的理念。

总体布局

本次规划在满足各项基本设计要求的同时,注意形成以各项配套服务设施、公共绿地、开放空间为核心,各居住组团相互联系、整体而有机的布局形式。

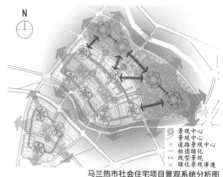

马兰热市社会住宅项目景观系统分析图

马兰热市社会住宅项目中学立面图 1

马兰热市社会住宅项目中学立面图 2

马兰热市社会住宅项目景观中心效果图

马兰热市社会住宅项目中学效果图

马兰热市社会住宅项目小学立面图 1

马兰热市社会住宅项目小学立面图 2

马兰热市社会住宅项目幼儿园立面图 1

马兰热市社会住宅项目幼儿园立面图 2

马兰热市社会住宅项目整体鸟瞰图

总体构思

打造邻里中心带、绿色港湾、理想社区和活力社区。

功能分区

包含独立住宅区域、社会住宅区域、建筑单体布局等功能分区。

道路交通系统规划

形成"顺而不穿""通而不畅"的整体道路系统，以降低车速、减少危险，使小区环境更加静谧。

绿地与景观系统规划

绿地分为集中绿地和组团绿地两个层次。空间景观系统分为建筑空间景观和环境空间景观两个部分。

卡宾达市社会住宅项目区位示意图

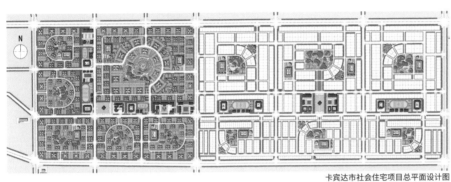

卡宾达市社会住宅项目总平面设计图

卡宾达市社会住宅项目现状照片

卡宾达市社会住宅项目主要街景立面图

卡宾达市社会住宅项目总体功能分区图

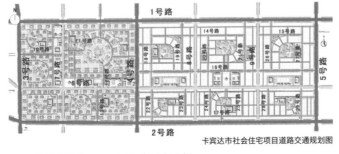

卡宾达市社会住宅项目道路交通规划图

卡宾达市社会住宅项目绿地系统规划图

08 安哥拉共和国马兰热市、卡宾达市新城概念规划及社会住宅项目详细规划
Conceptual Planning of Malange, Cabinda Newtown, and Preliminary Planning of Social Housing Projects in Angola

353

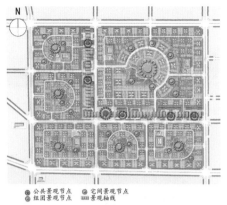

公共景观节点　　宅间景观节点
组团景观节点　　景观轴线

卡宾达市社会住宅项目景观系统规划图

卡宾达市社会住宅项目立面图 1

卡宾达市社会住宅项目组团透视效果图

卡宾达市社会住宅项目小学效果图

卡宾达市社会住宅项目立面图 2

卡宾达市社会住宅项目立面图 3

卡宾达市社会住宅项目中学立面图 1

卡宾达市社会住宅项目中学立面图 2

卡宾达市社会住宅项目小学立面图 1

卡宾达市社会住宅项目小学立面图 2

卡宾达市社会住宅项目幼儿园立面图 1

卡宾达市社会住宅项目幼儿园立面图 2

卡宾达市社会住宅项目社会住宅区鸟瞰图

09 阿尔及利亚提帕萨重要节点规划设计

项目简介

1. 项目区位：提帕萨坐落于地中海沿岸，是古代迦太基的贸易驿站，后被罗马占领并作为征服毛里塔尼亚王国的战略要地。它是沿着纪念碑及毛里塔尼亚最大的王室陵墓修建的唯一的遗址群。

2. 编制时间：2013 年。

3. 项目简介：主要设计了城市东门户、西门户和革命纪念广场，并提出规划实施建议。

第一部分 城市东门户

规划原则

1. 道路北侧：保持景观平缓开阔、观海视线通透性；坚持道路北侧农田、园地、林地用地性质不变；保护道路北侧自然地形地貌、植物种群不变；2. 道路南侧：保持自然地形地貌不变；延续新建筑风格的地方风貌特色；避免新建筑尺度、规模过大，严格控制建筑高度与体量；3. 道路两侧：突出城市东门户地域标志性；采取人工化的景观营造手段；植物选择最具特色的当地树种、花卉。

植物主题分区

分为高中低三个层次：高——乔木体现海洋气息，选用椰枣树或棕榈树；中——灌木体现国家文化与地域特色，选用国花——澳洲夹竹桃；低——花卉体现国家文化与地域特色，选用国花——香根鸢尾。

第二部分 城市西门户

规划原则

减少西环岛交汇道路数量，降低西环岛交通流量负荷，加大环岛半径尺寸，科学组织交通流线，合理规划环岛周边用地功能。

西部门户交通优化方案

构建"一线、两环"的城市主干路网系统；规划第二主街西端线性改线，原第二主街西端降级为支路；增加一个环岛和一个右进右出丁字口，分流两条主干道互通需求；原环岛仅用于西连接线(快速路)、第一主街(11号国道)与盘山路的互通。

东门户现状照片 1

东门户现状照片 2

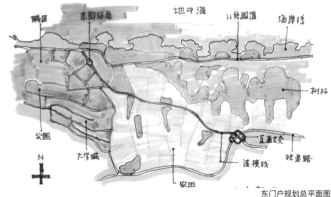

东门户规划总平面图

西环岛与盘山路现状照片

西连接线现状照片

西部门户交通优化方案

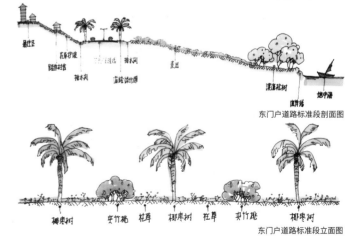

东门户道路标准段剖面图

东门户道路标准段立面图

第三部分 革命纪念广场

现状情况

现状有清真寺、革命纪念碑，南北向观海视廊，广场空间封闭，绿化形态不佳，广场设施缺乏，景观品质需提升。

规划原则

宗教礼仪与革命纪念主题相结合；东西纪念轴线与南北景观轴线相结合；集会功能与休闲功能相结合；广场设施完善与环境品质提升结合。

空间结构

规划打造两轴三区三节点的空间结构。两轴指东西纪念轴线与南北景观轴线北轴；三区指清真寺区、宗教礼仪区与革命纪念区；三节点为清真寺、喷泉雕塑、纪念碑。

规划要点

广场边界向城市开放；双轴线铺地采用伊斯兰风格图案，强调文化特色；宗教礼仪区采用喷泉、静态等多种水形态，突出纯洁与高尚的宗教意义；革命纪念区乔木种植突出秩序性，突出纪念碑庄严与崇高；加大广场绿化，增加树荫，适于市民休憩活动。

第四部分 规划实施建议

1. 尽快编制城市总体规划。2. 开展中心城区总体城市设计工作。3. 建立提帕萨省与"中建设计"长期友好合作关系：主要包括城市总体规划、城市设计、城市色彩规划、文化遗产保护、交通专项规划等；街道景观、重要城市节点、绿地广场公园等公共空间规划设计等；公共建筑与居住建筑设计等。

西门户第一主街交通流线组织方案

西门户西连接线交通流线组织方案

西门户第二主街交通流线组织方案

西门户西部环岛节点交通优化方案

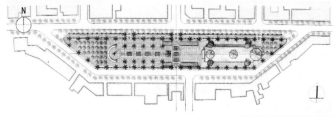

革命纪念广场总平面规划图

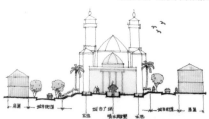

革命纪念广场东西向剖面图

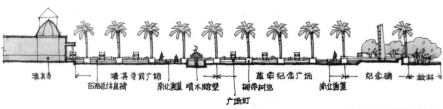

革命纪念广场南北向剖面图

城市特色

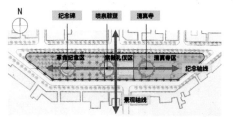

革命纪念广场空间结构规划图

革命纪念广场东西向纪念轴线——西向东

帕提萨省与中建设计长期友好合作

10 坦桑尼亚联合共和国尼雷尔国际园区规划设计

项目简介

1. 项目区位：尼雷尔国际园区位于达累斯萨拉姆西南郊，距离市中心约20km，距机场约12km。

2. 项目规模：占地面积5km²。

3. 编制设计：2008年。

4. 项目概况：项目定位于通过园区多功能的工业、商业，以及物流中心，推动坦桑尼亚成为东部非洲的生产、贸易、物流以及商业中心，提高达累斯萨拉姆生活生产质量，传播中华文化。园区可容纳人口约3万人，预计总投资约20亿美元。园区发展以中国企业为主体，同时吸引世界各地赴坦投资企业入驻。

愿景定位

坦桑尼亚尼雷尔国际合作园区定位为工业化、国际化产业新城，东非样板工程；以集商务办公、文化交流与服务、休闲娱乐和品质居住、生态产业及仓储物流等功能为一体的综合发展区域。

工作进展

项目于2008年正式启动。双方进行了多次互访交流。在这八年里，我们得到了外交部、江苏省、江阴市各级政府部门，包括坦方政府的大力支持。工作团队约60人，包含市场调研与产业研究、建筑与道路设计施工、采购、财务与税务等工作人员，团队常驻达累斯萨拉姆。

规划项目组包含规划、市政、交通、经济等多位专业技术人员，现正在进行规划方案编制等工作，最终设计方案将向坦桑尼亚政府递交审批。

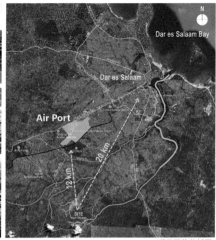

达市现状照片　　　　项目区位分析图

项目区位分析图

中建集团与坦桑尼亚双方互访

中建集团与坦桑尼亚双方互访

访问中建设计集团

访问天和天气

参观尼雷尔园区

访问江阴市政府
青年组织访问江阴

JORDAN省长访问江阴天和气体

场地数据测量工作

场地数据测量工作

道路选线

1. 图示红色和绿色的两条线路是由基地通往机场的公路选线，绿色为方案一，红色为方案二。

2. 两个方案选线原则均尽量利用现有道路，并且减少拆迁量。通过对机场周边现状的研判，两个方案均连接至现状城市主干道 Julius K. Nyerere Rd.，仍旧从北侧进入机场。

3. 方案一：由基地经 Majohe Agricultural Farm，从 Army Forest 接入 Julius K. Nyerere Rd.，拆迁量较小，但至机场的路程略远；方案二：由基地经 Kivule Rd.，从 Tanzania Civil Aviation Authority 接入 Julius K. Nyerere Rd.，至机场的路程较近。

功能分区

经历测量、规划、初步设计等一系列工作步骤之后，将拟园区总体分为工业综合区、活力商业区、品质居住区、中国核心区、社区休闲区、公共活动区、文化交流区、滨水生态区等八个功能板块。

达累斯萨拉姆规划图 - 道路选线

注：本选线方案所依据的现状信息（包括路名、地名、现状地面建设等）均通过 2013 年 4 月更新的 Google Map 读取，存在一定的误差；目前尚不清楚规划范围内输油管线具体位置及走向，对未来规划方案将会产生一定影响。

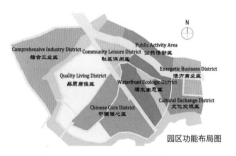

园区功能布局图

园区功能规划图

土地利用规划图

园区路网布局规划图

园区重点项目布局图

开发步骤

整体开发分为三个阶段。其中第一阶段第一期开发以综合工业区的仓储物流、住宅区内西南角以及商业区区内的贸易市场为主，配套一些必需的基础设施。贸易市场以 3 层商贸混合建筑为主，仓储物流区计划新建标准化钢结构厂房，住宅区西南计划建设标准 5 层居住建筑。

园区开发步骤图示

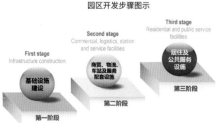

园区整体效果图

11 泰国湾东海岸战略发展规划——泰国东海岸经济振兴计划

研究范围划定

项目简介

1. 项目区位：泰国湾是柬埔寨、泰国通往太平洋和印度洋的海上交通要道。
2. 项目规模：总面积约 15839km²。
3. 编制时间：2016 年。
4. 项目概况：泰国启动曼谷到罗勇高铁的修建计划，罗勇高铁属于中泰铁路的一部分。高铁的修建必将带动东海岸的整体发展，因此以高铁修建为契机，对东海岸整体发展进行战略研究，提升和打造东海岸经济带。重点规划罗曼高铁沿线差春骚、春武里、林查班、芭提雅、罗勇五个城市，海岸线长约 300km。北揽府纳入曼谷都市区共同发展，不作为本次规划的城市重点。

第一部分 区域发展规划

优劣势分析

1. 东海岸优势：是泰国面向东盟及中国海上丝绸之路门户；泰国经济最发达地区；泰国城市化率最高、人口密度最大的地区；东部长度约 300km 海岸线，旅游资源和基础好。

东海岸现状人口分布图

2. 罗勇优势：泰国面向中国—东亚战略节点，带动国内经济振兴重要支点；罗勇经济基础好；罗勇具备建立一个特大城市（500 万人以上）的用地空间；罗勇可借鉴深圳模式发展——产业升级创新；广深发展主轴带动珠三角；城市拓展迅猛。
3. 东海岸的问题：人口规模、经济发展水平不均衡，曼谷功能过于集中；尚未构成高效的交通体系，难以支撑区域经济发展。东海岸和罗勇将是全国的重要战略地区和节点。

战略定位

凸显东海岸区域地位，局部引领全局，带动泰国全国经济振兴；识别打造国家战略节点，跨越式发展，增强国际竞争力。

1. 东海岸战略定位：世界层面——国际和亚太地区最具竞争力的地区之一、世界级旅游胜地；东盟层面——东盟经济、文化中心；中泰层面——中泰"一带一路"的海上门户；国内层面——泰国经济振兴的战略支点与重要的沿海生态保育区。

东海岸交通现状分析图

2. 曼谷（中心）：国家政治、文化中心；国家宗教中心；国家交往中心；国际旅游中心。
3. 罗勇（副中心）：泰国经济中心；国家改革试验区；泰国先进制造研发基地；国际航运中心。

产业发展目标与策略

升级既有五大支柱产业：现代化汽机车产业、智能电子产业、高端旅游业与医疗旅游、农业与生物化学、食品深加工；新增未来五大新兴产业：工业机器人、医疗保险一条龙、航空与物流产业、燃料生化与生物化学、数字化产业。

城镇职能定位

双心引领，多城共荣。

区域发展规划

一个本底，五大策略。

1. 资源承载力：可在保护生态环境基础上提供大量建设用地。东海岸地区可容纳人口约 2400 万 ~ 2700 万人。
2. 空间发展策略：轴带带动，双核发展，山海相连。

3. 人口发展策略：疏解曼谷人口，吸纳全国人口，引入世界高端人群，两大极核 + 中小城市群。

4. 用地发展策略：曼谷都市圈适度发展，罗勇副中心大规模发展，沿海城市隔离发展，内陆城市网络化发展。

5. 交通发展策略：交通综合网络化，构建现代高效的交通体系，支撑罗勇副中心等战略地区跨越式发展。形成以罗曼高铁带动城市整体发展、高速路和公路网络化，港口、机场协同发展的交通体系，重点加强罗勇地区交通体系建设。

6. 生态保育策略：保护海洋生态带，构建山海相连生态格局，预留生态廊道。

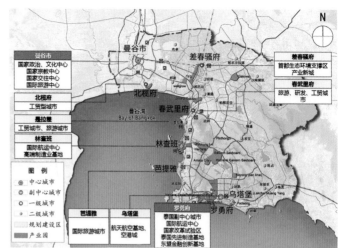

城镇职能定位示意图

规划城镇等级结构图

规划空间结构图

资源承载力分析图

交通系统规划图

生态保育规划图

政策分区规划图

交通发展策略：构建 "两主多辅" 的区域火车站群。以一级公路为主体，形成各城市放射状公路网。

政策分区：优化开发地区：曼谷和罗勇两中心；重点开发区：沿海岸线 10km 范围；适度开发地区：现状经济基础较弱，不宜大规模经济聚集的内陆；限制开发地区：生态环境脆弱、资源承载力低的山区、山海相连的生态隔离地区。

第二部分 城市概念性总体规划

差春骚 Chachoengsao

1. 规划结构：一带·五片·四廊。

2. 绿地景观结构：一带、四廊、四轴、多节点。

3. 差春骚资源优势：区位和交通优势突出，用地平坦、环境优美，综合发展条件好、适合发展为曼谷的附城。城市定位：将首都曼谷部分人口、产业转移至差春骚，拓展差春骚的综合职能，塑造为首都曼谷服务的新城。

4. 差春骚空间结构：一带：滨河休闲旅游带；五片：四处工业居住综合片区 + 一处物流片区；四廊：交通绿化廊道。

规模：规划人口约80万人，规划用地约108km²。

春武里 Chon Buri

1. 规划结构：一带·三片·两楔。

2. 绿地景观结构：一带、两楔、多节点。

林查班 Laemchabang

1. 规划结构：一带·一楔·两片。

2. 绿地景观结构：一心、一楔、两带。

芭堤雅 Pattaya

1. 规划结构：一带·两楔·三轴·六片。

2. 绿地景观结构：两带、三轴、两楔、多节点。

罗勇 Rayong

1. 规划结构：一带多廊·一轴双城三区。

2. 道路交通规划：建立三横六纵的快速路；交通性主干路：联通新老城及各功能组团，新城采用"方格网"形式。

3. 绿地景观结构：一带·五廊·双片·多点。

差春骚空间结构分析图

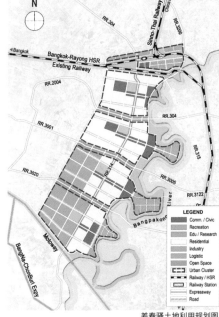

差春骚土地利用规划图

差春骚道路交通规划图

春武里空间结构分析图

11 泰国湾东海岸战略发展规划——泰国东海岸经济振兴计划
Development Planning of Eastern Seaboard , Gulf of Thailand —Economic Revival Project of Eastern Seaboard of Thailand

361

2. 春武里资源优势：汽车产业发展较为成熟，教育资源优势突出，城市用地平坦、海岸线环境优美，城市组团布局形态初见雏形。
城市定位：充分利用现有优势资源，形成集教

育研发、汽车高新技术产业、滨海旅游度假于一体的旅游、研发、工贸型城市。
产业发展方向：现代化汽车产业、数字化产业。
城市发展方向：组团拓展，沿海发展。一带：

滨海休闲旅游带；三片：北部工业综合片区、中部教育科研综合片区、南部滨海旅游综合片区；两楔：两处生态绿楔。规模：规划人口约60万人，规划用地约96km²。

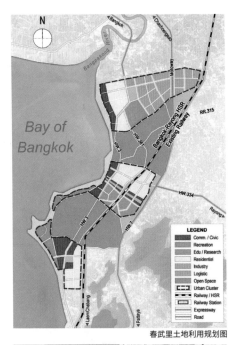

春武里土地利用规划图

春武里道路交通规划图

春武里绿地景观规划图

林查班空间结构分析图

林查班土地利用规划图

林查班道路交通规划图

3. 林查班资源优势：具有国际航运港口交通优势和物流条件，依托于此发展制造业的产业优势。城市定位：借助于林查班港口的交通优势，形成以航运为中心，滨海综合服务于一体的国际航运中心、高端制造业基地。

产业发展方向：港口物流、高端制造业。城市发展方向：城隔离，分片发展。规模：规划人口约30万人，规划用地约63km²。

4. 芭堤雅资源优势：旅游资源极负盛名，全球著名的海滩度假胜地。城市定位：利用芭堤雅著名的旅游文化资源，形成集海滩度假、缤纷文化、餐饮娱乐等国际高端服务功能于一体的

林查班绿地景观规划图

芭堤雅空间结构分析图

芭堤雅土地利用规划图

芭堤雅道路交通规划图

芭堤雅绿地景观规划图

差春骚沿河带状发展模式图

林查班沿海带状组团发展模式图

芭堤雅沿海多组团发展模式图

国际旅游城市、海滩度假胜地。

产业发展方向：港高端旅游与医疗服务。城市发展方向：向东拓展。

规模：规划人口约 30 万人，规划用地约 48km²。

5. 罗勇城市定位：依托基础工业优势，着力发展国际金融、高端制造业、

新一代信息技术等新兴产业，吸纳全国人口，打造泰国副中心城市。

产业发展方向：航空与物流产业、燃料生化与生物化学、工业机器人。

城市发展方向：沿岸拓展、腹地发展。

规模：规划人口约 500 ~ 600 万人，规划用地约 750km²。

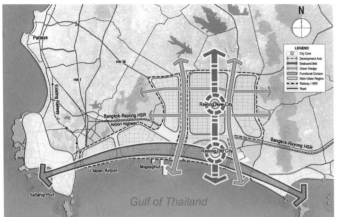

罗勇空间结构分析图

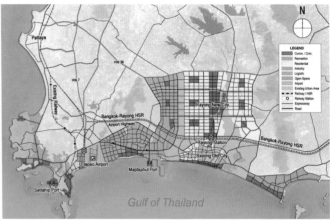

罗勇土地利用规划图

罗勇道路交通规划图

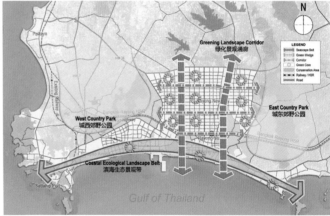

罗勇绿地景观规划图

第三部分 重点片区规划

空港周边用地开发

机场定位：乌塔堡国际机场（规划飞行区等级 4E）。机场周边 30km 内，应发展第四代临空经济区。

确定四大产业方向与八大产业领域。

临空产业区用地布局发展模式：点轴线型发展模式。

空间结构：1. 规划结构：一心一带·三廊六区。2. 道路交通规划：建立两横两纵的快速路；交通性主干路：联通各功能组团，采用"自由方格网"形式。3. 绿地景观结构：一心一带·五廊多点。

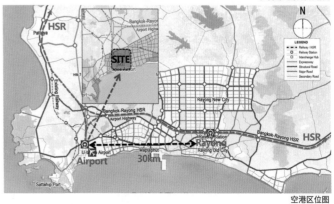

空港区位图

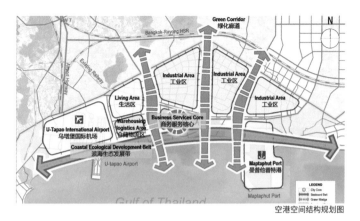

空港空间结构规划图

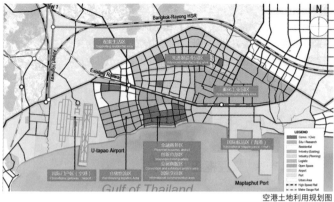

空港土地利用规划图

空港道路交通规划图

空港绿地景观规划图

规划机场意向图

规划港口意向图

空港及海港扩建

1. 乌塔堡国际机场扩建

保留现状跑道，按4E级别新建跑道1条（需填海），扩建航站楼，机场总占地面积约28km²（含军用部分）。

2. 玛达浦港扩建

在现状基础上，扩建港区码头，港区总占地面积约14km²。

乌塔堡国际机场扩建示意图

玛达浦港扩建示意图

高铁站点周边功能

主要包含六大类功能：主导交通枢纽功能、发展商务商业中心、升级城市产业结构、衍生周边混合功能、形成城市重要景观、提升城市形象地位。高铁站周边用地功能：换乘功能、衍生功能、配套功能。

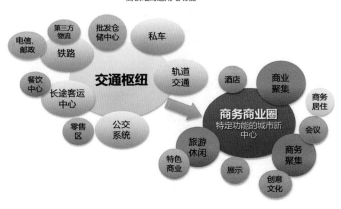

高铁站周边用地功能

高铁站周边用地开发

高铁新区用地布局规律和特点

应靠近高铁站布局的功能——具有频繁对外交流需求、对高铁的依赖程度较大；可适当远离高铁站的功能——主要面向本地居民服务、对高铁的依赖程度较小。

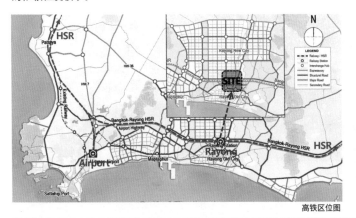

高铁区位图

围绕高铁站点发展新城的三种定位

高铁新区作为副城区：以交通发展为主导；高铁新区作为多核心换乘中心：以综合交通枢纽换乘为主导；高铁新区作为主城区：交通和区域经济发展并列为主导。

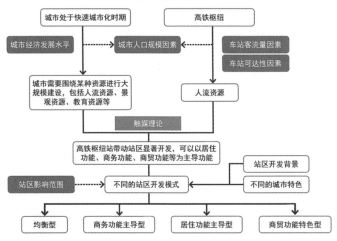

高铁枢纽带动站区开发的作用机理

设计要点

站前区占地约3km²；枢纽站双向服务城市；预留充足的交通换乘空间；车站南北城市功能差异化发展；根据城市经济发展需求，控制站点周边商服用地比例。

高铁新区用地布局规律

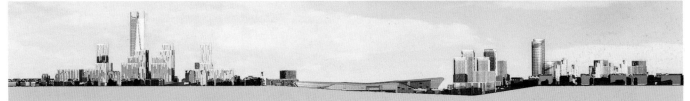

高铁和站前意向图

12 菲律宾共和国马拉维城市战后重建项目

项目简介

1. 项目区位：马拉维市位于菲律宾南部，棉兰老岛中部。项目位于马拉维市北部，拉瑙湖北岸。

2. 项目规模：城市重建范围原定面积约 250hm²（含部分湖面面积），填湖面积约 35hm²，合计总用地面积约 280hm²。

3. 编制时间：2017 年。

4. 项目概况：战后的城市满目疮痍。通过道路系统重构、进行绿地景观系统规划、提供基础设施保障，并对重点建筑进行意向设计，使马拉维人们的生活更美好。

道路系统规划

规划范围内道路系统分为四级：一级道路、二级道路、三级道路、滨水道路。

绿地景观规划

沿阿古斯河两岸和拉瑙湖沿岸，设置滨水绿化带。其中：阿古斯河两岸绿带，每侧长约 1200m，宽约 3m，总面积约 8000m²，以绿化为主；拉瑙湖沿岸绿带，长约 1650m，宽约 20～30m,总面积约 4.3hm²,以绿化、休闲为主。

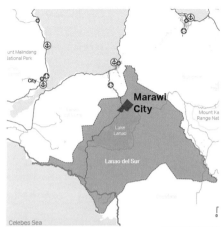

项目区位分析图

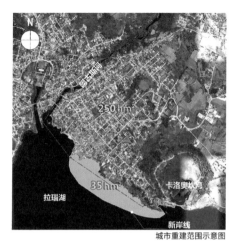

城市重建范围示意图

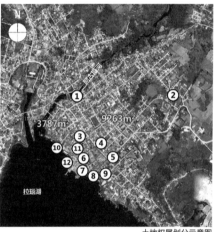

土地权属划分示意图

注：本表数据根据影像图纸手工放大得来，范围面积有一定误差。

土地权属统计表

编号	名称	估算面积（hm²）
①	Plaza Cabili	1248
②	Government Center	9383
③	Bato Mosque	2077
④	Rizal Park	7710
⑤	NAGA Telecom Office	9915
⑥	Grand Padian	8859
⑦	Dry Fish & Vegetable Market	2046
⑧	Wet Market	1031
⑨	Existing City Jail	1549
⑩	Ice Plant	1872
⑪	City Govolot approx	833
⑫	Port & Trading Center	671
合计		47194

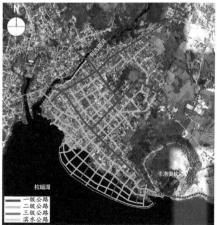

道路系统规划图

滨水绿带位置　滨水意向图 1　滨水意向图 2

阿古斯河绿带典型段平面示意图

拉瑙湖沿岸绿带典型段平面示意图 1

拉瑙湖沿岸绿带典型段平面示意图2

滨水意向图1

滨水意向图2

主园路　　下沉小花园　　　　　　观鸟屋

阿古斯河绿带典型段断面示意图

拉瑙湖沿岸绿带典型段断面示意图1

迎春　紫穗槐　柽柳　芦苇、香蒲、草蒲、千屈菜等湿生、水生植物

拉瑙湖沿岸绿带典型段断面示意图2

拉瑙湖沿岸绿带典型段断面示意图3

重点建筑意向

拟选址公建包括：会议中心、中央市场、交通枢纽（见道路章节）、渔船码头、纪念公园、污水处理厂（见市政章节）、停车楼（见道路章节）、医院、学校。

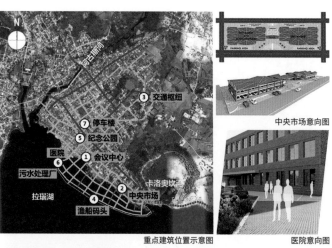

重点建筑位置示意图

中央市场意向图

医院意向图

商业空间　广场　停车场机动车道　城市阳台　护坡植物　石河

拉瑙湖沿岸绿带典型段断面示意图4

会议中心意向图

纪念公园意向图

渔船码头意向图

学校意向图

后记／POSTSCRIPT

合抱之木，生于毫末；九层之台，起于累土；千里之行，始于足下。

中建设计集团城乡规划业务 12 年的发展，是极其不平凡的一段历程。12 年间，我们的业务遍布国内外 100 多个地区，跟踪项目近千个，签订项目近 700 个，包含区域规划、战略规划、城市总体规划、分区规划、控制性详细规划、修建性详细规划、城市设计、城市综合开发、城市更新、乡村振兴、专项规划等十几个类型，涉及城乡规划各个领域。本书既是对中建设计集团城乡规划发展与实践的系统梳理，也是对 12 年发展历程的一次回顾与反思。优中选优，我们从中选取了 10 个类型近 100 个典型项目分享给大家，每个项目都凝结了中建规划设计人的满腔热血，也彰显了中建设计集团的央企担当和家国情怀。

本书的编写是一个学习、思考和研究的过程，也是感受集体劳动结晶，感恩各方关心和帮助的过程。感谢中建集团、中建设计集团领导的战略决策和关怀帮助；感谢曾经给予规划院无私帮助的各行各业的领导、专家和朋友；感谢宋晓龙院长 12 年间始终如一的坚持与付出；感谢每一位曾经在规划院工作和奉献过的同事；感谢仍然坚持和奋战在这片热土的每一位追梦人！

2019 年，结合集团发展需要，在原城市规划院基础上，组建城市规划与村镇设计研究院。此书编辑过程中，城镇院的同事积极参与其中，尽心尽力，展示了团结的力量；编辑过程也得到了中国建筑工业出版社有关领导和编辑的大力支持，他们的辛勤劳动是此书出版的基础，深深感谢！

在此，谨以一首诗，纪念风雨同舟的十二年！

十二年

规天矩地论纵横，

划里乾坤自准绳。

十二春秋丰功伟，

载承初心砥砺行。

欢聚五湖庆一秩，

乐蕴四海斥方遒。

颂扬美名天下誉，

歌谱新篇再前行。

知来处，明去处，再启程！

刘 辉

城市规划与村镇设计研究院

2020 年 3 月于北京

图书在版编目（CIP）数据

中建设计：城乡规划设计发展与实践 = CHINA
CONSTRUCTION ENGINEERING DESIGN GROUP: DEVELOPMENT
AND PRACTICE OF URBAN-RURAL PLANNING AND DESIGN:
2007–2019 / 宋晓龙主编 . —北京：中国建筑工业出版
社，2020.7
　　ISBN 978-7-112-25226-8

　　I. ①中… II. ①宋… III. ①城乡规划 – 建筑设计 –
作品集 – 中国 – 现代　IV. ① TU984.2

　　中国版本图书馆 CIP 数据核字（2020）第 096023 号

责任编辑：朱晓瑜　陈小娟
书籍设计：付金红　李永晶
责任校对：王　烨

中建设计：城乡规划设计发展与实践（2007—2019）
CHINA CONSTRUCTION ENGINEERING DESIGN GROUP: DEVELOPMENT
AND PRACTICE OF URBAN-RURAL PLANNING AND DESIGN

主　　编：宋晓龙
执行主编：刘　辉　李国安

＊

中国建筑工业出版社出版、发行（北京海淀三里河路9号）
各地新华书店、建筑书店经销
北京方舟正佳图文设计有限公司制版
北京富诚彩色印刷有限公司印刷

＊

开本：889毫米×1194毫米　1 / 20　印张：18⅗　字数：1123千字
2020年11月第一版　2020年11月第一次印刷
定价：220.00元
ISBN 978-7-112-25226-8
　　（36000）